高等院校信息类新专业规划

机器人和人工智能技术丛书

机器人机构运动学

张　英　编著

北京邮电大学出版社
www.buptpress.com

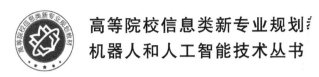

内 容 简 介

本书共分为12章，内容主要涉及机器人机构运动学的几何建模和代数解法。书中主要介绍了非线性多项式方程组代数求解的结式消元法（如 Sylvester 结式、Bézout-Cayley 结式、Dixon 结式等）、吴消元法、Gröbner 基消元法和其他代数消元法以及机器人机构运动学的几何建模方法：刚体位姿描述和齐次变换、四元数、对偶矩阵、对偶四元数、倍四元数和几何代数（特别地，共形几何代数）。本书首次提出了基于共形几何代数的并联机器人机构正运动学分析方法以及基于分组分次逆字典序的 Gröbner 基消元法。最后，通过几个典型机器人机构实例来说明上述几何建模和代数求解法的实用性和有效性。

本书可作为机械工程专业或从事机器人研究的硕、博研究生和工程师的选读教材。

图书在版编目(CIP)数据

机器人机构运动学 / 张英编著. -- 北京 ：北京邮电大学出版社，2020.8（2023.7 重印）
ISBN 978-7-5635-6177-3

Ⅰ.①机… Ⅱ.①张… Ⅲ.①机器人机构—机构运动分析 Ⅳ.①TP24

中国版本图书馆 CIP 数据核字（2020）第 139491 号

策划编辑：姚 顺 刘纳新 **责任编辑：**刘春棠 **封面设计：**柏拉图

出版发行：北京邮电大学出版社
社　　址：北京市海淀区西土城路 10 号
邮政编码：100876
发 行 部：电话：010-62282185 传真：010-62283578
E-mail：publish@bupt. edu. cn
经　　销：各地新华书店
印　　刷：北京虎彩文化传播有限公司
开　　本：787 mm×1 092 mm 1/16
印　　张：15
字　　数：367 千字
版　　次：2020 年 8 月第 1 版
印　　次：2023 年 7 月第 2 次印刷

ISBN 978-7-5635-6177-3　　定价：48.00 元

机器人和人工智能技术丛书

顾问委员会

钟义信　涂序彦　郭　军　廖启征　贾庆轩　张　毅

编委会

前　言

机构学是一门十分古老的科学，机器人学的兴起给传统机构学带来了新的活力，机器人机构学已逐渐演变成为机构学领域的一个重要分支。20世纪中叶以来，由于计算机技术和计算数学的发展，美国著名机构学者弗洛丹斯坦教授提出了基于计算机的计算运动学理论与方法，开创了现代计算运动学。现代计算运动学主要包括机器人机构运动学的建模和求解两方面的研究内容。

根据“中国制造2025”行动纲领，机器人领域将作为大力推动的重点领域之一。目前我国在机器人机构学方向已经出版了很多优秀专著或教材，涵盖了关于机器人机构的运动学分析、型综合分析、动力学分析和控制技术等多个方面，但是关于运动学分析方面的书籍通常只针对常用串联工业操作手，对于并联工业操作手，这方面的专著和教材还较少见。

一方面，现有专著或教材中介绍的机器人机构运动学的几何建模方法较单一，通常只介绍常用的D-H建模方法以及POE(指数积)方法，不利于将现代数学方法引入机器人机构学中。目前，已有部分专著或教材中引入了旋量理论和李群李代数等现代数学工具，但是对于几何代数(Clifford代数)这一新兴数学工具还未引入。本书将对偶矩阵法、对偶四元数法、倍四元数法和共形几何代数法(CGA)等现代数学工具(这些方法都属于几何代数)引入机器人机构运动学的几何建模中，这些现代数学工具已被本书作者及其课题组证明其实用性和有效性，如基于倍四元数法解决了可重构模块化机器人位置统一逆解建模及通用算法研究，以及首次基于CGA对一类并联机构的正运动学问题提出了一种脱离坐标系的几何建模和免消元计算方法。

另一方面，现有专著或教材关于机器人机构运动学的求解方法也没有系统介绍，尤其是代数求解法。我们知道，机器人机构运动学的问题通常最终转化为对一组非线性多项式方程组的求解。非线性方程组的求解方法主要包括数值解法和代数解法(封闭解法)。常用的数值解法主要有数值迭代法和同伦连续法。数值迭代法需要选择合适的初值，且往往只能得到一组解；同伦连续法在求解方程组时不需要预先给出合适的初值就能使方程组在大范围内收敛，并且能可靠地求出多项式方程组的全部解，其难点在于对构造初始方程组的要求比较高，按照一般方法构造初始方程组可能引起同伦方程组发散解过多，使计算效率显著降低。非线性方程组的代数解法是使用各种消元方法通过符号运算的方式将非线性方程组中的所有中间变量消去，推导出一个只含有输入量(已知量)和输出变量的一元高次方程。求解该方程得到变量的全部根，然后对应此变量求出一系列的中间变量(被消去的变量)。在该过程中，只要保证各个步骤都是同解变换，就能够保证得出全部的解，而且不产生增根。代数求解法虽然过程较为复杂，有一定的难度，但是可以解出全部解，而且不需要初始值。另外，代数解法不仅可以提供机构的几何特征和运动特性，并且单变量的一元高次方程对于运动学的其他方面如工作空间分析、奇异位置分析等都有很大的理论价值。因此，机器人机构运动学的代数求解法在机器人机构运动学方向仍然是重要的。

本书将重点介绍机器人机构运动学常用的几何建模和代数解法，以期能够填补机器人机构运动学这方面的空白。本书围绕机器人机构的运动学几何建模和代数求解问题，分为3部分。第1部分是关于非线性多项式方程组的代数解法，包括第1～4章，分别介绍了结式消元法、吴消元法、Gröbner基消元法以及其他代数消元法；第2部分是关于机器人机构运动学的几何建模，包括第5～9章，分别介绍了刚体的位姿描述和齐次变换、四元数、对偶代数、倍四元数和几何代数；第3部分是基于上述几何建模和代数求解方法解决典型机器人机构（串联机械手和Stewart并联机构等）的正逆运动学问题，包括第10～12章。

本书是在北京邮电大学机械工程专业研究生专业必修课（数学机械化）授课讲义和作者及其课题组多年来的研究成果基础上编写而成的。书中部分内容于2000—2019年已先后在课堂上讲授过近20次，分别由本书作者及其博士生导师廖启征教授讲授。本书的部分研究成果来源于国家自然基金的资助和支持。

由于作者水平有限，书中难免有不足之处，恳请广大读者和专家批评指正。

张　英
于北京邮电大学

目　　录

第1章 结式消元法

结式概念是20世纪初由Burside和Panton首先提出的，源于对多项式消元方法的研究。基于结式的消去理论是构造性代数中经典消去理论之一，并在现代计算机代数与几何中有广泛应用。其思想及其发展归功于诸多代数学家，包括贝佐(Bézout)、凯莱(Cayley)、西尔维斯特(Sylvester)和狄克逊(Dixon)等。

结式消元法的原理是：从给定的方程组构造出一具有足够多个方程的导出方程组，然后把这个导出方程组看作诸个未知元各不同幂积的线性方程组，从而利用已得到充分发展的、丰富的“线性方法”来研究原来的非线性方程组。所谓的结式，就是一个多项式，由原多项式系统的系数所构成，它等于零的必要条件是原多项式系统存在公共零点。正因为如此，结式方法的优异，除了它的快速消元能力之外，还在于它能判定一个多项式系统是否有解。有了这个工具，我们就可以在求解之前先判定这个多项式系统是否有解，而不会碰到经过数天的计算之后，结果无解的情况出现。正因为它有着如此好的性质，我们就需要知道如何求得结式。

本章主要介绍Sylvester结式、Bézout-Cayley结式和Dixon结式的构造方法，并介绍用矩阵广义特征值方法展开结式并求解。最简单的结式是线性代数中的行列式，通过系数矩阵的行列式可以判别一个线性方程组是否有解。

1.1 Sylvester结式

经典的Sylvester结式方法是对单变元的两个多项式的系统进行消元。它的构造方法如下。

给定任一数域$\mathbb{K}$，对于$\mathbb{K}[x]$中次数分别为m和$n(m\geqslant n>0)$的两个多项式：

$$\begin{cases} f(x)=a_mx^m+a_{m-1}x^{m-1}+\cdots+a_0 \\ g(x)=b_nx^n+b_{n-1}x^{n-1}+\cdots+b_0 \end{cases} \tag{1.1}$$

分别将$f(x)$和$g(x)$乘以单项式$(x^{n-1},\cdots,x,1)$和$(x^{m-1},\cdots,x,1)$，可以得到一个多项式系统：

$$
\begin{aligned}
&x^{n-1}f(x)=a_m x^{m+n-1}+a_{m-1}x^{m+n-2}+\cdots+a_0x^{n-1}\\
&\quad\vdots\\
&xf(x)=a_m x^{m+1}+a_{m-1}x^{m}+\cdots+a_0x\\
&f(x)=a_m x^{m}+a_{m-1}x^{m-1}+\cdots+a_0\\
&x^{m-1}g(x)=b_n x^{m+n-1}+b_{n-1}x^{m+n-2}+\cdots+b_0x^{m-1}\\
&\quad\vdots\\
&xg(x)=b_n x^{n+1}+b_{n-1}x^{n}+\cdots+b_0x\\
&g(x)=b_n x^{n}+b_{n-1}x^{n-1}+\cdots+b_0
\end{aligned}
$$

这个系统写成矩阵形式为

$$
\begin{pmatrix} x^{n-1}f(x)\\ \vdots\\ xf(x)\\ f(x)\\ x^{m-1}g(x)\\ \vdots\\ xg(x)\\ g(x)\end{pmatrix}=
\begin{pmatrix}
a_m & a_{m-1} & \cdots & a_1 & a_0 & & & \\
 & \ddots & \ddots & & \ddots & \ddots & & \\
 & & a_m & a_{m-1} & \cdots & a_1 & a_0 & \\
 & & & a_m & a_{m-1} & \cdots & a_1 & a_0\\
b_n & b_{n-1} & \cdots & b_1 & b_0 & & & \\
 & \ddots & \ddots & & \ddots & \ddots & & \\
 & & b_n & b_{n-1} & \cdots & b_1 & b_0 & \\
 & & & b_n & b_{n-1} & \cdots & b_1 & b_0
\end{pmatrix}
\begin{pmatrix} x^{m+n-1}\\ x^{m+n-2}\\ x^{m+n-3}\\ \vdots\\ x^3\\ x^2\\ x\\ 1\end{pmatrix}=
\begin{pmatrix}0\\0\\0\\0\\ \vdots\\0\\0\\0\end{pmatrix}
\tag{1.2}
$$

其 $m+n$ 阶的系数方阵表示如下：

$$
\mathrm{Syl}(f,g,x)=\begin{pmatrix}
a_m & a_{m-1} & \cdots & a_0 & & & \\
 & a_m & a_{m-1} & \cdots & a_0 & & \\
 & & \ddots & \ddots & & \ddots & \\
 & & & a_m & a_{m-1} & \cdots & a_0\\
b_n & b_{n-1} & \cdots & b_0 & & & \\
 & b_n & b_{n-1} & \cdots & b_0 & & \\
 & & \ddots & \ddots & & \ddots & \\
 & & & b_n & b_{n-1} & \cdots & b_0
\end{pmatrix}
\begin{matrix}\left.\vphantom{\begin{matrix}1\\1\\1\\1\end{matrix}}\right\}n\text{ 行}\\ \left.\vphantom{\begin{matrix}1\\1\\1\\1\end{matrix}}\right\}m\text{ 行}\end{matrix}
\tag{1.3}
$$

其中，空白处的元素都为 0（对后面遇到的类似情形，不再特别加以说明）。

定义 1.1.1 称该方阵 $\mathrm{Syl}(f,g,x)$①为 $f(x)$ 和 $g(x)$ 关于 x 的 Sylvester 结式矩阵。称 Sylvester 矩阵 $\mathrm{Syl}(f,g,x)$ 的行列式为 $f(x)$ 和 $g(x)$ 关于 x 的 Sylvester 结式，记作 $|\mathrm{Syl}(f,g,x)|$ 或 $\mathrm{res}(f,g,x)$。

关于 $f(x)$ 和 $g(x)$ 的 Sylvester 结式 $|\mathrm{Syl}(f,g,x)|$ 有一个著名的定理。

定理 1.1.1 存在两个次数分别满足 $\deg(p(x),x)<n$，$\deg(q(x),x)<m$ 的多项式 $p(x)$，$q(x)\in\mathbb{K}[x]$，使得

① 有的文献记 $\mathrm{Syl}(f,g,x)$ 的转置矩阵 $\mathrm{Syl}(f,g,x)^{\mathrm{T}}$ 为其 Sylvester 矩阵。

$$p(x)f(x)+q(x)g(x)=|\mathrm{Syl}(f,g,x)|$$

证明:不妨假设 $|\mathrm{Syl}(f,g,x)|\neq 0$,否则结论显然。记 $f(x)$ 和 $g(x)$ 的 Sylvester 矩阵为 $\boldsymbol{S}$,则根据式(1.2)有

$$\boldsymbol{S}\begin{pmatrix} x^{m+n-1} \\ x^{m+n-2} \\ x^{m+n-3} \\ \vdots \\ x^3 \\ x^2 \\ x \\ 1 \end{pmatrix}=\begin{pmatrix} x^{n-1}f(x) \\ \vdots \\ xf(x) \\ f(x) \\ x^{m-1}g(x) \\ \vdots \\ xg(x) \\ g(x) \end{pmatrix}$$

将上式看作以 $x^{m+n-1},x^{m+n-2},\cdots,x,1$ 为变元的线性方程组,并用 Cramer 法则对最后一个变元 $x^0=1$ 求解得

$$\det(\boldsymbol{S})=\det\begin{pmatrix} a_m & a_{m-1} & \cdots & a_1 & a_0 & & x^{n-1}f(x) \\ & a_m & a_{m-1} & \cdots & a_1 & a_0 & x^{n-2}f(x) \\ & & \ddots & \ddots & & \ddots\ \ddots & \vdots \\ & & & a_m & a_{m-1} & \cdots\ a_1 & f(x) \\ b_n & b_{n-1} & \cdots & b_1 & b_0 & & x^{m-1}g(x) \\ & b_n & b_{n-1} & \cdots & b_1 & b_0 & x^{m-2}g(x) \\ & & \ddots & \ddots & & \ddots\ \ddots & \vdots \\ & & & b_n & b_{n-1} & \cdots\ b_1 & g(x) \end{pmatrix} \tag{1.4}$$

将右端的行列式按最后一列展开,再把含有 $f(x)$ 和 $g(x)$ 的项合并,并注意其中 x 的次数即可。

定理 1.1.2　设 $f(x)$ 和 $g(x)$ 如式(1.1)所示,则 $|\mathrm{Syl}(f,g,x)|=0$ 当且仅当 $f(x)$ 和 $g(x)$ 关于 x 有公共零点,或者 $a_m=b_n=0$。即只要 a_m 或 b_n 中有一个不为 0,$|\mathrm{Syl}(f,g,x)|=0$ 就是 $f(x)$ 和 $g(x)$ 关于 x 有公共零点的充要条件。

通常可利用 Sylvester 结式来讨论两个多项式的公共零点,以便最终将其归结为一元高次多项式方程的求根问题。

1.2　Bézout-Cayley 结式

我们在上一节中介绍了一元 Sylvester 结式。这里将一元结式的另一构造描述如下。该构造由 É. Bézout 和 A. Cayley 首先给出,后来 Dixon 将 A. Cayley 的构造方法推广到二元情形。

1.2.1 Bézout-Cayley 结式的 Bézout 构造法

首先给出 Bézout-Cayley 结式的 É. Bézout 构造方法。首先在 $m=n$ 的情况下讨论，将 $f(x)$和 $g(x)$重写为

$$
\begin{aligned}
f(x)&=f_{i1}(x)x^i+f_{i2}(x)\\
g(x)&=g_{i1}(x)x^i+g_{i2}(x)
\end{aligned}
\tag{1.5}
$$

其中，

$$
f_{i1}(x)=a_nx^{n-i}+a_{n-1}x^{n-1-i}+\cdots+a_i,\quad f_{i2}(x)=a_{i-1}x^{i-1}+a_{i-2}x^{i-2}+\cdots+a_0
$$

$$
g_{i1}(x)=b_nx^{n-i}+b_{n-1}x^{n-1-i}+\cdots+b_i,\quad g_{i2}(x)=b_{i-1}x^{i-1}+b_{i-2}x^{i-2}+\cdots+b_0
$$

易见，$f(x)$和 $g(x)$的公共零点肯定是多项式

$$
p_i(x)=\begin{vmatrix} f_{i1}(x) & f_{i2}(x)\\ g_{i1}(x) & g_{i2}(x)\end{vmatrix}=\sum_{j=1}^{n}d_{ij}x^{n-j}
\tag{1.6}
$$

的根，因为

$$
\begin{vmatrix} f_{i1}(x) & f_{i2}(x)\\ g_{i1}(x) & g_{i2}(x)\end{vmatrix}=\begin{vmatrix} f_{i1}(x) & f_{i1}(x)x^i+f_{i2}(x)\\ g_{i1}(x) & g_{i1}(x)x^i+g_{i2}(x)\end{vmatrix}=\begin{vmatrix} f_{i1}(x) & f(x)\\ g_{i1}(x) & g(x)\end{vmatrix}
$$

因此，n 个多项式

$$
p_{n-i+1}(x)=\sum_{j=1}^{n}d_{ij}x^{n-j},\quad i=1,2,\cdots,n
\tag{1.7}
$$

的系数矩阵为

$$
\mathrm{Bez}(f,g)=\begin{pmatrix} d_{11} & d_{12} & \cdots & d_{1n}\\ d_{21} & d_{22} & \cdots & d_{2n}\\ \vdots & \vdots & & \vdots\\ d_{n1} & d_{n2} & \cdots & d_{nn}\end{pmatrix}
\tag{1.8}
$$

而 $\mathrm{Bez}(f,g)$的行列式就是我们所求的 Bézout-Cayley 结式。

当 $m>n$ 时，我们只需要考虑多项式 $f(x)$和 $x^{m-n}g(x)$。这两个多项式的次数相等。用上述方法可以构造出 n 个多项式：

$$
p_i(x)=\sum_{j=1}^{m}d_{ij}x^{m-j},\qquad i=m-n,\cdots,m
\tag{1.9}
$$

并且不用另外的 $m-n$ 个多项式：

$$
p_k(x)=f_{k2}(x)g(x),\quad k=1,\cdots,m-n
$$

而用如下 $m-n$ 个多项式：

$$
q_k(x)=x^kg(x),\quad k=0,1,\cdots,m-n-1
$$

代替它和式(1.9)中的多项式一起组成 m 个多项式，这 m 个多项式的系数矩阵称为 $f(x)$和 $g(x)$的 Bézout 矩阵，记作 $\mathrm{Bez}(f,g)$。其行列式就是 $f(x)$和 $g(x)$的结式。

1.2.2 Bézout-Cayley 结式的 Cayley 构造法

接下来给出 A. Cayley 构造 Bézout-Cayley 结式的方法。

考虑两个一元多项式 $f(x), g(x) \in \mathbb{K}[x]$，其关于 x 的次数分别为 m 和 n，这里假定 $m \geqslant n > 0$。设 α 是一个新变元，则行列式

$$\Delta(x,\alpha) = \begin{vmatrix} f(x) & g(x) \\ f(\alpha) & g(\alpha) \end{vmatrix} = \sum_{i=0}^{m} (f(x)b_i - g(x)a_i)\alpha^i$$

是关于变元 x 和 α 的多项式，并且当 $x=\alpha$ 时 $\Delta(x,\alpha)=0$，这意味着 $x-\alpha$ 是 $\Delta(x,\alpha)$ 的因子。这样，多项式

$$\delta(x,\alpha) = \frac{\Delta(x,\alpha)}{x-\alpha} = \sum_{u=0}^{m-1}\sum_{v=0}^{m-1} B_{u,v}x^u\alpha^v \tag{1.10}$$

就是一个关于变元 α 的 $m-1$ 次多项式，并且关于 x 和 α 是对称的。可以把多项式 $\delta(x,\alpha)$ 写为

$$\delta(x,\alpha) = B_0(x) + B_1(x)\alpha + \cdots + B_{m-1}(x)\alpha^{m-1}$$

其中，$B_i(x)$ 是关于变元 x 的多项式且次数小于或等于 $m-1$。

上述多项式可表示成如下的矩阵形式：

$$\delta(x,\alpha) = (1 \cdots x^{m-1})\mathrm{Bez}(f,g)\begin{pmatrix} 1 \\ \vdots \\ \alpha^{m-1} \end{pmatrix} \tag{1.11}$$

由于对 $f(x)$ 和 $g(x)$ 的任意公共零点 x_0，无论 α 取值如何，$\delta(x_0,\alpha)=0$ 都成立，所以在 $x=x_0$ 处，多项式 $\delta(x,\alpha)$ 关于变元 α 的各阶幂积的系数都等于 0，即

$$\{B_0(x_0)=0, \cdots, B_{m-1}(x_0)=0\}$$

一般的，多项式的任一公共零点必然是多项式方程组

$$\{B_0(x)=0, \cdots, B_{m-1}(x)=0\} \tag{1.12}$$

的解。我们把这个方程组看作是 x 的各不同幂积 $x^{m-1}, x^{m-2}, \cdots, x, x^0=1$ 的齐次线性方程组（m 个方程 m 个变元）。如有解则必然是非零解（因 $x^0=1$）。故其系数矩阵 $\mathrm{Bez}(f,g)$ 的行列式为 0 时，式中的方程有公共解。系数矩阵 $\mathrm{Bez}(f,g)$ 是一个 m 阶方阵，称为 Bézout 矩阵。该 m 阶方阵的行列式为 $f(x)$ 和 $g(x)$ 关于 x 的 Bézout-Cayley 结式，记作 $|\mathrm{Bez}(f,g)|$。它与前节中定义的 Sylvester 结式在 $m=n$ 时恒相同，而在 $m>n$ 时相差一个多余因子 $(a_m)^{m-n}$。

从上面的讨论可知，$f(x)$ 和 $g(x)$ 的每个公共零点都是方程组的解。因此，$|\mathrm{Bez}(f,g)|=0$ 是 $f(x)$ 和 $g(x)$ 有公共零点的一个必要条件。

注意：Sylvester 结式矩阵的非零元素仅仅是两个多项式方程组的系数，而 Bézout-Cayley 结式矩阵的元素则要复杂得多，它们是由这些系数构成的表达式。于是，如何快速构造 Bézout-Cayley 结式矩阵就是一个需要研究的问题。

1.3 Dixon 结式

1.3.1 Dixon 结式的构造

1908 年，Dixon 将 Cayley 构造 Bézout-Cayley 结式的方法推广到三个二元多项式的情

形。三个多项式是关于变元 x 和 y 的双次数为 (m,n) 的多项式，$f(x,y)=\sum_{i=0}^{m}\sum_{j=0}^{n}a_{i,j}x^iy^j$，$g(x,y)=\sum_{i=0}^{m}\sum_{j=0}^{n}b_{i,j}x^iy^j$ 和 $h(x,y)=\sum_{i=0}^{m}\sum_{j=0}^{n}c_{i,j}x^iy^j$。这里，双次数是指多项式 $f(x,y)$，$g(x,y)$，$h(x,y)\in\mathbb{K}[x]$ 关于 x 和 y 的全次数为 $m+n$，但关于 x 的次数仅为 m，关于 y 的次数仅为 n。让我们来考虑这一情形。显而易见，行列式

$$\Delta(x,y,\alpha,\beta)=\begin{vmatrix} f(x,y) & g(x,y) & h(x,y) \\ f(\alpha,y) & g(\alpha,y) & h(\alpha,y) \\ f(\alpha,\beta) & g(\alpha,\beta) & h(\alpha,\beta) \end{vmatrix}$$

在用 x 替换 α 或用 y 替换 β 之后为零。因此，$(x-\alpha)(y-\beta)\mid\Delta$。所以有多项式

$$\delta(x,y,\alpha,\beta)=\frac{\Delta(x,y,\alpha,\beta)}{(x-\alpha)(y-\beta)} \tag{1.13}$$

设

$$\begin{aligned} f(x,y)&=a_m(y)x^m+\cdots+a_1(y)x+a_0(y) \\ &=\bar{a}_n(x)y^n+\cdots+\bar{a}_1(x)y+\bar{a}_0(x) \end{aligned} \tag{1.14}$$

则

$$f(x,y)-f(\alpha,y)=(x-\alpha)\sum_{1\leqslant i\leqslant m}a_i(y)\sigma_{i-1}(x,\alpha) \tag{1.15}$$

$$f(\alpha,y)-f(\alpha,\beta)=(y-\beta)\sum_{1\leqslant j\leqslant n}\bar{a}_j(\alpha)\sigma_{j-1}(y,\beta) \tag{1.16}$$

其中，$\sigma_k(x,\alpha)$ 是关于 x,α 的初等 k 次齐式。

由此得，

$$\begin{aligned} \delta(x,y,\alpha,\beta)&=\begin{vmatrix} \sum\limits_{1\leqslant i\leqslant m}a_i(y)\sigma_{i-1}(x,\alpha) & \sum\limits_{1\leqslant i\leqslant m}b_i(y)\sigma_{i-1}(x,\alpha) & \sum\limits_{1\leqslant i\leqslant m}c_i(y)\sigma_{i-1}(x,\alpha) \\ \sum\limits_{1\leqslant j\leqslant n}\bar{a}_j(\alpha)\sigma_{j-1}(y,\beta) & \sum\limits_{1\leqslant j\leqslant n}\bar{b}_j(\alpha)\sigma_{j-1}(y,\beta) & \sum\limits_{1\leqslant j\leqslant n}\bar{c}_j(\alpha)\sigma_{j-1}(y,\beta) \\ f(\alpha,\beta) & g(\alpha,\beta) & h(\alpha,\beta) \end{vmatrix} \\ &=\begin{vmatrix} f(x,y) & g(x,y) & h(x,y) \\ \sum\limits_{1\leqslant i\leqslant m}a_i(y)\sigma_{i-1}(x,\alpha) & \sum\limits_{1\leqslant i\leqslant m}b_i(y)\sigma_{i-1}(x,\alpha) & \sum\limits_{1\leqslant i\leqslant m}c_i(y)\sigma_{i-1}(x,\alpha) \\ \sum\limits_{1\leqslant j\leqslant n}\bar{a}_j(\alpha)\sigma_{j-1}(y,\beta) & \sum\limits_{1\leqslant j\leqslant n}\bar{b}_j(\alpha)\sigma_{j-1}(y,\beta) & \sum\limits_{1\leqslant j\leqslant n}\bar{c}_j(\alpha)\sigma_{j-1}(y,\beta) \end{vmatrix} \end{aligned} \tag{1.17}$$

从上面的行列式可以看出，$\deg(\delta,x)\leqslant m-1$，$\deg(\delta,y)\leqslant 2n-1$；从下面的行列式可以看出 $\deg(\delta,\alpha)\leqslant 2m-1$，$\deg(\delta,\beta)\leqslant n-1$。

因此，多项式 $\delta(x,y,\alpha,\beta)$ 可写为

$$\delta(x,y,\alpha,\beta)=\frac{\Delta(x,y,\alpha,\beta)}{(x-\alpha)(y-\beta)}=\sum_{u=0}^{2m-1}\sum_{v=0}^{n-1}\sum_{i=0}^{m-1}\sum_{j=0}^{2n-1}d_{i,j,u,v}x^iy^j\alpha^u\beta^v$$

由于对任意 $(\bar{x},\bar{y})\in\mathrm{Zero}(\{f,g,h\})$，无论 α 和 β 取值如何，$\delta(\bar{x},\bar{y},\alpha,\beta)=0$ 都成立，因而系数 $D_{ij}=\mathrm{coef}(\delta,\alpha^i\beta^j)$ $(0\leqslant i\leqslant 2m-1,0\leqslant j\leqslant n-1)$ 关于 x 和 y 的公共零点构成的集合包含原多项式组的零点集 $\mathrm{Zero}(\{f,g,h\})$。

定义 1.3.1 每个多项式 D_{ij} 称为 $\{f,g,h\}$ 关于 $\{x,y\}$ 对应于 $\{i,j\}$ 的 Dixon 导出多项

式。由导出多项式的全体构成的集合$\{D_{ij} \mid 0 \leqslant i \leqslant 2m-1, 0 \leqslant j \leqslant n-1\}$称为$\{f,g,h\}$关于$\{x,y\}$的 Dixon 导出多项式组。

将

$$D_{ij}(x,y)=0\ (0 \leqslant i \leqslant 2m-1, 0 \leqslant j \leqslant n-1)$$

视为 $2mn$ 项

$$x^i y^j\ (0 \leqslant i \leqslant m-1, 0 \leqslant j \leqslant 2n-1)$$

的 $2mn$ 个齐次线性方程。写成矩阵形式，我们有

$$\delta(x,y,\alpha,\beta)=\begin{pmatrix} D_{2m-1,n-1} \\ \vdots \\ D_{n-1} \\ \vdots \\ D_{2m-1} \\ \vdots \\ 1 \end{pmatrix}^{\mathrm{T}} \begin{pmatrix} \alpha^{2m-1}\beta^{n-1} \\ \vdots \\ \beta^{n-1} \\ \vdots \\ \alpha^{2m-1} \\ \vdots \\ 1 \end{pmatrix} = (x^{m-1}y^{2n-1}\cdots y^{2n-1}\cdots x^{m-1}\cdots 1)\boldsymbol{D}\begin{pmatrix} \alpha^{2m-1}\beta^{n-1} \\ \vdots \\ \beta^{n-1} \\ \vdots \\ \alpha^{2m-1} \\ \vdots \\ 1 \end{pmatrix} \tag{1.18}$$

其中，$\boldsymbol{D}$ 为 Dixon 导出多项式组 D_{ij} 关于幂积 $x^{m-1}y^{2n-1},\cdots,y^{2n-1},\cdots x^{m-1},\cdots,1$ 的系数矩阵。矩阵 $\boldsymbol{D}$ 及其行列式$|\boldsymbol{D}|$分别称为 $f(x,y)$、$g(x,y)$和 $h(x,y)$关于 x 和 y 的 Dixon 矩阵和 Dixon 结式。可见，Dixon 结式等于零给出了原方程组有公共零点的一个必要条件。即原方程组的解一定可以在 Dixon 结式的解中找到，而 Dixon 结式的解不一定是原方程的解。

按照二元 Dixon 结式的构造方法，可以对任意 $n+1$ 个 n 变元的多项式 $f_1,\cdots,f_{n+1}\in\mathbb{K}[x]$ 构造相应的 Dixon 矩阵 $\boldsymbol{D}$，设 $\alpha_1,\alpha_2,\cdots,\alpha_n$ 是 n 个新变元，则

$$\Delta(x_1,\cdots,x_n,\alpha_1,\cdots,\alpha_n)=\begin{vmatrix} f_1(x_1,x_2,\cdots,x_n) & \cdots & f_{n+1}(x_1,x_2,\cdots,x_n) \\ f_1(\alpha_1,x_2,\cdots,x_n) & \cdots & f_{n+1}(\alpha_1,x_2,\cdots,x_n) \\ f_1(\alpha_1,\alpha_2,\cdots,x_n) & \cdots & f_{n+1}(\alpha_1,\alpha_2,\cdots,x_n) \\ \cdots & & \cdots \\ f_1(\alpha_1,\alpha_2,\cdots,\alpha_n) & \cdots & f_{n+1}(\alpha_1,\alpha_2,\cdots,\alpha_n) \end{vmatrix} \tag{1.19}$$

$$\delta(x_1,\cdots,x_n,\alpha_1,\cdots,\alpha_n)=\frac{\Delta(x_1,\cdots,x_n,\alpha_1,\cdots,\alpha_n)}{(\alpha_1-x_1)\cdots(\alpha_n-x_n)} \tag{1.20}$$

然后用同样的方法把式(1.20)展开，令各 α_i 幂积的系数为 0，就可以构造出一系列的关于各 x_i 的方程，取其系数矩阵，就是 Dixon 结式矩阵 $\boldsymbol{D}$。这时，$\boldsymbol{D}$ 不一定是方阵。当 Dixon 矩阵 $\boldsymbol{D}$ 是方阵时，称其行列式为$\{f_1,\cdots,f_{n+1}\}$关于 $x_1,\cdots,x_n$ 的 Dixon 结式。实际上多变量的 Dixon 结式在很多情况下是不好用的，主要是因为它常常恒等于零，即 $\det(\boldsymbol{D})=0$，结果什么也得不到。导致 Dixon 结式为 0 的原因主要有两方面，一方面是多余因子的存在，另一方面是 Dixon 结式退化。对于多项式组$\{f_1,\cdots,f_{n+1}\}$来说，若它是一般的、全符号系数的，则它的 Dixon 结式既不会产生多余因子，也不会有退化情形。而在实际当中，两种情形都会发生。针对多余因子这个问题，国际上出现了切角法、支撑点法、露点法、变量缩放法及观察法等，遗憾的是它们只能处理某一特殊类型系统，而杨路等人的“聚筛法”是一种“后验法”，它通过 WR 相对分解去掉最后结果中的多余因子。赵世忠等人指出 Dixon 结式的多余因

子最少由三大部分组成(各部分的多余因子有可能为常数项):Dixon 导出多余因子、Dixon 矩阵的多余因子以及最后导出多项式回代产生的多余因子。接下来简单介绍 Dixon 结式的退化问题。

1.3.2 Dixon 结式的退化问题

这一节我们讨论 Dixon 结式的退化问题。需要说明的是,这一节中的 Dixon 矩阵指的是 $\boldsymbol{D}^{\mathrm{T}}(f_1,\cdots,f_{n+1})$或通过交换矩阵 $\boldsymbol{D}^{\mathrm{T}}(f_1,\cdots,f_{n+1})$的列得到的矩阵。

若多项式组$\{f_1,\cdots,f_{n+1}\}$中的某些多项式是稀疏的,则可导致 Dixon 矩阵 $\boldsymbol{D}^{\mathrm{T}}(f_1,\cdots,f_{n+1})$的某些行与列的元素全是零。若将这些行与列去掉,这时 Dixon 矩阵 $\boldsymbol{D}^{\mathrm{T}}(f_1,\cdots,f_{n+1})$(将变化了的矩阵仍称为 Dixon 矩阵,仍写为 $\boldsymbol{D}^{\mathrm{T}}(f_1,\cdots,f_{n+1})$)就可能不是方阵,即使是方阵,这个方阵的行列式也可能恒为零。针对这两种退化情形,杨路等人提出了一个条件,只要满足这个条件,就可从 Dixon 矩阵 $\boldsymbol{D}^{\mathrm{T}}(f_1,\cdots,f_{n+1})$中提取出一个子式,这个子式为零就是原多项式组有公共零点的必要条件。

下面我们重述这个杨氏条件及杨氏定理(或 KSY 条件、KSY 定理)。

定义 1.3.2 在 Dixon 矩阵 $\boldsymbol{D}^{\mathrm{T}}(f_1,\cdots,f_{n+1})$中,若存在一列,这一列不能表示成其他列的线性组合,则称这个矩阵满足杨氏条件。

定理 1.3.1 杨氏定理是指,若 Dixon 矩阵 $\boldsymbol{D}^{\mathrm{T}}(f_1,\cdots,f_{n+1})$满足杨氏条件,即存在一列——这一列不能表示成其他列的线性组合,且 U 为包含这一列的任一极大非奇异子矩阵,那么

(1) 若这一列对应的单项式是 $1=x_1^0x_2^0\cdots x_n^0$,则$\{f_1,\cdots,f_{n+1}\}$在$\mathbb{C}^n$上有公共零点的必要条件就是$|\boldsymbol{U}|=0$,即取$|\boldsymbol{U}|$为 Dixon 结式。

(2) 否则$|\boldsymbol{U}|=0$ 是$\{f_1,\cdots,f_{n+1}\}$在$(\mathbb{C}\setminus\{0\})^n$ 上有公共零点的必要条件,即$|\boldsymbol{U}|=E_x\times$ toric 结式,其中 E_x 为多余因子。

注:toric 结式指的是结式等于 0 为多项式系统$\{f_1,\cdots,f_{n+1}\}$在$(\mathbb{C}\setminus\{0\})^n$ 上有公共零点的充要条件。

根据上面的定义,杨氏算法就是若满足条件,就提取极大非奇异子矩阵,再求它的行列式。

下面我们通过矩阵的初等变换来求此子式。

引理 1.3.1 若 Dixon 矩阵 $\boldsymbol{D}^{\mathrm{T}}(f_1,\cdots,f_{n+1})$满足杨氏条件,即存在一列——这一列不能表示成其他列的线性组合,则这一列包含在 $\boldsymbol{D}^{\mathrm{T}}(f_1,\cdots,f_{n+1})$的所有极大非奇异子矩阵中。

定理 1.3.2 设 Dixon 矩阵 $\boldsymbol{D}^{\mathrm{T}}(f_1,\cdots,f_{n+1})$的秩为 r,则通过无分母高斯消元法与行交换、列交换两种初等变换,$\boldsymbol{D}^{\mathrm{T}}(f_1,\cdots,f_{n+1})$可变为

$$\begin{pmatrix} \boldsymbol{P}_{r\times r} & \boldsymbol{Q}_{r\times\left(n!\prod\limits_{l=1}^{n}m_l-r\right)} \\ \boldsymbol{0}_{\left(n!\prod\limits_{l=1}^{n}m_l-r\right)\times n!\prod\limits_{l=1}^{n}m_l} & \end{pmatrix}_{n!\prod\limits_{l=1}^{n}m_l\times n!\prod\limits_{l=1}^{n}m_l} \tag{1.21}$$

其中,

$$\boldsymbol{P}_{r\times r}=\begin{pmatrix} p_{1,1} & 0 & \cdots & 0 \\ 0 & p_{2,2} & \cdots & 0 \\ \vdots & \vdots & & \vdots \\ 0 & 0 & \cdots & p_{r,r} \end{pmatrix} \tag{1.22}$$

是对角矩阵，且 $p_{i,i}\neq 0,1\leqslant i\leqslant r$，$\boldsymbol{0}_{(n!\prod\limits_{l=1}^{n}m_l-r)\times n!\prod\limits_{l=1}^{n}m_l}$ 是零矩阵。

例 1.1　形式如式(1.23)的三个一般 3 元 3 次完全方程组（所谓完全方程组就是各项齐全的方程组），其每一项形式如 $x^iy^jz^k$ 所示，其中 $0\leqslant i\leqslant 3,0\leqslant j\leqslant 3,0\leqslant k\leqslant 3$ 和 $0\leqslant i+j+k\leqslant 3$，其中，变量 z 被作为压缩变量，接下来用 Dixon 结式导出其有解的条件。

$$\text{PS:}\begin{cases} f(x,y)\equiv a_1x^3+a_2x^2y+a_3xy^2+a_4y^3+a_5x^2+a_6xy+a_7y^2+a_8x+a_9y+a_{10}=0 \\ g(x,y)\equiv b_1x^3+b_2x^2y+b_3xy^2+b_4y^3+b_5x^2+b_6xy+b_7y^2+b_8x+b_9y+b_{10}=0 \\ h(x,y)\equiv c_1x^3+c_2x^2y+c_3xy^2+c_4y^3+c_5x^2+c_6xy+c_7y^2+c_8x+c_9y+c_{10}=0 \end{cases} \tag{1.23}$$

其中，a_i、b_i 和 $c_i(i=1,2,3,4)$为常数，a_i、b_i 和 $c_i(i=5,6,7)$关于变量 z 的次数为 1 次，a_i、b_i 和 $c_i(i=8.9)$关于变量 z 的次数为 2 次，a_{10}、b_{10} 和 c_{10} 关于变量 z 的次数为 3 次。

根据式(1.13)和式(1.17)，构造的 Dixon 多项式可表示如下：

$$\begin{aligned}\delta(x,y,\alpha,\beta) &= \frac{\Delta(x,y,\alpha,\beta)}{(x-\alpha)(y-\beta)} \\ &= \begin{vmatrix} \sum\limits_{1\leqslant i\leqslant 3} a_i(y)\sigma_{i-1}(x,\alpha) & \sum\limits_{1\leqslant i\leqslant m} b_i(y)\sigma_{i-1}(x,\alpha) & \sum\limits_{1\leqslant i\leqslant m} c_i(y)\sigma_{i-1}(x,\alpha) \\ \sum\limits_{1\leqslant j\leqslant 3} \bar{a}_j(\alpha)\sigma_{j-1}(y,\beta) & \sum\limits_{1\leqslant j\leqslant n} \bar{b}_j(\alpha)\sigma_{j-1}(y,\beta) & \sum\limits_{1\leqslant j\leqslant n} \bar{c}_j(\alpha)\sigma_{j-1}(y,\beta) \\ f(\alpha,\beta) & g(\alpha,\beta) & h(\alpha,\beta) \end{vmatrix} \\ &= \begin{vmatrix} f(x,y) & g(x,y) & h(x,y) \\ \sum\limits_{1\leqslant i\leqslant 3} a_i(y)\sigma_{i-1}(x,\alpha) & \sum\limits_{1\leqslant i\leqslant 3} b_i(y)\sigma_{i-1}(x,\alpha) & \sum\limits_{1\leqslant i\leqslant 3} c_i(y)\sigma_{i-1}(x,\alpha) \\ \sum\limits_{1\leqslant j\leqslant 3} \bar{a}_j(\alpha)\sigma_{j-1}(y,\beta) & \sum\limits_{1\leqslant j\leqslant 3} \bar{b}_j(\alpha)\sigma_{j-1}(y,\beta) & \sum\limits_{1\leqslant j\leqslant 3} \bar{c}_j(\alpha)\sigma_{j-1}(y,\beta) \end{vmatrix}\end{aligned} \tag{1.24}$$

根据式(1.15)和式(1.16)，可知式(1.24)中 $\sum\limits_{1\leqslant i\leqslant 3} a_i(y)\sigma_{i-1}(x,\alpha)$ 和 $\sum\limits_{1\leqslant j\leqslant 3} \bar{a}_j(\alpha)\sigma_{j-1}(y,\beta)$ 分别表示如下：

$$\begin{aligned}\sum_{1\leqslant i\leqslant 3} a_i(y)\sigma_{i-1}(x,\alpha) = {} & a_8+a_6y+a_3y^2+(a_5+a_2y)x+(a_5+a_2y)\alpha+ \\ & a_1x\alpha+a_1x^2+a_1\alpha^2\end{aligned} \tag{1.25}$$

$$\begin{aligned}\sum_{1\leqslant j\leqslant 3} \bar{a}_j(\alpha)\sigma_{j-1}(y,\beta) = {} & a_9+a_6\alpha+a_2\alpha^2+(a_7+a_3\alpha)y+(a_7+a_3\alpha)\beta+ \\ & a_4y\beta+a_4y^2+a_4\beta^2\end{aligned} \tag{1.26}$$

从式(1.24)中下面的行列式可以看出，对于变量 α，δ 的第 2 行和第 3 行各为 2 次，所以展开后共 4 次；对于变量 β，只有第 3 行为 2 次。另外，α 与 β 的次数和不高于 4；从式(1.24)中上面的行列式可以看出，对于变量 x，只有 δ 的第 1 行为 2 次，对于变量 y，δ 的第 1 行和第 2 行各为 2 次，所以展开后共 4 次。通过式(1.23)～式(1.26)和以上的分析可以看出，δ 展开后关于α与β共12项，满足以下条件：

$$\deg(\alpha)\leqslant 4,\deg(\beta)\leqslant 2,\deg(\alpha)+\deg(\beta)\leqslant 4 \tag{1.27}$$

这样关于变量α与β的幂积共12个，表示如下：

$$\boldsymbol{u}=(1,\alpha,\beta,\alpha^2,\alpha\beta,\beta^2,\alpha^3,\alpha^2\beta,\alpha\beta^2,\alpha^4,\alpha^3\beta,\alpha^2\beta^2) \tag{1.28}$$

类似的，δ展开后关于x，y同样是12项。即满足条件：

$$\deg(y)\leqslant 4,\deg(x)\leqslant 2,\deg(x)+\deg(y)\leqslant 4 \tag{1.29}$$

$$\boldsymbol{v}=(1,x,y,x^2,yx,y^2,yx^2,y^2x,y^3,y^2x^2,y^3x,y^4) \tag{1.30}$$

所以式(1.24)可以展开为

$$\boldsymbol{v}\boldsymbol{D}_{12\times 12}\boldsymbol{u}^{\mathrm{T}}=0 \tag{1.31}$$

或

$$\boldsymbol{D}_{12\times 12}^{\mathrm{T}}\boldsymbol{v}^{\mathrm{T}}=\boldsymbol{0}_{12\times 1} \tag{1.32}$$

考察式(1.28)，后3个元素，每个元素的总次数是4，于是把式(1.32)的后三行提出来，它们是关于α^4，$\alpha^3\beta$，$\alpha^2\beta^2$的三行。通过对式(1.24)～式(1.26)的观察，可以得出这三行分别是

$$D_{40}=\begin{vmatrix} f(x,y) & g(x,y) & h(x,y)\\ a_1 & b_1 & c_1\\ a_2 & b_2 & c_2\end{vmatrix}=0,\quad D_{31}=\begin{vmatrix} f(x,y) & g(x,y) & h(x,y)\\ a_1 & b_1 & c_1\\ a_3 & b_3 & c_3\end{vmatrix}=0,$$

$$D_{22}=\begin{vmatrix} f(x,y) & g(x,y) & h(x,y)\\ a_1 & b_1 & c_1\\ a_4 & b_4 & c_4\end{vmatrix}=0 \tag{1.33}$$

对于式(1.33)中的第一式，是关于α的4次项，它一定是式(1.25)和式(1.26)中α的2次项构成的，因为α的最高次数就是2，所以式(1.24)下面行列式的第二行和第三行分别是(a_1,b_1,c_1)与(a_2,b_2,c_2)。由于这三个式子等于零与α、β无关，所以三个行列式应分别等于零。再由于每个行列式都包括(a_1,b_1,c_1)这一行，这就造成了它们的相关性，且最多只有两个行列式独立。令

$$w=\lambda_1 D_{40}+\lambda_2 D_{31}+\lambda_3 D_{22}=0 \tag{1.34}$$

即

$$w=\mathrm{PS}(x,y)\cdot(\lambda_1\boldsymbol{r}_1\times\boldsymbol{r}_2+\lambda_2\boldsymbol{r}_1\times\boldsymbol{r}_3+\lambda_3\boldsymbol{r}_1\times\boldsymbol{r}_4)=0 \tag{1.35}$$

其中，$\mathrm{PS}(x,y)=(f(x,y),g(x,y),h(x,y))$，$\boldsymbol{r}_i=(a_i,b_i,c_i)(i=1,2,3,4)$。

式(1.35)括号中4个矢量$\boldsymbol{r}_1$，$\boldsymbol{r}_2$，$\boldsymbol{r}_3$，$\boldsymbol{r}_4$全是常数，又括号中3个三维矢量积都垂直于矢量$\boldsymbol{r}_1$，所以一定在同一个二维平面内，它们必然相关，于是可以找到λ_1，λ_2，λ_3，使式(1.35)括号中为0，或者说最多只有两个行列式独立。把同样的道理用于变量x，y的分析，可以得到后三列线性相关的结论，于是非奇异子矩阵$\boldsymbol{D}_{11\times 11}$的行列式就是最终的Dixon结式。该结式$|\boldsymbol{D}_{11\times 11}|=0$对于一般3元3次全项的方程组可以直接应用。

本书作者在对空间三弹簧系统的静力逆分析求解问题进行研究时，对全项的3元4次完全方程组采用Dixon结式进行消元，构造了一个22×22的Dixon结式矩阵，但是该矩阵的行列式始终为0，在分析了该行列式行与列的相关性后，去掉了相关的两行和两列(原理类似于上面的分析)，构造出一个20×20的Dixon结式矩阵，对于一般符号系数的全项的3

元 4 次完全方程组可以直接使用构造的 20×20 的 Dixon 结式矩阵进行求解。但是对于空间三弹簧系统来说,还要再进一步处理,再去掉两行和两列,得到最终的 18×18 的 Dixon 矩阵。相关内容可查阅参考文献。

总之,Dixon 结式虽然可以方便地推广到多元情况,但是要真正得到一元高次方程还要处理各种不同的具体情况,或者说还没有一个系统有效的理论。

1.4　矩阵广义特征值方法

由于结式矩阵的阶可能非常大,特别是变元较多的情形,所以结式矩阵行列式的符号展开就成为求解多项式方程组的一个瓶颈。这个过程不仅仅效率不高,而且数值计算非常不稳定。幸运的是,这些局限可以将计算结式矩阵行列式问题转化为广义特征值问题,使用矩阵广义特征值方法找到结式矩阵行列式的根。

1.4.1　广义特征值问题

假定矩阵 $\boldsymbol{A}$ 和 $\boldsymbol{B}$ 都是 n 阶矩阵,它们的广义特征值和特征向量定义如下:

$$\boldsymbol{A}\boldsymbol{x}=\lambda\boldsymbol{B}\boldsymbol{x} \tag{1.36}$$

其中,λ 为 $\boldsymbol{A}$ 相对于 $\boldsymbol{B}$ 的广义特征值,$\boldsymbol{x}\neq\boldsymbol{0}$ 是相应的广义特征向量。广义特征值是广义特征方程 $|\boldsymbol{A}-\lambda\boldsymbol{B}|=0$ 的根。当 $\boldsymbol{B}=\boldsymbol{I}_n$(单位矩阵)时,广义特征值问题退化为标准特征值问题。如果矩阵 $\boldsymbol{B}$ 是非奇异矩阵,且其条件数足够小,那么通过在式(1.36)两边乘以 $\boldsymbol{B}^{-1}$,这个问题可转化为

$$\boldsymbol{B}^{-1}\boldsymbol{A}\boldsymbol{x}=\lambda\boldsymbol{x} \tag{1.37}$$

即转化为求解矩阵 $\boldsymbol{B}^{-1}\boldsymbol{A}$ 的特征值问题。

但是,如果矩阵 $\boldsymbol{B}$ 的条件数非常大,我们就需要使用矩阵 QR 分解三角化矩阵 $\boldsymbol{A}$ 和 $\boldsymbol{B}$,然后再计算特征值。

对于一个 $m\times m$ 的结式矩阵 $\boldsymbol{C}$,其每个元素是压缩变量 x_n 的多项式。假定 d 是结式矩阵中所有元素的最高阶数。为了方便,我们令 $\lambda=x_n$。那么,结式矩阵 $\boldsymbol{C}$ 可以被写成如下的矩阵多项式:

$$\boldsymbol{C}(\lambda)=\boldsymbol{C}_d\lambda^d+\boldsymbol{C}_{d-1}\lambda^{d-1}+\cdots+\boldsymbol{C}_1\lambda+\boldsymbol{C}_0$$

其中,$\boldsymbol{C}_0,\boldsymbol{C}_1,\boldsymbol{C}_2,\cdots,\boldsymbol{C}_d$ 是 $m\times m$ 的数值矩阵。当 $\boldsymbol{C}_d$ 为单位阵时,相应的矩阵多项式称作是首一的。

1.4.2　使用矩阵广义特征值方法计算结式行列式的根

首先考虑 $\boldsymbol{C}_d$ 为可逆阵的情形。令

$$\overline{\boldsymbol{C}}(\lambda)=\boldsymbol{C}_d^{-1}\boldsymbol{C}(\lambda),\quad \overline{\boldsymbol{C}}_i=\boldsymbol{C}_d^{-1}\boldsymbol{C}_i,\quad 0<i\leqslant d$$

则 $\overline{\boldsymbol{C}}(\lambda)$是首一多项式,这个多项式作为一个方阵,其行列式是如下方阵的特征多项式:

$$\boldsymbol{A}=\begin{pmatrix} \boldsymbol{0}_m & \boldsymbol{I}_m & \boldsymbol{0}_m & \cdots & \boldsymbol{0}_m \\ \boldsymbol{0}_m & \boldsymbol{0}_m & \boldsymbol{I}_m & \cdots & \boldsymbol{0}_m \\ \vdots & \vdots & \vdots & & \vdots \\ \boldsymbol{0}_m & \boldsymbol{0}_m & \boldsymbol{0}_m & \cdots & \boldsymbol{I}_m \\ -\overline{\boldsymbol{C}}_0 & -\overline{\boldsymbol{C}}_1 & -\overline{\boldsymbol{C}}_2 & \cdots & -\overline{\boldsymbol{C}}_{d-1} \end{pmatrix} \tag{1.38}$$

其中，$\boldsymbol{0}_m$ 和 $\boldsymbol{I}_m$ 分别为零矩阵和单位阵。我们把这个方阵称为矩阵多项式 $\overline{\boldsymbol{C}}(\lambda)$ 的块友阵。换句话说，矩阵多项式的行列式恰好是其块友阵的特征多项式。

当 $\boldsymbol{C}_d$ 是奇异阵时，考虑矩阵多项式

$$\boldsymbol{A}(\lambda)=\boldsymbol{A}_1\lambda-\boldsymbol{A}_2$$

其中，

$$\boldsymbol{A}_1=\begin{pmatrix} \boldsymbol{I}_m & \boldsymbol{0}_m & \boldsymbol{0}_m & \cdots & \boldsymbol{0}_m \\ \boldsymbol{0}_m & \boldsymbol{I}_m & \boldsymbol{0}_m & \cdots & \boldsymbol{0}_m \\ \vdots & \vdots & \vdots & & \vdots \\ \boldsymbol{0}_m & \boldsymbol{0}_m & \boldsymbol{0}_m & \boldsymbol{I}_m & \boldsymbol{0}_m \\ \boldsymbol{0}_m & \boldsymbol{0}_m & \boldsymbol{0}_m & \boldsymbol{0}_m & C_d \end{pmatrix},\quad A_2=\begin{pmatrix} \boldsymbol{0}_m & \boldsymbol{I}_m & \boldsymbol{0}_m & \cdots & \boldsymbol{0}_m \\ \boldsymbol{0}_m & \boldsymbol{0}_m & \boldsymbol{I}_m & \cdots & \boldsymbol{0}_m \\ \vdots & \vdots & \vdots & & \vdots \\ \boldsymbol{0}_m & \boldsymbol{0}_m & \boldsymbol{0}_m & \cdots & \boldsymbol{I}_m \\ -\boldsymbol{C}_0 & -\boldsymbol{C}_1 & -\boldsymbol{C}_2 & \cdots & -\boldsymbol{C}_{d-1} \end{pmatrix}$$

可以证明

$$\det(\boldsymbol{A}(\lambda))=\det(\boldsymbol{C}(\lambda))$$

多项式 $\det(\boldsymbol{C}(\lambda))$的根称为矩阵对$(\boldsymbol{A}_1,\boldsymbol{A}_2)$的特征值。当 $\boldsymbol{A}_1$ 为单位阵时，矩阵对$(\boldsymbol{A}_1,\boldsymbol{A}_2)$的特征值就是 $\boldsymbol{A}_2$ 的特征值。这样我们就把多项式 $\det(\boldsymbol{C}(\lambda))$求根问题转化为求矩阵对$(\boldsymbol{A}_1,\boldsymbol{A}_2)$的特征值问题，即线性代数理论中所谓矩阵广义特征值问题。

当 $\boldsymbol{C}_d$ 奇异而 $\boldsymbol{C}_0$ 非奇异时，通常的做法是作变换 $\lambda=\beta^{-1}$，从而把问题归结为 $\boldsymbol{C}_d$ 非奇异的情形。该理论的详细证明可查阅相关参考文献。

第2章 吴消元法

吴消元法也称为特征列方法，特征列的概念是 J. F. Ritt 在他的关于微分代数的工作中对(微分)多项式理想引进的，但 Ritt 的概念和方法未曾引起人们的注意。20 世纪 70 年代末，吴文俊教授在创立他的几何定理机器证明方法时注意到 Ritt 的工作，并以此作为完善其机械化方法的构造性代数工具。吴在理论、算法、效率和使用上都极大地发展了特征列方法，并将其用于各种几何推理和计算问题，从而引发了大量后续工作。吴的方法避免了 Ritt 算法中的不可约限制，使得从任意多项式组都能有效地构造特征列。吴消元法同结式消元法和 Gröbner 基法类似，也是一种消元方法，在几何定理证明、代数方程求解等方面均有很重要的应用。本章将详细地介绍吴消元法以及基于 MMP 软件的方程求解，主要参考了关蔼雯的《吴文俊消元法讲义》以及高小山等人的《方程求解与机器证明——基于 MMP 的问题求解》。

2.1 多元多项式的基本概念

2.1.1 多元多项式的规范写法

为将多元多项式写成便于考察与计算的形式，先引进几个名词。设$\mathbb{K}$是特征为零的域，多项式环的变元分为两组：$u_1,u_2,\cdots,u_s$与 $x_1,x_2,\cdots,x_n$，在多项式环$\mathbb{K}[u_1,\cdots,u_s,x_1,\cdots,x_n]$中，$u_1,u_2,\cdots,u_s$部分作为参量出现。对于多项式 $P=P(u_1,\cdots,u_s,x_1,\cdots,x_n)\in\mathbb{K}[u_1,\cdots,u_s,x_1,\cdots,x_n]$来说，

(1) 多项式 P 的主变元：即在 P 中实际出现的 $x_1,\cdots,x_n$ 最大下标的变元。

例如：$P(u_1,u_2,x_1,x_2,x_3)=u_1^2x_2^4+u_1u_2x_1+x_3^5-x_1x_3^5+1$，其主变元为 x_3。

(2) 多项式 P 的类：即主变元的下标，记为 CLS(P)。

上例中 CLS(P)=3。

如果在多项式 $P=P(u_1,\cdots,u_s,x_1,\cdots,x_n)$中，变元 $x_1,x_2,\cdots,x_n$不出现，则 P 没有主变元，它的类 CLS(P)=0。

(3) 多项式 P 关于主变元的幂：即主变元出现的最高次幂。若 CLS(P)=k，那么 P 关于主变元 x_k 的幂就记为 $\deg_{x_k}P=d_k$。

上例中 $\deg_{x_3}P=5$。

(4) 多项式的初式：即主变元最高次幂项的系数，它是一个关于主变元以外诸变元的多

项式，记为 $I(P)$。在特殊情况下，$I(P)$可能是常数。

若 $\mathrm{CLS}(P)=k$，那么 $I(P)=I(x_1,x_2,\cdots,x_{k-1})$，亦即 $\mathrm{CLS}(I(P))\leqslant k-1$。

上例中 P 的初式 $I(P)=1-x_1$。

依照上面的概念，我们可将一个多项式依主变元降幂写出，称为多项式的规范写法。

若 $\mathrm{CLS}(P)=k$，$\deg_{x_k}P=d$，那么

$$P=C_0x_k^d+C_1x_k^{d-1}+\cdots+C_d$$

其中，$C_i\in\mathbb{K}[u_1,\cdots,u_s,x_1,\cdots,x_{k-1}]$，$C_0=I(P)\neq0$。$C_0x_k^d$ 称为 P 的首项，记为 $\mathrm{lterm}(P)$，而 $C_1x_k^{d-1}+\cdots+C_d$ 称为 P 的余项，记为 $\mathrm{red}(P)$。

例如：$P=(x_1+x_2)x_3x_4+x_4^2(x_1-x_2)+x_4^2+x_3^3+x_1^2+3$，其主变元为 x_4，最高次幂项为 x_4^2，于是

$$\begin{aligned}P(x_1,x_2,x_3,x_4)&=(x_1-x_2+1)x_4^2+(x_1+x_2)x_3x_4+x_3^3+x_1^2+3\\&\equiv I(P)x_4^2+\text{关于 }x_4\text{ 的低次幂项}\end{aligned}$$

2.1.2 约化

定义 2.1.1 若给定两个多项式 P_i，P_j，$\mathrm{CLS}(P_i)=i$，$\mathrm{CLS}(P_j)=j$，且 $i>j$。我们称多项式 P_i 关于 P_j 已约化，如果

$$\deg_{x_j}I_i<\deg_{x_j}P_j$$

其中，I_i 是多项式 P_i 的初式。若此条件不满足，则称 P_i 关于 P_j 是未约化的。

用语言来表达：一个高类多项式关于一个低类多项式称为是已约化的，如果此高类多项式的初式关于低类多项式主变元的幂低于该低类多项式关于其主变元的最高次幂。反之，称为未约化的。

附注 2.1.1 若某个多项式 P_i 的初式为常数，那么它关于一切低类多项式都已约化。

附注 2.1.2 若 $\mathrm{CLS}(P_i)=i$，$\mathrm{CLS}(P_j)=j$，$i>j$，且

$$\deg_{x_j}P_i<\deg_{x_j}P_j$$

那么 P_i 关于 P_j 是已约化的。

附注 2.1.3 任一多项式对于非零常数都是未约化的。

例 2.1 设 $P_1=x_1^2x_2^3-x_2^2+1$，$P_2=x_1^3x_2-3$，则 P_1，P_2 的主变元都是 x_2，$\deg_{x_2}P_1=3$，$\deg_{x_2}P_2=1$，由于 $\deg_{x_2}P_2<\deg_{x_2}P_1$，所以 P_2 对于 P_1 是已约化的多项式，反之 P_1 对于 P_2 是未约化的多项式。

2.1.3 升列

在解线性方程组的方法中，消元法是最常用的方法之一。消元的基本方法是将方程组化成“三角化”的形式，然后求出方程组的解。这种方法对于多项式方程组也是适用的，在这里我们首先给出“三角化”的含义。

我们称多项式组是三角化的，如果方程组具有下列形式：

$$\begin{gathered}P_1(\boldsymbol{u},x_1)\\P_2(\boldsymbol{u},x_1,x_2)\\\cdots\cdots\\P_r(\boldsymbol{u},x_1,\cdots,x_r)\end{gathered}$$

其中多项式 $P_i \in \mathbb{K}[u_1,\cdots,u_m,x_1,\cdots,x_i]$，$i=1,2,\cdots,r$，$\boldsymbol{u}=(u_1,\cdots,u_m)$是参变量。

对于三角化的多项式组，其零点集是容易确定的。这是因为，从理论上讲，多项式 $P_i(\boldsymbol{u},x_1,\cdots,x_i)$确定了主变元 x_i 关于 $u_1,\cdots,u_m,x_1,\cdots,x_{i-1}$ 的代数函数。从实际上看，当给定了参量 $u_1,\cdots,u_m$ 的值以后，可由 P_1 解出 x_1(数值解)，将其代入 P_2 又可解出 x_2……最终求出 x_r 的值，这样可求出三角化多项式组的数值解。

在吴消元法中，升列(Ascending Set)是基本的概念。它是约化了的三角化多项式组。

定义 2.1.2 一个多项式组称为一个升列，如果它满足下面两个条件：

(1) 它是一个三角化的多项式组；

(2) 多项式组中每一个多项式关于它前面的所有多项式都已约化。

用式子来表示：记 PS 为一组多项式，即 PS=$\{P_1,P_2,\cdots,P_k\}$满足：

(1) $\mathrm{CLS}(P_i)=i$，$i=1,2,\cdots,k$；

(2) 若记 I_i 为 P_i 的初式，那么有

$$\deg_{x_j} I_i < \deg_{x_j} P_j,\ i>j,\ j=1,2,\cdots,i-1$$

附注 2.1.4 升列总是非矛盾的多项式组。

附注 2.1.5 一个非零常数称为一个矛盾的升列。

升列是吴消元法的重要概念之一，它在求解多项式方程组时起着重要的作用。

在吴消元法中，还有一个非常重要的概念是拟除法。接下来介绍两个多元多项式的拟除法。

2.2 多项式的拟除法

2.2.1 两个同类多项式的拟除法

若 P_1、P_2 为两个同类多项式，$\mathrm{CLS}(P_1)=\mathrm{CLS}(P_2)=k$，可将它们写成

$$P_1=I_1(x_1,x_2,\cdots,x_{k-1})x_k^n+\text{关于 } x_k \text{ 的低次幂项}$$

$$P_2=I_2(x_1,x_2,\cdots,x_{k-1})x_k^m+\text{关于 } x_k \text{ 的低次幂项}$$

将 P_1、P_2 看成 x_k 的多项式可定义 P_1 对 P_2 的余式。

定义 2.2.1 如果多项式 R 满足下面的等式：

$$I_2^{\alpha} P_1 = QP_2 + R$$

且 $\deg_{x_k} R < \deg_{x_k} P_2$，称 R 为多项式 P_1 对多项式 P_2 的余式，记为 $\mathrm{Remd}(P_1/P_2)$，式中 α 为一最小非负整数，Q 为 $x_1,x_2,\cdots,x_k$ 的多项式，$\mathrm{CLS}(Q)\leqslant k$。

命题 2.2.1 $\mathrm{Zero}(P_1,P_2)=\mathrm{Zero}(P_1,P_2,R)$。

即 $\mathrm{Zero}(P_1,P_2)=\mathrm{Zero}(P_1,P_2,\mathrm{Remd}(P_1/P_2))$。

也就是说，添上余式，原方程组零点集不变。

2.2.2 两个不同类多项式的拟除法

若 P_i、P_j 为两个不同类的多项式，$\mathrm{CLS}(P_i)=i$，$\mathrm{CLS}(P_j)=j$，$i\neq j$，$i,j>0$。可将它们

写成

$$P_i=I_i x_i^m+\text{关于 } x_i \text{ 的低次幂项}$$
$$P_j=I_j x_j^n+\text{关于 } x_j \text{ 的低次幂项}$$

我们可将 P_i 改写成为依 x_j 降序排列的多项式，有

$$P_i=Q_i(x_1,x_2,\cdots,x_{j-1},x_{j+1},\cdots,x_i)x_j^s+\text{关于 } x_j \text{ 的低次幂项}$$

仿照定义 2.2.1，我们定义 P_i 对于 P_j 的余式。

定义 2.2.2 如果多项式 R 满足下面的等式：

$$I_j^{\alpha}P_i=QP_j+R$$

且 $\deg_{x_j}R<\deg_{x_j}P_j$，称 R 为多项式 P_i 对多项式 P_j 的余式，记为 $\mathrm{Remd}(P_i/P_j)$，式中 α 为一最小非负整数，Q 为一多项式，$\mathrm{CLS}(Q)\leqslant\max(i,j)$。

下面分别对 $i>j$ 与 $i<j$ 的情况深入考察余式的情况。

情形 1 $i>j$，即高类多项式对低类多项式求余。这时，将 P_i 改写成依 x_j 降序排列的多项式，x_i 可能出现在 Q_i 中，也可能出现在 x_j 的低次幂项中，依定义可求出 R，且 $\mathrm{CLS}(R)\leqslant\mathrm{CLS}(P_i)$。

特别的，当 P_i 关于 P_j 已约化，且 $\deg_{x_j}$(P_i 中关于 x_i 的低次幂项)$<\deg_{x_j}P_j$，也就是说

$$\deg_{x_j}P_i<\deg_{x_j}P_j$$

那么有

$$\mathrm{Remd}(P_i/P_j)=P_i$$

情形 2 $i<j$，即低类多项式对高类多项式求余。这时，P_i 中不出现 x_j，即若将 P_i 看成 x_j 的多项式，将有 $\deg_{x_j}P_i=0$，因此就有

$$\mathrm{Remd}(P_i/P_j)=P_i$$

由 R 的定义可得，当 $i\neq j$ 时，有

$$\mathrm{Zero}(P_i,P_j)=\mathrm{Zero}(P_i,P_j,\mathrm{Remd}(P_i/P_j))$$

事实上对于 $i=j$，也有同样的结论(参看命题 2.2.1)，因此可得下面的命题。

命题 2.2.2 对于多元多项式 P_i、P_j，$\mathrm{CLS}(P_i)=i$，$\mathrm{CLS}(P_j)=j$，有

$$\mathrm{Zero}(P_i,P_j)=\mathrm{Zero}(P_i,P_j,\mathrm{Remd}(P_i/P_j))$$

即添上余式，多项式零点集不变。

依此命题，当 $i>j$ 时，求解 $P_i=0,P_j=0$ 可以先求解 $P_j=0,R\equiv\mathrm{Remd}(P_i/P_j)=0$，通常比原多项式组易于求解。这两组多项式都是三角化组，而且后者还是一个升列。因为由 R 的定义，有

$$\deg_{x_j}R<\deg_{x_j}P_j$$

那么当然有

$$\deg_{x_j}(R \text{ 的初式})<\deg_{x_j}P_j$$

2.3 多项式对升列求余

2.3.1 一个多项式对一升列求余

定义 2.3.1 给定多项式 $P=P(x_1,x_2,\cdots,x_k)$ 及一非矛盾的升列 $\mathrm{AS}=\{A_1,A_2,\cdots,A_k\}$。

依次计算

$$\left.\begin{aligned}&\mathrm{Remd}(P/A_k)=r_k\\&\mathrm{Remd}(r_k/A_{k-1})=r_{k-1}\\&\quad\cdots\cdots\\&\mathrm{Remd}(r_2/A_1)=r_1\end{aligned}\right\}\tag{2.1}$$

记 $r_1\equiv R$，称为多项式 P 对升列 AS 的余

$$\mathrm{Remd}(P/\mathrm{AS})\equiv R$$

由求余的定义，从式(2.1)可得一组关于 A_i 主变元幂次的不等式：

$$\left.\begin{aligned}&\deg_{x_k}r_k<\deg_{x_k}A_k\\&\deg_{x_{k-1}}r_{k-1}<\deg_{x_{k-1}}A_{k-1}\\&\quad\cdots\cdots\\&\deg_{x_2}r_2<\deg_{x_2}A_2\\&\deg_{x_1}r_1<\deg_{x_1}A_1\end{aligned}\right\}\tag{2.2}$$

还有一组关于 r_i 的类与幂的不等式：

$$\begin{gathered}\mathrm{CLS}(r_i)\leqslant k,i=1,2,\cdots,k\\\deg_{x_i}r_1=\deg_{x_i}r_2=\cdots=\deg_{x_i}r_i<\deg_{x_i}A_i,i=2,\cdots,k-1\end{gathered}\tag{2.3}$$

由 $R=r_1$，综上可得：

命题 2.3.1　若给定多项式 P 和一非矛盾的升列 $\mathrm{AS}=\{A_1,A_2,\cdots,A_k\}$，那么 P 对 AS 的余式 R 满足

$$\deg_{x_i}R<\deg_{x_i}A_i,\quad i=1,2,\cdots,k$$

此式表明，R 对一切均已约化。事实上，依定义 2.2.1，约化只要求 $\deg_{x_i}$(R 的初式)$<\deg_{x_i}A_i$。

将余式 $r_k,\cdots,r_1$ 用求余公式表示，式(2.1)就成为

$$\left.\begin{aligned}&I_k^{\alpha_k}P=Q_kA_k+r_k\\&I_{k-1}^{\alpha_{k-1}}r_k=Q_{k-1}A_{k-1}+r_{k-1}\\&\quad\cdots\cdots\\&I_2^{\alpha_2}r_3=Q_2A_2+r_2\\&I_1^{\alpha_1}r_2=Q_1A_1+r_1\end{aligned}\right\}\tag{2.4}$$

其中 $I_k,I_{k-1},\cdots,I_2,I_1$ 分别为 $A_k,A_{k-1},\cdots,A_2,A_1$ 的初式。

合并式(2.4)中各式可得一重要分解式。

命题 2.3.2　给定多项式 P 和一非矛盾升列 $\mathrm{AS}=\{A_1,A_2,\cdots,A_k\}$，多项式 P 可以依次升列 AS 分解，即

$$I_1^{\alpha_1}I_2^{\alpha_2}\cdots I_k^{\alpha_k}P=\sum_{i=1}^{k}Q'_iA_i+R$$

其中，Q'_i 是 $x_1,\cdots,x_k$ 的多项式，$R\equiv r_1=\mathrm{Remd}(P/\mathrm{AS})$，而且 R 关于一切 A_i 均已约化。

式(2.1)～式(2.4)称为多项式 P 对升列 AS 求余的余式公式。它是以后讨论多项式组

零点集的基本工具。

注意:前面提到的升列 AS 指明是非矛盾升列。对于矛盾升列,即 AS={一个非零常数},当然有 Remd(P/AS)=0。一个多项式对一矛盾升列求余在求解方程组中没有什么用处,不再详述。以后说升列,如无特别声明都指非矛盾升列。

2.3.2 一组多项式对一升列求余

给定多项式组 PS=$\{P_1,P_2,\cdots,P_r\}$及升列 AS=$\{A_1,A_2,\cdots,A_k\}$,多项式组 PS 对升列 AS 的余是一组多项式 RS=$\{R_1,R_2,\cdots,R_r\}$,记为

$$\text{Remd}(\text{PS}/\text{AS})\equiv\text{RS}$$

其中,多项式 R_i 是多项式 P_i 对升列 AS 的余,即 $R_i=\text{Remd}(P_i/\text{AS})$。

显然,RS 中所含有的多项式的个数与 PS 中所含有的多项式的个数相同。但是其中可能有一些零多项式。为方便起见,我们仍用 RS 表示多项式组 PS 对升列 AS 求余所得的全体非零多项式的集合。如果 PS 对 AS 求余所得余式均为零多项式,那么余 RS 为空集,记为 RS=$\varnothing$。

依照命题 2.3.2,每一个 P_i 都可以有按照升列的分解式,于是得到下面的命题。

命题 2.3.3 多项式组 PS 可依升列 AS 分解,即

$$\begin{aligned}
I_1^{\alpha_{11}}\cdots I_k^{\alpha_{1k}}P_1 &= \sum_{i=1}^{k}Q_{1i}A_i+R_1\\
I_1^{\alpha_{21}}\cdots I_k^{\alpha_{2k}}P_2 &= \sum_{i=1}^{k}Q_{2i}A_i+R_2\\
&\vdots\\
I_1^{\alpha_{r1}}\cdots I_k^{\alpha_{rk}}P_r &= \sum_{i=1}^{k}Q_{ri}A_i+R_r
\end{aligned}\tag{2.5}$$

式中,每一个 R_j 关于 AS 中的多项式均已约化。

若 Remd(PS/AS)=$\varnothing$ (空集),即 $R_1,\cdots,R_r$ 均恒为零,那么多项式组 PS 依升列 AS 的分解式为

$$\begin{aligned}
I_1^{\alpha_{11}}\cdots I_k^{\alpha_{1k}}P_1 &= \sum_{i=1}^{k}Q_{1i}A_i\\
I_1^{\alpha_{21}}\cdots I_k^{\alpha_{2k}}P_2 &= \sum_{i=1}^{k}Q_{2i}A_i\\
&\vdots\\
I_1^{\alpha_{r1}}\cdots I_k^{\alpha_{rk}}P_r &= \sum_{i=1}^{k}Q_{ri}A_i
\end{aligned}\tag{2.6}$$

2.3.3 多项式组的零点集的讨论

给定多项式组 PS 和另一多项式 J,我们引入下面的记号。多项式组 PS 的零点中使 $J\neq0$ 的那些零点的全体,记为 Zero(PS/J)。根据上节中的命题 2.3.3,可得

命题 2.3.4 若 RS 是多项式组 PS 对升列 AS 的余,即 RS=Remd(PS/AS),那么有

$$\text{Zero}(\text{AS},\text{RS}/J)\subset\text{Zero}(\text{PS})$$

其中，J 为 AS 中各多项式的初式之积。

由分解式(2.5)可得

$$\text{AS}=0,\text{RS}=0,J\neq 0\Rightarrow \text{PS}=0$$

如前所述，用记号 Zero(AS,RS/J)表示凡使 AS=0，RS=0 但 $J\neq 0$ 的点，就得上述命题。

由于 AS=0 已可解出，而 RS 是一组幂次较低的多项式组。求解 AS=0，RS=0 再从中除去使 $J=0$ 的解，可得 PS 的一部分零点。

命题 2.3.5 若 RS 是多项式组 PS 对升列 AS 的余，且 RS=∅，即 $R_1\equiv 0,R_2\equiv 0,\cdots,R_r\equiv 0$，那么有

$$\text{Zero}(\text{AS}/J)\subset\text{Zero}(\text{PS})$$

事实上，由分解式(2.6)可得

$$\text{AS}=0,J\neq 0\Rightarrow \text{PS}=0$$

故命题成立。此命题说明由 AS 的解集合中，取使 $J\neq 0$ 者，均为 PS 的零点。

命题 2.3.6 若升列 AS⊂PS，且 Remd(PS/AS)≠∅，也就是说 $R_1,R_2,\cdots,R_r$ 中至少有一个非零多项式，那么

$$\text{Zero}(\text{PS})=\text{Zero}(\text{PS},\text{RS})$$

这就是说，当多项式组对包含在它里面的一组升列求余时，将得到的非零余式添入原多项式组，所得新多项式组的零点集与原多项式零点集相同。

命题是这样得到的，由 AS⊂PS，当然有

$$\text{Zero}(\text{PS})=\text{Zero}(\text{PS},\text{AS})$$

再由命题 2.2.1 可知

$$\text{Zero}(\text{PS},\text{AS})=\text{Zero}(\text{PS},\text{AS},\text{RS})$$

命题得证。

命题 2.3.7 若升列 AS⊂PS，且 Remd(PS/AS)≡RS=∅，那么就有

$$\text{Zero}(\text{PS}/J)=\text{Zero}(\text{AS}/J)$$

这是因为，由 AS⊂PS，故有 Zero(PS)⊂Zero(AS)，当然就有

$$\text{Zero}(\text{PS}/J)\subset\text{Zero}(\text{AS}/J)$$

又因 RS=∅，根据命题 2.3.5 可得 Zero(AS/J)⊂Zero(PS)，当然就有

$$\text{Zero}(\text{AS}/J)\subset\text{Zero}(\text{PS}/J)$$

综上，命题得证。

现在可以给出多项式组 PS 零点集的一个定理。

定理 2.3.1 若升列 AS⊂PS，且 Remd(PS/AS)=∅，那么就有

$$\text{Zero}(\text{PS}) = \text{Zero}(\text{AS}/J)\cup\sum_{i=1}^{k}\text{Zero}(\text{PS},I_i)$$

其中，I_i 为 A_i 的初式，$i=1,2,\cdots,k$，J 为各 I_i 的乘积，(PS,I_i)表示把初式 I_i 添进 PS 所得多项式组，和号表示点集的并。

证明：由 Zero(PS)=Zero(PS/J)∪Zero(PS,J)，又由 $J=I_1\cdots I_k$，故 Zero(PS,J) =

$\sum_{i=1}^{k}$ Zero(PS,I_i)。同时,由命题 2.3.7,有 Zero(PS/J)=Zero(AS/J)。定理得证。

定理表明,PS 的零点集可以分成两部分。一部分是由 AS 的零点集得到的,而 AS 的零点集是已可求出的。另一部分由求解 PS=0,$I_i=0$ 得到,而求解添入某个初式的方程组,可能会比求原来方程组简单些。特别是如果某个 I_i=非零常数,那么 Zero(PS,I_i)=∅。

定理 2.3.1 中所提到的升列 AS 是非常重要而又难以捉摸的。对给定的一个多项式组,满足条件 AS⊂PS 及 Remd(PS/AS)=∅的 AS 是否存在?如果存在,怎样将它找出来?解决了这两个问题,就可将定理 2.3.1 中的分解式进一步写成

$$\mathrm{Zero(PS)} = \sum_i \mathrm{Zero}(\mathrm{AS}_i/J_i)$$

其中,AS_i 均为升列,J_i 为 AS_i 中各多项式的初式之乘积。

吴消元法提供了一个机械化的方法,即借助于计算机,判断一个给定的多项式组是否存在一个适合上述条件的升列。如果存在,可以用机器将此升列求出,从而完成多项式方程组的求解。

这里提到的 AS⊂PS,是一个很重要的性质。但事实上我们并不需要这么强的性质。定理 2.3.1 的证明中只用了 Zero(PS)⊂Zero(AS),所以我们现在的目标就是:对给出的多项式组 PS,求升列 AS 使

$$\mathrm{Zero(PS)} \subset \mathrm{Zero(AS)}$$

且

$$\mathrm{Remd(PS/AS)} = \varnothing$$

这样的升列(非矛盾)称为 PS 的特征列,是吴消元法最重要的概念。

2.4 特征列

特征列是吴消元法中最重要的概念。多项式组的零点集可由它的特征列的零点集构造性地描述出来。

2.4.1 特征列的定义

定义 2.4.1 对任一组多项式 PS,多项式组 CS 称为 PS 的特征列,如果 CS 满足:

(1) CS 为一升列,当然指 CS 是一非矛盾升列;

(2) Zero(PS)⊂Zero(CS),即 PS=0 之解必为 CS=0 之解;

(3) Remd(PS/CS)=∅(空集),即多项式组对升列 CS 求余,所得的余式均为 0 多项式。

2.4.2 特征列的算法

第一步:分组。将 PS 记为 PS1,并将其各多项式按类分组,同类属同一组。不失一般性可以记成

$$PS=\{P_1,\cdots,P_{n_1};P_{n_1+1},\cdots,P_{n_1+n_2};\cdots;P_{n_1+n_2+\cdots+n_{r-1}+1},\cdots,P_{n_1+n_2+\cdots+n_r}\}$$

即

$$CLS(P_1)=\cdots=CLS(P_{n_1})=c_1$$

$$CLS(P_{n_1+1})=\cdots=CLS(P_{n_1+n_2})=c_2$$

……

$$CLS(P_{n_1+n_2+\cdots+n_{r-1}+1})=\cdots=CLS(P_{n_1+n_2+\cdots+n_r})=c_r$$

也就是说，类 c_1 有 n_1 个多项式，类 c_2 有 n_2 个多项式……$c_1<c_2<\cdots<c_r$。PS 共分为 r 组。

第二步：构成三角化组。在上述 r 组中每组选一个关于主变元幂最低的多项式，构成一三角化组为 $P_{l_1},P_{l_2},\cdots,P_{l_r}$。$CLS(P_{l_i})=c_i$，$1\leqslant l_1\leqslant n_1$，$n_1+1\leqslant l_2\leqslant n_2$，$\cdots$，$n_1+n_2+\cdots+n_{r-1}+1\leqslant l_r\leqslant n_1+n_2+\cdots+n_r$。

第三步：构成基列。即将上面得到的三角化组改造为一升列。具体来说，即检查下面诸等式是否成立。记 I_i 为多项式 P_{l_i} 的初式。

$\deg_{x_{c_1}} I_2<\deg_{x_{c_1}} P_{l_1}$ （若成立，P_{l_2} 对 P_{l_1} 已约化）

$\deg_{x_{c_1}} I_3<\deg_{x_{c_1}} P_{l_1}$ （表示 P_{l_3} 对 P_{l_1} 已约化）

$\deg_{x_{c_2}} I_3<\deg_{x_{c_2}} P_{l_2}$ （表示 P_{l_3} 对 P_{l_2} 已约化）

……

$\deg_{x_{c_1}} I_r<\deg_{x_{c_1}} P_{l_1}$ （表示 P_{l_r} 对 P_{l_1} 已约化）

$\deg_{x_{c_2}} I_r<\deg_{x_{c_2}} P_{l_2}$ （表示 P_{l_r} 对 P_{l_2} 已约化）

……

$\deg_{x_{c_{r-1}}} I_r<\deg_{x_{c_{r-1}}} P_{l_{r-1}}$ （表示 P_{l_r} 对 $P_{l_{r-1}}$ 已约化）

一共要验证 $1+2+\cdots(r-1)$ 个不等式，如果这些不等式都成立，那么 $P_{l_1},P_{l_2},\cdots,P_{l_r}$ 是一个升列，称为 PS1 的基列，记为 BS1。

如果在依次检验上述不等式时，第一个不成立的不等式为 $\deg_{x_{c_2}} I_3\not<\deg_{x_{c_2}} P_{l_2}$，那么就要舍去 P_{l_3}，在类 c_3 中另找一多项式 P'_{l_3}，验证不等式 $\deg_{x_{c_1}} I'_3<\deg_{x_{c_1}} P_{l_1}$ 及 $\deg_{x_{c_2}} I'_3<\deg_{x_{c_2}} P_{l_2}$ 是否成立（I'_3 是 P'_{l_3} 的初式）。若成立，就将 P'_{l_3} 代替 P_{l_3} 置入三角化组。若取遍类 c_3 中一切多项式，都不能使上述两个不等式成立，那么在三角化组中就不取类 c_3 中的多项式。

一般来说，如果第一个不成立的不等式是 $\deg_{x_{c_j}} I_i<\deg_{x_{c_j}} P_{l_j}$，$l_i>l_j$，那么我们用 P'_{l_i} 取代 P_{l_i}，要重新验证 $\deg_{x_{c_1}} I'_i<\deg_{x_{c_1}} P_{l_1}$，$\cdots$，$\deg_{x_{c_j}} I'_i<\deg_{x_{c_j}} P_{l_j}$ 共 j 个不等式。这听起来似乎非常冗长，但对机器来说只是举手之劳。

依此下去，最终可得基列 BS1。

附注 2.4.1 若多项式组 PS 中不含非零常数，只要 PS 有一个多项式，BS1 就非空。

附注 2.4.2 若多项式组 PS 中含一非零常数，可视其为零类多项式，由于 BS1＝非零常数，可知 BS1 是一矛盾升列。

第四步：求原多项式组对基列 BS1 的余 RS1，即求 RS1＝Remd(PS1/BS1)。会有两种情况。

情况 1 RS1$\neq\varnothing$，那么将 RS1 添入原方程组 PS1 得新方程组 PS2。

$$PS2=\{PS1,RS1\}$$

由命题 2.3.6 可知

$$\mathrm{Zero}(PS1,RS1)=\mathrm{Zero}(PS1)$$

即

$$\mathrm{Zero}(PS2)=\mathrm{Zero}(PS1)$$

情况 2 RS1$=\varnothing$,这时若 BS1 不是矛盾升列,那么就得 BS1 为原方程组的特征列,记为 CS。若 BS1 为矛盾升列,即 BS1 为一个非零常数,我们就说原方程组是矛盾方程组。

第五步:对多项式组 PS2 再做第一步到第四步的计算。即求其基列 BS2,及 Remd(PS2/BS2)$=$RS2。若 RS2$\neq\varnothing$,那么做新多项式组 PS3:

$$PS3=\{PS2,RS2\}$$

同理有

$$\mathrm{Zero}(PS3)=\mathrm{Zero}(PS2)$$

故

$$\mathrm{Zero}(PS3)=\mathrm{Zero}(PS1)$$

若 RS2$=\varnothing$,那么若 BS2 不是矛盾升列,就称 BS2$=$CS 为多项式组 PS 的特征列。若 BS2 是矛盾升列,那么称原方程组是矛盾多项式组。

对于 PS3,再重复上面各步。如此下去,对某个 m(正整数) 总会有 RS$m=\varnothing$,如果 BSm 是一非矛盾升列,那么 BSm=CS 为原方程组的特征列。如果 BSm 是一个矛盾升列,那么原方程组是一矛盾方程组。事实上,BSm 为一矛盾升列,即一非零常数,是因为 PSm 中有一个任意常数,由前面可知

$$\mathrm{Zero}(PS1)=\mathrm{Zero}(PSm)$$

故可断言 PS1 即原多项式组 PS 为一矛盾多项式组。

以上过程可以在有限步内完成。因为每做一次 RSi,多项式 (RSi 内各多项式) 的幂次比原来基列 BS$(i-1)$中各多项式的幂次低。由于 PS 已经给定,故变元个数及幂次都有限,可以证明,上述算法必定在有限步内结束。

从 PS 到 CS 的过程称为消元过程,实际上是通过多次求余即消元运算将一组杂乱无序的多项式组整理成一井然有序的升列。

在上述消元过程中,变元 $x_1,\cdots,x_r$ 的次序是很关键的。实践表明,同一组多项式,由于变元所排次序不同,所求得的特征列的复杂程度相差悬殊。

由上述消元过程所得的特征列未必是严格三角化的,它们往往是“阶梯形”的,即具有如下形式:

$$f_1(x_1,\cdots,x_{n_1})$$

$$f_2(x_1,\cdots,x_{n_1},x_{n_1+1},\cdots,x_{n_2})$$

$$\cdots\cdots$$

$$f_r(x_1,\cdots,x_{n_1},x_{n_1+1},\cdots,x_{n_2},\cdots,x_{n_r})$$

在消元过程中基列的选取不是唯一的,因此多项式组的特征列也不是唯一的。美国数学家 J. F. Ritt 最先提出了特征列的概念,他所研究的特征列是代数理想的特征列,与本书所介绍的特征列是两个不同的概念,国外常将我们所说的特征列称为广义特征列。

接下来讨论特征列与零点集之间的关系。

2.4.3 零点集的分解

我们将消元过程说明如下：

$$
\begin{array}{llll}
PS \equiv PS1 & PS2 & \cdots & PSm \\
 BS1 & BS2 & \cdots & BSm = CS(\text{若 } BSm \text{ 非矛盾}) \\
 RS1 & RS2 & \cdots & RSm = \varnothing
\end{array}
$$

其中，BSi 为 PSi 的基列，$i=1,2,\cdots,m$，RSi=Remd(PSi/BSi)，PSi=$\{$PS$(i-1)$,RS$(i-1)\}$，CS 为特征列。

今记 CS 各初式为 $I_1, I_2, \cdots, I_k$，其积记为 J，即 $J=I_1 I_2 \cdots I_k$。

根据

$$\mathrm{Zero}(\mathrm{PS}m/J)=\mathrm{Zero}(\mathrm{CS}/J)$$

又由

$$\mathrm{Zero}(\mathrm{PS}m)=\mathrm{Zero}(\mathrm{PS}1)$$

于是

$$\mathrm{Zero}(\mathrm{PS}/J)=\mathrm{Zero}(\mathrm{CS}/J)$$

定理 2.4.1　若 CS 为多项式组 PS 的特征列，那么多项式组 PS 的零点集有下面的分解式：

$$\mathrm{Zero}(\mathrm{PS}) = \mathrm{Zero}(\mathrm{CS}/J) + \sum_i \mathrm{Zero}(\mathrm{PS}, I_i)$$

其中，J 为 CS 的各多项式初式之积，和号表示点集之并。

可对多项式组$\{$PS$,I_i\}$做同样的分解，最终可得到 PS 零点集的更一般的分解式。

定理 2.4.2　多项式组 PS 的零点集可以分解为一系列的零点集之和，即有

$$\mathrm{Zero}(\mathrm{PS}) = \sum_l \mathrm{Zero}(\mathrm{CS}_l/J_l)$$

其中，CS_l 是升列，和号表示点集之并，求和指标 l 有限，J_l 是升列 CS_l 中各多项式初式之积。

求特征列可以在机器上实现。即对一给出的多项式组 PS，机器可求出其特征列，或判断它是一矛盾方程组。

2.5 吴消元法的主要定理

现把吴消元法的主要结论叙述如下。

1. 基本定理（吴文俊）

设 PS 是一给定的多项式组，依吴消元法，经有限步后，或得 PS 的特征列，或得 PS 为一矛盾方程组。

2. 零点集的结构定理（吴文俊）

设 CS 为 PS 的特征列，则多项式组 PS 的零点集有下面的分解式：

$$\text{Zero}(\text{PS}) = \text{Zero}(\text{CS}/J) + \sum_i \text{Zero}(\text{PS}, I_i)$$

其中，I_i 为 CS 中第 i 个多项式的初式，J 为 CS 中全体多项式的初式之积。

更一般的分解式为

$$\text{Zero}(\text{PS}) = \sum_l \text{Zero}(\text{CS}_l/J_l)$$

其中，CS_l 为升列，J_l 为 CS_l 各多项式初式之积。

3. 定理证明的机械化原理(吴文俊)

设定理的假设条件用多项式组 HS=0 表示，定理结论用多项式 $G=0$ 表示。又 HS 的特征列记为 $\text{CS}=\{C_1, C_2, \cdots, C_k\}$，$C_i$ 的初式记为 I_i，那么

若 $\text{Remd}(G/\text{CS})=0$，则在非退化条件 $J=I_1 I_2 \cdots I_k \neq 0$ 下，$G=0$ 可以由 HS=0 推出。也就是说，在非退化条件下定理成立。

4. 未知关系推导的机械化原理(吴文俊)

设多项式组 PS 的特征列为 $\text{CS}=\{C_1, C_2, \cdots, C_k\}$，则从 PS=0 可得 $C_i=0, i=1,2,\cdots,k$。

我们对此稍加解释。在某一问题中出现的诸多变量，它们之间的关系用 PS=0 来表示。如何判定所建立的这组关系是否合理？可以用 PS 的特征列来回答。若 PS 的特征列 CS 是一矛盾升列，即 PS 也是一矛盾组，那么就可断言原来建立的关系式 PS=0 有误。若 PS 的特征列是一非矛盾升列，即 CS=0 有解，这就表示 PS=0 是一组合理的关系式。另外，若在 $x_1, x_2, \cdots, x_n$ 诸变量中要着重考察某 r 个变量之间的关系，那么就可将这 r 个变量依次记为 $y_1, y_2, \cdots, y_r$，其余 $n-r$ 个变量记为 $y_{r+1}, y_{r+2}, \cdots, y_n$，求出 PS 的特征列 CS 后，其中第一个多项式 $C_1=C_r(y_1, y_2, \cdots, y_r)$ 只含有所要考察的 r 个变量，$C_1=0$ 即这 r 个变量之间的关系。

2.6 解代数方程组

例 2.2 给出多项式组 PS：

$$P_1 \equiv -x_2^2 + x_1 x_2 + 1 = I_1 x_2^2 + (x_1 x_2 + 1), I_1 = -1$$

$$P_2 \equiv -2x_3 + x_1^2 = I_2 x_3 + x_1^2, \qquad I_2 = -2$$

$$P_3 \equiv -x_3^2 + x_1 x_2 - 1 = I_3 x_3^2 + (x_1 x_2 - 1), I_3 = -1$$

今求 $\text{Zero}(P_1, P_2, P_3)$，即解联立方程组 $P_1=0, P_2=0, P_3=0$。

我们依照 2.4.3 节中的方法表示消元过程，记 $\text{PS1}=\{P_1, P_2, P_3\}$ 为原方程组，一步一步求 CS。第一步应求 BS1 及 RS1，若 RS1=∅，且 BS1 不矛盾，那么 BS1=CS。若 RS1≠∅，那么做 PS2={PS1,RS1}，再重复上面步骤求 BS2,RS2,⋯。

求 BS1。有

1. 分组

由 $\text{CLS}(P_1)=2, \text{CLS}(P_2)=3, \text{CLS}(P_3)=3$，故将原多项式组分为两组 $\{P_1\}, \{P_2, P_3\}$。

2. 构成三角化组

$\{P_1\}$ 中只有一个多项式，所以取 P_1。

$\{P_2, P_3\}$ 中有两个多项式，比较其对主变元的幂，有 $\deg_{x_3} P_2 = 1, \deg_{x_3} P_3 = 2$，故取 P_2

为此组代表。三角化组$\{P_1, P_2\}$已得。

3. 构成基列

今验证P_2对P_1是否已约化，即不等式

$$\deg_{x_2} I_2 < \deg_{x_2} P_1$$

是否成立。由$I_2 = -2$为常数知，P_2对一切低类多项式均已约化，即上述不等式成立。基列$\mathrm{BS1} = \{P_1, P_2\}$已得。

4. 求 Remd(PS1/BS1)≡RS1

RS1中应有三个多项式，它们分别是

$$R_{11} = \mathrm{Remd}(P_1/\mathrm{BS1})$$
$$R_{12} = \mathrm{Remd}(P_2/\mathrm{BS1})$$
$$R_{13} = \mathrm{Remd}(P_3/\mathrm{BS1})$$

为计算R_{11}，先计算

$$r_1 = \mathrm{Remd}(P_1/P_2)$$

注意，这里P_1是PS1中的多项式，P_2是基列BS1的第二个多项式。由$\mathrm{CLS}(P_1) < \mathrm{CLS}(P_2)$，有$r_1 = P_1$。再计算RS1中第一个多项式$R_{11}$。

$$R_{11} = \mathrm{Remd}(r_1/P_1) = \mathrm{Remd}(P_1/P_1) = 0$$

这是由多项式对自己求余为零。

现在计算$R_{12} = \mathrm{Remd}(P_2/\mathrm{BS1})$。由$\mathrm{Remd}(P_2/P_2) = 0 = r_2$，故$\mathrm{Remd}(r_2/P_1) = 0 = R_{12}$。这里可以用命题形式给出一个结论，使计算过程得以简化。

命题 2.6.1 对任一$P_i \in \mathrm{BS} \subset \mathrm{PS}$，都有$\mathrm{Remd}(P_i/\mathrm{BS}) = 0$。

最后计算$R_{13} = \mathrm{Remd}(P_3/\mathrm{BS1})$，由求余公式，

$$I_2^2 P_3 = (I_2 I_3 x_3 - I_3 x_1^2) P_2 + I_2^2 (x_1 x_2 - 1) + I_3 x_1^4$$

由此得

$$\mathrm{Remd}(P_3/P_2) = r_3$$
$$r_3 = I_2^2 (x_1 x_2 - 1) + I_3 x_1^4$$

由$\mathrm{CLS}(r_3) = 2, \deg_{x_2} r_3 = 1$，而$\mathrm{CLS}(P_1) = 2, \deg_{x_2} P_1 = 2$，有

$$R_{13} = \mathrm{Remd}(r_3/P_1) = r_3$$

由此知$\mathrm{RS1} \neq \varnothing$，依步骤，构造$\mathrm{PS2} = \{\mathrm{PS1}, \mathrm{RS1}\} = \{P_1, P_2, P_3, P_4\}$，其中$P_4 = R_{13}$。

5. 对PS2重复上面各步

分组：$\{P_1, P_4\}, \{P_2, P_3\}$。

构成三角化组：$\{P_4, P_2\}$。

构成基列：$\{P_4, P_2\} \equiv \mathrm{BS2}$。

求余：$\mathrm{RS2} \equiv \mathrm{Remd}(\mathrm{PS2}/\mathrm{BS2})$，RS2应有四个多项式，即$R_{2i} = \mathrm{Remd}(P_i/\mathrm{BS2}), i = 1, 2, 3, 4$。今由$P_4, P_2 \in \mathrm{BS2}$，依命题2.6.1，$R_{22} \equiv 0, R_{24} \equiv 0$，故只需求$R_{21}$及$R_{23}$。事实上，由$P_4 \equiv r_3 = \mathrm{Remd}(P_3/P_2)$，于是$\mathrm{Remd}(P_3/\mathrm{BS2}) \equiv R_{23} = 0$。

今计算$R_{21} \equiv \mathrm{Remd}(P_1/\mathrm{BS2})$。由$\mathrm{Remd}(P_1/P_2) = P_1$，故$R_{21} = \mathrm{Remd}(P_1/P_4)$，$\mathrm{CLS}(P_1) = \mathrm{CLS}(P_4) = 2$，计算可得

$$I_4^2 P_1 = Q P_4 + R_{21}$$

此处$I_4 = 4x_1$为P_4的初式。于是

$$R_{21}=-x_1^8+4x_1^6-8x_1^4+32x_1^2-16$$

由于 $RS2=\{R_{21}\}\neq\varnothing$，构成新多项式组 PS3：

$$PS3=\{P_1,P_2,P_3,P_4,P_5\}$$

其中，$P_5=R_{21}=\text{Remd}(P_1/P_4)$。

6. 对 PS3 重复上面各步

分组：$\{P_5\}$，$\{P_1,P_4\}$，$\{P_2,P_3\}$。

构成三角化组：$\{P_5,P_4,P_2\}$。

构成基列：$\{P_5,P_4,P_2\}\equiv BS3$。

求余：$RS3\equiv\text{Remd}(PS3/BS3)$，RS3 应有五个多项式，即 $R_{3i}=\text{Remd}(P_i/BS3)$，$i=1,2,3,4,5$。今由 $P_5,P_4,P_2\in BS3$，依命题 2.6.1，$R_{35}\equiv0$，$R_{34}\equiv0$，$R_{32}\equiv0$。又由 $\text{Remd}(P_1/P_2)=P_1$，$\text{Remd}(P_1/P_4)=P_5$，于是 $\text{Remd}(P_5/BS3)=\text{Remd}(P_5/P_5)=0$，故知 $R_{31}=0$。

今求 R_{33}，由于 $\text{Remd}(P_3/P_2)=P_4$，$\text{Remd}(P_4/P_4)=0$，于是 $\text{Remd}(P_3/BS3)=\text{Remd}(0/P_5)=0$，由此可得 $R_{33}=0$。此即 $RS3=\varnothing$，且 BS3 是一非矛盾升列，所以得特征列CS=BS3。

考察 CS，求原方程之解。

$$CS=\{P_5,P_4,P_2\}$$

$$C_1=P_5\equiv-x_1^8+4x_1^6-8x_1^4+32x_1^2-16，初式\ I_1=-1$$

$$C_2=P_4\equiv(4x_1)x_2-x_1^4-4，初式\ I_2=4x_1$$

$$C_3=P_2\equiv-2x_3+x_1^2，初式\ I_3=-2$$

由 $C_1=0$，可解出 $x_{11},x_{12},\cdots,x_{18}$ 共 8 个根。代入 $C_2=0$，可得 $x_{21},x_{22},\cdots,x_{28}$。再将 x_{1i}，$x_{2i}(i=1,2,\cdots,8)$ 代入 $C_3=0$，可得 $x_{31},x_{32},\cdots,x_{38}$。于是有

$$\text{Zero}(CS)=\{(x_{1i},x_{2i},x_{3i})\mid i=1,2,\cdots,8\}$$

依零点集分解式，有

$$\text{Zero}(PS)=\text{Zero}(CS/J)+\sum_i\text{Zero}(PS,I_i)$$

令 $J=I_1I_2I_3=8x_1$，由 C_1,C_2,C_3 表达式可知，$x_1=0$ 不是 CS=0 的解，所以 $\text{Zero}(CS/J)=\text{Zero}(CS)$。同时，由 I_1、I_3 为非零常数，可得 $\text{Zero}(PS,I_1)=\varnothing$，$\text{Zero}(PS,I_3)=\varnothing$。而 $I_2=0$ 即 $x_1=0$ 代入原方程组，会得出 $-1=0$，即 $x_1=0$ 不是原方程组的解，$\text{Zero}(PS,I_2)=\varnothing$。故可得结论

$$\text{Zero}(PS)=\{(x_{1i},x_{2i},x_{3i})\mid i=1,2,\cdots,8\}$$

这是多项式方程组 PS=0 的全部解，不增不漏。

基于吴消元法的多项式组 PS 的求解过程可在数学软件 MMP 中实现，求解过程描述如下：

```
>p1 := - x2^2 + x1 * x2 + 1;
>p2 := - 2 * x3 + x1^2;
>p3 := - x3^2 + x1 * x2 - 1;
>ps := [p1, p2, p3];
>ord := [x3,x2,x1];
>cs:= wsolve(ps,ord);
[x1^2 - 2 * x3, 4 * x1 * x2 -  x1^4 - 4,x1^8 - 4 * x1^6 + 8 * x1^4 - 32 * x1^2 + 16]
```

求解结果与上述结果一致。求解过程中的每一步都可以在 MMP 中实现。

接下来介绍基于吴消元法求解非线性多项式系统的数学软件 MMP。

2.7 MMP 软件简介

MMP 是一个基于 C++语言在微软 Windows 界面下开发的数学软件。其核心功能是吴文俊发展的数学机械化基本理论,包括多项式方程系统、代数常微分方程系统、代数偏微分系统方程的特征列方法与投影定理。为了实现这些功能,MMP 还包含一个符号计算基本运算系统作为支撑部分。此外,作为数学机械化方法的应用,MMP 还实现了方程求解、机器证明的各种方法。MMP 的程序、用户手册、测试例子可以在系统的网站上得到:http://www.mmrc.iss.ac.cn/mmp。

MMP 由支撑系统、符号计算系统、核心模块与应用模块四个部分组成。下面主要介绍符号计算系统和核心模块的主要功能。

1. 符号计算系统

符号计算系统包括任意精度的数运算系统、有限域上的运算、多项式运算、符号线性代数。

(1) 数运算系统

数运算系统是符号计算软件系统实现中最基本的组成部分,是实现其他数学对象与算法的基础。MMP 提供了一个快速高效的多精度数运算系统,实现了整数、小数、分数任意精度下的运算。也就是说,在 MMP 提供的数系统中,只要系统的内存容许,整数可以任意大,小数运算可以达到任意精度。MMP 系统平台除了可以进行数的算术运算外,还提供了一系列可供用户使用的系统函数,如 GCD、素数分解、对数、中国剩余定理等。

(2) 有限域上的运算

有限域上的运算包括有限域上数的运算与有限域上多项式的运算。MMP 系统平台提供了一系列有限域上有关数与多项式的运算操作,例如有限域中元素平方根的计算、有限域中元素逆元的计算、有限域上多项式的 GCD、伪除、无平方分解、因式分解等。

(3) 多项式运算

多变元方程式是符号计算软件系统的基本数据对象。MMP 所要实现的核心方法即数学机械化方法所要处理的基本对象就是多项式。MMP 实现了多项式的基本运算:各种算术运算以及多项式最大公因子计算的模算法、多项式因式分解的模算法等。

(4) 符号线性代数

在线性代数方面,MMP 系统平台实现了符号矩阵运算、行列式计算、特征值计算以及线性方程组求解等功能。

2. 核心模块

吴消元法是数学机械化方法的核心,是几何定理机器证明、代数方程组求解以及其他应用模块的基础。MMP 系统平台目前实现了代数、常微、偏微情形的吴消元法与投影算法,其中包括特征列序列的计算、代数扩域上的 GCD、代数扩域上的因式分解、三角列的计算等一系列关键算法。为了提高效率,MMP 实现了各种消去法,包括因式分解、分支控制、子结式法、Seidenberg 法等。所产生的特征列可以是 Ritt 意义下的特征列、吴意义下的特征列、弱特征列或正则列等。

本书将主要介绍基于 MMP 中的吴消元法求解代数方程组，其他功能可查阅参考文献。

通过前述介绍可知，吴消元法用多项式的求余作为消元工具，通过对变量的排序、多项式分组、约化、构成基列、求余等运算，可将一个非线性代数方程组化简为一个三角化方程组，从而得到原方程组的封闭形式的代数解。吴文俊定义了诸如多项式的主变元、多项式的类(CLS)、多项式关于主变元的幂、多项式的初式、约化、升列（AS)、零点集(Zero)、基列(BS)、特征列(CS)、多项式对升列求余等基本概念。接下来介绍吴消元法中的核心概念在 MMP 中如何实现。

在 MMP 中，多项式集合用多项式的链表表示，比如 PS：$=[-x_2^2+x_1x_2+1, -2x_3+x_1^2, -x_3^2+x_1x_2-1]$。

在 MMP 中，用表结构表示变元的序。比如一个表$[x,y,z]$用来表示一个变元的序时，则意味着变元的序为 $x>y>z$。接着来看下面的例子。MMP 函数 mainvar 用来计算一个多项式在一个给定序下的主变元。

```
>p1 := - x2^2 + x1 * x2 + 1:
>p2 := - 2 * x3 + x1^2:
>p3 := - x3^2 + x1 * x2 - 1:
>PS := [p1, p2, p3];
 [- x2^2 + x1 * x2 + 1, - 2 * x3 + x1^2, - x3^2 + x1 * x2 - 1]
>mainvar(p1, [x1,x2,x3]);
 x1
>mainvar(p1, [x3, x2, x1]);
 x3
```

MMP 函数 prem 用来计算两个多项式对指定变元的余式。继续前面的例子：

```
>prem(p1, p2, x1);
 - x2^2 + x1 * x2 + 1
>prem(p2,p1,x2);
 x1^2 - 2 * x3
>prem(p3,p2,x3);
 4 * x1 * x2 - x1^4 - 4
```

MMP 函数 premas 用来计算多项式对升列的余式。

```
>B := [ x1^2 - 2 * x3, - x2^2 + x1 * x2 + 1]:
>p3:=  - x3^2 + x1 * x2 - 1:
>premas(p2, B, [x3, x2, x1]);
 4 * x1 * x2 - x1^4 - 4
```

MMP 函数 remset 用来计算多项式集合对升列的余式。

```
>A := [x1^2 - 2 * x3, - x2^2 + x1 * x2 + 1]:
>remset(PS, A, [x3, x2, x1]);
 [4 * x1 * x2 - x1^4 - 4]
```

MMP 函数 basicset 用来计算给定的多项式组在给定序下的基列,其中的 PS 在前面给出。

```
>basicset(PS, [x3,x2,x1]);
  [x1^2 - 2 * x3, - x2^2 + x1 * x2 + 1]
>basicset(PS, [x1, x2, x3]);
  [x1 * x2 - x3^2 - 1]
```

MMP 函数 charset 用来计算一个多项式集合的特征列,其中的 PS 在前面给出。

```
>charset(PS,[x3,x2,x1]);
  [x1^2 - 2 * x3,4 * x1 * x2 - x1^4 - 4, - x1^8 + 4 * x1^6 - 8 * x1^4 + 32 * x1^2 - 16]
>p1 := x^2 + 5 - 2 * x * z:
>p2 := z^3 * y + x * y^2:
>p3 := - 8 * z^3 + 3 * y^2:
>F := [p1, p2, p3];
>charset(F,[z,y,x]);
  [x^2 - 2 * z * x + 5,32 * x^7 + 12 * y * x^6 + 480 * x^5 + 180 * y * x^4 + 2400 * x^3 +
900 * y * x^2 + 4000 * x + 1500 * y,576 * x^12 - 12288 * x^11 + 17280 * x^10 - 184320 * x^9 +
216000 * x^8 - 921600 * x^7 + 1440000 * x^6 - 1536000 * x^5 + 5400000 * x^4 + 10800000 * x^
2 + 9000000]
```

多项式集合的特征列并不唯一,这是因为在生成特征列的过程中,每一步对基列的选择不唯一。

MMP 函数 charser 用来计算一个多项式集合的特征列序列,其中的 PS 和 F 在前面给出。

```
>charser(PS,[x3,x2,x1]);
  [x1^2 - 2 * x3,4 * x1 * x2 - x1^4 - 4, - x1^8 + 4 * x1^6 - 8 * x1^4 + 32 * x1^2 - 16]
>charser(F,[z,y,x]);
  [[x^2 - 2 * z * x + 5,
  32 * x^7 + 12 * y * x^6 + 480 * x^5 + 180 * y * x^4 + 2400 * x^3 + 900 * y * x^2 + 4000 *
x + 1500 * y,
  576 * x^12 - 12288 * x^11 + 17280 * x^10 - 184320 * x^9 + 216000 * x^8 - 921600 * x^7
   + 1440000 * x^6 - 1536000 * x^5 + 5400000 * x^4 + 10800000 * x^2 + 9000000],
  [x^2 - 2 * z * x + 5, - 36 * y^2 * x^3,12 * x^6 + 180 * x^4 + 900 * x^2 + 1500]]
```

上述命令将多项式集合 F 的零点分解为两部分。

在实现零点分解的基本算法时,为了提高效率,MMP 系统对原算法进行各种改进。MMP 系统中的一个重要函数 wsolve 用来给出各种形式的零点分解。wsolve 的调用方法如下:

```
wsolve(F,Y)
wsolve(F,Y,D)
wsolve(F,Y,D,type)
```

参数:F 为变元为 U、Y 的多项式的表。Y 为变元表,Y 同时给出变元的次序,U 中的变元当作系数。D 为变元为 Y 的多项式的表,可以是空表。

type 只能取"ritt""wu""weak""regular""normal""saturated""irreducible""seidbg""finite"之一。缺省值为"ritt"。

输出:一个升列构成的表。

命令 wsolve(F, Y, D, type)计算出 F 在变元序 Y 下的具有"type"形式的一组特征列。输出中升列的正常零点一定是原始输入的多项式组的零点。原始输入多项式的零点一定是输出中某个升列的正常零点。

下面是关于 wsolve 的例子,本书只给出 type 类型是"ritt"和"wu"的多项式组特征列求解实例,其他读者可查阅参考文献[24]。

```
>PS: = [ - x2^2 + x1 * x2 + 1, - 2 * x3 + x1^2, - x3^2 + x1 * x2 - 1];
>wsolve(PS,[x3,x2,x1]);
  [x1^2 - 2 * x3,4 * x1 * x2 - x1^4 - 4, - x1^8 + 4 * x1^6 - 8 * x1^4 + 32 * x1^2 - 16]
>F3: = [x3 + x2 + x1,x3 * x2 + x2 * x1 + x1 * x3,x3 * x2 * x1 - 1];
>wsolve(F3,[x3,x2,x1]);
  [[x3 + x2 + 1,x2^2 + x2 + 1,x1 - 1],[x3 + x1 + 1,x2 - 1,x1^2 + x1 + 1],[x3 - 1,x2 +
x1 + 1,x1^2 + x1 + 1]]
```

使用 wsolve,得到

$$\mathrm{Zero}(F_3)=\mathrm{Zero}(A_1)\cup\mathrm{Zero}(A_2)\cup\mathrm{Zero}(A_3)$$

其中,$A_1=x_3+x_2+1,x_2^2+x_2+1,x_1-1$;$A_2=x_3+x_1+1,x_2-1,x_1^2+x_1+1$;$A_3=x_3-1,x_2+x_1+1,x_1^2+x_1+1$。容易知道 $A_1=0$ 有两组解:$x_1=1,x_2=\dfrac{-1\pm\sqrt{-3}}{2},x_3=-x_2-1$;$A_2=0$ 有两组解:$x_1=\dfrac{-1\pm\sqrt{-3}}{2},x_2=-1,x_3=-x_1-1$;$A_3=0$ 有两组解:$x_1=\dfrac{-1\pm\sqrt{-3}}{2},x_2=-x_1-1,x_3=1$。因而,$F_3=0$ 有六组解。

```
>wsolve([x4 + x3 + x2 + x1, x4 * x3 + x3 * x2 + x2 * x1 + x1 * x4,
    x4 * x3 * x2 + x3 * x2 * x1 + x2 * x1 * x4 + x1 * x4 * x3, x4 * x3 * x2 * x1 - 1],
    [x4,x3,x2,x1]);
   [[x1 * x4 - 1, x3 + x1, x1 * x2 + 1],[x1 * x4 + 1, x3 + x1, x1 * x2 - 1]]
```

由上述计算我们知道,原方程组的零点等价于下面方程组的零点。

$$x_1x_4-1=0,\quad x_3+x_1=0,\quad x_1x_2+1=0$$

$$x_1x_4+1=0,\quad x_3+x_1=0,\quad x_1x_2-1=0$$

由于上面方程组的特殊"三角形"结构,容易知道原方程组的解是一维的代数簇。对于一个非零的 $x_1=a$,其他变量可以求解如下:$x_4=\dfrac{1}{a},x_3=-a,x_2=-\dfrac{1}{a}$ 或 $x_4=-\dfrac{1}{a},x_3=-a,x_2=\dfrac{1}{a}$。

```
>wsolve([x3 + x2 + x1,x3 * x2 + x2 * x1 + x1 * x3,x3 * x2 * x1 - 1],[x3,x2,x1],[],"wu");
[[x3 + x2 + x1,x2^2 + x1 * x2 + x1^2,x1 - 1],[x3 + x2 + x1,x2^2 + x1 * x2 + x1^2,x1^2 +
  x1 + 1]]
>wsolve([x4 + x3 + x2 + x1,x4 * x3 + x3 * x2 + x2 * x1 + x1 * x4,
        x4 * x3 * x2 + x3 * x2 * x1 + x2 * x1 * x4 + x1 * x3 * x4,x4 * x3 * x2 * x1 - 1],
[x4,x3,x2,x1],[],"wu");
[[x4 + x3 + x2 + x1,x3 + x1,x1 * x2 + 1],[x4 + x3 + x2 + x1,x3 + x1,x1 * x2 - 1],
[x4 + x2,x3 + x1,x1 * x2 + 1],[x4 + x2,x3 + x1,x1 * x2 - 1]]
```

与前面的结果相比,这里给出的结果在形式上是不同的。对于第一个例子,得到两个升列。这是因为第二个升列中没有对 $x_1^2+x_1+1$ 做除法,因此多项式 $x_2^2+x_1x_2+x_1^2$ 是不可约的。使用吴升列的好处是减少计算量,但是也看到这样给出的升列不总是最简形式。根据经验,对于规模较大的问题使用吴升列可以提高计算速度。对于第二个例子升列[$x_4+x_3+x_2+x_1,x_3+x_1,x_1x_2+1$)]与[$x_4+x_2,x_3+x_1,x_1x_2+1$]实际上是相同的。由于没有简化,两个升列都被给出。

在 MMP 中,函数 roots 给出方程(组)的精确解。

```
>p1: = x^2 + y^2 - 41:
>p2: = x + y - 9:
>roots([p1,p2],[x,y]);
```

$$[[y,4,x,5],[],[y,5,x,4],[]]$$

函数 roots(ps,vs) 的第一个参数 ps 是待求解多项式的链表,第二个参数 vs 是待求解的未知数的链表。其返回值是一个偶数长度的链表,其中每个元素仍是链表。每两个链表表示方程的一组解:奇数位置的子链表存放各个待求解的未知数及其所对应的解,偶数位置的子链表存放方程中出现的其他符号参数。在本例中,通过 roots 得到了方程组的两组精确解。以上求解过程可以分为两步:首先将方程组化为三角列形式。

```
>wsolve([p1,p2],[x,y],[],"ritt");
```

我们得到两个分支:

$$[[x-5,y-4],[x-4,y-5]]$$

然后对每个分支分别求解即可得到结论。

```
>p1: = x * y * z - x * y^2 - z - x - y:
>p2: = x * z - x^2 - z - y + x:
>p3: = z^2 - x^2 - y^2:
>roots([p1,p2,p3],[x,y,z])
```

输入上述命令得到方程组的六组解:

$$\left[[y,-z,x,0],[z],\left[z,-\frac{1}{2}I\sqrt{2},y,\frac{1}{2}I\sqrt{2},x,0\right],[],\left[z,\frac{1}{2}I\sqrt{2},y,-\frac{1}{2}I\sqrt{2},x,0\right],[],\right.$$
$$\left.[z,-1,y,0,x,1],[],[z,5,y,4,x,3],[]\right]$$

其中第一组解 $y=-z,x=0$ 是方程组的流形解。与这组解相对应的三角列是[$x,y+z$]。其他解是零维解。不妨再看看其相应的三角列:

```
>wsolve([p1,p2,p3],[x,y,z],[],"ritt");
```

得到以下分解:

$$[[x,y+z],[x,y+z,2*z^2+1],[x-1,y,z+1],[x-3,y-4,z-5],[x,y,z]]$$

第3章 Gröbner 基消元法

Gröbner 基法是B. Buchberger 于1965年在他的博士论文中首先引进的。该方法能从任一多项式理想的一组给定生成元有效地计算出另一组性质良好的生成元,称为该理想的Gröbner 基。Gröbner 基的性质使其可以用来判定任意多项式是否属于该理想,并解决诸多如此基本的计算问题。

Gröbner 基法从理论上系统而完整地给出了求解非线性代数方程组的一般方法。"Gröbner 基法被欧洲的许多符号代数和自动推理的数学家和计算机科学家推崇为处理非线性代数方程组的基本方法,并被选为欧共体 POSSD(多项式方程组求解)项目的核心算法",其在多项式代数领域如集合定理证明、机器证明、公式推导等方面取得了广泛的应用。另外,Gröbner 基法在机构学问题研究中也发挥了重要作用并取得了不少重要成果。

该方法的基本思想是在原非线性多项式系统所构成的多项式环内,通过变元多项式的适当排序,求多项式的 S-多项式并进行约简和消元,最后生成一个与原多项式系统完全等价的标准基,从而避免了数值迭代解法的种种问题。该方法的核心包括排序、生成 S-多项式及其约简、消元过程,当消元过程中方程组的所有多项式对其 S-多项式约简皆为零时,即得到与原方程组等价的 Gröbner 基。本章主要介绍 Gröbner 基的基本概念、算法、性质和应用。

3.1 项　　序

在多项式的研究中,如何表达多项式是非常重要的问题。在一元多项式的情况下,可以把多项式按"升幂"或"降幂"方式排列,但是在多元多项式的情况下,如何表达多项式就成为一个非常重要的问题。本节引入单项式序(简称项序)的概念,来解决这个问题。

设$\mathbb{K}$是一个域,在多项式环$\mathbb{K}[x_1,x_2,\cdots,x_n]$中,形式如

$$x_1^{k_1}x_2^{k_2}\cdots x_n^{k_n}$$

的表示式,叫作多项式环$\mathbb{K}[x_1,x_2,\cdots,x_n]$的一个项,其中 $k_1,k_2,\cdots,k_n$ 是非负整数,特别的 $1=x_1^0x_2^0\cdots x_n^0$ 也是一个项。我们用 $T(x_1,x_2,\cdots,x_n)$表示多项式环$\mathbb{K}[x_1,x_2,\cdots,x_n]$中的全体项组成的集合,用$\mathbb{N}$表示非负整数的全体,即 $T=\{x_1^{k_1}x_2^{k_2}\cdots x_n^{k_n}\mid k_i\in\mathbb{N},i=1,\cdots,n\}$。形如 $ax_1^{k_1}x_2^{k_2}\cdots x_n^{k_n}$ 的表示式叫作单项式,$a\in\mathbb{K}$ 叫作单项式的系数。非负整数 $\sum\limits_{i=1}^{n}k_i$ 叫作这个单项式的次数。用 $M(x_1,x_2,\cdots,x_n)$表示所有单项式组成的集合。从项的定义可以看出,每个项 $x_1^{k_1}x_2^{k_2}\cdots x_n^{k_n}$ 都由$\mathbb{N}^n$中的一个数组$(k_1,k_2,\cdots,k_n)$唯一决定。令 $\alpha=(k_1,k_2,\cdots,k_n)$,常用 $\boldsymbol{x}^\alpha$ 或$(k_1,k_2,\cdots,k_n)$来表示 $x_1^{k_1}x_2^{k_2}\cdots x_n^{k_n}$。

集合 S 上满足传递性、反对称性的二元关系 $<_r$ 称为全序，如果对 S 中的任意两个不同的元 a 和 b，或者 $a<_r b$，或者 $b<_r a$。在意义清楚时，将 $<_r$ 简记为 $<$。又将 $a<b$ 或 $a=b$ 合记为 $a\leqslant b$。

定义 3.1.1 在 $T(x_1,x_2,\cdots,x_n)$ 上满足下列条件的全序 $\leqslant$ 叫作 $T(x_1,x_2,\cdots,x_n)$ 上的项序。

(1) $\forall \boldsymbol{x}^{\alpha}\in T(x_1,x_2,\cdots,x_n)$，$1\leqslant \boldsymbol{x}^{\alpha}$；

(2) 对任意 $\boldsymbol{x}^{\alpha},\boldsymbol{x}^{\beta},\boldsymbol{x}^{\gamma}\in T(x_1,x_2,\cdots,x_n)$，若 $\boldsymbol{x}^{\alpha}\leqslant \boldsymbol{x}^{\beta}$，则 $\boldsymbol{x}^{\alpha}\boldsymbol{x}^{\gamma}\leqslant \boldsymbol{x}^{\beta}\boldsymbol{x}^{\gamma}$。

定义中的第二个条件通常称为保持乘法。

对固定的变元序 $x_n<\cdots<x_1$，可以引进不同的项序。三种常用的项序是字典序、全幂序(又称分次字典序)和分次逆字典序。它们的定义如下：

定义 3.1.2 在 $T(x_1,x_2,\cdots,x_n)$ 中，定义 $x_1^{d_1}\cdots x_n^{d_n}\leqslant x_1^{e_1}\cdots x_n^{e_n}$ 当且仅当 $(d_1,\cdots,d_n)=(e_1,\cdots,e_n)$ 或者存在 $1\leqslant i\leqslant n$ 使得 $d_j=e_j$，$1\leqslant j\leqslant i-1$ 并且 $d_i<e_i$。这种项序称为字典序(Lexicographic Ordering)，常用 $\leqslant_{\text{lex}}$ 表示。

很容易验证字典序是项序。可以给出一些例子，若 $x_1>_{\text{lex}}x_2>_{\text{lex}}x_3$，则有

(1) $x_1x_2^2>_{\text{lex}}x_2^3x_3^2$。

(2) $x_1x_2^3x_3^6>_{\text{lex}}x_1x_2^3x_3^4$。

按照字典序有 $x_1>_{\text{lex}}x_2>_{\text{lex}}\cdots>_{\text{lex}}x_n$，另外，在变元 $x_1,x_2,\cdots,x_n$ 中任意给定一个次序，也可以诱导出 $T(x_1,x_2,\cdots,x_n)$ 上的一个字典序。例如设变元是 x,y，如果规定 $x>y$，则在 $T(x,y)$ 中给出一个字典序，但是如果规定 $y>x$，则在 $T(x,y)$ 中给出了另一个字典序，这两个序是不同的。一般的，在 n 个变元的情况，可以给出 $n!$ 种不同的字典序。

在字典序中，没有考虑次数，常常有次数高的项排在次数低的项后面的情况。下面给出另一种序：全幂序(又称分次字典序)。在这个序中，先比较单项式的次数，再按字典序进行比较。

定义 3.1.3 在 $T(x_1,x_2,\cdots,x_n)$ 中，定义 $x_1^{d_1}\cdots x_n^{d_n}\leqslant x_1^{e_1}\cdots x_n^{e_n}$ 当且仅当 $\sum\limits_{i=1}^{n}d_i<\sum\limits_{i=1}^{n}e_i$ 或者 $\sum\limits_{i=1}^{n}d_i=\sum\limits_{i=1}^{n}e_i$ 并且 $x_1^{d_1}\cdots x_n^{d_n}\leqslant_{\text{lex}}x_1^{e_1}\cdots x_n^{e_n}$。这种序称为分次字典序(Graded Lexicographic Ordering)。常用 $\leqslant_{\text{grlex}}$ 表示。

在分次字典序中，先比较总的次数，再按字典序进行比较。例如：

(1) $x_1x_2^2x_3^3>_{\text{grlex}}x_1^3x_2^2$，这是因为 $x_1x_2^2x_3^3$ 的次数是 6，大于 $x_1^3x_2^2$ 的次数 5；

(2) $x_1x_2^2x_3^4>_{\text{grlex}}x_1x_2x_3^5$，这里 $x_1x_2^2x_3^4$ 的次数等于 $x_1x_2x_3^5$ 的次数，但 $x_1x_2^2x_3^4>_{\text{lex}}x_1x_2x_3^5$。

与字典序的情况相同，也有 $x_1>_{\text{grlex}}x_2>_{\text{grlex}}\cdots>_{\text{grlex}}x_n$。同样的，在 n 个变元的情况下也可以给出 $n!$ 种分次字典序。

另一种常用的项序是分次逆字典序，虽然这种序并不常见，但在计算中非常有效。

定义 3.1.4 在 $T(x_1,x_2,\cdots,x_n)$ 中，定义 $x_1^{d_1}\cdots x_n^{d_n}\leqslant x_1^{e_1}\cdots x_n^{e_n}$ 当且仅当 $\sum\limits_{i=1}^{n}d_i<\sum\limits_{i=1}^{n}e_i$ 或者 $\sum\limits_{i=1}^{n}d_i=\sum\limits_{i=1}^{n}e_i$ 并且存在 $1\leqslant i\leqslant n$ 使得对每个 $i<j\leqslant n$，$d_j=e_j$ 并且 $d_i>e_i$。这种序称为分次逆字典序 (Graded Reverse Lexicographic Ordering)，常用 $\leqslant_{\text{grevlex}}$ 表示。

像分次字典序一样，在分次逆字典序中，也是先比较总的次数，再对同次数的项进行比较。例如：

(1) $x_1^4x_2^7x_3 >_{\text{grevlex}} x_1^4x_2^2x_3^3$，这是因为 $x_1^4x_2^7x_3$ 的次数是 12，大于 $x_1^4x_2^2x_3^3$ 的次数。

(2) $x_1x_2^5x_3^2 >_{\text{grevlex}} x_1^4x_2x_3^3$，这里 $x_1x_2^5x_3^2$ 的次数等于 $x_1^4x_2x_3^3$ 的次数，但是在 $x_1x_2^5x_3^2$ 中 x_3 的方幂是 2，比 $x_1^4x_2x_3^3$ 中 x_3 的方幂数 3 小，因此 $x_1x_2^5x_3^2 >_{\text{grevlex}} x_1^4x_2x_3^3$。

与字典序和分次字典序的情况一样，也有 $x_1 >_{\text{grevlex}} x_2 >_{\text{grevlex}} \cdots >_{\text{grevlex}} x_n$，因此当在 $x_1,\cdots,x_n$ 上给出另外的序时，也可以诱导出其他的分次逆字典序。

分次字典序和分次逆字典序有相似之处，它们都是先比较总次数，但当总次数相同时，它们排序的方式就不同了。对于分次字典序，是从左到右比较每个变元的方幂数，方幂数大的排在前面。对于分次逆字典序，是从右到左比较每个变元的方幂数，方幂数小的排在前面。

通过计算发现，有时通过上述三种项序求出的 Gröbner 基都较难满足构造结式的要求，因此本书作者所在课题组在分次逆字典序的基础上，派生了分组分次逆字典序。分组分次逆字典序(Group Graded Reverse Lexicographic Ordering ($\leqslant_{\text{ggrevlex}}$))是通过提高某变元的方幂数，从而提高含该变元所在单项式的总方幂数，是多项式的一种新的表现形式。它将多项式中各单项式分为两组，即含有该变元的单项式和不含有该变元的单项式。一般含有该变元的单项式因总方幂数高排在不含有该变元的单项式的前面，两组单项式内部按照分次逆字典序排序。

在多项式 $f(x_1,x_2,\cdots,x_n)$ 中，选择 p 个变量 $x_{k_1},\cdots,x_{k_p}$ 作为第一组变量集合，其中 $1\leqslant k_1<\cdots<k_p<n$，$0<p<n$。剩下 $q=n-p$ 个变量 $x_{j_1},\cdots,x_{j_q}$ 作为第二组变量集合。此时多项式 f 可表示为 $f(x_1,x_2,\cdots,x_n)=\sum\limits_{\alpha_s\in S}a_{\alpha_s}x^{\alpha_s}$，其中 $S\subset\mathbb{N}^n$，$\alpha_s=(\alpha_{k_1},\alpha_{k_2},\cdots,\alpha_{k_p},\alpha_{j_1},\alpha_{j_2},\cdots,\alpha_{j_q})\in S$。

分组分次逆字典序的算法如下。

第一步：令 S_1 和 S_2 为 S 的子集。$\forall\,\alpha_s\in S$，只要 $\sum\limits_{j=1}^{p}\alpha_{k_j}\neq 0$，则 $\alpha_s\in S_1$；否则 $\alpha_s\in S_2$。显然 $S=S_1\cup S_2$，$S_1\cap S_2=\varnothing$。此时得到两组单项式集合，即包含了第一组 p 个变元的集合 S_1 和包含了剩余 q 个变元的集合 S_2。

第二步：(1) 对任意的 $\alpha_{s_2}=({}^{s_2}\alpha_{k_1},{}^{s_2}\alpha_{k_2},\cdots,{}^{s_2}\alpha_{k_p},{}^{s_2}\alpha_{j_1},{}^{s_2}\alpha_{j_2},\cdots,{}^{s_2}\alpha_{j_q})\in S_2$，计算相应的单项式 $a_{\alpha_{s2}}x^{\alpha_{s2}}$ 的总方幂数 $\sum\alpha_{s_2}$，最终可以得到集合 S_2 中最大的单项式总方幂数 $(\sum\alpha_{s_2})_{\max}$。

(2) 对任意的 $\alpha_{s_1}=({}^{s_1}\alpha_{k_1},{}^{s_1}\alpha_{k_2},\cdots,{}^{s_1}\alpha_{k_p},{}^{s_1}\alpha_{j_1},{}^{s_1}\alpha_{j_2},\cdots,{}^{s_1}\alpha_{j_q})\in S_1$，选择变量 x_{k_j}，求其最小方幂数 $c\,(c\in\mathbb{N})$ 使得 $(\sum\alpha_{s_1})_{\min}\geqslant(\sum\alpha_{s_2})_{\max}$，即令 $x_{k_j}=y_{k_j}^{c}$，则 $f=\sum\limits_{\alpha_s\in S}a_{\alpha_s}\boldsymbol{x}^{\alpha_s}=\sum a_\alpha\boldsymbol{x}^\beta\boldsymbol{y}^\gamma$，其中 $\beta=({}^{s_1}\alpha_{j_1},{}^{s_1}\alpha_{j_2},\cdots,{}^{s_1}\alpha_{j_q})$，$\gamma=(c\times{}^{s_1}\alpha_{k_1},c\times{}^{s_1}\alpha_{k_2},\cdots,c\times{}^{s_1}\alpha_{k_p})$，最终得到一个新的 n 元组集合 $\alpha_{s_1}=(c\times{}^{s_1}\alpha_{k_1},c\times{}^{s_1}\alpha_{k_2},\cdots,c\times{}^{s_1}\alpha_{k_p},{}^{s_1}\alpha_{j_1},{}^{s_1}\alpha_{j_2},\cdots,{}^{s_1}\alpha_{j_q})\in S_1$，然后计算单项式 $a_\alpha x^\beta y^\gamma$ 的总方幂数 $\sum\alpha_{s_1}$。

第三步：按照上述步骤将单项式集合分为两组，两组集合内部项序按分次逆字典序进行。

例如：对一组单项式 $x_1x_2x_3^3x_5$，$x_2^4x_3x_4^2$，$x_2^4x_3^2x_4x_5$，$x_1x_2x_3^3x_4^2$。假定 $x_1>x_2>x_3>x_4>x_5$，按分次逆字典序有 $x_2^4x_3^2x_4x_5>_{\text{grevlex}}x_2^4x_3x_4^2>_{\text{grevlex}}x_1x_2x_3^3x_4^2>_{\text{grevlex}}x_1x_2x_3^3x_5$；若改变变元 x_1 和 x_5 的方幂数，即把 x_1 替换为 y_1^5，x_5 替换为 y_5^4，则按照分组分次逆字典序有 $y_1^5x_2x_3^3y_5^4>_{\text{ggrevlex}}y_1^5x_2x_3^3x_4^2>_{\text{ggrevlex}}x_2^4x_3^2x_4y_5^4>_{\text{ggrevlex}}x_2^4x_3x_4^2$。

下面讨论项序的一些简单性质。为了叙述方便，当 n 个变元 $x_1,x_2,\cdots,x_n$ 在给定的情况下，常用 T 表示 $T(x_1,x_2,\cdots,x_n)$。

定理 3.1.1　假设$\leqslant$是 T 的项序，

(1) 如果 $s_1,s_2,t_1,t_2\in T$ 并且 $s_1\leqslant s_2,t_1<t_2$，则 $s_1t_1<s_2t_2$；

(2) 如果 $s,t\in T$，并且$s|t$，则 $s\leqslant t$。

证明：(1) 由 $s_1\leqslant s_2$ 可推出 $s_1t_1<s_2t_1$。由 $t_1<t_2$ 可知 $t_1\leqslant t_2$，于是 $s_2t_1\leqslant s_2t_2$。但是如果 $s_2t_1=s_2t_2$ 一定有 $t_1=t_2$。于是我们有 $s_2t_1<s_2t_2$，由传递性可知 $s_1t_1<s_2t_2$。

(2) 由$s|t$ 可知一定存在$t'\in T$，满足 $s\cdot t'=t$。由项序的定义可知 $1\leqslant t'$，因此 $s\cdot 1\leqslant s\cdot t'$，即 $s\leqslant t$。

例 3.1　$f=4xy^2z+4z^2-5x^3+7x^2z^2\in\mathbb{K}[x,y,z]$。对变元序 $x>y>z$，

(1) 按照字典序，我们可以把 f 按降序的方式写作：

$$f=-5x^3+7x^2z^2+4xy^2z+4z^2$$

(2) 按照分次字典序，我们可以把 f 按降序的方式写作：

$$f=7x^2z^2+4xy^2z-5x^3+4z^2$$

(3) 按照分次逆字典序，我们可以把 f 按降序的方式写作：

$$f=4xy^2z+7x^2z^2-5x^3+4z^2$$

设 $f(x_1,x_2,\cdots,x_n)=\sum\limits_{\alpha\in I}a_\alpha\boldsymbol{x}^\alpha\in\mathbb{K}[x_1,x_2,\cdots,x_n]$，其中 I 是有限集。令 $M(f)=\{a_\alpha\boldsymbol{x}^\alpha|\alpha\in I\}$表示 $f(x_1,x_2,\cdots,x_n)$ 中出现的所有单项式的集合，$T(f)=\{\boldsymbol{x}^\alpha|\alpha\in I\}$表示 $f(x_1,x_2,\cdots,x_n)$ 中所有项的集合。

定义 3.1.5　假设$\leqslant$是 T 上的项序。对于非零的多项式 $f\in\mathbb{K}[x_1,x_2,\cdots,x_n]$，称 $(T(f),\leqslant)$ 中的最大项为 f 的首项，用 $\mathrm{HT}(f)$表示。称$(M(f),\preceq)$中的最大项为 f 的首单项式，用 $\mathrm{HM}(f)$表示。首单项式 $\mathrm{HM}(f)$的系数称为首系数，用 $\mathrm{HC}(f)$表示。显然有

$$\mathrm{HM}(f)=\mathrm{HC}(f)\cdot\mathrm{HT}(f)$$

对于给定的项序$\leqslant$，如果 $f\neq 0$，并且 $\mathrm{HC}(f)=1$，则称 f 是首 1 的多项式。

定理 3.1.2　假设$\mathbb{K}$是域，$f,g\in\mathbb{K}[x_1,x_2,\cdots,x_n]$，并且

(1) $\mathrm{HT}(fg)=\mathrm{HT}(f)\mathrm{HT}(g)$；

(2) $\mathrm{HM}(fg)=\mathrm{HM}(f)\mathrm{HM}(g)$；

(3) $\mathrm{HC}(fg)=\mathrm{HC}(f)\mathrm{HC}(g)$；

(4) $\mathrm{HT}(f+g)=\max\{\mathrm{HT}(f),\mathrm{HT}(g)\}$。

定理的证明可参阅参考文献[25]。

3.2　多项式的约化

多项式约化实际上是一种多元多项式的除法，是域上一元多项式除法在多元多项式环

上的一种推广。有了项序的概念，下面的定义就很自然了。

定义 3.2.1 假设$\mathbb{K}$是数域，令 $f,g,p\in\mathbb{K}[x_1,x_2,\cdots,x_n]$，其中 $f,p\neq 0$，设$\leqslant$是 $T(x_1,x_2,\cdots,x_n)$ 上的项序，P 是$\mathbb{K}[x_1,x_2,\cdots,x_n]$的子集，$\forall p\in P,p\neq 0$，有

(1)如果 $t\in T(f)$，并且存在 $s\in T(x_1,x_2,\cdots,x_n)$使得 $s\cdot \mathrm{HT}(p)=t$，而且

$$g=f-\frac{a}{\mathrm{HC}(p)}\cdot s\cdot p$$

其中，a 是 f 关于 t 的系数，则称 f 模 p 消去 t 约化到 g，记为 $f\xrightarrow[p]{t}g$，或简记为 $f\xrightarrow[p]{}g$。

(2) 如果存在 $p\in P$ 使得 $f\xrightarrow[p]{}g$，则称 f 模 P 约化到 g，记为 $f\xrightarrow[p]{}g$。如果没有这样的 P 存在，则称 f 对 P 为约化的或为范式。

在一般的除法中，用一个非零的多项式去除一个多项式，而在约化过程中，可以用一组非零多项式去约化一个多项式。在约化过程中，每次消去 f 的一项 t，但是 t 不一定是 f 的首项，而在一般除法过程中，每次总是消去 f 的首项。

如果一个多项式 f 可以经过一系列约化步骤得到 g_n（即存在 $g_1,g_2,\cdots,g_n$，使得 $f\xrightarrow[p]{}g_1$，$g_1\xrightarrow[p]{}g_2,\cdots,g_{n-1}\xrightarrow[p]{}g_n$），则记为

$$f\xrightarrow[p]{*}g_n$$

例 3.2 设 $f(x,y)=x^2y^3+3xy^4+y^2+1\in\mathbb{K}[x,y]$，$p_1(x,y)=xy+1$，$p_2(x,y)=y+1$。令 $P=\{p_1(x,y),p_2(x,y)\}$，$\leqslant$是 $T(x,y)$上的字典序。

由于

$$\begin{aligned}f(x,y)&=xy^2p_1(x,y)+3xy^4-xy^2+y^2+1\\&=xy^2p_1(x,y)+3y^3p_1(x,y)-xy^2-3y^3+y^2+1\\&=(xy^2+3y^3-y)p_1(x,y)-3y^3+y^2+y+1\end{aligned}$$

因此

$$f(x,y)\xrightarrow[p_1]{x^2y^3}3xy^4-xy^2+y^2+1\xrightarrow[p_1]{3xy^4}-xy^2-3y^3+y^2+1\xrightarrow[p_1]{-xy^2}-3y^3+y^2+y+1$$

即 $f(x,y)\xrightarrow[P]{*}-3y^3+y^2+y+1$。又因为

$$-3y^3+y^2+y+1=(3y^2-4y+3)p_2(x,y)+4$$

所以

$$f(x,y)\xrightarrow[P]{*}4$$

例 3.3 设 $f(x,y)=x^2y+xy^2+y^2$，$p_1(x,y)=xy-1$，$p_2(x,y)=y^2-1$，令 $P=\{p_1(x,y),p_2(x,y)\}$，$\leqslant$是 $T(x,y)$上的字典序。

$$f(x,y)\xrightarrow[P]{x^2y}x^2+y+y^2+y\xrightarrow[P]{y^2}x^2y+y+1\xrightarrow[P]{x^2y}x+y+1$$

即

$$f(x,y)\xrightarrow[P]{*}x+y+1$$

下面讨论约化关系的一些性质。

定理 3.2.1　假设 $f,g,p\in\mathbb{K}[x_1,x_2,\cdots,x_n]$，$P$ 是$\mathbb{K}[x_1,x_2,\cdots,x_n]$的一个子集，则下列事实成立。

(1) f 模 p 可约化当且仅当存在 $t\in T(f)$ 使得 $\mathrm{HT}(p)\mid t$。

(2) 如果对某个单项式 m，$f\underset{p}{\rightarrow}f-mp$，则 $\mathrm{HT}(mp)\in T(f)$。

(3) 假设 $f\underset{p}{\rightarrow}g[t]$，则 $t\notin T(g)$，对每个 $t'\in T(g)$，并且 $t'>t$，我们有 $t'\in T(f)\Leftrightarrow t'\in T(g)$。事实上，对每个单项式 $t\prec m$，$m\in M(f)\Leftrightarrow m\in M(g)$。

(4) 如果 $f\underset{p}{\rightarrow}g$，则 $g\prec f$。

定理的证明可参阅参考文献[25]。

如果一个多项式 f 模 P 是不可约化的，则称 f 是模 P 的范式。在什么条件下，多项式 f 模 P 是不可约化的？事实上，只有当 $T(f)$ 中的每一项都不能被 $\{\mathrm{HT}(p)\mid p\in P\}$ 中一项整除时，f 模 P 才是不可约化的。

下面证明，对每个多项式 f，都存在一个多项式 g 使得

$$f\overset{*}{\underset{P}{\rightarrow}}g$$

其中，g 是模 P 不可约化的。我们称 g 是 f 模 P 的范式。

定理 3.2.2　假设 $P=\langle p_1,\cdots,p_s\rangle$是$\mathbb{K}[x_1,x_2,\cdots,x_n]$的有限序列，$f\in\mathbb{K}[x_1,x_2,\cdots,x_n]$，则存在 f 模 P 的范式 g，和一组多项式$\{a_1,\cdots,a_s\}\subset\mathbb{K}[x_1,x_2,\cdots,x_n]$ 满足 $f=\sum\limits_{i=1}^{s}a_ip_i+g$ 并且 $\max\{\mathrm{HT}(a_ip_i)\mid 1\leqslant i\leqslant s,a_ip_i\neq 0\}\leqslant\mathrm{HT}(f)$。

我们通过一个算法构造性地给出$\{a_1,\cdots,a_s\}$和 g，该算法主要进行两个判定：

① 如果有某个 $\mathrm{HT}(p_i\mid\mathrm{HT}(c))$，则 $c\underset{p_i}{\rightarrow}c-(\mathrm{HM}(c)/\mathrm{HM}(p_i))p_i$。

② 如果 $\mathrm{HM}(c)$对每个 p_i 都不可约化，则将 $\mathrm{HM}(c)$加到余式 g 中。

该算法构造如下。假定

$$f=\sum_{i=1}^{s}a_ip_i+c+g \tag{3.1}$$

在开始时 $a_i=0,c=f,g=0$，因此式(3.1)成立。

假设式(3.1)在某一步成立，如果下一步是一个约化步骤，则一定有某个 i 使得 c 模 p_i 是可约化的，这时，

$$a_ip_i+c=(a_i+\mathrm{HM}(c)/\mathrm{HM}(p_i))p_i+(c-\mathrm{HM}(c)/\mathrm{HM}(p_i)p_i)$$

a_ip_i+c 没有变化，因此式(3.1)成立。

如果下一步不是约化步骤，则一定是 $\mathrm{HM}(c)$对每个 p_i 都不可约化，这时

$$c+g=(c-\mathrm{HM}(c))+(g+\mathrm{HM}(c))$$

因此式(3.1)也没有变化。

另说明在计算过程中，变元 c 一定会等于零。假设 $f=c_0,c_1,c_2,\cdots,c_j,\cdots$是变元 c 在计算过程中出现的值，由于 c_{j+1}是 c_j 经过一步约化得到的，即 $c_j\underset{P}{\rightarrow}c_{j+1}$，或者 $c_{j+1}=c_j-\mathrm{HM}(c_j)$。因此由定理 3.2.1(4)可知，$c_{j+1}\prec c_j$，上述计算过程不能无限地进行下去，一定在某一步停止。这时 $c=0$。

最后还需要验证 $\max\{\mathrm{HT}(a_ip_i)\mid 1\leqslant i\leqslant s,a_ip_i\neq 0\}\leqslant\mathrm{HT}(f)$。由于每个 a_i 都是 $\mathrm{HM}(c)/$

HM(p_i)形式的元,其中 $c=c_j$。由前面的证明可知 $c_j \prec c_0=f$,因此 $\mathrm{HT}(a_i p_i)\leqslant \mathrm{HT}(c_j)\leqslant \mathrm{HT}(f)$。这样就完成了定理的证明。

当多项式环只有一个变元,P 只有一个元时,上述定理的结论就是一元多项式环上的带余除法,因此定理 3.2.2 可以看作是带余除法在多元多项式环上的推广。与一元多项式环不同的是,通过上述算法所得的 f 模 $\{p_1,\cdots,p_s\}$ 的范式 g 与序列 P 的取法有关,当重新排列 $\{p_1,\cdots,p_s\}$,给出另一个序列 P' 时,上述算法对于 P' 所求得的范式 g' 不一定是 g。

例 3.4 设 $f(x,y)=xy^2-x$,$p_1(x,y)=y^2-1$,$p_2(x,y)=xy+1$。令 $P=\{p_1(x,y),p_2(x,y)\}$,$\leqslant$ 是 $T(x,y)$ 上的字典序。

我们一方面有 $f(x,y)\xrightarrow[p_1]{xy^2}0$;另一方面有 $f(x,y)\xrightarrow[p_2]{xy^2}(-x-y)$。

这里 0,$(-x-y)$ 都是 $f(x,y)$ 模 $\{p_1,p_2\}$ 的范式,但它们是不同的。在什么条件下,f 模 $\{p_1,p_2\}$ 的范式是唯一的?在 3.5 节中我们将给出解答。

3.3 单项式理想

从这一节开始,我们将讨论多元多项式环理想的性质。我们首先研究单项式理想。

定义 3.3.1 在多项式环 $\mathbb{K}[x_1,x_2,\cdots,x_n]$ 中,如果 I 是由一组单项式 $\{\boldsymbol{x}^\alpha \mid \alpha\in A\}$ 生成的理想,则称 $I=\langle \boldsymbol{x}^\alpha \mid \alpha\in A\rangle$ 是单项式理想。其中 $A\subseteq\mathbb{N}^n$,A 可以是无限集合。$\{\boldsymbol{x}^\alpha \mid \alpha\in A\}$ 称为单项式理想 I 的基。

例如:$I=\langle x^2y^3,x^4y^2,x^5y\rangle\subset\mathbb{K}[x,y]$ 是一个单项式理想。

我们首先给出单项式理想的一些性质。

引理 3.3.1 假设 $I=\langle \boldsymbol{x}^\alpha \mid \alpha\in A\rangle$ 是一个单项式理想,则

(1) $\boldsymbol{x}^\beta\in I$,当且仅当 $\exists\,\alpha\in A$,$\boldsymbol{x}^\alpha \mid \boldsymbol{x}^\beta$;

(2) $\forall f\in\mathbb{K}[x_1,x_2,\cdots,x_n]$,$f\in I\Leftrightarrow f$ 的每一个项属于 $I\Leftrightarrow f$ 是 I 中单项式的 k-线性组合。

引理 3.3.1(2)说明一个多项式 f 是否属于单项式理想 I 完全由 f 中的每一单项式所决定,即由 $T(f)$ 决定。

本节的主要定理是证明每个单项式理想都是有限生成的。

定理 3.3.1 (Dickson 引理)对每个单项式理想 $I=\langle \boldsymbol{x}^\alpha \mid \alpha\in A\rangle\subseteq\mathbb{K}[x_1,x_2,\cdots,x_n]$,一定存在有限集合 $\{\alpha(1),\cdots,\alpha(s)\}\subseteq A$,使得 $I=\langle \boldsymbol{x}^{\alpha(1)},\cdots,\boldsymbol{x}^{\alpha(s)}\rangle$。

证明 对变元个数 n 用归纳法。当 $n=1$ 时,I 由单项式 $\{x^\alpha \mid \alpha\in\mathbb{N}\}$ 生成,由于每个 α 都是正整数,取 β 是其中最小的,则 x^β 生成理想 I。

假设 $n>1$,定理对于 $n-1$ 成立,则 $\mathbb{K}[x_1,\cdots,x_{n-1},x_n]$ 中的每个单项式可以写成 $\boldsymbol{x}^\alpha x_n^m$ 的形式,其中 $\alpha\in\mathbb{N}^{n-1}$,$m\in\mathbb{N}$。

设 $I\subseteq\mathbb{K}[x_1,\cdots,x_{n-1},x_n]$ 是单项式理想,令 J 是 $\mathbb{K}[x_1,\cdots,x_{n-1},x_n]$ 中的理想,它由 $\{\boldsymbol{x}^\alpha \mid \exists\, m\geqslant 0,\boldsymbol{x}^\alpha x_n^m\in I\}$ 生成,则由于 J 是 $\mathbb{K}[x_1,\cdots,x_{n-1},x_n]$ 的单项式理想,由归纳假设,一定存在有限多个 $\{\alpha(1),\cdots,\alpha(s)\}$ 使得 $J=\langle \boldsymbol{x}^{\alpha(1)},\cdots,\boldsymbol{x}^{\alpha(s)}\rangle$。$J$ 可以理解为 I 在 $\mathbb{K}[x_1,\cdots,x_{n-1},x_n]$ 中的投影。

对于 $1\leqslant i\leqslant s$，由 J 的定义可知，一定存在 $m_i\in\mathbb{N}$ 使得 $\boldsymbol{x}^{\alpha(i)}x_n^{m_i}\in I$。令 m 是 m_i 中的最大元，则对每个 $0\leqslant k\leqslant m-1$，考虑理想 $J_k\subset\mathbb{K}[x_1,\cdots,x_{n-1},x_n]$，它是由 $\{\boldsymbol{x}^\beta\mid\boldsymbol{x}^\beta x_n^k\in I\}$ 生成的单项式理想。根据归纳假设，J_k 也是有限生成的单项式理想。令 $J_k=\langle x^{\alpha_k(1)},\cdots,x^{\alpha_k(s_k)}\rangle$。我们断言，$I$ 由下列单项式生成：

$$\boldsymbol{x}^{\alpha(1)}x_n^m,\cdots,\boldsymbol{x}^{\alpha(s)}x_n^m$$

$$\boldsymbol{x}^{\alpha_0(1)},\cdots,\boldsymbol{x}^{\alpha_0(s_0)}$$

$$\boldsymbol{x}^{\alpha_1(1)}x_n,\cdots,\boldsymbol{x}^{\alpha_1(s_1)}x_n$$

$$\cdots\cdots$$

$$\boldsymbol{x}^{\alpha_{m-1}(1)}x_n^{m-1},\cdots,\boldsymbol{x}^{\alpha_{m-1}(s_{m-1})}x_n^{m-1}$$

首先证明 I 中每个单项式一定被上述所列出的某个单项式整除。设 $\boldsymbol{x}^\alpha x_n^p\in I$，如果 $p\geqslant m$，则由 J 中的定义可知 $\boldsymbol{x}^\alpha\in J$，因此 $\boldsymbol{x}^{\alpha(i)}\mid\boldsymbol{x}^\alpha$，所以 $\boldsymbol{x}^{\alpha(i)}x_n^m\mid\boldsymbol{x}^\alpha x_n^p$。如果 $p<m$，则 $\boldsymbol{x}^\alpha\in J_p$，因此$\boldsymbol{x}^{\alpha_p(j)}x_n^p\mid\boldsymbol{x}^\alpha x_n^p$。

另外，上述单项式中每个单项式都在 I 中，因此 I 由它们生成。

假设$\{\boldsymbol{x}^{\beta(1)},\cdots,\boldsymbol{x}^{\beta(t)}\}$枚举了上述单项式，我们有 $I=\langle\boldsymbol{x}^{\beta(1)},\cdots,\boldsymbol{x}^{\beta(t)}\rangle$，但是$\{\boldsymbol{x}^{\beta(1)},\cdots,\boldsymbol{x}^{\beta(t)}\}$不一定包含在 I 的生成元集$\{\boldsymbol{x}^\alpha\mid\alpha\in A\}$中，由引理 3.3.1，对每个 $\boldsymbol{x}^{\beta(j)}$ 都存在$\alpha(j)\in A$，因此 $I=\langle\boldsymbol{x}^{\alpha(1)},\cdots,\boldsymbol{x}^{\alpha(s)}\rangle$。

为了更好地理解定理 3.3.1 的证明，考查下列理想 $I=\langle x^4y^2,x^3y^4,x^2y^5\rangle\subset\mathbb{K}[x,y]$。

由定理 3.3.1 的证明过程可知，I 的投影 $J=\langle x^2\rangle\subset\mathbb{K}[x]$，由于 $x^2y^5\in I$，因此 $m=5$，对于 $0\leqslant k\leqslant 4=m-1$，我们有 $J_0=J_1=\{0\}$，$J_2=J_3=\langle x^4\rangle$，$J_4=\langle x^3\rangle$。因此由定理 3.3.1 的证明 $I=\langle x^2y^5,x^4y^2,x^4y^3,x^3y^4\rangle$。

3.4　Gröbner 基及其性质

在本节中，我们将应用单项式理想的性质给出著名的 Hilbert 基定理的证明，以及 Gröbner 基的存在性。首先我们给出首项理想的概念。

定义 3.4.1　设 $I\subseteq\mathbb{K}[x_1,\cdots,x_{n-1},x_n]$是一个非零理想。$\leqslant$是一给定的项序，我们用 $\mathrm{HT}(I)$表示 I 中所有元素的首项组成的集合，即

$$\mathrm{HT}(I)=\{\mathrm{HT}(f)\mid f\in I\}$$

我们用$\langle\mathrm{HT}(I)\rangle$表示 $\mathrm{HT}(I)$生成的理想，称之为 I 的首项理想。

给定一个理想 $I=\langle f_1,f_2,\cdots,f_s\rangle$的首项理想$\langle\mathrm{HT}(I)\rangle$与理想$\langle\mathrm{HT}(f_1),\cdots,\mathrm{HT}(f_s)\rangle$是两个不同的理想。一般我们有$\langle\mathrm{HT}(f_1),\cdots,\mathrm{HT}(f_s)\rangle\subset\langle\mathrm{HT}(I)\rangle$。

例 3.5　设 $I=\langle f_1,f_2\rangle$，其中 $f_1=x^3-2xy$，$f_2=x^2y-2y^2+x$，项序是分次字典序，则 $x\cdot(x^2y-2y^2+x)-y\cdot(x^3-2xy)=x^2$。因此 $x^2\in I$，于是 $x^2=\mathrm{HT}(x^2)\in\langle\mathrm{HT}(I)\rangle$，但是 $x^2\notin\langle\mathrm{HT}(f_1),\mathrm{HT}(f_2)\rangle$。

显然$\langle\mathrm{HT}(I)\rangle$是单项式理想，因此由定理 3.3.1 可知$\langle\mathrm{HT}(I)\rangle$是有限生成的理想。事实上我们有

定理 3.4.1　设 $I\subseteq\mathbb{K}[x_1,\cdots,x_{n-1},x_n]$是一个非零理想，则一定存在有限个多项式 f_1，$f_2,\cdots,f_s\subseteq I$，使得

$$\langle \mathrm{HT}(I)\rangle=\langle \mathrm{HT}(f_1),\cdots,\mathrm{HT}(f_s)\rangle$$

证明:根据定理 3.3.1,$\langle \mathrm{HT}(I)\rangle$是有限生成的理想,因此$\langle \mathrm{HT}(I)\rangle=\langle g_1,g_2,\cdots,g_s\rangle$,其中 $g_1,g_2,\cdots,g_s\in \mathrm{HT}(I)$,根据 HT($I$)的定义,可知一定存在 $f_1,f_2,\cdots,f_s\in I$ 使得 $g_i=\mathrm{HT}(f_i)$。因此$\langle \mathrm{HT}(I)\rangle=\langle \mathrm{HT}(f_1),\cdots,\mathrm{HT}(f_s)\rangle$。

应用定理 3.4.1 和定理 3.2.2,可以证明 Hilbert 基定理。

定理 3.4.2 (Hilbert 基定理) 每个理想 $I\subseteq\mathbb{K}[x_1,\cdots,x_{n-1},x_n]$都有一个有限基,即存在 $f_1,f_2,\cdots,f_t\in I$,使得 $I=\langle f_1,f_2,\cdots,f_t\rangle$。

证明:如果理想 $I=\{0\}$,则定理显然成立。假设 $I\neq\{0\}$,则 I 的首项理想是有限生成的,即存在 $f_1,f_2,\cdots,f_t$,使得

$$\langle \mathrm{HT}(I)\rangle=\langle \mathrm{HT}(f_1),\mathrm{HT}(f_2),\cdots,\mathrm{HT}(f_t)\rangle$$

下面我们证明 $I=\langle f_1,\cdots,f_n\rangle$。

令 $P=\langle f_1,\cdots,f_t\rangle$,任取 $f\in I$,f 模 P 的范式为 r,则我们有

$$f=a_1f_1+a_2f_2+\cdots+a_tf_t+r$$

由范式的性质我们有对每个 i,$\mathrm{HT}(f_i)\nmid\mathrm{HT}(r)$。下面证明 $r=0$。因为

$$r=f-(a_1f_1+a_2f_2+\cdots+a_tf_t)\in I$$

如果 $r\neq0$,则 $\mathrm{HT}(r)\in\langle \mathrm{HT}(I)\rangle=\langle \mathrm{HT}(f_1),\cdots,\mathrm{HT}(f_t)\rangle$。根据引理 3.3.1,HT($r$)一定被某个 HT($f_i$)整除,矛盾。所以 $r=0$。于是

$$f=a_1f_1+a_2f_2+\cdots+a_tf_t+0\in\langle f_1,f_2,\cdots,f_t\rangle$$

所以 $I=\langle f_1,f_2,\cdots,f_t\rangle$。

在定理证明中,我们所得到的基满足$\langle \mathrm{HT}(f_1),\cdots,\mathrm{HT}(f_t)\rangle$,对于这种特殊的基,我们称为 Gröbner 基。

定义 3.4.2 对于固定的项序,非零理想 $I\subseteq\mathbb{K}[x_1,\cdots,x_{n-1},x_n]$的有限子集 $G=\{f_1,f_2,\cdots,f_t\}$称为 I 的 Gröbner 基,如果它们满足

$$\langle \mathrm{HT}(f_1),\mathrm{HT}(f_2),\cdots,\mathrm{HT}(f_t)\rangle=\langle \mathrm{HT}(I)\rangle$$

在上述定义中,我们并没有要求 G 是 I 的生成元集,但是由定理 3.4.2 的证明可知,G 一定生成理想 I。

推论 3.4.1 固定一个项序,每一个非零理想 $I\subseteq\mathbb{K}[x_1,\cdots,x_{n-1},x_n]$都有 Gröbner 基 $G=\{f_1,f_2,\cdots,f_t\}$,更进一步,我们有 $I=\langle G\rangle$。

证明 由定理 3.4.2 的证明所得到的 I 的有限子集 $G=\{f_1,f_2,\cdots,f_t\}$满足$\langle \mathrm{HT}(G)\rangle=\langle \mathrm{HT}(I)\rangle$,因此 G 是 I 的 Gröbner 基。另外,由定理 3.4.2 的证明,我们有 $I=\langle G\rangle$。

Gröbner 基最初是由 Hironaka 在 1964 年提出的,他称之为"标准基"。1965 年,B. Buchberger在他的博士论文中研究了 Gröbner 基的性质,并给出了计算 Gröbner 基的算法,Gröbner 基的名称来自 Buchberger 的导师 W. Gröbner (1899—1980 年)。

在本节我们给出一些 Gröbner 基的例子,从下一节开始我们将详细研究 Gröbner 基的性质,以及计算 Gröbner 基的算法。

在例 3.5 中,$I=\langle f_1,f_2\rangle$,其中 $f_1=x^3-2xy$,$f_2=x^2y-2y^2+x$。项序是分次字典序,我们证明了 $x^2\in\langle \mathrm{HT}(I)\rangle$,但是 $x^2\notin\langle x^3,x^2y\rangle$,因此 $G=\{x^3-2xy,x^2y-2y^2+x\}$不是 I 的 Gröbner 基。

例 3.6 设理想 $I=\langle g_1,g_2\rangle=\langle x+z,y-z\rangle\subset\mathbb{K}[x,y,z]$,项序是字典序,则

$G=\langle g_1,g_2\rangle$ 是 I 的 Gröbner 基。

证明：由于$\langle \mathrm{HT}(g_1),\mathrm{HT}(g_2)\rangle=\langle x,y\rangle$，因此只要证明 I 中每一个多项式 $f(x,y,z)$ 的首项可以被 x 或 y 整除。

设 $f(x,y,z)=a_1(x,y,z)(x+z)+a_2(x,y,z)(y-z)\in I$。如果 $\mathrm{HT}(f(x,y,z))\notin\langle \mathrm{HT}(g_1),\mathrm{HT}(g_2)\rangle$，则按照字典序，$f(x,y,z)$只能是 z 的多项式。在$\mathbb{R}^3$中考查线性子空间 $V=L((-1,1,1))$。将 $f(x,y,z)$看作是$\mathbb{R}^3$上的函数，我们发现理想 I 中的多项式 $f(x,y,z)$ 在 V 上的值都为零。如果 $f(x,y,z)$是 z 的多项式，并且 $f(x,y,z)$在 V 上取值都为零，则 $f(x,y,z)$只能是零多项式。因此，$G=\{x+z,y-z\}$是 I 的 Gröbner 基。

3.5　Gröbner 基的基本性质

在上一节，我们给出了 Gröbner 基的定义，并证明了 Gröbner 基的存在性，本节将给出 Gröbner 基的一系列等价性质，并证明约化 Gröbner 基的唯一性。

定理 3.5.1　设 G 是$\mathbb{K}[x_1,\cdots,x_n]$的有限子集，给定项序$\leqslant$，则下列性质等价：

(1) G 是理想$\langle G\rangle$的 Gröbner 基；

(2) 对每个 $f\in\langle G\rangle$，f 模 G 的范式为 0；

(3) 对每个非零的多项式 $f\in\langle G\rangle$，f 模 G 是可约化的；

(4) 对每个 $s\in \mathrm{HT}(\langle G\rangle)$，存在 $t\in \mathrm{HT}(G)$使得 $t|s$。

证明　(1)⇒(2)　设 f 模 G 的范式为 $r\neq 0$，则 r 是模 G 不可约化的，但是由约化的算法可知，存在 $a_1,a_2,\cdots,a_s\in\mathbb{K}[x_1,\cdots,x_n]$满足

$$f=a_1g_1+a_2g_2+\cdots+a_sg_s+r$$

于是 $r\in\langle G\rangle$。由 Gröbner 基的定义，$\mathrm{HT}(r)\in\langle \mathrm{HT}(G)\rangle$，所以存在 $g_i\in G$ 满足 $\mathrm{HT}(g_i)|\mathrm{HT}(r)$。这与 r 是模 G 不可约化矛盾，所以 $r=0$。

(2)⇒(3)　对每个非零多项式 $f\in\langle G\rangle$，由于 $f\xrightarrow[G]{*}0$，因此存在 h，使得 $f\xrightarrow[G]{}h$，$h\xrightarrow[G]{*}0$，因此 f 是可约化的。

(3)⇒(4)　对每个 $s\in \mathrm{HT}(\langle G\rangle)$，在$\langle G\rangle$中选取一个多项式 f 满足 $\mathrm{HT}(f)=s$，并且 f 是满足上述条件的$<$一极小元。由于 f 可约化，所以存在 $s'\in T(f)$，$g_i\in G$，使得 $\mathrm{HT}(g_i)|s'$，令 $h=f-a\dfrac{s'}{\mathrm{HT}(g_i)}$，其中 a 是 s'在 f 中的系数，由约化的定义可知 $f\xrightarrow[G]{}h$，因为 $h<f$，如果 $s'\neq s$，则 $\mathrm{HT}(f)=\mathrm{HT}(h)$，与 f 的取法矛盾。因此 $s'=s$，即存在 $t\in \mathrm{HT}(G)$，使得 $t|s$。

(3)⇒(4)　由于$\forall s\in \mathrm{HT}(\langle G\rangle)$，$\exists t\in \mathrm{HT}(G)(t|s)$，所以$\langle \mathrm{HT}(G)=\langle \mathrm{HT}(\langle G\rangle)\rangle$。即 G 是 Gröbner 基。

在 3.2 节中，我们讨论过范式的唯一性问题。下面我们证明 G 是 Gröbner 基，当且仅当 f 模 G 的范式是唯一的。

定理 3.5.2　设 G 是$\mathbb{K}[x_1,\cdots,x_n]$的有限子集，$G$ 是 Gröbner 基，当且仅当对每个 $f\in\mathbb{K}[x_1,\cdots,x_n]$，$f$ 模 G 的范式是唯一的。

证明 ⇒ 设 $G=\{g_1,\cdots,g_s\}$是 Gröbner 基，如果 f 模 G 的范式不唯一，假设 r_1 和 r_2 为 f

的两个范式，则存在 $a_1,\cdots,a_s,b_1,\cdots,b_s\in\mathbb{K}[x_1,\cdots,x_n]$满足

$$f=a_1g_1+a_2g_2+\cdots+a_sg_s+r_1$$
$$g=b_1g_1+b_2g_2+\cdots+b_sg_s+r_2$$

于是 $r_1-r_2=(b_1-a_1)g_1+\cdots+(b_s-a_s)g_s\in\langle G\rangle$，由 Gröbner 基定义，$\mathrm{HT}(r_1-r_2)\in\langle\mathrm{HT}(G)\rangle$，所以存在 $g_i\in G$ 满足 $\mathrm{HT}(g_i)\mid\mathrm{HT}(r_1-r_2)$。但是由范式的性质可知 $\mathrm{HT}(r_1)<\mathrm{HT}(g_i)$，$\mathrm{HT}(r_2)<\mathrm{HT}(g_i)$，因此 $\mathrm{HT}(r_1-r_2)<\mathrm{HT}(g_i)$，矛盾。所以 $r_1=r_2$。

反之，我们证明如果每个多项式 f 模 G 有唯一的范式，则定理 3.5.1 中的(2)成立。为此我们首先证明一个断言。

断言 如果 $c\neq 0\in\mathbb{K}$，$g\in\mathbb{K}[x_1,\cdots,x_n]$并且 $g\xrightarrow[G]{*}r$，则对每个 $1\leqslant i\leqslant s$，$\boldsymbol{x}^\alpha\in(x_1,\cdots,x_n)$都有 $g-c\boldsymbol{x}^\alpha g_i\xrightarrow[G]{*}r$，其中 $g_i\in G$。

假设断言成立，则对 $f\in\langle G\rangle$，我们有

$$f=\sum_{i=1}^{s}c_i\boldsymbol{x}^{\alpha_i}g_i$$

由断言 $f-c_1\boldsymbol{x}^{\alpha_1}g_1\xrightarrow[G]{*}r$，$f-c_1\boldsymbol{x}^{\alpha_1}g_1\xrightarrow[G]{*}-c_2\boldsymbol{x}^{\alpha_2}g_2\xrightarrow[G]{*}r$，$\cdots$，$0\xrightarrow[G]{*}r$，所以 $r=0$。

断言的证明 假设 d 是 $\boldsymbol{x}^\alpha\cdot\mathrm{HT}(g_i)$在 g 中的系数，我们分三种情况证明。

情况 1 $d=0$，则 $g-c\boldsymbol{x}^\alpha g_i\xrightarrow[g_i]{}g\xrightarrow[G]{*}r$。

情况 2 $d=c$，设 $g-c\boldsymbol{x}^\alpha g_i\xrightarrow[G]{*}r_1$，因为 $d=c\neq 0$，所以 $g\xrightarrow[g_i]{}g-c\boldsymbol{x}^\alpha g_i\xrightarrow[G]{*}r$，于是 $g\xrightarrow[G]{*}r_1$，但是 g 模 G 的范式是唯一的，所以 $r_1=r$。

情况 3 $d\neq 0$，$c\neq d$，令 $h=g-d\boldsymbol{x}^\alpha g_i$，则 $g\xrightarrow[g_i]{}h$，并且 $g-c\boldsymbol{x}^\alpha g_i\xrightarrow[g_i]{}h$。如果 $h\xrightarrow[G]{*}r_2$，则 $g\xrightarrow[G]{*}r_2$，于是 $r_2=r$，因此 $g-c\boldsymbol{x}^\alpha g_i\xrightarrow[G]{*}h$。

给定一个理想，它的 Gröbner 基一般不是唯一的，例如 $I=\langle x+z,y-z\rangle$的 Gröbner 基是$\{x+z,y-z\}$，但是$\{x+z,y-z,x^2+xy\}$也是 I 的 Gröbner 基，这是因为$\langle\mathrm{HT}(x+z),\mathrm{HT}(y-z),\mathrm{HT}(x^2+xy)\rangle=\langle\mathrm{HT}(I)\rangle$。

为什么理想 I 的 Gröbner 基不唯一？主要原因是：一方面，在 I 的 Gröbner 基中，多项式的首项系数不唯一确定，当给定了 I 的 Gröbner 基 G 之后，在 G 中添加 I 中任意多项式 f，$G\cup\{f\}$也是 I 的 Gröbner 基。另一方面，即使 G 是 I 的极小 Gröbner 基，G 也不是唯一的，这是因为理想 I 中具有相同首项的多项式有许多，它们可以构成相同的首项理想。例如前面的 $G=\{x+z,y-z\}$是 I 的 Gröbner 基，但是 $G'=\{x+z,y-z\}$也是 I 的 Gröbner 基。为了讨论 Gröbner 基的唯一性，我们引入约化 Gröbner 基的概念。

定义 3.5.1 设 G 是理想 I 的 Gröbner 基，如果 G 满足下列条件：

(1) $\forall f\in G,\mathrm{HC}(f)=1$；

(2) 对任意 $f\in G$，f 模 $G-\{f\}$是不可约化的。

则 G 称是 I 的约化 Gröbner 基。

引理 3.5.1 假设 I 是多项式$\mathbb{K}[x_1,\cdots,x_n]$的理想，$m$ 是一个单项式，则对于拟序$<$存

在唯一的极小多项式 f,满足 $f\in I$,$\mathrm{HM}(f)=m$。

证明　假设 $f,g\in I$ 是满足条件 $\mathrm{HM}(f)=\mathrm{HM}(g)=m$ 的极小多项式,则一定有 $T(f)=T(g)$,否则一定有 $f\prec g$ 或 $g\prec f$。由于 $f-g\in I$,因此 $f-g=0$,或者 $s=\mathrm{HT}(f-g)\prec m$。在后一种情况中,一定有 $s\in T(f)=T(g)$。可以找到 $c\in\mathbb{K}$,使得

$$h=f-c(f-g)\in I$$

但是 $s\notin T(h)$,由于 $\mathrm{HT}(h)=m$,$h\prec f$,与 f 的极小性矛盾。所以 $f=g$。

定理 3.5.3　假设 I 是 $\mathbb{K}[x_1,\cdots,x_n]$ 的理想,对于给定的项序 $\leqslant$,存在唯一的约化的 Gröbner 基 G。

证明　首先在单项式理想中取一组极小基 S,对于除法关系而言,S 是唯一的。对每个 $t\in S$,存在 $f_t\in I$,使得 $\mathrm{HT}(f_t)=t$。由于 I 是理想,我们可以假设 $\mathrm{HM}(f_t)=t$。由引理可知,存在唯一的满足 $\mathrm{HM}(f_t)=t$ 的极小多项式 f_t。令

$$G=\{f_t\mid t\in S\}$$

则 G 是 I 的约化 Gröbner 基。由定理 3.5.1 可知,G 是 I 的 Gröbner 基,显然 $\mathrm{HC}(f_t)=1$,因此只需证(2)成立。假设 $g_1,g_2\in G$,$g_1\neq g_2$ 并且 $g_1\underset{g_2}{\rightarrow}f$。如果 $\mathrm{HT}(g_2)\mid\mathrm{HT}(g_1)$,令 $S'=S-\{\mathrm{HT}(g_1)\}$ 也是 $\langle\mathrm{HT}(I)\rangle$ 的基,与 S 的极小性矛盾。如果 $\mathrm{HT}(g_2)\mid\mathrm{HT}(g_1)$,则 $\mathrm{HM}(f)\mid\mathrm{HM}(g_1)$,但是 $f\prec g_1$,与 g_1 的极小性矛盾。因此 G 是 I 的约化 Gröbner 基。

下面证明 G 的唯一性。假设 H 是另一个 I 的约化 Gröbner 基。$H\neq G$,在 G 与 H 的对称差 $G\Delta H$ 中取一个多项式 g,并且 $\mathrm{HT}(g)$ 是 $\mathrm{HT}(G\Delta H)$ 的极小元。不妨设 $g\in G-H$,由于 H 是理想 I 的 Gröbner 基,由定理 3.5.1 (4),$\exists h\in H$,$\mathrm{HT}(h)\mid\mathrm{HT}(g)$。这个多项式 h 一定在 $H-G$ 中,否则 G 就不是约化 Gröbner 基。但是 $\mathrm{HT}(h)\leqslant\mathrm{HT}(g)$,由 $\mathrm{HT}(g)$ 的极小性我们有 $\mathrm{HT}(g)=\mathrm{HT}(h)$。令 $f=g-h$,由于 $\mathrm{HC}(g)=\mathrm{HC}(h)=1$,则 $\mathrm{HT}(f)<\mathrm{HT}(g)=\mathrm{HT}(h)$。更进一步,我们还有 $\mathrm{HT}(f)\in T(g)$ 或 $\mathrm{HT}(f)\in T(h)$。不妨设 $\mathrm{HT}(f)\in T(g)$,因为 $f\in I$,一定存在 $p\in G$ 使得 $\mathrm{HT}(p)\mid\mathrm{HT}(f)$。于是 g 中一个项 $\mathrm{HT}(f)$ 可以被 p 约化,所以 g 模 $G-\{g\}$ 可约化,与 G 是约化 Gröbner 基矛盾。所以 $H=G$。

3.6　Gröbner 基算法

Gröbner 基的意义不仅在于它具有良好的性质,更因为它是可计算的。也就是说,给定一个理想的任意一组生成元,可以按照确定的算法步骤计算出该理想的 Gröbner 基。我们在本节介绍由 B. Buchberger 提出的求理想 I 的 Gröbner 基算法。

首先我们给出一个方法来判定一个集合是否是 Gröbner 基。在证明主要的定理之前,我们先证明一个引理。

引理 3.6.1　假设 $f=\sum\limits_{i=1}^{t}c_i\boldsymbol{x}^{\alpha(i)}g_i$,其中 $c_1,\cdots,c_t$ 是非零常数,对每个 i,$\mathrm{HT}(\boldsymbol{x}^{\alpha(i)}g_i)$ 都相同。如果 $\mathrm{HT}(f)<\mathrm{HT}(\boldsymbol{x}^{\alpha(i)}g_i)$,则存在一组单项式 m_l 使得

$$f=\sum_{j,k}(m_jg_j-m_kg_k)$$

并且 $\mathrm{HM}(m_jg_j)=\mathrm{HM}(m_kg_k)$。

证明 设 $d_i=\mathrm{HC}(g_i)$，则由 f 的性质，$\sum_{i=1}^{t}c_id_i=0$。令 $p_i=\boldsymbol{x}^{\alpha(i)}g_i/d_i$，则 $\mathrm{HC}(p_i)=1$。我们有

$$f=\sum_{i=1}^{t}c_i\boldsymbol{x}^{\alpha(i)}g_i=\sum_{i=1}^{t}c_id_ip_i=c_1d_1(p_1-p_2)+(c_1d_1+c_2d_2)(p_2-p_3)+\cdots+$$
$$(c_1d_1+\cdots+c_{t-1}d_{t-1})(p_{t-1}-p_t)+(c_1d_1+\cdots+c_td_t)p_t$$

由于 $\sum_{i=1}^{t}c_id_i=0$，

$$p_i-p_{i+1}=\frac{\boldsymbol{x}^{\alpha(i)}}{d_i}\cdot g_i-\frac{\boldsymbol{x}^{\alpha(i+1)}}{d_{i+1}}\cdot g_{i+1}=m'g_i-m''g_{i+1}$$

因此，

$$f=\sum_{j,k}(m_jg_j-m_kg_k)$$

并且 $\mathrm{HM}(m_jg_j)=\mathrm{HM}(m_kg_k)$。

定理 3.6.1 假设 $G\subset\mathbb{K}[x_1,\cdots,x_n]$ 是一个有限集合，并且 $0\notin G$，如果任取 $g_1,g_2\in G$，$g_1\neq g_2$，任取单项式 m_1,m_2 满足

$$\mathrm{HM}(m_1g_1)=\mathrm{HM}(m_2g_2)$$

都有 $m_1g_1-m_2g_2\xrightarrow[G]{*}0$，则 G 是 Gröbner 基。

证明 假设 G 不是 Gröbner 基，则存在一个多项式 $f\subset\langle G\rangle$，f 模 G 不可约。假设 f 是满足上述条件的极小多项式，$f\in G$，因此

$$f=\sum_{i=1}^{t}c_i\boldsymbol{x}^{\alpha(i)}g_i \tag{3.2}$$

其中 $g_i\in G$。考查

$$\max\{\mathrm{HT}(\boldsymbol{x}^{\alpha(i)}g_i)\mid 1\leqslant i\leqslant t\}=\boldsymbol{x}^{\delta}$$

在所有的 f 的表达式中，可以取一组 $\boldsymbol{x}^{\alpha(i)}g_i$ 使得 $\boldsymbol{x}^{\delta}$ 是极小的。

由于 f 模 G 不可约，因此 $\mathrm{HT}(f)<\boldsymbol{x}^{\delta}$，于是 $f=\sum_{j=1}^{s}d_j\boldsymbol{x}^{\beta(j)}g_j+g$，其中 $\mathrm{HT}(\boldsymbol{x}^{\beta(j)}g_j)=\boldsymbol{x}^{\delta}>\mathrm{HT}(f)$，$\mathrm{HT}(g)<\boldsymbol{x}^{\delta}$。由引理的结论，我们有

$$\sum_{j=1}^{s}d_j\boldsymbol{x}^{\beta(j)}g_j=\sum_{l,k}(m_lg_l-m_kg_k)$$

并且 $\mathrm{HM}(m_lg_l)=\mathrm{HM}(m_kg_k)$，由定理的条件，每个 $m_lg_l-m_kg_k$ 都模 G 可约化，因此 $m_lg_l-m_kg_k=\sum_{m=1}^{slk}a_mg_m$ 并且 $\mathrm{HT}(a_mg_m)<\mathrm{HT}(m_lg_l)$。将此式代入式(3.2)中，我们得到 f 的一个新表达式

$$f=\sum_{i=1}^{r}e_ig_i \tag{3.3}$$

使得 $\max\{\mathrm{HT}(e_ig_i)\}<\boldsymbol{x}^{\delta}$，这与我们对 f 的取法矛盾。

这个矛盾说明 G 是 Gröbner 基。

定理 3.6.1 给了我们一个一般的方法来判定 G 是否是 Gröbner 基，但是这个判定过程需要无限多步，因为我们需要对每对满足条件 $\mathrm{HM}(m_1g_1)=\mathrm{HM}(m_2g_2)$ 的单项式 m_1,m_2 去

判定 $m_1g_1-m_2g_2$ 是否可约化为零。这样的判定方法用计算机是无法实现的，下面我们给出一种改进的方法。

定义 3.6.1　设 $g_1,g_2\in\mathbb{K}[x_1,\cdots,x_n]$是两个非零多项式。

(1) 如果 $HT(g_1)=x_1^{\alpha_1}x_2^{\alpha_2}\cdots x_n^{\alpha_n}$，$HT(g_2)=x_1^{\beta_1}x_2^{\beta_2}\cdots x_n^{\beta_n}$，令 $\gamma_i=\max\{\alpha_i,\beta_i\}$，$i=1,\cdots,n$，则称 $\boldsymbol{x}^\gamma=x_1^{\gamma_1}\cdots x_n^{\gamma_n}$ 为 $HT(g_1)$和 $HT(g_2)$的最小公倍式，记作 $LCM(HT(g_1),HT(g_2))$。

(2) 设 $t_i=HT(g_i)$，$a_i=HC(g_i)$，$i=1,2$，并且 $t=s_it_i=LCM(t_1,t_2)$，其中 $s_i\in T(x_1,\cdots,x_n)$，则称

$$S(g_1,g_2)=a_2s_1g_1-a_1s_2g_2$$

为 g_1,g_2 的 S-多项式。

例 3.7　设 $f=x^3y^2-x^2y^3+x$，$g=3x^4y+y^2\in\mathbb{R}[x,y]$，项序是分次字典序，则 $LCM(HT(f),HT(g))=x^4y^2$。

$$S(f,g)=3x\cdot f-y\cdot g=-3x^3y^3+3x^2-y^3$$

在定理 3.6.1 的条件中，我们需要对每对满足条件 $HM(m_1g_1)=HM(m_2g_2)$的单项式 m_1,m_2 去判定 $m_1g_1-m_2g_2$ 是否约化为零，实际上我们只需对 S-多项式 $S(g_1,g_2)$去判定即可。

定理 3.6.2　假设 G 是$\mathbb{K}[x_1,\cdots,x_n]$的有限子集，并且 $0\notin G$，则下列条件等价：

(1) G 是 Gröbner 基；

(2) $\forall g_1,g_2\in G$，$S(g_1,g_2)\xrightarrow[G]{*}0$。

证明　(1)⇒(2)　显然 $S(g_1,g_2)\in\langle G\rangle$，由于 G 是 Gröbner 基，根据定理 3.5.1(3)，$S(g_1,g_2)\xrightarrow[G]{*}0$。

(2)⇒(1)　考查形如 $m_1g_1-m_2g_2$ 的多项式，其中 $g_1\neq g_2\in G$，m_1,m_2 是单项式，并且

$$HM(m_1g_1)=HM(m_2g_2)\tag{3.4}$$

由引理 3.6.1 的证明，我们只需证明 $m_1g_1-m_2g_2$ 模 G 约化为零。

令 $t_i=HT(g_i)$，$a_i=HC(g_i)$，$m_i=b_iu_i$，$i=1,2$，这里 $b_i\in K$，$m_i\in T$。则式(3.4)可写成

$$b_1a_1u_1t_1=b_2a_2u_2t_2\tag{3.5}$$

令 $s_1,s_2\in T$ 满足 $s_it_i=LCM(t_1,t_2)$，$i=1,2$，由式(3.5)可知 $u_1t_1=u_2t_2$ 是 t_1,t_2 的公倍式，因此存在 $v\in T$，使得

$$u_it_i=v\cdot LCM(t_1,t_2)=vs_it_i,\ i=1,2$$

于是我们有 $u_i=vs_i$，由式(3.5)我们还可得出 $b_1/a_2=b_2/a_1$，因此有

$$\begin{aligned}m_1g_1-m_2g_2&=b_1u_1g_1-b_2u_2g_2=b_1vs_1g_1-b_2vs_2g_2\\&=\frac{b_1}{a_2}\cdot v\cdot(a_2s_1g_1-a_1s_2g_2)=\frac{b_1}{a_2}\cdot v\cdot S(g_1,g_2)\end{aligned}$$

由定理条件 $S(g_1,g_2)\xrightarrow[G]{*}0$ 可知，$m_1g_1-m_2g_2=\frac{b_1}{a_2}\cdot v\cdot S(g_1,g_2)\xrightarrow[G]{*}0$。

下面我们给出计算 Gröbner 基的方法，为了更好地说明这个算法，我们先看一个例子。

例 3.8　设$\mathbb{K}[x,y]$的项序是分次字典序，令 $I=\langle f_1,f_2\rangle=\langle x^3-2xy,x^2y-2y^2+x\rangle$。求 I 的 Gröbner 基。

那么如何求理想 I 的 Gröbner 基？由定理 3.6.1 的证明，我们知道要判定一个多项式集合 F 是不是 Gröbner 基，就要计算所有的 S-多项式，$S(g_1,g_2)$，$g_1\neq g_2\in F$，看它们是否能模 F 约化为零多项式。如果每个 S-多项式都能模 F 约化为零多项式，则 F 是 Gröbner 基。如果有某个 S-多项式不能约化为零多项式，一个自然的方法是扩充 F。扩充的方法是在 F 上添加 S-多项式的范式，得到 F_1，然后用同样方法判定 F_1 是不是 Gröbner 基。重复这样的工作直到得到 Gröbner 基。

显然 $F=\{f_1,f_2\}$不是理想 I 的 Gröbner 基，这是因为 $S(f_1,f_2)=y\cdot(x^3-2xy)-x\cdot(x^2y-2y^2+x)=-x^2\in I$，但是 $-x^2\notin\langle \mathrm{HT}(f_1),\mathrm{HT}(f_2)\rangle$，并且 $f_3=-x^2$ 模 F 的范式是 $-x^2$。

令 $F_1=\{f_1,f_2,f_3\}$，我们计算得：

- $S(f_1,f_2)=f_3$，$f_3\xrightarrow[F_1]{}0$；
- $S(f_1,f_3)=(x^3,2xy)-(-x)(-x^2)=-2xy$，$-2xy$ 模 F_1 不可约化。

令 $f_4=-2xy$，$F_2=\{f_1,f_2,f_3,f_4\}$，则我们有

- $S(f_1,f_2)$，$S(f_1,f_3)$模 F_2 约化为零；
- $S(f_1,f_4)=2y(x^3-2xy)-(-x^2)(-2xy)=-4xy^2=2yf_4$，因此 $S(f_1,f_4)$模 F_2 约化为零；
- $S(f_2,f_3)=(x^2y-2y^2+x)-(-y)(-x^2)=-2y^2+x$，$-2y^2+x$ 模 F_2 不可约化。

于是令 $f_5=-2y^2+x$，$F_3-\{f_1,f_2,f_3,f_4,f_5\}$。经过计算我们发现 $\forall\, 1\leqslant i,j\leqslant 5$，$i\neq j$，$S(f_i,f_j)$模 F_3 都约化为零多项式，因此 F_5 是理想 I 的 Gröbner 基。

定理 3.6.3 设 $F=\{f_1,f_2,\cdots,f_s\}\subset\mathbb{K}[x_1,\cdots,x_n]$，理想 $I=\langle f_1,f_2,\cdots,f_s\rangle$，则下列的算法 GRÖBNER 可以求出理想 I 的 Gröbner 基 G。

第一步：命 $G:=F$，$B:=\{\{g_1,g_2\}\mid g_1,g_2\in G,g_1\neq g_2\}$。

第二步：重复下列步骤直至 $B=\varnothing$。

(2.1) 设$\{g_1,g_2\}$为 B 中的元素，且命 $B:=B-\{\{g_1,g_2\}\}$。

(2.2) 命 $h:=S(g_1,g_2)$，计算 $S(g_1,g_2)$模 G 的范式 h_0。

(2.3) 若 $h_0\neq 0$，则命 $B:=B\cup\{\{g,h_0\}\mid g\in G\}$，$G:=G\cup\{h_0\}$。

上述计算过程中，我们得到了一系列 G，

$$F=G_0\subset G_1\subset G_2\subset\cdots$$

我们首先证明，对每个 i，$G_i\subseteq I$。在算法开始时，$G_0=F\subseteq I$，假设 $G_i\subseteq I$，我们证明 $G_{i+1}\subseteq I$。在构造 G_{i+1}的过程中，我们在 G_i 中增加一个多项式 h_0，得到 G_{i+1}。h_0 是 $S(g_1,g_2)$模 G 的范式（算法中 $S(g_1,g_2)_G$ 表示 $S(g_1,g_2)$模 G 的某个范式）。由于 $G_i\subseteq I$，g_1，$g_2\in G_i\subseteq I$，所以 $S(g_1,g_2)\in I$。但是 h_0 是由 $S(g_1,g_2)$模 G_i 约化得到的，因此 $h_0\in I$，所以 $G_{i+1}\subseteq I$。

当出现 $G_i=G_{i+1}$时，G_{i+1}没有增加新的多项式，因此对每个 $g_1,g_2\in G_i$，$S(g_1,g_2)$模 G_i 一定约化为零多项式。根据定理 3.6.1，我们有 G_i 是理想 I 的 Gröbner 基。

下面我们证明，一定存在某个 i，使得 $G_i=G_{i+1}$。也就是说，GRÖBNER 算法是可停机的。考查由 G_{i+1}得到的首项理想$\langle\mathrm{HT}(G_i)\rangle$，我们有

$$\langle\mathrm{HT}(G_0)\rangle\subset\langle\mathrm{HT}(G_1)\rangle\subset\cdots\subset\langle\mathrm{HT}(G_i)\rangle\subset\langle\mathrm{HT}(G_{i+1})\rangle\subset\cdots$$

当 $G_i \neq G_{i+1}$ 时，一定有 $\langle \mathrm{HT}(G_{i+1}) \rangle$ 严格大于 $\langle \mathrm{HT}(G_i) \rangle$。这是因为在 G_{i+1} 中，我们增加了一个多项式 h_0，它是模 G_i 不可约化的，因此对每个 $g \in G_i$，$\mathrm{HT}(g) \nmid \mathrm{HT}(h_0)$。这样我们得到了 一个严格递增的理想升链，根据定理 3.4.2 的结论，这是不可能的，因此一定存在 i，使得 $\langle \mathrm{HT}(G_i) \rangle = \langle \mathrm{HT}(G_{i+1}) \rangle$，于是 $G_i = G_{i+1}$。

这个算法是 Buchberger 给出的，故也称为 Buchberger 算法。这个算法所求得的 Gröbner 基是不确定的，这是因为对于不同的取 $\{g_1, g_2\}$ 的次序，算法会得到不同的结果，另外每个 S-多项式的范式也不是唯一的。

由这个算法所得到的 Gröbner 基可能很大，包含了许多不必要的多项式，我们可以对其进行约化以得到约化的 Gröbner 基。

例如在例 3.8 中，我们得到的 Gröbner 基是 $\{f_1, f_2, f_3, f_4, f_5\} = \{x^3 - 2xy, x^2y - 2y^2 + x, -x^2, -2xy, -2y^2 + x\}$。其中 f_1 模 $\{f_3, f_4\}$ 可约化为零，f_2 模 $\{f_3, f_5\}$ 可约化为零，因此 $\{f_3, f_4, f_5\}$ 也是理想 I 的 Gröbner 基。适当地改变系数，我们得到理想 I 的约化 Gröbner 基。

$$g_1 = x^2, g_2 = xy, g_3 = y^2 - \frac{1}{2}x$$

定理 3.6.4 假设 $G \subset \mathbb{K}[x_1, \cdots, x_n]$ 是 Gröbner 基，则算法 REDGRÖBNER 给出了理想 $\langle G \rangle$ 的约化 Gröbner 基 G^*。

第一步：命 $F := G, G^* := \varnothing$。

第二步：重复下列步骤直至 $F = \varnothing$。

(2.1) 选取多项式 $f_0 \in F$，且命 $F := F - \{f_0\}$。

(2.2) 若 $\mathrm{HT}(f) \nmid \mathrm{HT}(f_0)$ 对所有 $f \in F \cup G^*$ 成立，则命 $G^* := G^* \cup \{f_0\}$。

第三步：重复下列步骤直至 G^* 约化。

(3.1) 选取对 $G^* - \{f_0\}$ 可约的 $f \in G^*$，且命 $G^* := G^* - \{f_0\}$。

(3.2) 计算 f_0 模 G^* 的范式 g。若 $g \neq 0$，则命 $G^* := G^* \cup \{g\}$。

第四步：命 $G^* := \{\mathrm{HC}(g)^{-1} \cdot g \mid g \in G^*\}$。

这个定理的证明比较容易，请读者自己给出。

3.7 解代数方程组

与结式消元法和吴消元法一样，Gröbner 基的一个重要应用是解代数方程组。Gröbner 基不一定是三角列，但 Gröbner 基的消元性质确保了变元的分离。因而可以从相应的（字典项序）Gröbner 基求得一组多项式方程的解，此时可能需要一些附加的最大公因子计算。

定理 3.7.1 设 PS 为 $\mathbb{K}[x_1, \cdots, x_n]$ 中的多项式组，G 是多项式组 PS 的 Gröbner 基。则

(a) PS=0 在 $\mathbb{K}$ 的任意扩域中都无解当且仅当 $G = [1]$；

(b) PS=0 最多有有限多组解当且仅当对所有 $i(1 \leqslant i \leqslant n)$ 都存在整数 m_i 和多项式 $G_i \in G$ 使 $\mathrm{HT}(G_i) = x_i^{m_i}$。

例 3.9 考虑多项式方程组

$$\begin{cases} x_1+x_2+x_3+x_4+x_5=0 \\ x_1x_2+x_2x_3+x_3x_4+x_4x_5+x_5x_1=0 \\ x_1x_2x_3+x_2x_3x_4+x_3x_4x_5+x_4x_5x_1+x_5x_1x_2=0 \\ x_1x_2x_3x_4+x_2x_3x_4x_5+x_3x_4x_5x_1+x_4x_5x_1x_2+x_5x_1x_2x_3=0 \\ x_1x_2x_3x_4x_5+1=0 \end{cases}$$

对于变元序 $x_1<\cdots<x_5$ 确定的字典项序，多项式方程组中 5 个多项式生成理想的 Gröbner 基由下列 11 个多项式组成：

$$G_1=x_1^{15}-122x_1^{10}-122x_1^5+1$$

$$G_2=(x_1+1)F(55x_2^2+2x_1^6x_2-233x_1x_2+8x_1^7-987x_1^2)$$

$$G_3=55x_2^7+165x_1x_2^6+55x_1^2x_2^5+55x_2^2+398x_1^{11}x_2-48\,554x_1^6x_2-48\,787x_1x_2+1\,042x_1^{12}-127\,116x_1^7-128\,103x_1^2$$

$$G_4=(x_1+1)F(55x_3-x_1^6+144x_1)$$

$$G_5=275(x_2-x_1)x_3-440x_1x_2^6-1210x_1^2x_2^5+275x_1^4x_2^3+275x_2^2-442x_1^{11}x_2+53\,911x_1^6x_2+53\,913x_1x_2-1\,121x_1^{12}+136\,763x_1^7+136\,674x_1^2$$

$$G_6=275x_3^3+550x_1x_3^2-550x_1^2x_3-275x_1^2x_2^6-550x_1^3x_2^5+550x_1^4x_2^4+550x_1x_2^2-232x_1^{12}x_2+28\,336x_1^7x_2+28\,018x_1^2x_2-568x_1^{13}+69\,289x_1^8+69\,307x_1^3$$

$$G_7=(x_1+1)F(55x_4-x_1^6+144x_1)$$

$$G_8=275(x_2-x_1)x_4+110x_1x_2^6+440x_1^2x_2^5+275x_1^3x_2^4-275x_1^4x_2^3+124x_1^{11}x_2-15\,092x_1^6x_2-15\,106x_1x_2+346x_1^{12}-42\,218x_1^7-42\,124x_1^2$$

$$G_9=275(x_3-x_1)x_4+275x_3^2+550x_1x_3+330x_1x_2^6+1\,045x_1^2x_2^5+275x_1^3x_2^4-275x_1^4x_2^3-550x_2^2+334x_1^{11}x_2-40\,722x_1^6x_2-40\,726x_1x_2+867x_1^{12}-105\,776x_1^7-105\,873x_1^2$$

$$G_{10}=275x_4^2+825x_1x_4-550x_1x_2^6-1\,650x_1^2x_2^5-275x_1^3x_2^4+550x_1^4x_2^3+275x_2^2-566x_1^{11}x_2+69\,003x_1^6x_2+69\,019x_1x_2-1\,467x_1^{12}+178\,981x_1^7+179\,073x_1^2$$

$$G_{11}=x_5+x_4+x_3+x_2+x_1$$

其中，$F=x_1^4-x_1^3+x_1^2-x_1+1$。

多项式 G_1 可以分解为

$$(x_1+1)(x_1^2-3x_1+1)F(x_1^4-x_1^3+6x_1^2+4x_1+1)(x_1^4+4x_1^3+6x_1^2-x_1+1)$$

我们可以从 $G_1=0$ 求出 x_1 的 15 个解。为了求 x_2 的解，将 $G_1=0$ 的解，例如

$$x_1=\frac{3+\sqrt{5}}{2}$$

代入 G_2 和 G_3，并求出它们的最大公因子

$$(x_2+1)(2x_2-3+\sqrt{5})$$

由此可以求出 x_2 的解

$$x_2=-1,x_2=\frac{3-\sqrt{5}}{2}$$

依此类推，将 x_1 和 x_2 的解代入 G_4、G_5 和 G_6，计算它们的最大公因子，于是又能求出 x_3

的解。按照这种方式,我们可以求出所给方程组的所有 70 组解。

本例中的 Gröbner 基含有多个可约的多项式。就解方程而言,可以在计算 Gröbner 基时将可约多项式分解为不可约因子,再据其将所考虑的多项式组分裂为多个多项式组,并逐个计算它们的 Gröbner 基。这样可以得到一组 Gröbner 基,其零点集之并与原多项式组的零点集相同。利用因子分解将多项式组分解经常能简化其中的计算,并输出相对简单的 Gröbner 基。

第4章 其他代数消元法

4.1 辗转相除法

我们知道,辗转相除法可以求两个整数的最大公因数,实际上用辗转相除法也可以从两个多项式中消去变元而得到仅含它们系数的一个有理式,然后可以根据这个式子是否为0来判定两个多项式是否有公共根。这样的式子称为这两个多项式的(欧几里得)结式。同时,辗转消元的过程也给出了两多项式的最大公因式。辗转相除法首先是除法,所以接下来先讨论两个多项式的除法、商和余式。

给定多项式 $g(x)$ 和 $f(x)$,如果存在多项式 $q(x)$,使得

$$f(x)=q(x)g(x)$$

则称多项式 $g(x)$ 整除 $f(x)$。此时我们称方程 $g(x)=0$ 与方程 $f(x)=0$ 是整相关的,有时我们也说多项式 $g(x)$ 与 $f(x)$ 是整相关的。

对于任意给定的多项式 $g(x)$ 与 $f(x)$,$g(x)$ 除 $f(x)$ 的余式和商式分别记为

$$\mathrm{remd}(f,g,x),\quad \mathrm{quo}(f,g,x)$$

它们满足

$$f(x)=g(x)\mathrm{quo}(f,g,x)+\mathrm{remd}(f,g,x)$$

且余式 $\mathrm{remd}(f,g,x)$ 关于变元 x 的次数小于 $g(x)$ 的次数,即

$$\deg(\mathrm{remd}(f,g,x))<\deg(g,x)$$

可以用一个简单程序得到 $g(x)$ 除 $f(x)$ 的余式和商式,依习惯,用 $\mathrm{lcoeff}(\cdot,x)$ 记多项式关于 x 的首项式系数。

设 $r_0:=f(x)$,$r_1:=g(x)$,$\mathrm{quo}(f,g,x):=0$。

Step1:令 $n:=\deg(r_1,x)$,$m:=\deg(r_0,x)$,如果 $m<n$,则

$$\mathrm{remd}(f,g,x):=r_0,\quad \mathrm{quo}(f,g,x):=\mathrm{quo}(f,g,x)$$

Step2:如果 $m\geqslant n$,令

$r:=r_1$;

$r_1:=r_0-\dfrac{\mathrm{lcoeff}(r_0,x)}{\mathrm{lcoeff}(r_1,x)}x^{m-n}r_1$;

$r_0:=r$;

$\mathrm{quo}(f,g,x):=\mathrm{quo}(f,g,x)+\dfrac{\mathrm{lcoeff}(r_0,x)}{\mathrm{lcoeff}(r_1,x)}x^{m-n}$;

返回 Step1。

整除性定理　多项式 $g(x)$ 整除多项式 $f(x)$，当且仅当

$$\mathrm{remd}(f,g,x)=0$$

为了避免做除法运算时常常要出现的分式，一般用伪除法来代替除法。对于任意给定的多项式 $f(x)$ 和 $g(x)$，$g(x)$ 除 $f(x)$ 的伪余式和伪商分别记为

$$\mathrm{premd}(f,g,x),\quad \mathrm{pquo}(f,g,x)$$

设 $g(x)$ 关于 x 的首项式系数 $\mathrm{lcoeff}(g,x)=c$，则

$$\mathrm{premd}(f,g,x)=c^k\mathrm{remd}(f,g,x),\quad \mathrm{pquo}(f,g,x)=c^k\mathrm{quo}(f,g,x)$$

其中 k 为某一非负整数，显然有

$$c^k f(x)=g(x)\mathrm{pquo}(f,g,x)+\mathrm{premd}(f,g,x)$$

$g(x)$ 除 $f(x)$ 的伪除法可由如下程序实现：

设 $r_0:=f(x)$，$r_1:=g(x)$，$\mathrm{pquo}(f,g,x):=0$。

Step1：令 $n:=\deg(r_1,x)$，$m:=\deg(r_0,x)$，如果 $m<n$，则

$$\mathrm{premd}(f,g,x):=r_0,\quad \mathrm{pquo}(f,g,x):=\mathrm{pquo}(f,g,x)$$

Step2：如果 $m\geqslant n$，令

$r:=r_1$；

$r_1:=\mathrm{lcoeff}(r_1,x)r_0-\mathrm{lcoeff}(r_0,x)x^{m-n}r_1$；

$r_0:=r$；

$\mathrm{pquo}(f,g,x):=\mathrm{lcoeff}(r_1,x)\mathrm{pquo}(f,g,x)+\mathrm{lcoeff}(r_0,x)x^{m-n}$；

返回 Step1。

接下来介绍两个多项式除法的显式表示。

上述求两个多项式的余式及商式的算法，可以从解线性方程组的观点来考虑，设 $m\geqslant n$，

$$f(x)=a_0x^m+a_1x^{m-1}+\cdots+a_m$$

$$g(x)=b_0x^n+b_1x^{n-1}+\cdots+b_n$$

$$\boldsymbol{A}=\begin{pmatrix} b_0 & b_1 & \cdots & b_n & & & \\ & b_0 & b_1 & \cdots & b_n & & \\ & & \cdots & \cdots & \cdots & \cdots & \\ & & & b_0 & b_1 & \cdots & b_n \\ a_0 & a_1 & \cdots & \cdots & \cdots & \cdots & a_m \end{pmatrix}$$

又令 $x_m=x^m$，$x_{m-1}=x^{m-1}$，$\cdots$，$x_0=x^0=1$，考虑如下方程组：

$$\begin{pmatrix} x^{m-n}g(x) \\ x^{m-n-1}g(x) \\ \vdots \\ x^0g(x) \\ f(x) \end{pmatrix}=\boldsymbol{A}\begin{pmatrix} x_m \\ x_{m-1} \\ \vdots \\ x_0 \end{pmatrix}$$

从这 $m-n+2$ 个联立方程中消去 $m-n+1$ 个变元 $x_m,x_{m-1},\cdots,x_n$，可得到一个关于变元 $x_{n-1},x_{n-2},\cdots,x_0$ 的线性方程，即一个次数小于或等于 $n-1$ 的多项式。我们用高斯消去法容易得如下三角形方程组：

$$\begin{pmatrix} x^{m-n}g(x) \\ x^{m-n-1}g(x) \\ \vdots \\ x^0 g(x) \\ \text{remd}(f,g,x) \end{pmatrix} = \begin{pmatrix} b_0 & b_1 & \cdots & b_n & & \\ & \cdots & \cdots & \cdots & \cdots & \\ & & b_0 & b_1 & \cdots & b_n \\ & & & c_0 & \cdots & c_{n-1} \end{pmatrix} \begin{pmatrix} x_m \\ x_{m-1} \\ \vdots \\ x_0 \end{pmatrix}$$

这里最后一个方程即为

$$\text{remd}(f,g,x) = c_0 x_{n-1} + c_1 x_{n-2} + \cdots + c_{n-1}$$

两个多项式余式和商式的这种显式算法不仅给实际的计算提供了新的途径，也为理论上的表示和探索带来了方便。

两个多项式

$$\begin{aligned} f(x) &= a_0 x^3 + a_1 x^2 + a_2 x + a_3 \\ g(x) &= b_0 x^2 + b_1 x + b_2 \end{aligned} \tag{4.1}$$

$f(x)$与 $g(x)$辗转相除消去 x：

$$\begin{aligned} r_{-1} &= f(x) = a_0 x^3 + a_1 x^2 + a_2 x + a_3 = 0 \\ r_0 &= g(x) = b_0 x^2 + b_1 x + b_2 \\ r_1 &= \text{remd}(r_{-1}, r_0, x) = c_1 x + c_2 \\ r_2 &= \text{remd}(r_0, r_1, x) = d \end{aligned} \tag{4.2}$$

辗转相除的计算过程用除法的显式表示如下：

$$\begin{pmatrix} b_0 & b_1 & b_2 & & \\ & b_0 & b_1 & b_2 & \\ & & b_0 & b_1 & b_2 \\ & a_0 & a_1 & a_2 & a_3 \\ a_0 & a_1 & a_2 & a_3 & \end{pmatrix} \Rightarrow \begin{pmatrix} b_0 & b_1 & b_2 & & \\ & b_0 & b_1 & b_2 & \\ & & b_0 & b_1 & b_2 \\ & & & c_1 & c_2 \\ & & c_1 & c_2 & \end{pmatrix} \Rightarrow \begin{pmatrix} b_0 & b_1 & b_2 & & \\ & b_0 & b_1 & b_2 & \\ & & & & d \\ & & & c_1 & c_2 \\ & & c_1 & c_2 & \end{pmatrix} \tag{4.3}$$

根据第 1 章可知，式(4.3)的左侧矩阵就是这两个多项式的 Sylvester 结式矩阵，将该 Sylvester 结式矩阵进行行变换的过程对应的就是这两个多项式的辗转相除过程。上述行变换过程描述如下：第一次行变换把结式矩阵的后两行变为 c_1，c_2，该过程等同于 $f(x)$除以 $g(x)$，余式为 c_1x+c_2，对应式(4.2)中的结果 r_1；第二次行变换把结式矩阵的第三行变为 d，该过程等同于 $g(x)$除以第一次得到的余式 c_1x+c_2，最后得到一个常数项 d，对应式(4.2)中的结果 r_2。此时，当这个结式行列式展开时，结果就是 $b_0^2c_1^2d$。只要 b_0，$c_1\neq 0$，辗转相除法得到的结果与结式就是等同的。

上述求解过程中，当出现了一个不含变元的式子时，这个过程就终止。最后得到的式子常称为 $f(x)$和 $g(x)$的(欧几里得)结式，记作 $\text{Eres}(f,g,x)$。方程 $f(x)$和 $g(x)$的公共解即为多项式 $f(x)$与 $g(x)$的最大公因式 $\text{gcd}(f,g,x)$的根。$\text{gcd}(f,g,x)$就是上述辗转相除过程中最后一个不等于 0 的式子(除去一个常数因子外)。

对于任意给定的多项式 $f(x)$，$g(x)\in\mathbb{K}[x]$，两者的(欧几里得)结式和最大公因式分别记为

$$\text{Eres}(f,g,x),\quad \text{gcd}(f,g,x)$$

存在多项式 $P(x)$，$Q(x)$，$p(x)$，$q(x)\in\mathbb{K}[x]$，使

$$P(x)f(x)+Q(x)g(x)=\mathrm{Eres}(f,g,x)\in\mathbb{K}$$
$$p(x)f(x)+q(x)g(x)=\gcd(f,g,x)$$

$\gcd(f,g,x)$是能同时整除 $f(x)$和 $g(x)$的次数最大的多项式。对偶地，它也是次数最小的非零"线性式"

$$p(x)f(x)+q(x)g(x)$$

可以用一个简单程序得到 $\mathrm{Eres}(f,g,x)$和 $\gcd(f,g,x)$。不妨设 $\deg(f,x)\geqslant\deg(g,x)$。

令 $r_{-1}:=f(x)$，$r_0:=g(x)$。

Step1：(1) 如果 $r_0=0$，则

$$\mathrm{Eres}(f,g,x):=0,\quad \gcd(f,g,x):=r_{-1}$$

(2) 如果 $\deg(r_0,x)=0$，则

$$\mathrm{Eres}(f,g,x):=r_0,\quad \gcd(f,g,x):=r_0$$

Step2：如果 $\deg(g,x)>0$，令

$r:=r_0$；

$r_0:=\mathrm{remd}(r_{-1},r_0,x)$；

$r_{-1}=r$；

返回 Step1。

我们把在这个程序中每次循环所得到的余式 r_0 依次记作

$$r_1,r_2,\cdots,r_k$$

即

$$\begin{aligned}&r_{-1}=f(x)\\&r_0=g(x)\\&r_1=\mathrm{remd}(r_{-1},r_0,x)\\&r_2=\mathrm{remd}(r_0,r_1,x)\\&\quad\cdots\cdots\\&r_k=\mathrm{Eres}(f,g,x)\end{aligned}$$

这个序列称为多项式 $f(x)$和 $g(x)$的余式序列。

采用"辗转伪除法"可以避免分式运算，只要在上述程序中以伪除法代替除法就可以了。

例 4.1

$$\begin{cases}f_1=x^5-x^4-x^3-x^2+x+1=0\\f_2=x^4-x+a=0\\f_3=x^3+bx-1=0\end{cases}\tag{4.4}$$

f_1 与 f_3 辗转相除消去 x：

$$\begin{aligned}&r_{-1}=f_1=x^5-x^4-x^3-x^2+x+1=0\\&r_0=f_3=x^3+bx-1\\&r_1=\mathrm{remd}(r_{-1},r_0,x)=b(x^2+(b+1)x-1)\\&r_2=\mathrm{remd}(r_0,r_1,x)=(b+2)((b+1)x-1)\\&r_3=\mathrm{remd}(r_1,r_2,x)=b/(b+1)^2\end{aligned}$$

显然

$$\mathrm{Eres}(f_1,f_3,x)=\begin{cases}0, & 若\ b=0,-2\\ -1, & 若\ b=-1\\ b/(b+1)^2, & 其他\end{cases}$$

$$\gcd(f_1,f_3,x)=\begin{cases}x^3-1, & 若\ b=0\\ x^2-x-1, & 若\ b=-2\\ 1, & 其他\end{cases}$$

令

$$g_1=x^3-1,\quad g_2=x^2-x-1$$

这样，方程组(4.4)就化为

$$\begin{cases}g_1=0\\ f_2=0\end{cases} 或 \begin{cases}g_2=0\\ f_2=0\end{cases} \tag{4.5}$$

现在来看后一种情形。f_2 和 g_2 辗转相除消去 x：

$$r_{-1}=f_2=x^4-x+a$$
$$r_0=g_2=x^2-x-1$$
$$r_1=\mathrm{remd}(r_{-1},r_0,x)=2x+a+2$$
$$r_2=\mathrm{remd}(r_0,r_1,x)=a^2+6a+4$$

从而知

$$\gcd(f_2,g_2,x)=\begin{cases}2x+a+2, & 若\ a^2+6a+4=0\\ 1, & 其他\end{cases}$$

同理可得

$$\gcd(f_2,g_1,x)=\begin{cases}x^3-1, & 若\ a=0\\ 1, & 其他\end{cases}$$

所以方程组(4.5)的解(亦即方程组(4.4)的解)可表示如下：

$$\begin{cases}x^3-1=0, & 若\ a=b=0\\ 2x+a+2=0, & 若\ a^2+6a+4=0,b=-2\\ 无解, & 其他\end{cases}$$

这种解法是先求出两个方程的联立解，然后与第三个方程比较，而求得三个方程的联立解，它完全基于两个多项式的结式和最大公因式算法。

辗转相除法是一个过程性的算法，如果不经过演算，就不能由它了解结式的性态，而其演算过程往往是冗长烦琐的，所以一般不用它来求结式和最大公因式。

4.2 双线性方程组的消元法

具有以下形式的式子称为齐次双线性方程：

$$\sum_{\substack{1\leqslant i\leqslant m\\ 1\leqslant j\leqslant n}} c_{ij}x_iy_j=0 \tag{4.6}$$

当 $x_m=1,y_n=1$ 时，式(4.6)为非齐次的双线性方程。

在介绍双线性方程组的消元法之前,我们先给出下面的一个恒等式证明。

恒等式:

$$C_{n+1}^{m}=C_{n}^{m}+C_{n}^{m-1} \tag{4.7}$$

证明:根据

$$C_{n+1}^{m}=\frac{(n+1)n(n-1)\cdots(n-m+2)}{m!}$$

$$C_{n}^{m}=\frac{n(n-1)(n-2)\cdots(n-m+1)}{m!}$$

$$C_{n}^{m-1}=\frac{n(n-1)\cdots(n-m+2)}{(m-1)!}$$

则有

$$\begin{aligned}C_{n}^{m}+C_{n}^{m-1}&=\frac{n(n-1)(n-2)\cdots(n-m+1)}{m!}+\frac{n(n-1)(n-2)\cdots(n-m+2)m}{m(m-1)!}\\&=\frac{n(n-1)(n-2)\cdots(n-m+2)}{m!}((n-m+1)+m)\\&=\frac{(n+1)n(n-1)(n-2)\cdots(n-m+2)}{m!}=C_{n+1}^{m}\end{aligned}$$

证毕。

上式也可以这样理解:集合 A 和 B 的元素共有$(n+1)$个,其中 A 的个数为 n,B 的个数为 1。从 A 和 B 中取 m 个元素,共有 C_{n+1}^{m} 种取法。上述过程也可以分为两部分。第一部分为从 A 中取 m 个元素,即从 n 中取 m 个,共有 C_{n}^{m} 种取法;第二部分为从 B 中取 1 个元素,再从 A 中取余下的 $m-1$ 个,共有 C_{n}^{m-1} 种取法,即得上述恒等式 $C_{n+1}^{m}=C_{n}^{m}+C_{n}^{m-1}$。

对于一个齐次双线性方程组,假定 $\boldsymbol{X}=(x_1,x_2,\cdots,x_m)^{\mathrm{T}}$,$\boldsymbol{Y}=(y_1,y_2,\cdots,y_n)^{\mathrm{T}}$,即 $\boldsymbol{X}$ 中有 m 个变量,$\boldsymbol{Y}$ 中有 n 个变量,该方程组共有 $m+n$ 个方程。其求解过程如下。

(1) 在 $m+n$ 个方程中取其中的 $m+1$ 个方程,共有 C_{m+n}^{m+1} 种取法。每取一次,我们都可以得到 $m+1$ 个以 $\boldsymbol{X}'=(x_1,x_2,\cdots,x_m,1)^{\mathrm{T}}$ 为变量的线性方程,使用 Cramer 法则解此线性方程组,可以消去 m 个变量 $\boldsymbol{X}=(x_1,x_2,\cdots,x_m)^{\mathrm{T}}$,得到一个只含有变量 $\boldsymbol{Y}=(y_1,y_2,\cdots,y_n)^{\mathrm{T}}$,次数为 $m+1$ 的方程,类似的方程共有 C_{m+n}^{m+1} 个;

(2) 接下来,压缩变量 y_1,消去余下的 $n-1$ 个变量 $\boldsymbol{Y}'=(y_2,\cdots,y_n)^{\mathrm{T}}$,我们使用析配消元法进行消元。如果对于这余下的 $n-1$ 个变量我们可以构造 C_{m+n}^{m+1} 个 $m+1$ 次单项式,那么根据上一步得到的 C_{m+n}^{m+1} 个方程,就可以通过构造一个 C_{m+n}^{m+1} 阶的方阵进行消元。对于通过 $n-1$ 个变量构造 C_{m+n}^{m+1} 个 $m+1$ 次单项式的证明过程如下。

现证明$(\sum_{i=1}^{n}a_i)^m$ 有 C_{m+n-1}^{m} 项。采用数学归纳法,当 $n=1$ 时,$(\sum_{i=1}^{n}a_i)^m=a_1^m$,展开有 1 项;当 $n=2$ 时,$(\sum_{i=1}^{n}a_i)^m=(a_1+a_2)^m$,根据二项式定理,展开

$$(a_1+a_2)^m=\sum_{r=0}^{m}C_m^r a_1^{m-r}a_2^r=a_1^m+C_m^1a_1^{m-1}a_2+C_m^2a_1^{m-2}a_2^2+\cdots+C_m^ia_1^{m-i}a_2^i+\cdots+C_m^ma_2^m$$

共 $m+1$ 项,即 C_{m+1}^{m} 项。

现假定 $(\sum_{i=1}^{n}a_i)^m$ 有 C_{m+n-1}^{m}项,则证明 $(\sum_{i=1}^{n+1}a_i)^m$ 应有 C_{m+n}^{m}项。

$$(\sum_{i=1}^{n+1} a_i)^m = (a_{n+1} + \sum_{i=1}^{n} a_i)^m = a_{n+1}^m + C_m^1 a_{n+1}^{m-1}(\sum_{i=1}^{n} a_i) + C_m^2 a_{n+1}^{m-2}(\sum_{i=1}^{n} a_i)^2 + \cdots +$$

$$C_m^i a_{n+1}^{m-i}(\sum_{i=1}^{n} a_i)^i + \cdots + C_m^m(\sum_{i=1}^{n} a_i)^m$$

总项数应为 $1+C_n^1+C_{n+1}^2+\cdots+C_{n+i-1}^i+\cdots+C_{n+m-1}^m$，考虑 $1=C_n^0$，反复应用上述恒等式，$C_n^0+C_n^1=C_{n+1}^1$，$C_{n+1}^1+C_{n+1}^2=C_{n+2}^2$，…，$C_{n+m-1}^{m-1}+C_{n+m-1}^m=C_{n+m}^m$，可以得出，总项数为 C_{n+m}^m。因此，余下的 $n-1$ 个变量加上常数项相当于上式中共有 n 个变量，$m+1$ 次，因此一共有 $C_{m+1+n-1}^{m+1}=C_{m+n}^{m+1}$ 项，与方程数目相同。

(3) 展开 C_{m+n}^{m+1} 阶方阵的行列式，得到一个关于变量 y_1 的一元高次方程。求解该一元高次方程，得到变量 y_1 的全部解。将 y_1 的解回代到上述 C_{m+n}^{m+1} 个方程中，使用 Cramer 法则线性求解得到 $\boldsymbol{Y}'=(y_2,\cdots,y_n)^{\mathrm{T}}$；将求解得到的全部 $\boldsymbol{Y}=(y_1,y_2,\cdots,y_n)^{\mathrm{T}}$ 回代到原方程组，即可使用 Cramer 法则线性求解得到全部 $\boldsymbol{X}=(x_1,x_2,\cdots,x_m)^{\mathrm{T}}$。至此，求解结束。

接下来以空间 SS 运动链的综合为例，说明双线性问题的求解过程。

假定动坐标系固连在连杆或平台上面，固定坐标系固连在机架上面。如图 4.1 所示，活动球铰中心在平台上的坐标为 $\boldsymbol{p}=(p_x,p_y,p_z)^{\mathrm{T}}$，固定球铰中心在固定坐标系中的坐标是 $\boldsymbol{B}=(B_x,B_y,B_z)^{\mathrm{T}}$，假设连接两个球铰中心的连架杆长度为 l。因为平台有多个位置，所以加下标 i 表示第 i 个位置。用$([\boldsymbol{A}_i],\boldsymbol{d}_i)$表示第 i 个位置时动平台相对于静平台的位姿。因此，空间 SS 运动链的约束关系为

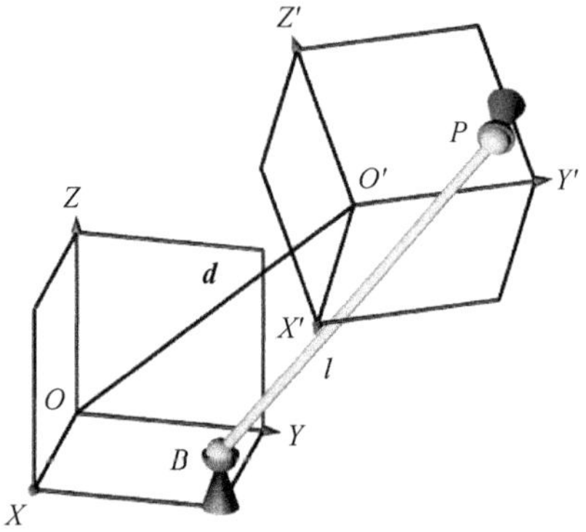

图 4.1　空间 SS 运动链

$$\boldsymbol{P}=[\boldsymbol{A}_i]\boldsymbol{p}+\boldsymbol{d}_i$$

$$(\boldsymbol{P}-\boldsymbol{B})\cdot(\boldsymbol{P}-\boldsymbol{B})=([\boldsymbol{A}_i]\boldsymbol{p}+\boldsymbol{d}_i-\boldsymbol{B})\cdot([\boldsymbol{A}_i]\boldsymbol{p}+\boldsymbol{d}_i-\boldsymbol{B})=l^2$$

展开得到

$$2\boldsymbol{d}_i^{\mathrm{T}}[\boldsymbol{A}_i]\boldsymbol{p}-2\boldsymbol{B}^{\mathrm{T}}[\boldsymbol{A}_i]\boldsymbol{p}-2\boldsymbol{d}_i^{\mathrm{T}}\boldsymbol{B}+\boldsymbol{p}^2+\boldsymbol{B}^2+\boldsymbol{d}_i^2-l^2=0 \quad i=1,\cdots,n \tag{4.8}$$

式(4.8)中，总共有 7 个未知量 $\boldsymbol{p},\boldsymbol{B},l$，所以最多可以解决 7 位置的综合问题，即 $n=7$，把第 1～6 个位置都减去第 7 个位置，得到

$$2\boldsymbol{B}^{\mathrm{T}}(-[\boldsymbol{A}_i]+[\boldsymbol{A}_7])\boldsymbol{p}+2(\boldsymbol{d}_i^{\mathrm{T}}[\boldsymbol{A}_i]-\boldsymbol{d}_7^{\mathrm{T}}[\boldsymbol{A}_7])\boldsymbol{p}-2(\boldsymbol{d}_i^{\mathrm{T}}-\boldsymbol{d}_7^{\mathrm{T}})\boldsymbol{B}+\boldsymbol{d}_i^2-\boldsymbol{d}_7^2=0 \quad i=1,2,\cdots,6 \tag{4.9}$$

对于式(4.9)，其属于双线性方程组。接下来说明其消元过程。

为了便于说明，先将式(4.9)写成如下表达式：

$$\boldsymbol{M}_i^{\mathrm{T}}\boldsymbol{p}+N_i=0(i=1,2,\cdots,6) \tag{4.10}$$

其中，$\boldsymbol{M}_i=2(-[\boldsymbol{A}_i]+[\boldsymbol{A}_7])^{\mathrm{T}}\boldsymbol{B}+2([\boldsymbol{A}_i]^{\mathrm{T}}\boldsymbol{d}_i-[\boldsymbol{A}_7]^{\mathrm{T}}\boldsymbol{d}_7)$，$N_i=-2(\boldsymbol{d}_i^{\mathrm{T}}-\boldsymbol{d}_7^{\mathrm{T}})\boldsymbol{B}+\boldsymbol{d}_i^2-\boldsymbol{d}_7^2$。

(1) 求解变量 $\boldsymbol{p}$。

从式(4.10)中先取前四个方程，可得到如下表达式：

$$\begin{pmatrix} \boldsymbol{M}_1^{\mathrm{T}} & N_1 \\ \boldsymbol{M}_2^{\mathrm{T}} & N_2 \\ \boldsymbol{M}_3^{\mathrm{T}} & N_3 \\ \boldsymbol{M}_4^{\mathrm{T}} & N_4 \end{pmatrix}\begin{pmatrix} p_x \\ p_y \\ p_z \\ 1 \end{pmatrix}=(\boldsymbol{D}_{1234})\boldsymbol{p}=\boldsymbol{0} \tag{4.11}$$

根据 Cramer 法则可知，式(4.11)有解的条件是系数矩阵 $\boldsymbol{D}_{1234}$ 的行列式等于 0。展开 $\det(\boldsymbol{D}_{1234})$，由于 $\boldsymbol{D}_{1234}$ 中每个元素都是变量 $\boldsymbol{B}=(B_x,B_y,B_z)^{\mathrm{T}}$ 的线性式，所以可以得到一个关于变量 $\boldsymbol{B}=(B_x,B_y,B_z)^{\mathrm{T}}$ 的 4 次多项式。由于类似式(4.11)的行列式展开式共有 $\mathrm{C}_6^4=\mathrm{C}_6^2=15$ 个，为了方便表示，我们将类似式(4.11)的 4 次多项式 $\det(\boldsymbol{D}_{1234})$ 写成 $D_j(j=1,2,\cdots,15)$，每个多项式有 35 项，表达式如下：

$$D_j:\sum_{i=1}^{35}a_{ji}B_x^lB_y^mB_z^n \quad l,m,n=0,1,\cdots,4,\quad l+m+n\leqslant 4,\quad j=1,2,\cdots 15 \tag{4.12}$$

(2) 消去变量 B_x、B_y。

令 $x=B_x,y=B_y,z=B_z$，并将变量 z 作为压缩变量，由于两个变量的 4 次组合共有 $\mathrm{C}_{m+n}^{m+1}=\mathrm{C}_{3+3}^{3+1}=15$ 项，因此将式(4.12)重写为

$$\begin{aligned} D_j:&b_{j1}x^4+b_{j2}x^2y^2+b_{j4}xy^3+b_{j5}y^4+b_{j6}x^3+b_{j7}x^2y+b_{j8}xy^2+b_{j9}y^3+ \\ &b_{j10}x^2+b_{j11}xy+b_{j12}y^2+b_{j13}x+b_{j14}y+b_{j15}=0 \quad j=1,\cdots,15 \end{aligned} \tag{4.13}$$

注意：由于任意项的最高次数是 4，因此可知：$b_{j1},\cdots,b_{j5}$ 是常数，$b_{j6},\cdots,b_{j9}$ 是关于 z 的一次多项式，b_{j10}、b_{j11} 和 b_{j12} 是关于 z 的二次多项式，b_{j13} 和 b_{j14} 是关于 z 的 3 次多项式，b_{j15} 是关于 z 的 4 次多项式。

令 $\boldsymbol{V}=(x^4,x^3y,x^2y^2,xy^3,y^4,x^3,x^2y,xy^2,y^3,x^2,xy,y^2,x,y,1)^{\mathrm{T}}$，则式(4.13)可以表示成如下矩阵形式：

$$\boldsymbol{M}_{15\times 15}\boldsymbol{V}=\boldsymbol{0} \tag{4.14}$$

其中，

$$\boldsymbol{M}_{15\times 15}=\begin{pmatrix} b_{1,1} & b_{1,2} & \cdots & b_{1,5} & b_{1,6} & \cdots & b_{1,15} \\ b_{2,1} & b_{2,2} & \cdots & b_{2,5} & b_{2,6} & \cdots & b_{2,15} \\ \vdots & \vdots & & \vdots & \vdots & & \vdots \\ b_{5,1} & b_{5,2} & \cdots & b_{5,5} & b_{5,6} & \cdots & b_{5,15} \\ b_{6,1} & b_{6,2} & \cdots & b_{6,5} & b_{6,6} & \cdots & b_{6,15} \\ \vdots & \vdots & & \vdots & \vdots & & \vdots \\ b_{15,1} & b_{15,2} & \cdots & b_{15,5} & b_{15,6} & \cdots & b_{15,15} \end{pmatrix}$$

式(4.14)有解的条件是行列式 $\det(\boldsymbol{M}_{15\times 15})=0$。展开时，由于 $\boldsymbol{M}_{15\times 15}$ 的前五列是常数，因此通过高斯消元，可以将其表示如下：

$$\det(\boldsymbol{M}_{15\times 15})=\begin{vmatrix} c_{1,1} & c_{1,2} & c_{1,3} & c_{1,4} & c_{1,5} & c_{1,6} & \cdots & c_{1,15} \\ 0 & c_{2,2} & c_{2,3} & c_{2,4} & c_{2,5} & c_{2,6} & \cdots & c_{2,15} \\ 0 & 0 & c_{3,3} & c_{3,4} & c_{3,5} & c_{3,6} & \cdots & c_{3,15} \\ 0 & 0 & 0 & c_{4,4} & c_{4,5} & c_{4,6} & \cdots & c_{4,15} \\ 0 & 0 & 0 & 0 & c_{5,5} & c_{5,6} & \cdots & c_{5,15} \\ 0 & 0 & 0 & 0 & 0 & c_{6,6} & \cdots & c_{6,16} \\ \vdots & \vdots & \vdots & \vdots & \vdots & \vdots & & \vdots \\ 0 & 0 & 0 & 0 & 0 & c_{15,6} & \cdots & c_{15,15} \end{vmatrix}=0 \tag{4.15}$$

一般情况下，$c_{1,1}$，$c_{2,2}$，$c_{3,3}$，$c_{4,4}$，$c_{5,5}$必须非零，否则 $\det(\boldsymbol{M}_{15\times15})$始终等于 0。因此，求解式(4.15)可以改为求解如下的 10×10 的行列式：

$$\det(\boldsymbol{M}_{10\times10})=\begin{vmatrix} c_{6,6} & c_{6,7} & \cdots & c_{6,15} \\ c_{7,6} & c_{7,7} & \cdots & c_{7,15} \\ \vdots & \vdots & & \vdots \\ c_{15,6} & c_{15,7} & \cdots & c_{15,15} \end{vmatrix}=0 \tag{4.16}$$

展开式(4.14)，可以得到一个关于变量 z 的一元 20 次方程。

(3) 回代求解其他变量。

求出 z 后，把 z 代入式(4.14)中，则 $\boldsymbol{M}_{15\times15}$中所有的元素都为已知。取其中的 14 行，并把最后一列$(b_{1,15},b_{2,15},\cdots,b_{14,15})^{\mathrm{T}}$ 移到等式右边，得到：

$$\begin{pmatrix} b_{1,1} & \cdots & b_{1,14} \\ \vdots & & \vdots \\ b_{14,1} & \cdots & b_{14,14} \end{pmatrix}\boldsymbol{V}'=\begin{pmatrix} -b_{1,15} \\ \vdots \\ -b_{14,15} \end{pmatrix} \tag{4.17}$$

式中，$\boldsymbol{V}'$是把向量 $\boldsymbol{V}$ 中的第 15 个元素“1”去掉后的 14 个分量的列矢量。具有以下形式：

$$\boldsymbol{V}=(x^4,x^3y,x^2y^2,xy^3,y^4,x^3,x^2y,xy^2,y^3,x^2,xy,y^2,x,y)^{\mathrm{T}}$$

式(4.17)是一个线性方程组，使用 Cramer 法则解此线性方程组，可以得到 $\boldsymbol{V}'$中的各个分量，其中也包括第 13 个分量 x 与第 14 个分量 y。

在 $\boldsymbol{B}=(B_x,B_y,B_z)^{\mathrm{T}}$ 求出来以后，式(4.10)中所有 $\boldsymbol{M}_i$、N_i 均为已知，所以是关于 $\boldsymbol{p}=(p_x,p_y,p_z)^{\mathrm{T}}$的线性方程组，取其中任意 3 个式子，求解线性方程组，可以得到 $\boldsymbol{p}=(p_x,p_y,p_z)^{\mathrm{T}}$中的 3 个分量。在 $\boldsymbol{B}=(B_x,B_y,B_z)^{\mathrm{T}}$ 和 $\boldsymbol{p}=(p_x,p_y,p_z)^{\mathrm{T}}$ 求出来以后，代入式(4.8)，可以求出 l。这样 7 个未知量就求解完毕。

4.3 矢量消元法

本节用符号“·”表示矢量的点乘，“×”表示矢量的差乘，“*”表示矢量与标量、标量与标量的乘积，并引入缩写符号 $\boldsymbol{Ab}=\boldsymbol{A}-\boldsymbol{B}$ 表示两个矢量的差。

4.3.1 两个新公式的推导

首先引入如下的两个矢量运算中的基本公式：

$$\boldsymbol{A}\times(\boldsymbol{B}\times\boldsymbol{C})=\boldsymbol{A}\cdot\boldsymbol{C}*\boldsymbol{B}-\boldsymbol{A}\cdot\boldsymbol{B}*\boldsymbol{C} \tag{4.18}$$

$$\boldsymbol{A}\times\boldsymbol{B}\cdot\boldsymbol{C}\times\boldsymbol{D}=\boldsymbol{A}\cdot\boldsymbol{C}*\boldsymbol{B}\cdot\boldsymbol{D}-\boldsymbol{B}\cdot\boldsymbol{C}*\boldsymbol{A}\cdot\boldsymbol{D} \tag{4.19}$$

式(4.18)称为三矢矢积，式(4.19)称为拉格朗日恒等式。

在此基础上，我们导出了两个新的矢量公式，这两个新矢量公式是矢量消元法主要依赖的工具，它们体现了矢量消元法的基本思想。

公式Ⅰ：

$$\boldsymbol{X}\cdot\boldsymbol{M}*\boldsymbol{A}\times\boldsymbol{B}\cdot\boldsymbol{C}=\boldsymbol{X}\cdot\boldsymbol{A}*\boldsymbol{M}\cdot\boldsymbol{B}\times\boldsymbol{C}+\boldsymbol{X}\cdot\boldsymbol{B}*\boldsymbol{M}\cdot\boldsymbol{C}\times\boldsymbol{A}+\boldsymbol{X}\cdot\boldsymbol{C}*\boldsymbol{M}\cdot\boldsymbol{A}\times\boldsymbol{B}$$

其推导过程如下：

设 $\boldsymbol{T}=\boldsymbol{A}\times\boldsymbol{B}$，由式(4.19)得

$$\boldsymbol{X}\cdot\boldsymbol{M}*\boldsymbol{T}\cdot\boldsymbol{C}=\boldsymbol{X}\times\boldsymbol{T}\cdot\boldsymbol{M}\times\boldsymbol{C}+\boldsymbol{M}\cdot\boldsymbol{T}*\boldsymbol{X}\cdot\boldsymbol{C}$$

将 $\boldsymbol{T}=\boldsymbol{A}\times\boldsymbol{B}$ 代回，并用式(4.18)展开，上式为

$$\begin{aligned}\boldsymbol{X}\cdot\boldsymbol{M}*\boldsymbol{A}\times\boldsymbol{B}\cdot\boldsymbol{C}&=\boldsymbol{X}\times(\boldsymbol{A}\times\boldsymbol{B})\cdot\boldsymbol{M}\times\boldsymbol{C}+\boldsymbol{M}\cdot\boldsymbol{A}\times\boldsymbol{B}*\boldsymbol{X}\cdot\boldsymbol{C}\\&=(\boldsymbol{X}\cdot\boldsymbol{B}*\boldsymbol{A}-\boldsymbol{X}\cdot\boldsymbol{A}*\boldsymbol{B})\cdot\boldsymbol{M}\times\boldsymbol{C}+\boldsymbol{M}\cdot\boldsymbol{A}\times\boldsymbol{B}*\boldsymbol{X}\cdot\boldsymbol{C}\\&=\boldsymbol{X}\cdot\boldsymbol{B}*\boldsymbol{A}\cdot\boldsymbol{M}\times\boldsymbol{C}-\boldsymbol{X}\cdot\boldsymbol{A}*\boldsymbol{B}\cdot\boldsymbol{M}\times\boldsymbol{C}+\boldsymbol{M}\cdot\boldsymbol{A}\times\boldsymbol{B}*\boldsymbol{X}\cdot\boldsymbol{C}\\&=\boldsymbol{X}\cdot\boldsymbol{A}*\boldsymbol{M}\cdot\boldsymbol{B}\times\boldsymbol{C}+\boldsymbol{X}\cdot\boldsymbol{B}*\boldsymbol{M}\cdot\boldsymbol{C}\times\boldsymbol{A}+\boldsymbol{X}\cdot\boldsymbol{C}*\boldsymbol{M}\cdot\boldsymbol{A}\times\boldsymbol{B}\end{aligned}$$

由于公式Ⅰ中，矢量 $\boldsymbol{M}$ 是任意的，因此还可以得到另一个矢量公式Ⅱ。

公式Ⅱ：

$$\boldsymbol{X}*\boldsymbol{A}\times\boldsymbol{B}\cdot\boldsymbol{C}=\boldsymbol{X}\cdot\boldsymbol{A}*\boldsymbol{B}\times\boldsymbol{C}+\boldsymbol{X}\cdot\boldsymbol{B}*\boldsymbol{C}\times\boldsymbol{A}+\boldsymbol{X}\cdot\boldsymbol{C}*\boldsymbol{A}\times\boldsymbol{B}$$

公式Ⅱ表示：将矢量 $\boldsymbol{X}$ 投影到一个由矢量 $\boldsymbol{A}$、$\boldsymbol{B}$、$\boldsymbol{C}$ 组成的任意坐标系上，可以表示成与该坐标系各轴投影的线性组合。

4.3.2　矢量消元法

矢量消元法的基本思想是，将待消去的矢量投影到一组任意矢量上，并转换成这组矢量的线性组合。其做法是首先根据约束条件推导出某个矢量与其他矢量的一组点积关系式，然后根据公式Ⅰ和公式Ⅱ，借助已经推导出的点积关系式进行消元。采用这种方法一次可以消去一个矢量，也就是说一次可以消去矢量的三个位置变量。

为了更清楚地说明矢量消元法的过程，这里举一个具体的例子。

在固定坐标系 O-xyz 下有任意四个距离确定的点 A、B、C、D，其坐标值已知，另外还已知 A、B、C 到另一个位置点 H 的距离分别为 l_1、l_2、l_3，并设点 D 到点 H 的距离为 x(如图 4.2 所示)。

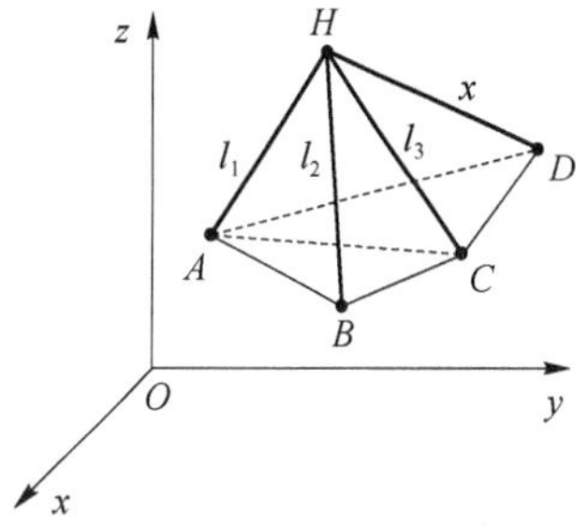

图 4.2　矢量消元法

由距离公式有

$$\boldsymbol{Ha}\cdot\boldsymbol{Ha}=l_1^2 \tag{4.20}$$

$$\boldsymbol{Hb}\cdot\boldsymbol{Hb}=l_2^2 \tag{4.21}$$

$$\boldsymbol{Hc}\cdot\boldsymbol{Hc}=l_3^2 \tag{4.22}$$

$$\boldsymbol{Hd}\cdot\boldsymbol{Hd}=x^2 \tag{4.23}$$

在式(4.20)～式(4.23)中有四个变量，即点 H 的各坐标值及 x，现在要消去矢量 $\boldsymbol{H}$ 而得到一个仅含 x 的一元高次方程。

因为 $\boldsymbol{Hb}=\boldsymbol{Ha}-\boldsymbol{Ba}$，所以式(4.21)可写成：

$$(\boldsymbol{Ha}-\boldsymbol{Ba})\cdot(\boldsymbol{Ha}-\boldsymbol{Ba})=l_2^2$$

展开后表示如下：

$$\boldsymbol{Ha}\cdot\boldsymbol{Ha}+\boldsymbol{Ba}\cdot\boldsymbol{Ba}-2\boldsymbol{Ha}\cdot\boldsymbol{Ba}=l_2^2$$

将式(4.20)代入上式，有

$$\boldsymbol{Ha}\cdot\boldsymbol{Ba}=A_1 \tag{4.24}$$

其中，$A_1=(|\boldsymbol{Ba}|^2+l_1^2-l_2^2)/2$，$|\cdot|$表示矢量的模长。

同样，根据式(4.22)和式(4.23)还可以得到另外两个矢量关系式，如下所示：

$$\boldsymbol{Ha}\cdot\boldsymbol{Ca}=A_2 \tag{4.25}$$

$$\boldsymbol{Ha}\cdot\boldsymbol{Da}=A_3-x^2/2 \tag{4.26}$$

其中，$A_2=(|\boldsymbol{Ca}|^2+l_1^2-l_3^2)/2$，$A_3=(|\boldsymbol{Da}|^2+l_1^2)/2$，$A_1$、$A_2$、$A_3$ 均为已知量的函数。

现在将式(4.20)两边同乘以$(\boldsymbol{Ba}\times\boldsymbol{Ca}\cdot\boldsymbol{Da})^2$，于是有

$$(\boldsymbol{Ha}*\boldsymbol{Ba}\times\boldsymbol{Ca}\cdot\boldsymbol{Da})\cdot(\boldsymbol{Ha}*\boldsymbol{Ba}\times\boldsymbol{Ca}\cdot\boldsymbol{Da})=l_1^2*(\boldsymbol{Ba}\times\boldsymbol{Ca}\cdot\boldsymbol{Da})^2 \tag{4.27}$$

根据公式Ⅰ展开上式左边$(\boldsymbol{Ha}*\boldsymbol{Ba}\times\boldsymbol{Ca}\cdot\boldsymbol{Da})$项，有

$$\boldsymbol{Ha}*\boldsymbol{Ba}\times\boldsymbol{Ca}\cdot\boldsymbol{Da}=\boldsymbol{Ha}\cdot\boldsymbol{Ba}*\boldsymbol{Ca}\times\boldsymbol{Da}+\boldsymbol{Ha}\cdot\boldsymbol{Ca}*\boldsymbol{Da}\times\boldsymbol{Ba}+\boldsymbol{Ha}\cdot\boldsymbol{Da}*\boldsymbol{Ba}\times\boldsymbol{Ca}$$

将式(4.24)～式(4.26)代入上式，式(4.27)可整理成如下形式：

$$(x^2*\boldsymbol{Ba}\times\boldsymbol{Ca}+\boldsymbol{T}_1)\cdot(x^2*\boldsymbol{Ba}\times\boldsymbol{Ca}+\boldsymbol{T}_1)=T_2 \tag{4.28}$$

其中，

$$\boldsymbol{T}_1=-2(A_1*\boldsymbol{Ca}\times\boldsymbol{Da}+A_2*\boldsymbol{Da}\times\boldsymbol{Ba}+A_3*\boldsymbol{Ba}\times\boldsymbol{Ca}),\quad T_2=4l_1^2(\boldsymbol{Ba}\times\boldsymbol{Ca}\cdot\boldsymbol{Da})^2$$

进一步展开式(4.28)得

$$c_1x^4+c_2x^2+c_3=0$$

其中，

$$c_1=\boldsymbol{Ba}\times\boldsymbol{Ca}\cdot\boldsymbol{Ba}\times\boldsymbol{Ca}$$

$$c_2=2\boldsymbol{T}_1\cdot\boldsymbol{Ba}\times\boldsymbol{Ca}$$

$$c_3=\boldsymbol{T}_1\cdot\boldsymbol{T}_1-T_2$$

c_1、c_2、c_3 均可以由已知条件得到，至此 x 是可解的。

第 5 章　位姿描述和齐次变换

刚体的位置(Position)和姿态(Orientation)统称为刚体的位姿(Location),其描述方法较多,如齐次变换方法、矩阵指数方法和四元数方法等。本章重点阐述齐次变换方法,其优点在于它将运动、变换和映射与矩阵的运算联系起来,具有明显的几何特征。相对于参考坐标系,点的位置可以用三维列矢量 $\boldsymbol{p}\in\mathbb{R}^3$ 表示;刚体的姿态可用 3×3 的旋转矩阵 $\boldsymbol{R}$ 表示。而刚体位姿用 4×4 的齐次变换矩阵 $\boldsymbol{T}$ 描述。矩阵 $\boldsymbol{T}$ 在机器人运动学、动力学、机器人控制算法和空间机构综合等方面得到了广泛应用。此外,在计算机图学、机器人视觉图像处理、机器人外部环境的建模等方面也得到了应用。本章深入阐述旋转矩阵 $\boldsymbol{R}$ 和刚体变换矩阵 $\boldsymbol{T}$ 的性质。

5.1 刚体的位姿描述

在机构学研究过程中,总是离不开坐标系的。因为通过坐标系可以更好地来描述机构及其中各个构件的运动,也使描述过程变得更加简单。机构和机器人分析中,经常采用两类坐标系:一类坐标系是与地(或机架)固联的定坐标系,即我们常说的参考坐标系(Reference Coordinate Frame),一般用$\{A\}$表示。其中,用 $\boldsymbol{x}_A$、$\boldsymbol{y}_A$、$\boldsymbol{z}_A$ 表示参考坐标系 3 个坐标轴方向的单位矢量。还有一类是与活动构件固联且随之一起运动的动坐标系,这里称为物体坐标系(Body Coordinate Frame),一般用$\{B\}$表示。其中,用 $\boldsymbol{x}_B$、$\boldsymbol{y}_B$、$\boldsymbol{z}_B$ 表示物体坐标系 3 个坐标方向的单位矢量。描述刚体运动的两种坐标系如图 5.1 所示。

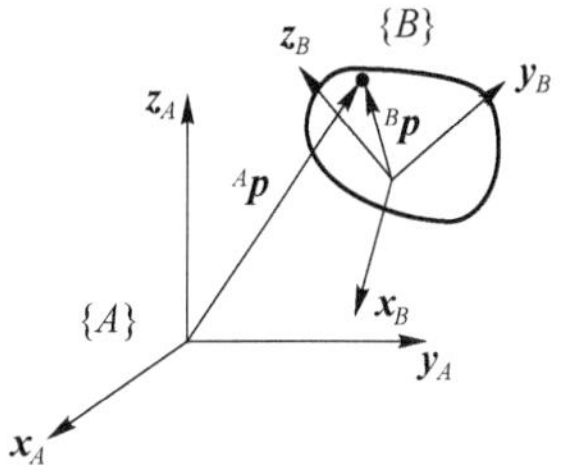

图 5.1　描述刚体运动的两种坐标系

5.1.1 位置描述——位置矢量

对于选定的直角坐标系$\{A\}$,如图 5.2 所示,空间任一点 p 在坐标系$\{A\}$的位置可用 3×1的列矢量$^A\boldsymbol{p}$ 表示,即用位置矢量表示:

$$^A\boldsymbol{p}=\begin{pmatrix}p_x\\p_y\\p_z\end{pmatrix}\tag{5.1}$$

式中，p_x、p_y 和 p_z 是点 p 在坐标系$\{A\}$中的三个坐标分量。${}^A\boldsymbol{p}$ 的上标 A 代表选定的参数坐标系$\{A\}$。总之，空间任一点 p 的位置在直角坐标系中表示为三维矢量，即 $p\in\mathbb{R}^3$。除了直角坐标系外，还可采用圆柱坐标系或球(极)坐标系来描述点的位置。

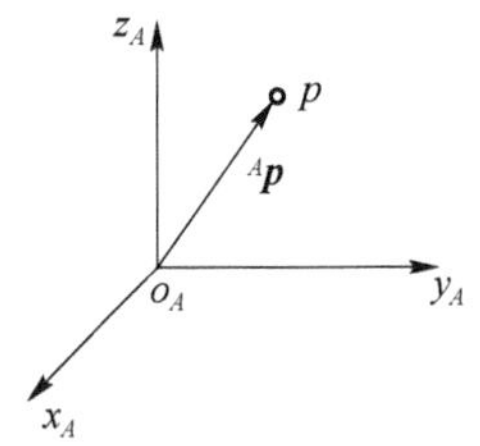

图 5.2　直角坐标系下的位置

如何来描述刚体的姿态呢？相对位置描述而言，姿态的描述复杂多样。由于刚体转动只改变刚体的姿态，因此，为了更好地描述刚体的姿态，我们不妨先讨论一下刚体转动。

5.1.2　姿态描述——旋转矩阵

为了规定空间某刚体 B 的姿态，另设一直角坐标系$\{B\}$与此刚体固连。我们用坐标系$\{B\}$的三个单位主矢量${}^A\boldsymbol{x}_B$、${}^A\boldsymbol{y}_B$ 和${}^A\boldsymbol{z}_B$ 表示刚体 B 在坐标系$\{A\}$中的姿态，如图 5.3 所示。坐标系$\{A\}$、$\{B\}$又称为框架。

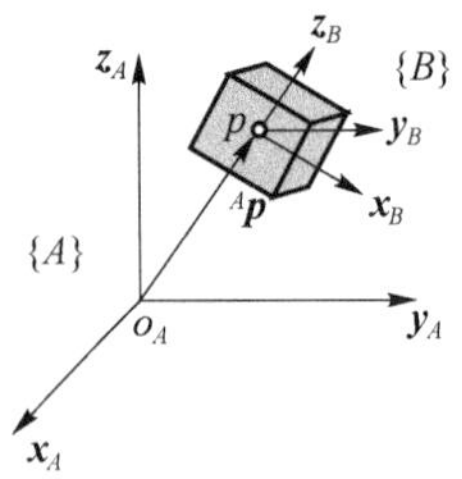

图 5.3　刚体的姿态

假设单位主矢量${}^A\boldsymbol{x}_B$、${}^A\boldsymbol{y}_B$ 和${}^A\boldsymbol{z}_B$ 表示为式(5.2)。将式(5.2)写成矩阵形式，得到表示姿态的旋转矩阵即式(5.3)。

$$\begin{aligned}{}^A\boldsymbol{x}_B&=r_{11}\boldsymbol{x}_A+r_{21}\boldsymbol{y}_A+r_{31}\boldsymbol{z}_A\\{}^A\boldsymbol{y}_B&=r_{12}\boldsymbol{x}_A+r_{22}\boldsymbol{y}_A+r_{32}\boldsymbol{z}_A\\{}^A\boldsymbol{z}_B&=r_{13}\boldsymbol{x}_A+r_{23}\boldsymbol{y}_A+r_{33}\boldsymbol{z}_A\end{aligned}\tag{5.2}$$

$${}^A_B\boldsymbol{R}=({}^A\boldsymbol{x}_B\quad{}^A\boldsymbol{y}_B\quad{}^A\boldsymbol{z}_B)=\begin{pmatrix}r_{11}&r_{12}&r_{13}\\r_{21}&r_{22}&r_{23}\\r_{31}&r_{32}&r_{33}\end{pmatrix}\tag{5.3}$$

根据定义可知，旋转矩阵还可表示如下：

$${}^A_B\boldsymbol{R}=\begin{pmatrix}\boldsymbol{x}_A\cdot\boldsymbol{x}_B&\boldsymbol{x}_A\cdot\boldsymbol{y}_B&\boldsymbol{x}_A\cdot\boldsymbol{z}_B\\\boldsymbol{y}_A\cdot\boldsymbol{x}_B&\boldsymbol{y}_A\cdot\boldsymbol{y}_B&\boldsymbol{y}_A\cdot\boldsymbol{z}_B\\\boldsymbol{z}_A\cdot\boldsymbol{x}_B&\boldsymbol{z}_A\cdot\boldsymbol{y}_B&\boldsymbol{z}_A\cdot\boldsymbol{z}_B\end{pmatrix}=\begin{pmatrix}\cos\langle\boldsymbol{x}_A,\boldsymbol{x}_B\rangle&\cos\langle\boldsymbol{x}_A,\boldsymbol{y}_B\rangle&\cos\langle\boldsymbol{x}_A,\boldsymbol{z}_B\rangle\\\cos\langle\boldsymbol{y}_A,\boldsymbol{x}_B\rangle&\cos\langle\boldsymbol{y}_A,\boldsymbol{y}_B\rangle&\cos\langle\boldsymbol{y}_A,\boldsymbol{z}_B\rangle\\\cos\langle\boldsymbol{z}_A,\boldsymbol{x}_B\rangle&\cos\langle\boldsymbol{z}_A,\boldsymbol{y}_B\rangle&\cos\langle\boldsymbol{z}_A,\boldsymbol{z}_B\rangle\end{pmatrix}\tag{5.4}$$

${}^A_B\boldsymbol{R}$ 表示刚体 B 相对于坐标系$\{A\}$的姿态的旋转矩阵，上标 A 代表参考坐标系$\{A\}$，下标 B 代表被描述的与刚体 B 固连的坐标系$\{B\}$。由于${}^A_B\boldsymbol{R}$ 中的每个元素均是方向余弦，因此该矩阵又被称为方向余弦矩阵。

旋转矩阵${}^A_B\boldsymbol{R}$ 虽然有 9 个元素，但只有 3 个独立变量。因为${}^A_B\boldsymbol{R}$ 的三个列矢量${}^A\boldsymbol{x}_B$、${}^A\boldsymbol{y}_B$ 和${}^A\boldsymbol{z}_B$ 都是单位矢量，且两两相互垂直，所以它的 9 个元素满足 6 个约束条件(称正交条件)：

$$\begin{cases}{}^A\boldsymbol{x}_B\cdot{}^A\boldsymbol{x}_B={}^A\boldsymbol{y}_B\cdot{}^A\boldsymbol{y}_B={}^A\boldsymbol{z}_B\cdot{}^A\boldsymbol{z}_B=1\\{}^A\boldsymbol{x}_B\cdot{}^A\boldsymbol{y}_B={}^A\boldsymbol{y}_B\cdot{}^A\boldsymbol{z}_B={}^A\boldsymbol{z}_B\cdot{}^A\boldsymbol{x}_B=0\\{}^A\boldsymbol{x}_B\times{}^A\boldsymbol{y}_B={}^A\boldsymbol{z}_B,{}^A\boldsymbol{y}_B\times{}^A\boldsymbol{z}_B={}^A\boldsymbol{x}_B,{}^A\boldsymbol{z}_B\times{}^A\boldsymbol{x}_B={}^A\boldsymbol{y}_B\end{cases}\tag{5.5}$$

因此，旋转矩阵${}^A_B\boldsymbol{R}$ 是单位正交的，并且满足条件

$$\begin{cases}{}^A_B\boldsymbol{R}^{-1}={}^A_B\boldsymbol{R}^{\mathrm{T}}\\\det({}^A_B\boldsymbol{R})=1\end{cases}\tag{5.6}$$

根据式(5.4)可知，绕 x 轴、绕 y 轴或绕 z 轴转角度 θ 的旋转矩阵分别为

$$R(x,\theta)=[X(\theta)]=\begin{pmatrix}1 & 0 & 0\\ 0 & \cos\theta & -\sin\theta\\ 0 & \sin\theta & \cos\theta\end{pmatrix} \tag{5.7}$$

$$R(y,\theta)=[Y(\theta)]=\begin{pmatrix}\cos\theta & 0 & \sin\theta\\ 0 & 1 & 0\\ -\sin\theta & 0 & \cos\theta\end{pmatrix} \tag{5.8}$$

$$R(z,\theta)=[Z(\theta)]=\begin{pmatrix}\cos\theta & -\sin\theta & 0\\ \sin\theta & \cos\theta & 0\\ 0 & 0 & 1\end{pmatrix} \tag{5.9}$$

式(5.7)～式(5.9)被称为基本旋转变换矩阵。

总之，我们采用位置矢量描述点的位置，而用旋转矩阵描述刚体的姿态。

5.1.3　坐标系描述

为了完全描述刚体 B 在空间的位姿，需要规定它的位置和姿态。因此，我们将刚体 B 与坐标系$\{B\}$固连。坐标系$\{B\}$的原点一般选在刚体的特征点上，如质心或对称中心等。相对参考坐标系$\{A\}$，用位置矢量${}^{A}\boldsymbol{p}_{BO}$描述坐标系$\{B\}$原点的位置，而用旋转矩阵${}^{A}_{B}\boldsymbol{R}$描述坐标系$\{B\}$的姿态。因此，坐标系$\{B\}$的位姿完全由${}^{A}\boldsymbol{p}_{BO}$和${}^{A}_{B}\boldsymbol{R}$来描述，即

$$\{\boldsymbol{B}\}=\{{}^{A}_{B}\boldsymbol{R}\quad {}^{A}\boldsymbol{p}_{BO}\} \tag{5.10}$$

坐标系的描述概括了刚体位置和姿态的描述。当表示位置时，式(5.10)中的旋转矩阵${}^{A}_{B}\boldsymbol{R}=\boldsymbol{I}_3$(单位矩阵)；当表示姿态时，式(5.10)的位置矢量${}^{A}\boldsymbol{p}_{BO}=0$。

机器人的末端手爪可以看成刚体，其位姿描述与坐标系相同。图 5.4 是机器人手爪的示意图。为了描述它的位姿，选定一个参考坐标系$\{A\}$。另规定一坐标系与手爪固连，称手爪坐标系(工具坐标系)$\{T\}$。此坐标系的 z 轴设在手指接近物体的方向，z 轴单位矢量称为接近(Approach)矢量，用 $\boldsymbol{a}$ 表示；y 轴设在两手指的连线方向，y 轴单位矢量称为姿态(Orientation)矢量，用 $\boldsymbol{o}$ 表示；x 轴方向由右手法则确定，其单位矢量称为法向(normal)矢量，用 $\boldsymbol{n}$ 表示，$\boldsymbol{n}=\boldsymbol{o}\times\boldsymbol{a}$。这样，手爪的姿态就可由旋转矩阵${}^{A}_{T}\boldsymbol{R}$所规定：

$${}^{A}_{T}\boldsymbol{R}=(\boldsymbol{n}\quad \boldsymbol{o}\quad \boldsymbol{a})=\begin{pmatrix}n_x & o_x & a_x\\ n_y & o_y & a_y\\ n_z & o_z & a_z\end{pmatrix} \tag{5.11}$$

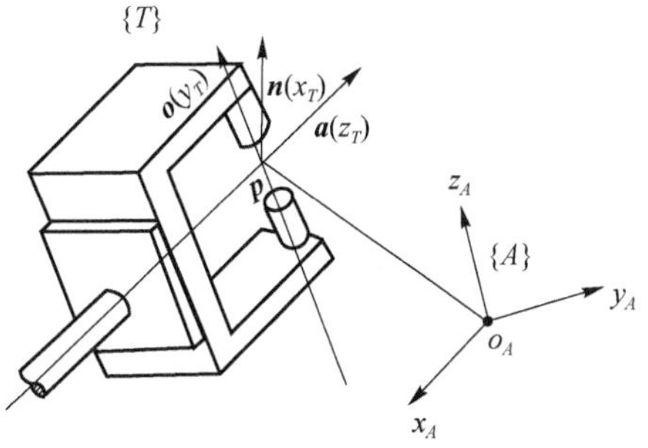

图 5.4　手爪坐标系

三个单位正交列矢量 $\boldsymbol{n}$、$\boldsymbol{o}$、$\boldsymbol{a}$ 描述了手爪的姿态。而手爪的位置由其坐标系的原点所规定，用位置矢量 $\boldsymbol{p}$ 来描述。因此，手爪的位姿则由四个矢量 $\{\boldsymbol{n},\boldsymbol{o},\boldsymbol{a};\boldsymbol{p}\}$ 来描述，记为

$$\{\boldsymbol{T}\}=\{\boldsymbol{n},\boldsymbol{o},\boldsymbol{a};\boldsymbol{p}\}$$

5.2 坐标变换

坐标变换是机器人机构学中常用的数学工具。空间中任一点 p 在不同坐标系中的描述是不同的。下面讨论点 p 从一个坐标系的描述到另一坐标系的描述之间的变换关系，即坐标变换。

5.2.1 平移坐标变换

如图 5.5 所示，坐标系 $\{B\}$ 与 $\{A\}$ 具有相同的姿态，但是 $\{B\}$ 的坐标原点与 $\{A\}$ 的不重合，用位置矢量 ${}^{A}\boldsymbol{p}_{BO}$ 描述 $\{B\}$ 相对于 $\{A\}$ 的位置。点 p 在坐标系 $\{B\}$ 与 $\{A\}$ 的位置矢量之间的变换，称为平移坐标变换(Translation Transformation)。点 p 在坐标系 $\{A\}$ 的位置 ${}^{A}\boldsymbol{p}$，可由点 p 在坐标系 $\{B\}$ 中的位置矢量 ${}^{B}\boldsymbol{p}$ 与坐标系 $\{B\}$ 的原点在坐标系 $\{A\}$ 中的位置矢量 ${}^{A}\boldsymbol{p}_{BO}$ 相加获得，即

$$ {}^{A}\boldsymbol{p}={}^{B}\boldsymbol{p}+{}^{A}\boldsymbol{p}_{BO} \tag{5.12}$$

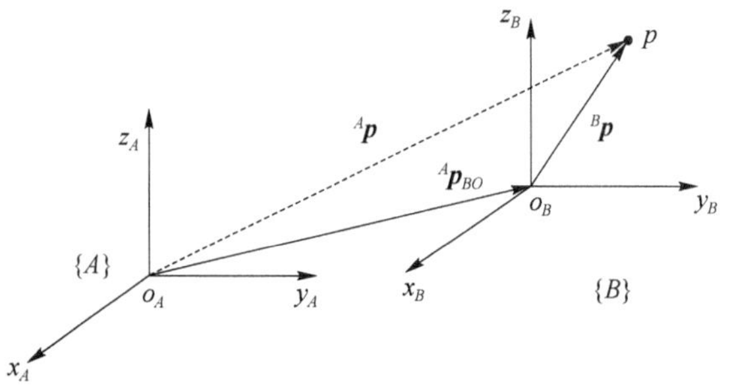

图 5.5 平移坐标变换

5.2.2 旋转坐标变换

设坐标系 $\{B\}$ 与 $\{A\}$ 有共同的坐标原点，但是两者的姿态不同，如图 5.6 所示，我们用旋转矩阵 ${}^{A}_{B}\boldsymbol{R}$ 描述 $\{B\}$ 相对于 $\{A\}$ 的姿态。同一点 p 在两个坐标系 $\{A\}$ 和 $\{B\}$ 中的描述 ${}^{A}\boldsymbol{p}$ 和 ${}^{B}\boldsymbol{p}$ 具有以下变换关系：

$$ {}^{A}\boldsymbol{p}={}^{A}_{B}\boldsymbol{R}\,{}^{B}\boldsymbol{p} \tag{5.13}$$

上式称为旋转坐标变换(Rotation Transformation)，或旋转变换。

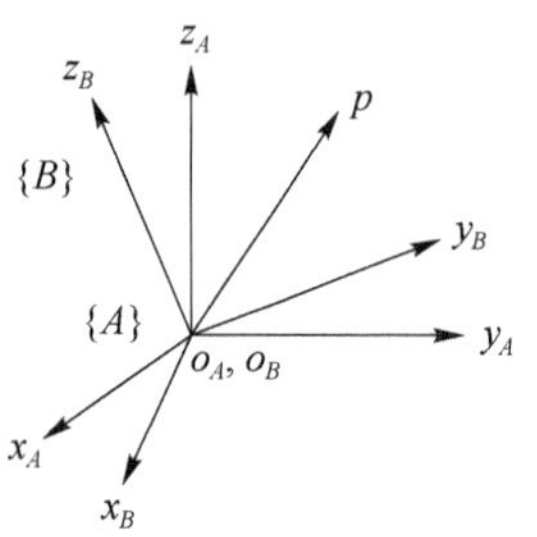

图 5.6 旋转坐标变换

我们用旋转矩阵 ${}^{A}_{B}\boldsymbol{R}$ 表示坐标系 $\{B\}$ 相对于 $\{A\}$ 的姿态。同样，用 ${}^{B}_{A}\boldsymbol{R}$ 描述坐标系 $\{A\}$ 相对于 $\{B\}$ 的姿态。${}^{A}_{B}\boldsymbol{R}$ 和 ${}^{B}_{A}\boldsymbol{R}$ 都是正交矩阵，两者互逆。根据正交矩阵的性质，我们得出

$${}^{B}_{A}\boldsymbol{R}={}^{A}_{B}\boldsymbol{R}^{-1}={}^{A}_{B}\boldsymbol{R}^{\mathrm{T}}$$

5.2.3 复合坐标变换

最一般的情形是：坐标系$\{B\}$的原点与坐标系$\{A\}$的不重合，并且$\{B\}$的姿态与$\{A\}$的也不相同。为此，我们可规定一个过渡坐标系$\{C\}$（如图 5.7 中虚线所示），坐标系$\{A\}$经过平移后成为坐标系$\{C\}$，坐标系$\{C\}$经过旋转后成为坐标系$\{B\}$，即坐标系$\{C\}$的坐标原点与$\{B\}$的重合，而$\{C\}$的姿态与$\{A\}$的相同。

由式(5.12)和式(5.13)可知，点 p 在坐标系$\{A\}$中的位置矢量${}^A\boldsymbol{p}$，可由点 p 在坐标系$\{B\}$中的位置矢量${}^B\boldsymbol{p}$ 与坐标系$\{B\}$在坐标系$\{A\}$中的姿态矩阵${}^A_B\boldsymbol{R}$ 相乘后，与坐标系$\{B\}$的原点在坐标系$\{A\}$的位置矢量${}^A\boldsymbol{p}_{BO}$相加获得。

$$ {}^A\boldsymbol{p}={}^C\boldsymbol{p}+{}^A\boldsymbol{p}_{CO}={}^A_B\boldsymbol{R}\,{}^B\boldsymbol{p}+{}^A\boldsymbol{p}_{BO} \tag{5.14}$$

式中，${}^C\boldsymbol{p}={}^C_B\boldsymbol{R}\,{}^B\boldsymbol{p}={}^A_B\boldsymbol{R}\,{}^B\boldsymbol{p}$。

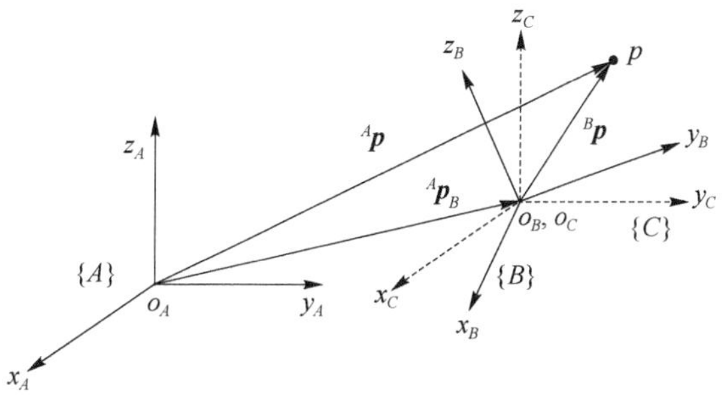

图 5.7 复合变换

上式可以看成是平移坐标变换和旋转坐标变换的复合变换。

例 5.1 已知坐标系$\{B\}$初始位姿与参考坐标系$\{A\}$相同，首先坐标系$\{B\}$相对于$\{A\}$的 z_A 轴转 30°，再沿$\{A\}$的 x_A 轴移动 12 单位，并沿$\{A\}$的 y_A 轴移动 6 单位。求位置矢量${}^A\boldsymbol{p}_{BO}$和旋转矢量${}^A_B\boldsymbol{R}$。假设点 p 在坐标系$\{B\}$的描述为${}^B\boldsymbol{p}=(5,9,0)^{\mathrm{T}}$，求它在坐标系$\{A\}$中的描述${}^A\boldsymbol{p}$。

根据式(5.9)和式(5.1)，得${}^A_B\boldsymbol{R}$ 和${}^A\boldsymbol{p}_{BO}$分别为

$$ {}^A_B\boldsymbol{R}=\boldsymbol{R}(z,30°)=\begin{pmatrix}\cos 30° & -\sin 30° & 0\\ \sin 30° & \cos 30° & 0\\ 0 & 0 & 1\end{pmatrix}=\begin{pmatrix}0.866 & -0.5 & 0\\ 0.5 & 0.866 & 0\\ 0 & 0 & 1\end{pmatrix},\quad {}^A\boldsymbol{p}_{BO}=\begin{pmatrix}12\\ 6\\ 0\end{pmatrix}$$

由式(5.14)，则得

$$ {}^A\boldsymbol{p}={}^A_B\boldsymbol{R}\,{}^B\boldsymbol{p}+{}^A\boldsymbol{p}_{BO}=\begin{pmatrix}0.866 & -0.5 & 0\\ 0.5 & 0.866 & 0\\ 0 & 0 & 1\end{pmatrix}\begin{pmatrix}5\\ 9\\ 0\end{pmatrix}+\begin{pmatrix}12\\ 6\\ 0\end{pmatrix}=\begin{pmatrix}11.83\\ 16.294\\ 0\end{pmatrix}$$

5.3 齐次坐标和齐次坐标变换

复合坐标变换式(5.14)对于${}^B\boldsymbol{p}$ 而言是非齐次的，可以将它表示成齐次变换的形式：

$$ {}^{A}\boldsymbol{p}={}_{B}^{A}\boldsymbol{R}^{B}\boldsymbol{p}+{}^{A}\boldsymbol{p}_{BO}\Rightarrow\begin{pmatrix}{}^{A}\boldsymbol{p}\\1\end{pmatrix}=\begin{pmatrix}{}_{B}^{A}\boldsymbol{R} & {}^{A}\boldsymbol{p}_{BO}\\\boldsymbol{0} & 1\end{pmatrix}\begin{pmatrix}{}^{B}\boldsymbol{p}\\1\end{pmatrix}\Rightarrow{}^{A}\boldsymbol{p}'={}_{B}^{A}\boldsymbol{T}^{B}\boldsymbol{p}' \tag{5.15} $$

式中，${}^{A}\boldsymbol{p}'$和${}^{B}\boldsymbol{p}'$称为点 p 的齐次坐标，${}_{B}^{A}\boldsymbol{T}$ 称为齐次坐标变换矩阵或位姿矩阵，见式(5.16)。

$$ {}^{A}\boldsymbol{p}'=\begin{pmatrix}{}^{A}\boldsymbol{p}\\1\end{pmatrix},\quad {}_{B}^{A}\boldsymbol{T}=\begin{pmatrix}{}_{B}^{A}\boldsymbol{R} & {}^{A}\boldsymbol{p}_{BO}\\\boldsymbol{0} & 1\end{pmatrix},\quad {}^{B}\boldsymbol{p}'=\begin{pmatrix}{}^{B}\boldsymbol{p}\\1\end{pmatrix} \tag{5.16} $$

式(5.15)为复合变换的齐次坐标变换(Homogeneous Transformation)。

齐次变换式(5.15)的优点在于书写简单紧凑，表达方便，但是用它来编写程序并不简便，因为乘 1 和 0 会耗费大量无用机时。

例 5.2 对于例 5.1 所述问题，试用齐次坐标变换的方法求${}^{A}\boldsymbol{p}$。

由例 5.1 求得的旋转矩阵${}_{B}^{A}\boldsymbol{R}$ 和位移矢量${}^{A}\boldsymbol{p}_{BO}$可以得到齐次变换矩阵：

$$ {}_{B}^{A}\boldsymbol{T}=\begin{pmatrix}{}_{B}^{A}\boldsymbol{R} & {}^{A}\boldsymbol{P}_{BO}\\\boldsymbol{0} & 1\end{pmatrix}=\begin{pmatrix}0.866 & -0.5 & 0 & 12\\0.5 & 0.866 & 0 & 6\\0 & 0 & 1 & 0\\0 & 0 & 0 & 1\end{pmatrix} $$

再由齐次变换式(5.15)得

$$ {}^{A}\boldsymbol{p}={}_{B}^{A}\boldsymbol{T}^{B}\boldsymbol{p}=\begin{pmatrix}0.866 & -0.5 & 0 & 12\\0.5 & 0.866 & 0 & 6\\0 & 0 & 1 & 0\\0 & 0 & 0 & 1\end{pmatrix}\begin{pmatrix}5\\9\\0\\1\end{pmatrix}=\begin{pmatrix}11.83\\16.294\\0\\1\end{pmatrix} $$

和例 5.1 对照可以看出，用齐次变换所得的结果与例 5.1 是一致的。所不同的是，在例 5.1 中，我们用 3×1 的列矢量(直角坐标)描述点${}^{A}\boldsymbol{p}$ 的位置；在例 5.2 中，用 4×1 的列向量(齐次坐标)描述点${}^{A}\boldsymbol{p}$ 的位置。

若空间一点 p 的直角坐标为

$$ \boldsymbol{p}=\begin{pmatrix}x\\y\\z\end{pmatrix} $$

则它的齐次坐标可表示为

$$ \boldsymbol{p}=\begin{pmatrix}x\\y\\z\\1\end{pmatrix} $$

值得注意的是，齐次坐标的表示不是唯一的。将其各元素同乘一非零的因子 ω 后，仍然代表同一点 p，即

$$ \boldsymbol{p}=\begin{pmatrix}x\\y\\z\\1\end{pmatrix}=\begin{pmatrix}a\\b\\c\\\omega\end{pmatrix} $$

式中，$a=\omega x, b=\omega y, c=\omega z$。

例如，点 $\boldsymbol{p}=2i+3j+4k$ 的齐次坐标可以表示为

$$\boldsymbol{p}=(2,3,4,1)^{\mathrm{T}},\quad \boldsymbol{p}=(4,6,8,2)^{\mathrm{T}},\quad \boldsymbol{p}=(-16,-24,-32,-8)^{\mathrm{T}}$$

还要注意：$(0,0,0,0)^{\mathrm{T}}$ 没有意义。

我们规定：列向量$(a,b,c,0)^{\mathrm{T}}$（其中 $a^2+b^2+c^2\neq 0$）表示空间的无穷远点。把包括无穷远点的空间称为扩大空间，而把第 4 个元素非零的点称为非无穷远点。

无穷远点$(a,b,c,0)^{\mathrm{T}}$ 的三元素 a、b、c 称为它的方向数。无穷远点$(1,0,0,0)^{\mathrm{T}}$、$(0,1,0,0)^{\mathrm{T}}$、$(0,0,1,0)^{\mathrm{T}}$ 分别代表 x、y、z 轴上的无穷远点，可用它们分别表示这三个坐标轴的方向。而非无穷远点$(0,0,0,1)^{\mathrm{T}}$ 代表坐标原点。

这样，利用齐次坐标不仅可以规定点的位置，还可以用来规定矢量的方向。当第 4 个元素非零时，齐次坐标代表点的位置；第四个元素为零时，齐次坐标代表方向。

利用这一性质，可以赋予齐次变换矩阵又一物理解释：齐次变换矩阵${}^{A}_{B}\boldsymbol{T}$ 描述了坐标系$\{B\}$相对于$\{A\}$的位置和姿态。${}^{A}_{B}\boldsymbol{T}$ 的第 4 列向量${}^{A}\boldsymbol{p}_{BO}$描述$\{B\}$的坐标原点相当于$\{A\}$的位置；其他 3 个列向量分别代表$\{B\}$的三个坐标轴相对于$\{A\}$的方向。

例 5.3　齐次变换矩阵

$$ {}^{A}_{B}\boldsymbol{T}=\begin{pmatrix}0&0&1&1\\1&0&0&-3\\0&1&0&4\\0&0&0&1\end{pmatrix}$$

描述坐标系$\{B\}$相对于$\{A\}$的位姿。可解释如下。

$\{B\}$的坐标原点相对于$\{A\}$的位置是$(1,-3,4,1)^{\mathrm{T}}$。

$\{B\}$的三个坐标轴相对于$\{A\}$的方向分别是：

- $\{B\}$的 x 轴与$\{A\}$的 y 轴同向，用齐次坐标表示为$(0,1,0,0)^{\mathrm{T}}$；
- $\{B\}$的 y 轴与$\{A\}$的 z 轴同向，用齐次坐标表示为$(0,0,1,0)^{\mathrm{T}}$；
- $\{B\}$的 z 轴与$\{A\}$的 x 轴同向，用齐次坐标表示为$(1,0,0,0)^{\mathrm{T}}$。

坐标系$\{B\}$相对于$\{A\}$的位姿如图 5.8 所示。

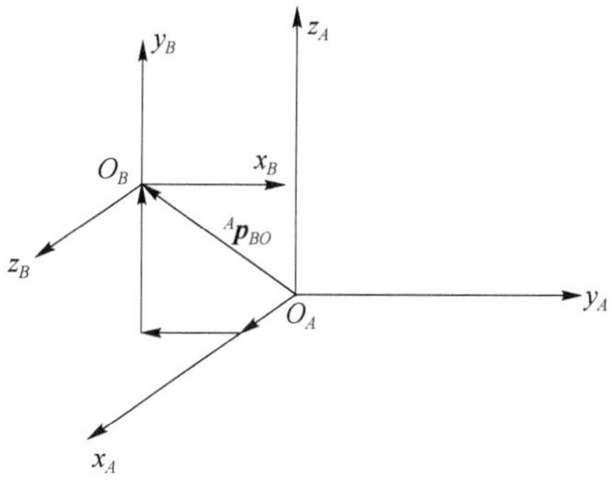

图 5.8　齐次变换矩阵与坐标系的描述

齐次变换矩阵(5.16)也代表坐标平移与坐标旋转的复合。将其分解成两个矩阵相乘的形式后就可以看出这一点：

$$\begin{pmatrix}{}^{A}_{B}\boldsymbol{R}&{}^{A}\boldsymbol{p}_{BO}\\\boldsymbol{0}&1\end{pmatrix}=\begin{pmatrix}\boldsymbol{I}_3&{}^{A}\boldsymbol{p}_{BO}\\\boldsymbol{0}&1\end{pmatrix}\begin{pmatrix}{}^{A}_{B}\boldsymbol{R}&0\\\boldsymbol{0}&1\end{pmatrix}\tag{5.17}$$

式(5.17)右端第一个矩阵称为平移变换矩阵，常用 $\mathrm{Trans}({}^{A}\boldsymbol{p}_{BO})$表示；第二个矩阵称为旋转变换矩阵，常用 $\mathrm{Rot}(\boldsymbol{k},\theta)$来表示，即

$${}^{A}_{B}\boldsymbol{T}=\mathrm{Trans}({}^{A}\boldsymbol{p}_{BO})\mathrm{Rot}(\boldsymbol{k},\theta)\tag{5.18}$$

$$\mathrm{Trans}({}^{A}\boldsymbol{p}_{BO})=\begin{pmatrix}\boldsymbol{I}_3&{}^{A}\boldsymbol{p}_{BO}\\\boldsymbol{0}&1\end{pmatrix}\tag{5.19}$$

$$\mathrm{Rot}(\boldsymbol{k},\theta)=\begin{pmatrix} {}^{A}_{B}\boldsymbol{R}(\boldsymbol{k},\theta) & \boldsymbol{0} \\ \boldsymbol{0} & 1 \end{pmatrix} \tag{5.20}$$

平移变换矩阵 $\mathrm{Trans}({}^{A}\boldsymbol{p}_{BO})$完全由矢量${}^{A}\boldsymbol{p}_{BO}$所决定；而旋转变换矩阵 $\mathrm{Rot}(\boldsymbol{k},\theta)$表示绕过原点的轴 $\boldsymbol{k}$ 转动 θ 角的旋转算子，旋转变换完全由旋转矩阵 $\mathrm{Rot}(\boldsymbol{k},\theta)$所决定。式(5.20)的右端矩阵的右上角是个零矢量。

5.4 变换矩阵的运算

4×4 的齐次变换矩阵 $\boldsymbol{T}$ 通常具有以下三种物理解释。

(1) 坐标系的描述

${}^{A}_{B}\boldsymbol{T}$ 描述坐标系$\{B\}$相对于参考系$\{A\}$的位姿。其中${}^{A}_{B}\boldsymbol{R}$ 的各列分别描述$\{B\}$的 3 个坐标主轴的方向；${}^{A}\boldsymbol{p}_{BO}$描述$\{B\}$的坐标原点的位置。

(2) 坐标变换

${}^{A}_{B}\boldsymbol{T}$ 代表同一点 p 在两个坐标系$\{A\}$和$\{B\}$中描述之间的变换关系。${}^{A}_{B}\boldsymbol{T}$ 将${}^{B}\boldsymbol{p}$ 变换为${}^{A}\boldsymbol{p}$。其中${}^{A}_{B}\boldsymbol{R}$ 称为旋转变换，${}^{A}\boldsymbol{p}_{BO}$称为平移变换。

(3) 运动算子

$\boldsymbol{T}$ 表示在同一坐标系中，点 p 运动前、后的算子关系。算子 $\boldsymbol{T}$ 作用于 $\boldsymbol{p}_1$ 得出 $\boldsymbol{p}_2$。任一算子也可分解为平移算子与旋转算子的复合。

可以根据齐次变换矩阵在运算中的作用来判别它在其中的物理意义：是描述、变换，还是算子。下面进一步讨论变换矩阵的运算及其含义。

5.4.1 变换矩阵相乘

对于给定的坐标系$\{A\}$、$\{B\}$和$\{C\}$，已知$\{B\}$相对于$\{A\}$的描述为${}^{A}_{B}\boldsymbol{T}$，$\{C\}$相对于$\{B\}$的描述为${}^{B}_{C}\boldsymbol{T}$。

变换矩阵${}^{B}_{C}\boldsymbol{T}$ 将${}^{C}\boldsymbol{p}$ 变换为${}^{B}\boldsymbol{p}$，即

$${}^{B}\boldsymbol{p}={}^{B}_{C}\boldsymbol{T}\,{}^{C}\boldsymbol{p} \tag{5.21}$$

变换矩阵${}^{A}_{B}\boldsymbol{T}$ 将${}^{B}\boldsymbol{p}$ 变换为${}^{A}\boldsymbol{p}$，即

$${}^{A}\boldsymbol{p}={}^{A}_{B}\boldsymbol{T}\,{}^{B}\boldsymbol{p} \tag{5.22}$$

合并上面两次变换的结果

$${}^{A}\boldsymbol{p}={}^{A}_{B}\boldsymbol{T}\,{}^{B}_{C}\boldsymbol{T}\,{}^{C}\boldsymbol{p} \tag{5.23}$$

由式(5.23)我们可以规定复合变换矩阵

$${}^{A}_{C}\boldsymbol{T}={}^{A}_{B}\boldsymbol{T}\,{}^{B}_{C}\boldsymbol{T} \tag{5.24}$$

${}^{A}_{C}\boldsymbol{T}$ 将${}^{C}\boldsymbol{p}$ 变换为${}^{A}\boldsymbol{p}$。

利用式(5.16)，我们可以得到$\{C\}$相对$\{A\}$的描述${}^{A}_{C}\boldsymbol{T}$，即

$${}^{A}_{C}\boldsymbol{T}={}^{A}_{B}\boldsymbol{T}\,{}^{B}_{C}\boldsymbol{T}=\begin{pmatrix} {}^{A}_{B}\boldsymbol{R}\,{}^{B}_{C}\boldsymbol{R} & {}^{A}_{B}\boldsymbol{R}\,{}^{B}\boldsymbol{p}_{CO}+{}^{A}\boldsymbol{p}_{BO} \\ \boldsymbol{0} & 1 \end{pmatrix} \tag{5.25}$$

式(5.24)所表示的变换也可以解释为坐标系的变换，因为${}^{A}_{C}\boldsymbol{T}$ 和${}^{B}_{C}\boldsymbol{T}$ 分别代表同一坐标

系$\{C\}$相对于$\{A\}$和$\{B\}$的描述。式(5.24)则表示变换矩阵${}_B^A\boldsymbol{T}$将坐标系$\{C\}$从${}_C^B\boldsymbol{T}$变换为${}_C^A\boldsymbol{T}$。

对变换矩阵相乘式(5.24)还可作另一种解释：最初，坐标系$\{C\}$与$\{A\}$重合，然后$\{C\}$先相对于$\{A\}$作运动变换（用${}_B^A\boldsymbol{T}$表示）到达$\{B\}$，然后相对$\{B\}$作运动变换（用${}_C^B\boldsymbol{T}$表示），最后到达最终位姿。

例如，我们可以将例 5.3 中的齐次变换矩阵${}_B^A\boldsymbol{T}$按照式(5.17)写成旋转变换与平移变换的复合：

$${}_B^A\boldsymbol{T}=\text{Trans}(1,-3,4)\text{Rot}(\boldsymbol{k},\theta)$$

即

$$\begin{pmatrix}0&0&1&1\\1&0&0&-3\\0&1&0&4\\0&0&0&1\end{pmatrix}=\begin{pmatrix}1&0&0&1\\0&1&0&-3\\0&0&1&4\\0&0&0&1\end{pmatrix}\begin{pmatrix}0&0&1&0\\1&0&0&0\\0&1&0&0\\0&0&0&1\end{pmatrix}\tag{5.26}$$

我们还可以将式(5.26)中旋转变换$\text{Rot}(\boldsymbol{k},\theta)$进一步表示成二次旋转变换的复合：

$$\text{Rot}(\boldsymbol{k},\theta)=\text{Rot}(y,90°)\text{Rot}(z,90°)$$

即

$$\begin{pmatrix}0&0&1&0\\1&0&0&0\\0&1&0&0\\0&0&0&1\end{pmatrix}=\begin{pmatrix}0&0&1&0\\0&1&0&0\\-1&0&0&0\\0&0&0&1\end{pmatrix}\begin{pmatrix}0&-1&0&0\\1&0&0&0\\0&0&1&0\\0&0&0&1\end{pmatrix}\tag{5.27}$$

因此，变换矩阵${}_B^A\boldsymbol{T}$可以看成是经过三次变换复合而成的，即

$${}_B^A\boldsymbol{T}=\text{Trans}(1,-3,4)\text{Rot}(y,90°)\text{Rot}(z,90°)\tag{5.28}$$

图 5.9 描述了${}_B^A\boldsymbol{T}$所代表的坐标系$\{B\}$相对于$\{A\}$的位置和姿态。式(5.28)表明坐标系$\{B\}$可以认为是经过三次变换得到的：首先绕z_A轴转 90°，再绕y_A轴转 90°，最后相对$\{A\}$移动$1i-3j+4k$。如图 5.9 所示，运动是相对于固定坐标系$\{A\}$进行的。有两点值得说明。

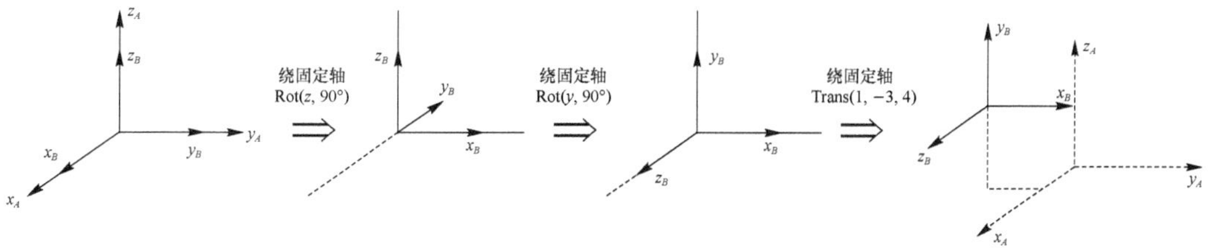

图 5.9　相对固定坐标系运动(从右到左)

(1) 变换的次序不能随意调换。因为矩阵的乘法不满足交换律，故变换的次序一般不能随意交换，例如式(5.26)

$$\begin{pmatrix}1&0&0&1\\0&1&0&-3\\0&0&1&4\\0&0&0&1\end{pmatrix}\begin{pmatrix}0&0&1&0\\1&0&0&0\\0&1&0&0\\0&0&0&1\end{pmatrix}\neq\begin{pmatrix}0&0&1&0\\1&0&0&0\\0&1&0&0\\0&0&0&1\end{pmatrix}\begin{pmatrix}1&0&0&1\\0&1&0&-3\\0&0&1&4\\0&0&0&1\end{pmatrix}$$

即

$$\mathrm{Trans}(1,-3,4)\mathrm{Rot}(\boldsymbol{k},\theta)\neq\mathrm{Rot}(\boldsymbol{k},\theta)\mathrm{Trans}(1,-3,4)$$

同样，式(5.27)右端的二旋转变换 $\mathrm{Rot}(y,90°)$ 和 $\mathrm{Rot}(z,90°)$ 也不能交换，即

$$\begin{pmatrix}0&0&1&0\\0&1&0&0\\-1&0&0&0\\0&0&0&1\end{pmatrix}\begin{pmatrix}0&-1&0&0\\1&0&0&0\\0&0&1&0\\0&0&0&1\end{pmatrix}\neq\begin{pmatrix}0&-1&0&0\\1&0&0&0\\0&0&1&0\\0&0&0&1\end{pmatrix}\begin{pmatrix}0&0&1&0\\0&1&0&0\\-1&0&0&0\\0&0&0&1\end{pmatrix}$$

亦即

$$\mathrm{Rot}(y,90°)\mathrm{Rot}(z,90°)\neq\mathrm{Rot}(z,90°)\mathrm{Rot}(y,90°)$$

只有几种特殊情况例外，当两变换都是平移变换或两变换都是绕同一轴的旋转变换时，两变换的次序可以交换。

(2) 式(5.28)所描述的坐标系$\{B\}$也可通过另外的运动方式得到。即坐标系$\{B\}$最初与坐标系$\{A\}$相重合，从左到右依次进行以下变换：首先$\{B\}$相对于坐标系$\{A\}$移动 $1i-3j+4k$，然后绕 y_B 轴转 90°，最后绕 z_B 轴转 90°，如图 5.10 所示。

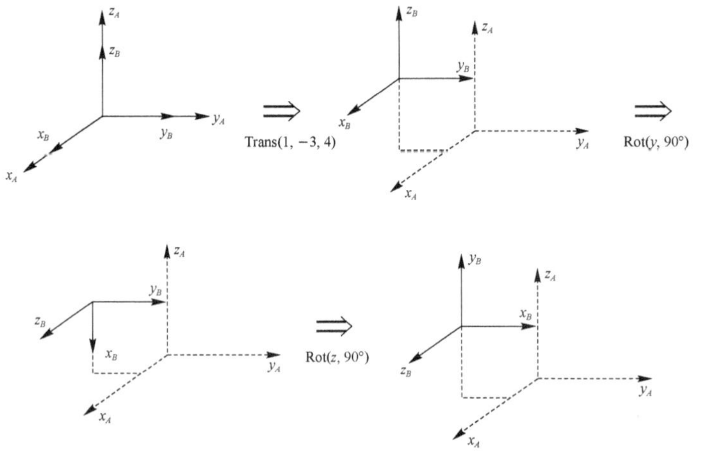

图 5.10 相对运动坐标系运动(从左到右)

两种解释得到相同的结果。由此得出以下结论：

① 变换顺序从右到左时，运动是相对于固定参考系而言的(左乘规则)，如图 5.9 所示；

② 变换顺序从左到右时，运动是相对于运动参考系而言的(右乘规则)，如图 5.10 所示。

5.4.2 变换矩阵求逆

如果坐标系$\{B\}$相对于$\{A\}$的齐次变换矩阵已知，为${}^A_B\boldsymbol{T}$，希望得到$\{A\}$相对于$\{B\}$的描述${}^B_A\boldsymbol{T}$，显然，这是变换矩阵求逆问题。一种求解方法是直接对 4×4 的齐次变换矩阵求逆；另一办法是利用齐次变换矩阵的特点，简化矩阵求逆运算，下面采用这种方法。

为了由${}^A_B\boldsymbol{T}$ 求出${}^B_A\boldsymbol{T}$，只需根据${}^A_B\boldsymbol{R}$ 和${}^A\boldsymbol{p}_{BO}$，计算${}^B_A\boldsymbol{R}$ 和${}^B\boldsymbol{p}_{AO}$ 即可。首先，利用旋转矩阵的正交性质可以得出：

$$ {}_A^B\boldsymbol{R} = {}_B^A\boldsymbol{R}^{-1} = {}_B^A\boldsymbol{R}^{\mathrm{T}} \tag{5.29}$$

然后，利用复合变换公式(5.14)，求出原点${}^A\boldsymbol{p}_{BO}$在坐标系$\{B\}$的描述：

$$ {}^B({}^A\boldsymbol{p}_{BO}) = {}_A^B\boldsymbol{R}\,{}^A\boldsymbol{p}_{BO} + {}^B\boldsymbol{p}_{AO} \tag{5.30}$$

式(5.30)表示坐标系$\{B\}$的原点 O 相对于$\{B\}$的描述，因此该式左端为 $\mathbf{0}$ 矢量，从而得到

$$ {}^B\boldsymbol{p}_{AO} = -{}_A^B\boldsymbol{R}\,{}^A\boldsymbol{p}_{BO} = -{}_B^A\boldsymbol{R}^{\mathrm{T}}\,{}^A\boldsymbol{p}_{BO} \tag{5.31}$$

综合式(5.29)和式(5.31)，可以写出${}_A^B\boldsymbol{T}$ 的表达式，即

$$ {}_A^B\boldsymbol{T} = \begin{pmatrix} {}_B^A\boldsymbol{R}^{\mathrm{T}} & -{}_B^A\boldsymbol{R}^{\mathrm{T}}\,{}^A\boldsymbol{p}_{BO} \\ \mathbf{0} & 1 \end{pmatrix} \tag{5.32}$$

容易验证，这样求得的${}_A^B\boldsymbol{T}$ 满足

$$ {}_A^B\boldsymbol{T} = {}_B^A\boldsymbol{T}^{-1} $$

式(5.32)为计算齐次变换逆阵提供了一种非常简便有用的方法。

例 5.4　有两个坐标系$\{A\}$和$\{B\}$，用${}_B^A\boldsymbol{T}$ 表示坐标系$\{B\}$相对坐标系$\{A\}$绕 z_A 轴转 30°，并沿 x_A 轴移动 4 个单位，沿 y_A 轴移动 3 个单位。求${}_A^B\boldsymbol{T}$，并说明它表示的变换。

坐标系$\{B\}$定义为

$$ {}_B^A\boldsymbol{T} = \mathrm{Trans}(4,3,0)\,\mathrm{Rot}(z,30^\circ) $$

$$ {}_B^A\boldsymbol{T} = \begin{pmatrix} 0.866 & -0.5 & 0 & 4 \\ 0.5 & 0.866 & 0 & 3 \\ 0 & 0 & 1 & 0 \\ 0 & 0 & 0 & 1 \end{pmatrix} $$

利用式(5.32)，得出

$$ {}_A^B\boldsymbol{T} = {}_B^A\boldsymbol{T}^{-1} = \begin{pmatrix} 0.866 & 0.5 & 0 & -4.964 \\ -0.5 & 0.866 & 0 & -0.598 \\ 0 & 0 & 1 & 0 \\ 0 & 0 & 0 & 1 \end{pmatrix} \tag{5.33}$$

也可以采用另一种计算方法：

$$ {}_A^B\boldsymbol{T} = {}_B^A\boldsymbol{T}^{-1} = \mathrm{Rot}(z,-30^\circ)\,\mathrm{Trans}(-4,-3,0) \tag{5.34}$$

所得结果与式(5.33)相同，但是给出${}_A^B\boldsymbol{T}$ 的明显的定义，它表示坐标系$\{A\}$首先相对于坐标系$\{B\}$移动$-4i-3j+0k$，再绕 z_B 轴转$-30°$。当然，也可作另一种解释：坐标系$\{A\}$首先绕$\{B\}$的 z_B 轴转$-30°$，得到新坐标系$\{A_1\}$，然后沿坐标系$\{A_1\}$移动$-4i-3j+0k$，得到坐标系$\{A\}$，相对运动坐标系运动，变换顺序从左到右。

5.5　欧拉角与 RPY 角

前面我们采用 3×3 的旋转矩阵 $\boldsymbol{R}$ 描述刚体的姿态，本节讨论姿态的其他描述方法。由于旋转矩阵 $\boldsymbol{R}$ 的 9 个元素应满足 6 个约束条件(正交条件)式(5.5)，只有 3 个独立的元素，因此，自然会提出，如何用 3 个独立参数简便地描述刚体的姿态。另外，旋转矩阵 $\boldsymbol{R}$ 可以看成是变换，也可以当成算子，还可以作为刚体姿态的描述。当作为算子或变换使用时，

利用矩阵的运算规则，十分方便，然而旋转矩阵 **R** 用作姿态的描述时，并不方便。例如，将机器人手爪的姿态输入计算机中时，利用式(5.11)的表示方法，需要输入正交矩阵 $\boldsymbol{R}=(\boldsymbol{n}\quad \boldsymbol{o}\quad \boldsymbol{a})$ 的 9 个元素；实际上，我们只要输入 3 个数就足够了。下面介绍欧拉角方法和 RPY 角方法，这两种方法广泛地应用在航海和天文学中，以描述刚体的姿态。基于欧拉角法的特殊性质，在机器人学中有重要的应用。用它不仅计算方便，最主要的是若用它表示刚体的姿态或姿态，能够很容易在人头脑中构成形象，得知其空间方向。在研究工作中或在机器人运动规划时都很有用，这是其他方法所不具有的。

5.5.1 绕固定轴 x-y-z 旋转(RPY 角)

RPY 角是描述船舶在海中航行时姿态的一种方法。将船的行驶方向取为 z 轴，则把绕 z 轴的旋转(α 角)称为滚动(Roll)；把绕 y 轴的旋转(β 角)称为俯仰(Pitch)；而把铅直方向取为 x 轴，将绕 x 轴的旋转(γ 角)称为偏转(Yaw)，如图 5.11 所示。操作臂手爪姿态的规定方法类似。习惯上称这种方法为 RPY 角方法。

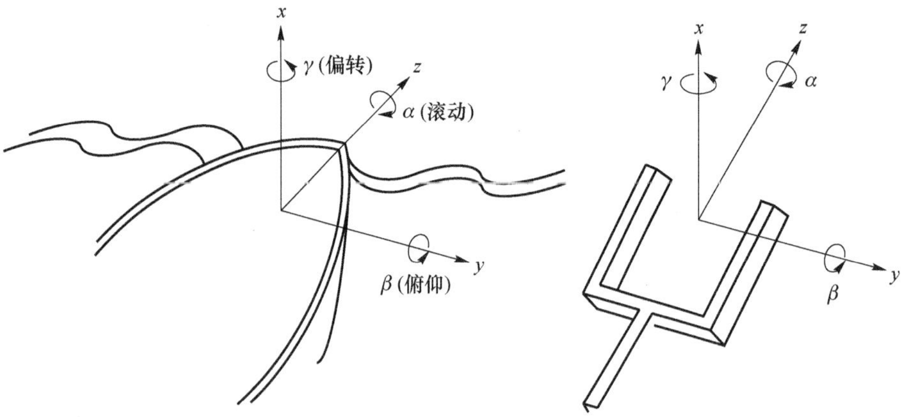

图 5.11　RPY 表示

这种描述坐标系$\{B\}$的姿态的法则如下：$\{B\}$的初始姿态与参考系$\{A\}$重合。首先将$\{B\}$绕 x_A 轴转 γ 角，再绕 y_A 轴转 β 角，最后绕 z_A 轴转 α 角，如图 5.12 所示。

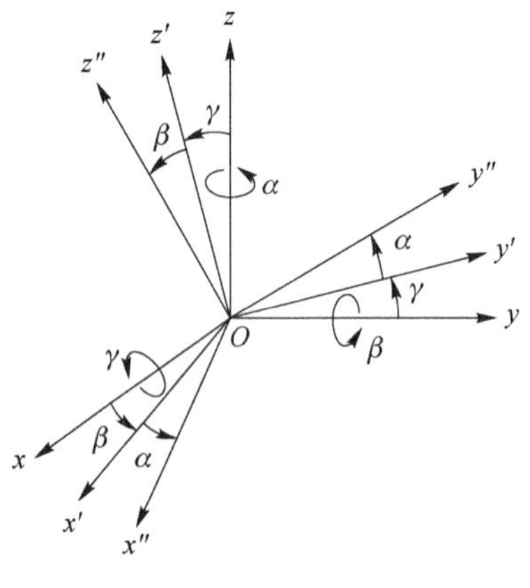

图 5.12　RPY 角

因为三次旋转都是相对于固定坐标系{A}而言的，按照"从右到左"的原则，得相应的旋转矩阵。

$$
\begin{aligned}
{}^{A}_{B}\boldsymbol{R}_{xyz}(\gamma,\beta,\alpha) &= \boldsymbol{R}(z_A,\alpha)\boldsymbol{R}(y_A,\beta)\boldsymbol{R}(x_A,\gamma) \\
&= \begin{pmatrix} c\alpha & -s\alpha & 0 \\ s\alpha & c\alpha & 0 \\ 0 & 0 & 1 \end{pmatrix}\begin{pmatrix} c\beta & 0 & s\beta \\ 0 & 1 & 0 \\ -s\beta & 0 & c\beta \end{pmatrix}\begin{pmatrix} 1 & 0 & 0 \\ 0 & c\gamma & -s\gamma \\ 0 & s\gamma & c\gamma \end{pmatrix}
\end{aligned} \tag{5.35}
$$

其中，$c\alpha=\cos\alpha$；$s\alpha=\sin\alpha$，$s\beta$、$c\beta$ 和 $s\gamma$、$c\gamma$ 依此类推。将矩阵相乘得

$$
{}^{A}_{B}\boldsymbol{R}_{xyz}(\gamma,\beta,\alpha)=\begin{pmatrix} c\alpha c\beta & c\alpha s\beta s\gamma - s\alpha c\gamma & c\alpha s\beta c\gamma + s\alpha s\gamma \\ s\alpha c\beta & s\alpha s\beta s\gamma + c\alpha c\gamma & s\alpha s\beta c\gamma - c\alpha s\gamma \\ -s\beta & c\beta s\gamma & c\beta c\gamma \end{pmatrix} \tag{5.36}
$$

式(5.36)表示绕固定坐标系的三个轴依次旋转得到的旋转矩阵，因此称为绕固定轴 x-y-z 旋转的 RPY 角方法。

现在来讨论逆问题(RPY 角反解)，从给定的旋转矩阵求出等价的绕固定轴 x-y-z 的转角 γ、β 和 α。令

$$
{}^{A}_{B}\boldsymbol{R}_{xyz}(\gamma,\beta,\alpha)=\begin{pmatrix} r_{11} & r_{12} & r_{13} \\ r_{21} & r_{22} & r_{23} \\ r_{31} & r_{32} & r_{33} \end{pmatrix} \tag{5.37}
$$

这是一组超越方程，有 3 个未知数，共有 9 个方程，其中有 6 个方程不独立，因此可以利用其中的 3 个方程解出 3 个未知数。

从式(5.36)和式(5.37)可以看出

$$
\cos\beta=\sqrt{r_{11}^2+r_{21}^2} \tag{5.38}
$$

若 $\cos\beta\neq 0$，则得到各个角的反正切表达式

$$
\begin{aligned}
\beta &= \mathrm{Atan}\,2\left(-r_{31}, \sqrt{r_{11}^2+r_{21}^2}\right) \\
\alpha &= \mathrm{Atan}\,2(r_{21}, r_{11}) \\
\gamma &= \mathrm{Atan}\,2(r_{32}, r_{33})
\end{aligned} \tag{5.39}
$$

式中，$\mathrm{Atan}\,2(y,x)$是双变量反正切函数。

式(5.38)中的根式运算有两个解，总是取 $-90°\leqslant\beta\leqslant 90°$ 中的一个解。这样做通常可以定义姿态的各种描述之间的一一对应关系。然而，有时也要计算出所有的解。

若 $\beta=\pm 90°$，$\cos\beta=0$，则式(5.39)表示的反解退化。这时只可解出 α 与 γ 的和或差，通常选择 $\alpha=0°$，从而解出结果如下：

若 $\beta=90°$，则

$$
\beta=90°,\alpha=0°,\gamma=\mathrm{Atan}\,2(r_{12}, r_{22}) \tag{5.40}
$$

若 $\beta=-90°$，则

$$
\beta=-90°,\alpha=0°,\gamma=-\mathrm{Atan}\,2(r_{12}, r_{22}) \tag{5.41}
$$

5.5.2　z-y-x 欧拉角

这种描述坐标系{B}的姿态的法则如下：{B}的初始姿态与参考系{A}相同，首先使{B}绕 z_B 轴转 α 角，然后绕 y_B 轴转 β 角，最后绕 x_B 轴转 γ 角，如图 5.13 所示。

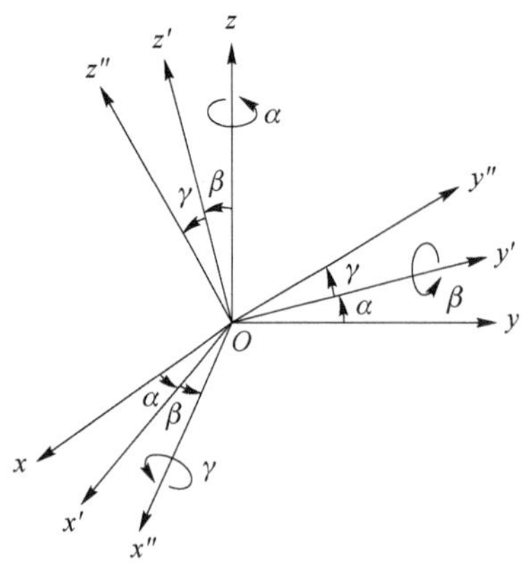

图 5.13　欧拉角

这种描述法中的各次转动都是相对于运动坐标系的某轴进行的，而不是相对于固定的参考系$\{A\}$进行的。这样的描述法称为欧拉角方法，又因转动是依次绕 z 轴、y 轴和 x 轴进行的，故称这种描述法为 z-y-x 欧拉角方法。

图 5.13 所示为坐标系$\{B\}$沿欧拉角转动的情况。首先绕 z_B 轴转 α 角，x 轴转至 x'轴，y 轴转至 y'轴，然后绕 y_B 轴（y'轴）转 β 角，z 轴转至 z'轴，x'轴转至 x''轴，最后绕 x_B 轴（x''轴）转 γ 角，y 轴转至 y''，z 轴转至 z''，由此得到坐标系$\{B\}$。用${}^A_B\boldsymbol{R}_{zyx}(\alpha,\beta,\gamma)$表示与 z-y-x 欧拉角等价的旋转矩阵。由于所有的转动都是相对运动坐标系进行的，根据“从左至右”的原则来安排各次旋转对应的矩阵，从而得到表达式

$$
\begin{aligned}
{}^A_B\boldsymbol{R}_{zyx}(\alpha,\beta,\gamma) &= \boldsymbol{R}(z,\alpha)\boldsymbol{R}(y,\beta)\boldsymbol{R}(x,\gamma) \\
&= \begin{pmatrix} c\alpha & -s\alpha & 0 \\ s\alpha & c\alpha & 0 \\ 0 & 0 & 1 \end{pmatrix}\begin{pmatrix} c\beta & 0 & s\beta \\ 0 & 1 & 0 \\ -s\beta & 0 & c\beta \end{pmatrix}\begin{pmatrix} 1 & 0 & 0 \\ 0 & c\gamma & -s\gamma \\ 0 & s\gamma & c\gamma \end{pmatrix}
\end{aligned} \tag{5.42}
$$

式中，$c\alpha$、$s\alpha$、$s\beta$、$c\beta$、$s\gamma$、$c\gamma$ 含义同式(5.35)。

矩阵相乘后得到

$$
{}^A_B\boldsymbol{R}_{zyx}(\alpha,\beta,\gamma) = \begin{pmatrix} c\alpha c\beta & c\alpha s\beta s\gamma - s\alpha c\gamma & c\alpha s\beta c\gamma + s\alpha s\gamma \\ s\alpha c\beta & s\alpha s\beta s\gamma + c\alpha c\gamma & s\alpha s\beta c\gamma - c\alpha s\gamma \\ -s\beta & c\beta s\gamma & c\beta c\gamma \end{pmatrix} \tag{5.43}
$$

这一结果与绕固定轴 x-y-z 旋转的结果完全相同。这是因为绕固定轴旋转的顺序与绕运动轴旋转的顺序相反，且旋转的角度也对应相等时，所得到的变换矩阵是相同的。因此，z-y-x 欧拉角与固定轴 x-y-z 转角描述坐标系$\{B\}$是完全等价的。式(5.43)和式(5.36)也是完全一样的。所以，式(5.39)也可用来求解 z-y-x 欧拉角。

5.5.3　z-y-z 欧拉角

这种描述坐标系$\{B\}$的姿态的法则如下：最初坐标系$\{B\}$与参考系$\{A\}$重合，首先使$\{B\}$绕 z_B 轴转 α 角，然后绕 y_B 轴转 β 角，最后绕 z_B 轴转 γ 角。

因为转动都是相对于运动参考系$\{B\}$来描述的，而且这三次转动的顺序是先绕 z_B 轴，再绕 y_B 轴，最后又绕 z_B 轴，所以这种描述法称为 z-y-z 欧拉角方法。

根据“从左至右”的原则，可以求得与之等价的旋转矩阵

$$
\begin{aligned}
{}^A_B\boldsymbol{R}_{zyz}(\alpha,\beta,\gamma) &= \boldsymbol{R}(z,\alpha)\boldsymbol{R}(y,\beta)\boldsymbol{R}(z,\gamma) \\
&= \begin{pmatrix} c\alpha c\beta c\gamma - s\alpha s\gamma & -c\alpha c\beta s\gamma - s\alpha c\gamma & c\alpha s\beta \\ s\alpha c\beta c\gamma + c\alpha s\gamma & -s\alpha c\beta s\gamma + c\alpha c\gamma & s\alpha s\beta \\ -s\beta c\gamma & s\beta s\gamma & c\beta \end{pmatrix}
\end{aligned} \tag{5.44}
$$

式中，$c\alpha$、$s\alpha$、$s\beta$、$c\beta$、$s\gamma$、$c\gamma$ 含义同式(5.35)。

下面介绍由旋转矩阵求解等价的 z-y-z 欧拉角的方法。令

$$
{}^{A}_{B}\boldsymbol{R}_{zyz}(\alpha,\beta,\gamma)=\begin{pmatrix} r_{11} & r_{12} & r_{13} \\ r_{21} & r_{22} & r_{23} \\ r_{31} & r_{32} & r_{33} \end{pmatrix} \tag{5.45}
$$

若 $\sin\beta\neq 0$，则

$$
\begin{aligned}
\beta &= \mathrm{Atan\,2}\left(\sqrt{r_{31}^2+r_{32}^2},\, r_{33}\right) \\
\alpha &= \mathrm{Atan\,2}(r_{23},\, r_{13}) \\
\gamma &= \mathrm{Atan\,2}(r_{32},\, -r_{31})
\end{aligned} \tag{5.46}
$$

$\sin\beta=\sqrt{r_{31}^2+r_{32}^2}$ 有两个解存在，总是取 $0°\leqslant\beta\leqslant 180°$ 范围内的一个解。若 $\beta=0°$ 或 180°，式(5.46)是退化的，此时只能得到 α 与 γ 的和或差。通常选取 $\alpha=0°$，所得结果如下：

- 若 $\beta=0°$，则

$$
\beta=0°,\quad \alpha=0°,\quad \gamma=\mathrm{Atan\,2}(-r_{12},\, r_{11}) \tag{5.47}
$$

- 若 $\beta=180°$，则

$$
\beta=180°,\quad \alpha=0°,\quad \gamma=-\mathrm{Atan\,2}(r_{12},\, -r_{11}) \tag{5.48}
$$

5.5.4　角度设定法小结

以上讨论了姿态描述的固定轴 x-y-z 旋转法、z-y-x 欧拉角方法和 z-y-z 欧拉角方法。这些方法的特点在于：以一定的顺序绕坐标主轴旋转三次得到姿态的描述。这种描述法称为角度设定法，总共有 24 种排列，其中 12 种是绕固定轴旋转设定的 RPY 方法，另外 12 种称为欧拉角方法（绕运动坐标轴旋转），因为欧拉角方法与 RPY 方法是对偶的，实际上只有 12 种不同的旋转矩阵。由于转动的排列顺序不同就有了如表 5.1 所示的 12 种不同的欧拉角组合。再考虑 RPY 型的给定，它也有 12 种给定，这样 3 个参数的角度给定法就有了 24 种不同的方案。

表 5.1　12 种不同的欧拉角组合

序号	三轴设定法	类型	两轴设定法	类型
1	z-y-x	Ⅰ	z-y-z	Ⅲ
2	z-x-y	Ⅱ	z-x-z	Ⅳ
3	y-x-z	Ⅰ	y-x-y	Ⅲ
4	y-z-x	Ⅱ	y-z-y	Ⅳ
5	x-z-y	Ⅰ	x-z-x	Ⅲ
6	x-y-z	Ⅱ	x-y-x	Ⅳ

分析表 5.1 中的 12 种欧拉角可以发现，在这些排列不同的欧拉角中，很多是相似的。如第二列中 3 个不同的转轴构成 6 种欧拉角顺序，实际上 z-y-x、y-x-z 和 x-z-y 三者是相似的，因为它们是按 x-y-z 三名称的反序排列，只是起始的轴不同而已。而 z-x-y、y-z-x 和 x-y-z 三者也只是起始轴不同的 x-y-z 的正序排列。对于表中的第四列的两轴设定法也存在相同的情况。所以从这个角度看，这 12 种不同的欧拉角实质上只有 4 种是真正不同的，

它们是 z-y-x、z-x-y、z-y-z 和 z-x-z。在这 4 种中最具代表性的是 z-y-x 和 z-y-z。这两种欧拉角表示方法在本节都已经做了详细介绍。

5.6 其他旋转变换表示方法

5.6.1 欧拉定理

欧拉定理(Euler's Theorem)表明刚体相对固定点的一般旋转运动相当于刚体绕某条轴线的旋转运动。这条特定的轴线称为螺旋轴线(Screw Axis)。接下来,我们给出如何从一个特定的旋转矩阵中推导出该螺旋轴线。

式(5.13)给出了刚体上的点 p 从坐标系$\{B\}$相对于坐标系$\{A\}$的正交旋转变换。由于坐标系$\{B\}$在初始位置时与坐标系$\{A\}$是重合的,因此我们可以将 $\boldsymbol{p}$ 作为刚体 B 上点 p 的第一个位置,而将 $\boldsymbol{p}'$ 作为其第二个位置。因为原点 O 是一个固定点,因此螺旋轴通过该点。而且,如果点 p 正好位于该轴上,那么它的位置矢量将不受旋转的影响,即有

$$\boldsymbol{p}=\boldsymbol{p}' \tag{5.49}$$

点 p 的第二个位置矢量 $\boldsymbol{p}'$ 可以根据式(5.13)求得。将其代入式(5.49)得到

$$({}^A_B\boldsymbol{R}-\boldsymbol{I}_3)\boldsymbol{p}=0 \tag{5.50}$$

我们注意到式(5.50)是下面矩阵特征值问题的一个特殊情况:

$$({}^A_B\boldsymbol{R}-\lambda\boldsymbol{I}_3)\boldsymbol{p}=0 \tag{5.51}$$

式中,λ 称为矩阵${}^A_B\boldsymbol{R}$ 的特征值。由于式(5.51)有非零解,因此得到

$$|{}^A_B\boldsymbol{R}-\lambda\boldsymbol{I}_3|=\begin{vmatrix} r_{11}-\lambda & r_{12} & r_{13} \\ r_{21} & r_{22}-\lambda & r_{23} \\ r_{31} & r_{32} & r_{33}-\lambda \end{vmatrix}=0 \tag{5.52}$$

式(5.52)就是旋转矩阵${}^A_B\boldsymbol{R}$ 的特征多项式,特征多项式的解 λ 就是旋转矩阵${}^A_B\boldsymbol{R}$ 的特征值。通常,旋转矩阵有三个特征值和相应的特征向量。展开式(5.52),并利用公式(5.5)和公式(5.6),我们得到

$$\lambda^3-\mathrm{tr}({}^A_B\boldsymbol{R})\lambda^2+\mathrm{tr}({}^A_B\boldsymbol{R})\lambda-1=0 \tag{5.53}$$

式中,$\mathrm{tr}({}^A_B\boldsymbol{R})=r_{11}+r_{22}+r_{33}$。

我们注意到式(5.53)有一个公因式 $\lambda-1$。因此,式(5.53)可以分解得到

$$(\lambda-1)(\lambda^2-\lambda(r_{11}+r_{22}+r_{33}-1)+1)=0 \tag{5.54}$$

求解式(5.54),得到

$$\lambda=1,\mathrm{e}^{i\theta},\mathrm{e}^{-i\theta}$$

其中,$\theta=\cos^{-1}\dfrac{r_{11}+r_{22}+r_{33}-1}{2}$,$\cos^{-1}$是反余弦函数。

θ 就是绕螺旋轴旋转的角度。特征值 $\lambda=1$ 对应的特征向量 $\boldsymbol{p}\,(p_x,p_y,p_z)^{\mathrm{T}}$ 给定了螺旋轴的方向。线性求解式(5.50),就可以得到螺旋轴的方向。

5.6.2 旋转变换的 Cayley 公式表示法

空间中一点 p 绕原点 O 旋转后变成 $\boldsymbol{p}'$，其可以表示如下：

$$\boldsymbol{p}'=\boldsymbol{R}\boldsymbol{p} \tag{5.55}$$

式中，$\boldsymbol{R}$ 是旋转变换矩阵。由于刚体旋转变换后其距离不变，有

$$\boldsymbol{p}'\cdot\boldsymbol{p}'-\boldsymbol{p}\cdot\boldsymbol{p}=0 \tag{5.56}$$

或者

$$(\boldsymbol{p}'-\boldsymbol{p})\cdot(\boldsymbol{p}'+\boldsymbol{p})=0 \tag{5.57}$$

令 $\boldsymbol{f}=\boldsymbol{p}'-\boldsymbol{p}$，$\boldsymbol{g}=\boldsymbol{p}'+\boldsymbol{p}$，根据式(5.57)可知，矢量 $\boldsymbol{f}$ 和 $\boldsymbol{g}$ 是正交矢量。我们有

$$\boldsymbol{f}=(\boldsymbol{R}-\boldsymbol{I}_3)\boldsymbol{p},\quad \boldsymbol{g}=(\boldsymbol{R}+\boldsymbol{I}_3)\boldsymbol{p},\quad \boldsymbol{f}\cdot\boldsymbol{g}=0$$

不考虑特征值等于 -1 的特殊情况，可知 $\boldsymbol{R}+\boldsymbol{I}_3$ 是一个非奇异矩阵，此时有

$$\boldsymbol{p}=(\boldsymbol{R}+\boldsymbol{I}_3)^{-1}\boldsymbol{g}$$

$$\boldsymbol{f}=(\boldsymbol{R}-\boldsymbol{I}_3)(\boldsymbol{R}+\boldsymbol{I}_3)^{-1}\boldsymbol{g} \tag{5.58}$$

令 $\boldsymbol{B}=(\boldsymbol{R}-\boldsymbol{I}_3)(\boldsymbol{R}+\boldsymbol{I}_3)^{-1}$，则式(5.58)可以表达为

$$\boldsymbol{f}=\boldsymbol{B}\boldsymbol{g} \tag{5.59}$$

设 b_{ij} 是矩阵 $\boldsymbol{B}$ 的第(i,j)个元素，g_i 是向量 $\boldsymbol{g}$ 的元素，根据 $\boldsymbol{f}\cdot\boldsymbol{g}=0$，有

$$\boldsymbol{g}^{\mathrm{T}}\boldsymbol{B}\boldsymbol{g}=\sum_{i,j}(b_{ij}+b_{ji})g_i g_j=0 \tag{5.60}$$

根据式(5.60)可知，对于任意的向量 $\boldsymbol{g}$ 成立的话，需要满足 $b_{ij}+b_{ji}=0$ 的条件。由此可知，矩阵 $\boldsymbol{B}$ 是一个反对称矩阵，即 $b_{ij}=-b_{ji}$。

根据 $\boldsymbol{B}=(\boldsymbol{R}-\boldsymbol{I}_3)(\boldsymbol{R}+\boldsymbol{I}_3)^{-1}$，可得 Cayley 方程为

$$\boldsymbol{R}=(\boldsymbol{I}_3-\boldsymbol{B})^{-1}(\boldsymbol{I}_3+\boldsymbol{B}) \tag{5.61}$$

式中，矩阵 $\boldsymbol{I}_3-\boldsymbol{B}$ 不可能是奇异的，因为反对称矩阵 $\boldsymbol{B}$ 的特征值要么是 0，要么是纯虚数。因此，矩阵 $\boldsymbol{I}_3-\boldsymbol{B}$ 的逆矩阵总能够得到。

矩阵 $\boldsymbol{I}_3+\boldsymbol{B}$ 和 $\boldsymbol{I}_3-\boldsymbol{B}$ 满足交换律，因为

$$(\boldsymbol{I}_3+\boldsymbol{B})(\boldsymbol{I}_3-\boldsymbol{B})=(\boldsymbol{I}_3-\boldsymbol{B})(\boldsymbol{I}_3+\boldsymbol{B})=\boldsymbol{I}_3-\boldsymbol{B}^2$$

用$(\boldsymbol{I}_3-\boldsymbol{B})^{-1}$左乘和右乘上式，可知矩阵 $\boldsymbol{I}_3+\boldsymbol{B}$ 和$(\boldsymbol{I}_3-\boldsymbol{B})^{-1}$也可以交换。因此，Cayley 方程的等价方程为

$$\boldsymbol{R}=(\boldsymbol{I}_3+\boldsymbol{B})(\boldsymbol{I}_3-\boldsymbol{B})^{-1} \tag{5.62}$$

可以证明，所有反对称矩阵 $\boldsymbol{B}$ 均可根据 Cayley 方程定义一个旋转正交矩阵 $\boldsymbol{R}$。我们只需要证明 $\boldsymbol{R}^{\mathrm{T}}\boldsymbol{R}=\boldsymbol{I}_3$ 即可。根据式(5.61)，我们有

$$\boldsymbol{R}^{\mathrm{T}}=(\boldsymbol{I}_3+\boldsymbol{B}^{\mathrm{T}})(\boldsymbol{I}_3-\boldsymbol{B}^{\mathrm{T}})^{-1}=(\boldsymbol{I}_3-\boldsymbol{B})(\boldsymbol{I}_3+\boldsymbol{B})^{-1} \tag{5.63}$$

将式(5.62)与式(5.63)左右两边相乘，即可得到一个单位矩阵。

Cayley 公式中的反对称矩阵 $\boldsymbol{B}$ 有三个独立的元素，其矩阵表示形式如下：

$$\boldsymbol{B}=\begin{pmatrix} 0 & -b_3 & b_2 \\ b_3 & 0 & -b_1 \\ -b_2 & b_1 & 0 \end{pmatrix} \tag{5.64}$$

反对称矩阵 $\boldsymbol{B}$ 的三个元素可用矢量 $\boldsymbol{b}=(b_1,b_2,b_3)^{\mathrm{T}}$ 表示。

矢量 $\boldsymbol{b}$ 可以通过旋转矩阵 $\boldsymbol{R}$ 的特征值 $\lambda=1$ 对应的特征向量求得。此时，有

$$(\boldsymbol{R}-\boldsymbol{I}_3)\boldsymbol{x}=0 \tag{5.65}$$

将式(5.61)代入式(5.65)并左乘 $\boldsymbol{I}_3-\boldsymbol{B}$,可以得到

$$\boldsymbol{B}\boldsymbol{x}=0 \tag{5.66}$$

由于 $\boldsymbol{B}\boldsymbol{x}=\boldsymbol{b}\times\boldsymbol{x}$,因此,式(5.66)的解是 $\boldsymbol{x}=\boldsymbol{b}$。

5.6.3 旋转运动的 Rodrigues 方程

给定一个旋转正交矩阵 $\boldsymbol{R}$,根据式(5.58)以及反对称矩阵 $\boldsymbol{B}$ 可知,

$$\boldsymbol{p}'-\boldsymbol{p}=\boldsymbol{B}(\boldsymbol{p}'+\boldsymbol{p}) \tag{5.67}$$

根据反对称矩阵与叉乘之间的关系,式(5.67)可以重新写为

$$\boldsymbol{p}'-\boldsymbol{p}=\boldsymbol{b}\times(\boldsymbol{p}'+\boldsymbol{p}) \tag{5.68}$$

式(5.68)就是刚体旋转的 Rodrigues 方程,$\boldsymbol{b}$ 是 Rodrigues 矢量。

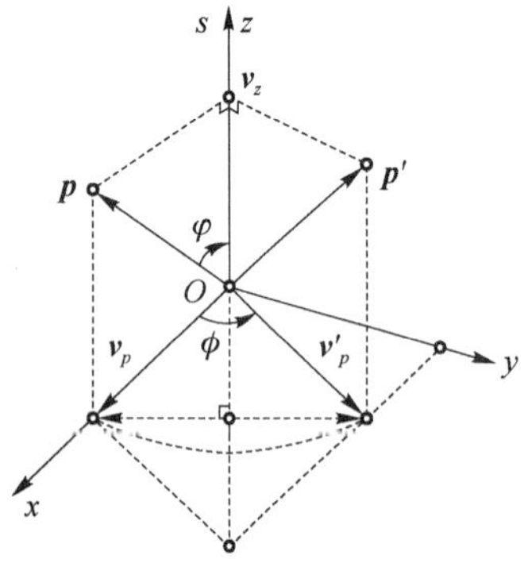

图 5.14　旋转运动中的向量菱形与半角

将 $\boldsymbol{p}$ 和 $\boldsymbol{p}'$分别投影到与矢量 $\boldsymbol{b}$ 垂直的平面时,得到矢量 $\boldsymbol{v}_p$ 和 $\boldsymbol{v}_{p'}$,如图 5.14 所示,将式(5.68)中的矢量 $\boldsymbol{p}$ 和 $\boldsymbol{p}'$的分别用矢量 $\boldsymbol{v}_p$和 $\boldsymbol{v}_{p'}$替换时,式(5.68)仍然成立。由于矢量 $\boldsymbol{b}$ 也垂直于 $\boldsymbol{v}_{p'}+\boldsymbol{v}_p$,因此,$\boldsymbol{v}_{p'}-\boldsymbol{v}_p$ 的模长可以从式(5.69)得到:

$$|\boldsymbol{v}_{p'}-\boldsymbol{v}_p|=|\boldsymbol{b}|\,|\boldsymbol{v}_{p'}+\boldsymbol{v}_p| \tag{5.69}$$

由于矢量 $\boldsymbol{v}_{p'}-\boldsymbol{v}_p$ 和 $\boldsymbol{v}_{p'}+\boldsymbol{v}_p$ 是以 $\boldsymbol{v}_{p'}$和 $\boldsymbol{v}_p$ 为邻边,夹角为 ϕ 的菱形的对角线,因此,

$$\tan\left(\frac{\phi}{2}\right)=\frac{|\boldsymbol{v}_{p'}-\boldsymbol{v}_p|}{|\boldsymbol{v}_{p'}+\boldsymbol{v}_p|} \tag{5.70}$$

对比式(5.69)和式(5.70),可得出矢量 $\boldsymbol{b}$ 的模长为

$$|\boldsymbol{b}|=\tan\left(\frac{\phi}{2}\right) \tag{5.71}$$

矢量 $\boldsymbol{b}$ 的元素或反对称矩阵 $\boldsymbol{B}$ 的元素现在可表述如下:

$$b_1=\tan\left(\frac{\phi}{2}\right)s_x,\quad b_2=\tan\left(\frac{\phi}{2}\right)s_y,\quad b_3=\tan\left(\frac{\phi}{2}\right)s_z \tag{5.72}$$

式中,$\boldsymbol{s}=(s_x,s_y,s_z)^{\mathrm{T}}$ 是沿着矢量 $\boldsymbol{b}$ 的单位矢量,表示旋转运动轴线。b_1、b_2 和 b_3 被称作是 Rodrigues 参数。Rodrigues 参数是赋予半角正切值的旋转轴线姿态的三个参数。Rodrigues 参数的提出意味着旋转角首次以半角形式出现在关于旋转运动的数学研究之中。

将式(5.72)代入式(5.61),得到

$$\boldsymbol{R}=\left(\cos\left(\frac{\phi}{2}\right)\boldsymbol{I}_3-\sin\left(\frac{\phi}{2}\right)\boldsymbol{S}\right)^{-1}\left(\cos\left(\frac{\phi}{2}\right)\boldsymbol{I}_3+\sin\left(\frac{\phi}{2}\right)\boldsymbol{S}\right) \tag{5.73}$$

式中,$\boldsymbol{S}$ 为矢量 $s=(s_x,s_y,s_z)^{\mathrm{T}}$ 的反对称矩阵表示,具有用矢量 $\boldsymbol{s}$ 对其他矢量作叉积运算的功能。$\boldsymbol{S}$ 有时也可写为$[\boldsymbol{s}\times]$。

令矩阵 $\boldsymbol{C}=\cos\left(\frac{\phi}{2}\right)\boldsymbol{I}_3+\sin\left(\frac{\phi}{2}\right)\boldsymbol{S}$,该矩阵中的常数称为旋转矩阵 $\boldsymbol{R}$ 的欧拉参数,定义如下:

$$c_0=\cos\left(\frac{\phi}{2}\right),\quad c_1=\sin\left(\frac{\phi}{2}\right)s_x,\quad c_2=\sin\left(\frac{\phi}{2}\right)s_y,\quad c_3=\sin\left(\frac{\phi}{2}\right)s_z \tag{5.74}$$

计算式(5.73)中的逆阵，展开得到

$$\left(\cos\left(\frac{\phi}{2}\right)\boldsymbol{I}_3-\sin\left(\frac{\phi}{2}\right)\boldsymbol{S}\right)^{-1}=\cos\left(\frac{\phi}{2}\right)\boldsymbol{I}_3+\sin\left(\frac{\phi}{2}\right)\boldsymbol{S}+\frac{\sin^2(\phi/2)}{\cos(\phi/2)}(\boldsymbol{I}_3+\boldsymbol{S}^2) \tag{5.75}$$

将式(5.75)右乘矩阵 $\boldsymbol{C}$，得到旋转矩阵 $\boldsymbol{R}$ 的表达式：

$$\boldsymbol{R}=\boldsymbol{I}_3+2\sin\left(\frac{\phi}{2}\right)\cos\left(\frac{\phi}{2}\right)\boldsymbol{S}+2\sin^2\left(\frac{\phi}{2}\right)\boldsymbol{S}^2 \tag{5.76}$$

上式的推导用到了关系式 $\boldsymbol{S}^3+\boldsymbol{S}=0$。

利用半角正切的三角关系，式(5.76)可进一步简化为

$$\boldsymbol{R}=\boldsymbol{I}_3+\sin\phi\boldsymbol{S}+(1-\cos\phi)\boldsymbol{S}^2 \tag{5.77}$$

由于矩阵 $\boldsymbol{I}_3$ 和 $\boldsymbol{S}^2$ 是对称矩阵，而矩阵 $\boldsymbol{S}$ 是反对称矩阵，因此，反对称矩阵 $\boldsymbol{S}$ 可通过旋转矩阵 $\boldsymbol{R}$ 得到，表示如下：

$$2\sin\phi\boldsymbol{S}=\boldsymbol{R}-\boldsymbol{R}^{\mathrm{T}} \tag{5.78}$$

通过计算反对称矩阵 $\boldsymbol{S}$ 的模长即可求得角度 ϕ。

式(5.77)也可以写成指数映射形式，表示如下：

$$\boldsymbol{R}=\exp(\phi\boldsymbol{S})=\boldsymbol{I}_3+\sin\phi\boldsymbol{S}+(1-\cos\phi)\boldsymbol{S}^2 \tag{5.79}$$

式(5.79)的展开过程如下：

$$\begin{aligned}\boldsymbol{R}&=\exp(\phi\boldsymbol{S})=\sum_{k=0}^{\infty}\frac{(\phi\boldsymbol{S})^k}{k!}=\boldsymbol{I}_3+\phi\boldsymbol{S}+\frac{1}{2}(\phi\boldsymbol{S})^2+\frac{1}{3!}(\phi\boldsymbol{S})^3+\cdots\\&=\boldsymbol{I}_3+\boldsymbol{S}\left(\phi-\frac{\phi^3}{3!}+\frac{\phi^5}{5!}-\cdots\right)+\boldsymbol{S}^2\left(\frac{\phi^2}{2!}-\frac{\phi^4}{4!}+\frac{\phi^6}{6!}-\cdots\right)\\&=\boldsymbol{I}_3+\sin\phi\boldsymbol{S}+(1-\cos\phi)\boldsymbol{S}^2\end{aligned} \tag{5.80}$$

若用非归一化轴线 $\boldsymbol{b}$ 的分量取代反对称矩阵 $\boldsymbol{S}$ 中的分量，式(5.79)的指数映射可变换为

$$\boldsymbol{R}=\exp(\phi\boldsymbol{B})=\boldsymbol{I}_3+\sin(|\boldsymbol{b}|\phi)\frac{\boldsymbol{B}}{|\boldsymbol{b}|}+(1-\cos(|\boldsymbol{b}|\phi))\frac{\boldsymbol{B}^2}{|\boldsymbol{b}|^2} \tag{5.81}$$

式中，$\boldsymbol{B}$ 为轴线 $\boldsymbol{b}$ 对应的反对称矩阵。

进一步推导，由于 $\boldsymbol{SS}=\boldsymbol{ss}^{\mathrm{T}}-\boldsymbol{I}_3$，并考虑反对称矩阵的性质，式(5.77)可改写为

$$\boldsymbol{R}=\exp(\phi\boldsymbol{S})=\cos\phi\boldsymbol{I}_3+\sin\phi\boldsymbol{S}+(1-\cos\phi)\boldsymbol{ss}^{\mathrm{T}} \tag{5.82}$$

这就给出了 Euler-Rodrigues 公式的另一种形式。

5.6.4　修正的欧拉角表示法(T&T 角表示法)

在表示对称结构的并联机构，即零扭矩(Zero-torsion)并联机构的旋转变换矩阵时，可以使用修正的欧拉角(T&T 角)进行表示，其具体实现形式如下：坐标系$\{B\}$最初与坐标系$\{A\}$重合，将$\{B\}$绕其 z 轴旋转角度 θ，再绕$\{B\}$的新 y 轴旋转角度 ϕ，再绕$\{B\}$的新 z 轴旋转角度 $-\theta$，这 3 个连续转动组合成一个新的转动 $\mathrm{Rot}(\boldsymbol{a},\phi)=\boldsymbol{R}_{zyz}(\theta,\phi,-\theta)$；最后再绕新的 z 轴旋转角度 ψ(如图 5.15 所示)。ϕ 角被称为 tilt 角，指的是坐标系$\{B\}$相对于一水平轴 $\boldsymbol{a}$ 倾斜的转角；θ 称为 azimuth 角，决定水平轴 $\boldsymbol{a}$ 的方向，这个转角是物体坐标系$\{B\}$的 z 轴在坐标系$\{A\}$的 xoy 平面的投影与坐标系$\{A\}$的 x 轴之间的夹角；ψ 角称为 torsion 角，其矩阵表

示如下：

$$
\begin{aligned}
{}_B^A\boldsymbol{R}(\theta,\phi,\psi)&=\mathrm{Rot}(\boldsymbol{a},\phi)\mathrm{Rot}(z,\psi)=\mathrm{Rot}(z,\theta)\mathrm{Rot}(y,\phi)\mathrm{Rot}(z,-\theta)\mathrm{Rot}(z,\psi)\\
&=\begin{pmatrix} c\theta & -s\theta & 0\\ s\theta & c\theta & 0\\ 0 & 0 & 1\end{pmatrix}\begin{pmatrix} c\phi & 0 & s\phi\\ 0 & 1 & 0\\ -s\phi & 0 & c\phi\end{pmatrix}\begin{pmatrix} c\theta & s\theta & 0\\ -s\theta & c\theta & 0\\ 0 & 0 & 1\end{pmatrix}\begin{pmatrix} c\psi & -s\psi & 0\\ s\psi & c\psi & 0\\ 0 & 0 & 1\end{pmatrix}\\
&=\begin{pmatrix} c\theta s\phi c(\psi-\theta)-s\theta s(\psi-\theta) & -c\theta c\phi s(\psi-\theta)-s\theta c(\psi-\theta) & c\theta s\phi\\ s\theta c\phi c(\psi-\theta)+c\theta s(\psi-\theta) & -s\theta c\phi s(\psi-\theta)+c\theta c(\psi-\theta) & s\theta s\phi\\ -s\phi c(\psi-\theta) & s\phi s(\psi-\theta) & c\phi\end{pmatrix}
\end{aligned}
\tag{5.83}
$$

式中，$c(\psi-\theta)=\cos(\psi-\theta)$，$s(\psi-\theta)=\sin(\psi-\theta)$。

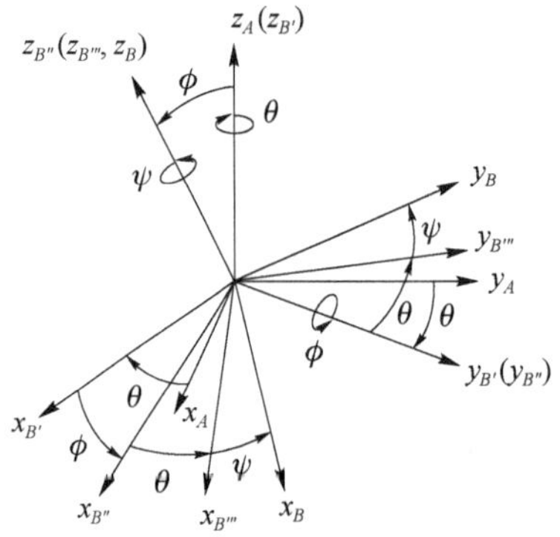

图 5.15　修正的欧拉角表示法

观察式(5.83)可知，该旋转矩阵实际上是对 z-y-z 欧拉角的修正表示，故将其称为修正的欧拉角表示法。

5.7　旋转变换通式

前面已讨论了旋转矩阵的三种特殊情况，即绕 x 轴、y 轴和 z 轴的旋转矩阵(见式(5.7)～(5.9)。现在讨论绕过原点的任意轴 $\boldsymbol{k}$ 旋转 θ 角的变换矩阵。

5.7.1　旋转矩阵通式

令 $\boldsymbol{k}=k_x i+k_y j+k_z k$ 是通过原点的单位矢量，求绕 $\boldsymbol{k}$ 转 θ 角的旋转矩阵 $\boldsymbol{R}(\boldsymbol{k},\theta)$。令

$$
{}_B^A\boldsymbol{R}=\boldsymbol{R}(\boldsymbol{k},\theta) \tag{5.84}
$$

即 $\boldsymbol{R}(\boldsymbol{k},\theta)$表示坐标系$\{B\}$相对于参考系$\{A\}$的姿态。

再定义两个坐标系$\{A'\}$和$\{B'\}$，分别与$\{A\}$和$\{B\}$固连，但是，$\{A'\}$和$\{B'\}$的 z 轴与单位矢量 $\boldsymbol{k}$ 重合，且在旋转之前$\{B\}$与$\{A\}$重合，$\{B'\}$与$\{A'\}$重合，因此，

$$
{}_{A'}^{A}\boldsymbol{R}={}_{B'}^{B}\boldsymbol{R}=\begin{pmatrix} n_x & o_x & k_x\\ n_y & o_y & k_y\\ n_z & o_z & k_z\end{pmatrix} \tag{5.85}
$$

坐标系$\{B\}$绕 $\boldsymbol{k}$ 轴相对$\{A\}$旋转 θ 角，相当于坐标系$\{B'\}$相对于$\{A'\}$的 z 轴旋转 θ 角，保持其他关系不变，则由图 5.16 可以看出

$$ {}_B^A\boldsymbol{R}=\boldsymbol{R}(\boldsymbol{k},\theta)={}_{A'}^{A}\boldsymbol{R}\,{}_{B'}^{A'}\boldsymbol{R}\,{}_{B}^{B'}\boldsymbol{R} \tag{5.86}$$

于是得到相似变换

$$\boldsymbol{R}(\boldsymbol{k},\theta)={}_{A'}^{A}\boldsymbol{R}\boldsymbol{R}(z,\theta){}_{B'}^{B}\boldsymbol{R}^{-1} \tag{5.87}$$

$$\boldsymbol{R}(\boldsymbol{k},\theta)={}_{A'}^{A}\boldsymbol{R}\boldsymbol{R}(z,\theta){}_{B'}^{B}\boldsymbol{R}^{\mathrm{T}} \tag{5.88}$$

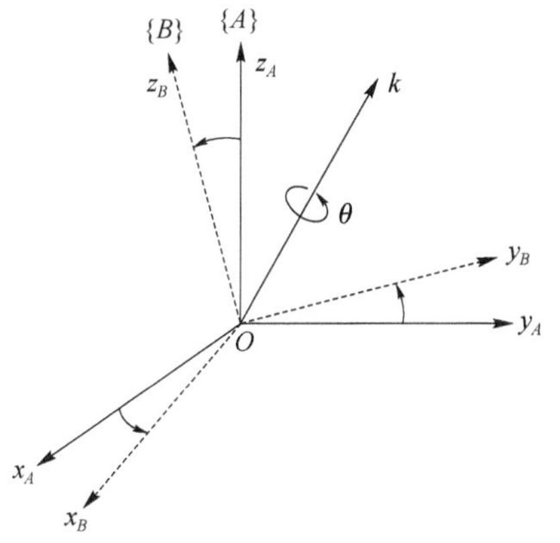

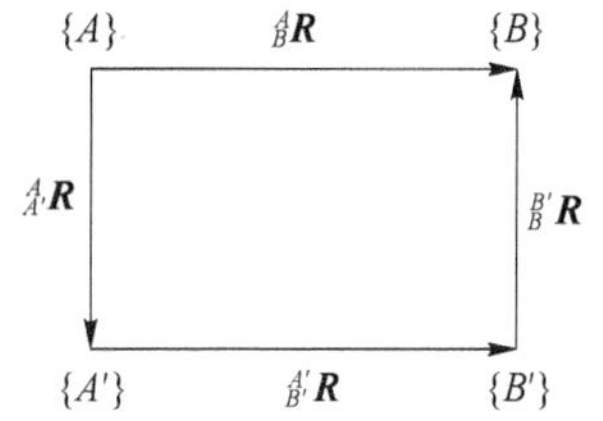

图 5.16 绕任意过原点的单位矢量 $\boldsymbol{k}$ 旋转 θ 角 $\boldsymbol{R}(\boldsymbol{k},\theta)$

将式(5.88)展开并化简，就可以得出 $\boldsymbol{R}(\boldsymbol{k},\theta)$ 的表达式。它只与矢量 $\boldsymbol{k}$ 有关，即只和$\{A'\}$的 z 轴有关，而与其他两轴的选择无关。实际上，由式(5.85)和式(5.88)得

$$\boldsymbol{R}(\boldsymbol{k},\theta)=\begin{pmatrix} n_x & o_x & k_x \\ n_y & o_y & k_y \\ n_z & o_z & k_z \end{pmatrix}\begin{pmatrix} \cos\theta & -\sin\theta & 0 \\ \sin\theta & \cos\theta & 0 \\ 0 & 0 & 1 \end{pmatrix}\begin{pmatrix} n_x & n_y & n_z \\ o_x & o_y & o_z \\ k_x & k_y & k_z \end{pmatrix} \tag{5.89}$$

把式(5.89)右端三矩阵相乘，并运用旋转矩阵的正交性质

$$\boldsymbol{n}\cdot\boldsymbol{n}=\boldsymbol{o}\cdot\boldsymbol{o}=\boldsymbol{k}\cdot\boldsymbol{k}=1$$

$$\boldsymbol{n}\cdot\boldsymbol{o}=\boldsymbol{o}\cdot\boldsymbol{k}=\boldsymbol{k}\cdot\boldsymbol{n}=0$$

$$\boldsymbol{k}=\boldsymbol{n}\times\boldsymbol{o} \tag{5.90}$$

进行化简整理，可以得到

$$\boldsymbol{R}(\boldsymbol{k},\theta)=\begin{pmatrix} k_xk_x\mathrm{vers}\theta+c\theta & k_yk_x\mathrm{vers}\theta-k_zs\theta & k_zk_x\mathrm{vers}\theta+k_ys\theta \\ k_xk_y\mathrm{vers}\theta+k_zs\theta & k_yk_y\mathrm{vers}\theta+c\theta & k_zk_y\mathrm{vers}\theta-k_xs\theta \\ k_xk_z\mathrm{vers}\theta-k_ys\theta & k_yk_z\mathrm{vers}\theta+k_xs\theta & k_zk_z\mathrm{vers}\theta+c\theta \end{pmatrix} \tag{5.91}$$

式中，$s\theta=\sin\theta$，$c\theta=\cos\theta$，$\mathrm{vers}\theta=1-\cos\theta$。

式(5.91)称为旋转矩阵通式，它概括了各种特殊情况。例如：

- 当 $k_x=1$，$k_y=k_z=0$ 时，则由式(5.91)可以得到式(5.7)；
- 当 $k_y=1$，$k_x=k_z=0$ 时，则由式(5.91)可以得到式(5.8)；
- 当 $k_z=1$，$k_x=k_y=0$ 时，则由式(5.91)可以得到式(5.9)。

例 5.5 坐标系$\{B\}$原来与$\{A\}$重合，将坐标系$\{B\}$绕过原点的轴线

$${}^A\boldsymbol{k}=\frac{1}{\sqrt{3}}i+\frac{1}{\sqrt{3}}j+\frac{1}{\sqrt{3}}k$$

转动 $\theta=120^\circ$，求旋转矩阵 $\boldsymbol{R}({}^A\boldsymbol{k},120^\circ)$。

因为
$$k_x=k_y=k_z=\frac{1}{\sqrt{3}}$$
$$\cos 120^\circ=-\frac{1}{2},\sin 120^\circ=\frac{\sqrt{3}}{2},\text{vers}120^\circ=1-\cos 120^\circ=\frac{3}{2}$$
将其代入旋转通式(5.91)，得
$$\boldsymbol{R}({}^A\boldsymbol{k},120^\circ)=\begin{pmatrix}0&0&1\\1&0&0\\0&1&0\end{pmatrix}\tag{5.92}$$

该问题也可根据 5.6.2 节中的 Cayley 公式进行求解，根据式(5.72)可知，
$$b_1=k_x\tan(\theta/2)=1,b_2=k_y\tan(\theta/2)=1,b_3=k_z\tan(\theta/2)=1$$
将上式代入式(5.61)或者式(5.62)，有
$$\boldsymbol{R}({}^A\boldsymbol{k},120^\circ)=\begin{pmatrix}0&0&1\\1&0&0\\0&1&0\end{pmatrix}$$

此外，该问题也可根据 5.6.3 节中的式(5.77)或者式(5.82)进行求解，矢量 $\boldsymbol{s}=\boldsymbol{k}=\frac{1}{\sqrt{3}}i+\frac{1}{\sqrt{3}}j+\frac{1}{\sqrt{3}}k$，代入后得到
$$\boldsymbol{R}({}^A\boldsymbol{k},120^\circ)=\begin{pmatrix}0&0&1\\1&0&0\\0&1&0\end{pmatrix}$$

5.7.2 等效转轴和等效转角

前面解决了根据转轴和转角建立相应旋转变换矩阵的问题；反向问题则是根据旋转矩阵求其等效转轴与等效转角($\boldsymbol{k}$ 和 θ 值)。对于给定的旋转矩阵
$$\boldsymbol{R}=\begin{pmatrix}n_x&o_x&a_x\\n_y&o_y&a_y\\n_z&o_z&a_z\end{pmatrix}$$
为了求出它的 $\boldsymbol{k}$ 和 θ 值，令 $\boldsymbol{R}=\boldsymbol{R}(\boldsymbol{k},\theta)$，即
$$\begin{pmatrix}n_x&o_x&a_x\\n_y&o_y&a_y\\n_z&o_z&a_z\end{pmatrix}=\begin{pmatrix}k_xk_x\text{vers}\theta+c\theta & k_yk_x\text{vers}\theta-k_zs\theta & k_zk_x\text{vers}\theta+k_ys\theta\\k_xk_y\text{vers}\theta+k_zs\theta & k_yk_y\text{vers}\theta+c\theta & k_zk_y\text{vers}\theta-ks\theta\\k_xk_z\text{vers}\theta-k_ys\theta & k_yk_z\text{vers}\theta+k_xs\theta & k_zk_z\text{vers}\theta+c\theta\end{pmatrix}\tag{5.93}$$
将式(5.93)两边矩阵的主对角元素分别相加，则得
$$\begin{cases}n_x+o_y+a_z=(k_x^2+k_y^2+k_z^2)\text{vers}\theta+3\cos\theta\\n_x+o_y+a_z=1+2\cos\theta\end{cases}\tag{5.94}$$

于是，
$$\cos\theta=\frac{1}{2}(n_x+o_y+a_z-1)\tag{5.95}$$

再把式(5.93)两边矩阵的非对角元素成对相减得

$$\begin{cases} o_z - a_y = 2k_x \sin\theta \\ a_x - n_z = 2k_y \sin\theta \\ n_y - o_x = 2k_z \sin\theta \end{cases} \tag{5.96}$$

将式(5.96)两边平方后再相加,得

$$(o_z - a_y)^2 + (a_x - n_z)^2 + (n_y - o_x)^2 = 4\sin^2\theta$$

于是,

$$\sin\theta = \pm\frac{1}{2}\sqrt{(o_z - a_y)^2 + (a_x - n_z)^2 + (n_y - o_x)^2} \tag{5.97}$$

$$\tan\theta = \pm\frac{\sqrt{(o_z - a_y)^2 + (a_x - n_z)^2 + (n_y - o_x)^2}}{(n_x + o_y + a_z - 1)} \tag{5.98}$$

$$k_x = \frac{o_z - a_y}{2\sin\theta},\quad k_y = \frac{a_x - n_z}{2\sin\theta},\quad k_z = \frac{n_y - o_x}{2\sin\theta} \tag{5.99}$$

在计算等价转轴和转角时,有两点值得注意。

(1) 多值性:$\boldsymbol{k}$ 和 θ 的值不是唯一的。实际上,对于任一组解 $\boldsymbol{k}$ 和 θ,还有另一组解 $-\boldsymbol{k}$ 和 $-\theta$。$(\boldsymbol{k},\theta)$ 和 $(\boldsymbol{k},\theta+k360°)$(其中 k 为整数)这两组值对应于同一旋转矩阵。因此,一般选取 θ 在 0°～180°之间的值。

(2) 病态情况:当转角 θ 很小时,由于式(5.98)的分子、分母都很小,转轴难以确定,当 θ 接近 0°或 180°时,转轴完全不确定。因此需要寻找另外的方法求解。

例 5.6　求复合旋转矩阵 ${}^A_B\boldsymbol{R} = \boldsymbol{R}(y,90°)\boldsymbol{R}(z,90°)$ 的等效转轴 $\boldsymbol{k}$ 和等效转角 θ。

首先计算旋转变换

$${}^A_B\boldsymbol{R} = \begin{pmatrix} 0 & 0 & 1 \\ 0 & 1 & 0 \\ -1 & 0 & 0 \end{pmatrix}\begin{pmatrix} 0 & -1 & 0 \\ 1 & 0 & 0 \\ 0 & 0 & 1 \end{pmatrix} = \begin{pmatrix} 0 & 0 & 1 \\ 1 & 0 & 0 \\ 0 & 1 & 0 \end{pmatrix} \tag{5.100}$$

再由式(5.95)～式(5.98)确定 $\cos\theta$、$\sin\theta$ 和 $\tan\theta$:

$$\cos\theta = \frac{1}{2}(0+0+0-1) = -\frac{1}{2}$$

$$\sin\theta = \frac{1}{2}\sqrt{(1-0)^2 + (1-0)^2 + (1-0)^2} = \frac{\sqrt{3}}{2} \tag{5.101}$$

$$\tan\theta = \frac{\sqrt{3}}{2}/(-\frac{1}{2}) = -\sqrt{3}$$

于是,得出等效转角

$$\theta = 120° \tag{5.102}$$

根据式(5.99)和式(5.101)可以得出(如图 5.17 所示)

$$k_x = \frac{1-0}{\sqrt{3}} = \frac{1}{\sqrt{3}}$$

$$k_y = \frac{1-0}{\sqrt{3}} = \frac{1}{\sqrt{3}}$$

$$k_z = \frac{1-0}{\sqrt{3}} = \frac{1}{\sqrt{3}}$$

$$\boldsymbol{k}=\frac{1}{\sqrt{3}}i+\frac{1}{\sqrt{3}}j+\frac{1}{\sqrt{3}}k$$

$$\boldsymbol{R}(\boldsymbol{k},120^\circ)=\boldsymbol{R}(y,90^\circ)\boldsymbol{R}(z,90^\circ)$$

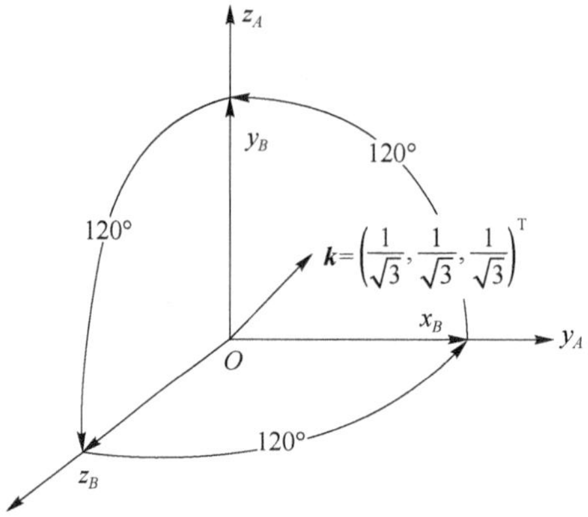

图 5.17　等效转轴和等效转角

可以证明，任何一组绕过原点的轴线的复合转动总是等效于绕某一过原点的轴线的转动 $\boldsymbol{R}(\boldsymbol{k},\theta)$（前述欧拉定理）。

因此，该问题也可根据 5.6.1 节中的式(5.54)求解。通过求解得到螺旋轴线 $\boldsymbol{b}=i+j+k$，将 $\boldsymbol{b}$ 进行单位化，即可得到单位螺旋轴线 $\boldsymbol{k}=\frac{1}{\sqrt{3}}i+\frac{1}{\sqrt{3}}j+\frac{1}{\sqrt{3}}k$。旋转角度 $\theta=\cos^{-1}\frac{1}{2}(0+0+0-1)=120^\circ$。

5.7.3　齐次变换通式

式(5.91)给出了绕任一过原点的轴线 $\boldsymbol{k}$ 转 θ 角的旋转矩阵 $\boldsymbol{R}(\boldsymbol{k},\theta)$，现在推广这一结果讨论轴线 $\boldsymbol{k}$ 不通过原点的情况。

假定单位矢量 $\boldsymbol{k}$ 通过点 p，并且有

$$\boldsymbol{k}=k_x i+k_y j+k_z k \tag{5.103}$$

$$\boldsymbol{p}=p_x i+p_y j+p_z k \tag{5.104}$$

为了求出绕矢量 $\boldsymbol{k}$ 转 θ 角的齐次变换矩阵 ${}^{A}_{B}\boldsymbol{T}$，仿照前面的方法，再定义两坐标系 $\{A'\}$ 和 $\{B'\}$，分别与 $\{A\}$ 和 $\{B\}$ 固连，坐标轴分别与 $\{A\}$ 和 $\{B\}$ 的坐标轴平行，原点取在 $\boldsymbol{p}$ 点，在旋转之前 $\{B\}$ 与 $\{A\}$ 重合，$\{B'\}$ 与 $\{A'\}$ 重合，如图 5.18 所示。因此有变换方程（见图 5.18 中的空间尺寸链）

$${}^{A}_{B}\boldsymbol{T}={}^{A}_{A'}\boldsymbol{T}\,{}^{A'}_{B'}\boldsymbol{T}\,{}^{B'}_{B}\boldsymbol{T} \tag{5.105}$$

$${}^{A}_{A'}\boldsymbol{T}=\begin{pmatrix}\boldsymbol{I}_3 & \boldsymbol{p}\\ \boldsymbol{0} & 1\end{pmatrix}=\mathrm{Trans}(\boldsymbol{p}) \tag{5.106}$$

$${}^{B'}_{B}\boldsymbol{T}={}^{B}_{B'}\boldsymbol{T}^{-1}=\begin{pmatrix}\boldsymbol{I}_3 & -\boldsymbol{p}\\ \boldsymbol{0} & 1\end{pmatrix}=\mathrm{Trans}(-\boldsymbol{p}) \tag{5.107}$$

$${}^{A'}_{B'}\boldsymbol{T}=\mathrm{Rot}(\boldsymbol{k},\theta)=\begin{pmatrix}\boldsymbol{R}(\boldsymbol{k},\theta) & \boldsymbol{0}\\ \boldsymbol{0} & 1\end{pmatrix} \tag{5.108}$$

式中，$\boldsymbol{R}(\boldsymbol{k},\theta)$按式(5.91)计算，由此得出

$$ {}_{B}^{A}\boldsymbol{T}=\mathrm{Trans}(\boldsymbol{p})\mathrm{Rot}(\boldsymbol{k},\theta)\mathrm{Trans}(-\boldsymbol{p})=\begin{pmatrix}\boldsymbol{R}(\boldsymbol{k},\theta) & -\boldsymbol{R}(\boldsymbol{k},\theta)\boldsymbol{p}+\boldsymbol{p}\\ \boldsymbol{0} & 1\end{pmatrix} \tag{5.109}$$

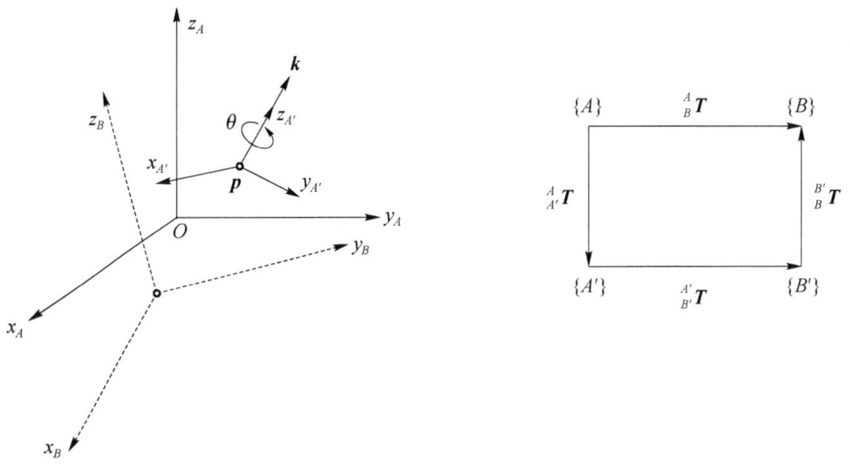

图 5.18　齐次变换通式

例 5.7　坐标系$\{B\}$原来与$\{A\}$重合，将$\{B\}$绕矢量${}^{A}\boldsymbol{k}=\begin{pmatrix}\frac{1}{\sqrt{3}} & \frac{1}{\sqrt{3}} & \frac{1}{\sqrt{3}}\end{pmatrix}^{\mathrm{T}}$转动$\theta=120°$，该矢量经过点${}^{A}\boldsymbol{p}=(1,2,3)^{\mathrm{T}}$，求坐标系$\{B\}$。

$$ {}_{B}^{A}\boldsymbol{T}=\boldsymbol{T}(\boldsymbol{k},\theta)=\begin{pmatrix}\boldsymbol{R}(\boldsymbol{k},\theta) & -\boldsymbol{R}(\boldsymbol{k},\theta)\boldsymbol{p}+\boldsymbol{p}\\ \boldsymbol{0} & 1\end{pmatrix}$$

根据例 5.5 的结果，即式(5.92)，得

$$\boldsymbol{R}(\boldsymbol{k},\theta)=\begin{pmatrix}0&0&1\\1&0&0\\0&1&0\end{pmatrix},\quad -\boldsymbol{R}(\boldsymbol{k},\theta)\boldsymbol{p}=-\begin{pmatrix}0&0&1\\1&0&0\\0&1&0\end{pmatrix}\begin{pmatrix}1\\2\\3\end{pmatrix}=-\begin{pmatrix}3\\1\\2\end{pmatrix},\quad -\boldsymbol{R}(\boldsymbol{k},\theta)\boldsymbol{p}+\boldsymbol{p}=\begin{pmatrix}-2\\1\\1\end{pmatrix}$$

由此得出，

$$ {}_{B}^{A}\boldsymbol{T}=\boldsymbol{T}(\boldsymbol{k},\theta)=\begin{pmatrix}0&0&1&-2\\1&0&0&1\\0&1&0&1\\0&0&0&1\end{pmatrix}$$

反之，为了求出转轴上的一点 p，可利用下式：

$$ {}_{B}^{A}\boldsymbol{p}=-\boldsymbol{R}(\boldsymbol{k},\theta)\boldsymbol{p}+\boldsymbol{p} \tag{5.110}$$

式(5.110)对于点 p 的解不唯一，其解是一直线(即轴线)。

第6章　四元数代数

四元数(Quaternion)的数学概念是在1843年首先由英国数学家Hamilton(哈密顿)提出的。从1833年起,哈密顿开始研究他所建立的四元数理论,目的是为研究空间几何找到类似解决平面问题中使用的复数方法,其运算规则与复数类似,并可以用来描述三维空间中的旋转运动。由于四元数最初只是在刚体力学中得到某些简单应用,未能解决任何工程技术中的实际问题,且在19世纪末期发生了"关于电磁理论中使用什么工具表示公式"的尖锐讨论,四元数被英国数学家Cayley和Sylvester于1858年发现的矩阵代数及美国物理学家和数学家Gibbs所创立的向量代数完全取代,因而整整一个世纪基本上没有得到发展。直到20世纪中叶,由于近代科学技术的发展,如控制理论、计算机科学、运输车辆、运载工具、机器机构等工业技术,尤其是航天技术和机器人工业的飞速发展,作为研究刚体和多刚体运动最有效的工具,四元数才重新被人们所重视。

四元数既代表一个转动,又可作为变换算子,一身兼二任。它不仅具有其他定位参数的综合优点,比如方程无奇性、线性程度高、计算时间省、计算误差小、乘法可交换等许多优点,而且由于其表达形式的多样性,还具有其他变换算法的综合功能,比如矢量算法、复数算法、指数算法、矩阵算法、对偶数算法等多种功能。因而它在陀螺实用理论、捷联式惯性导航、机器与机构、机器人技术、多体系统力学、人造卫星姿态控制等领域中的应用越来越广。

四元数为描述刚体的姿态提供了有效和可靠的工具,四元数描述刚体的旋转,具有一些优点,例如,对于旋转是由计算结果生成的情况,由于有限精度算术运算使得任何计算过程都将产生误差,因此这个旋转如果用正交矩阵表示,那么误差将造成结果可能不是正交的。为了恢复正交矩阵,需要耗费时间进行Gramm-Schmidt方法。与此相反,如果旋转用单位四元数描述,恢复标准化的过程只需要除以各分量的平方和。

6.1　四元数的代数运算

四元数是由1个实数单位和3个虚数单位i、j、k组成的,通常写成:

$$q=q_1 i+q_2 j+q_3 k+q_0\cdot 1 \tag{6.1}$$

这里,q_1、q_2、q_3、q_0均为实数,i、j、k、1统称为四元数的基。其中,1具有标量的性质,可以省去不写;i、j、k既具有复数的性质,又具有矢量的性质。四个基i、j、k、1服从以下运算规律:

$$\begin{cases} i^2=j^2=k^2=-1 \\ ij=k=-ji \\ jk=i=-kj \\ ki=j=-ik \end{cases} \tag{6.2}$$

可以看出，如果 $q_1=q_2=q_3=0$，则四元数退化为实数；如果 $q_2=q_3=0$，则四元数退化为复数，所以称四元数为超复数；如果 $q_0=0$，则四元数退化为矢量，所以称矢量为纯四元数。

如果把 i、j、k 理解为三维空间的互相正交的三个单位矢量，则可将四元数看成是由标量部分（通常以符号 Scal 表示）和矢量部分（通常以 Vect 表示）组成的。于是，四元数可表示为一个标量和一个矢量之和的形式：

$$q=\boldsymbol{q}+q_0 \tag{6.3}$$

有时也可用一个四维矢量来表示四元数，即

$$q=(q_1,q_2,q_3,q_0)^{\mathrm{T}}=(\boldsymbol{q},q_0)^{\mathrm{T}} \tag{6.4}$$

这里按照机器人学的习惯，坐标中前 3 个坐标表示四元数的矢量部分，第 4 个坐标表示其标量部分。

下面我们将证明四元数组成四元数域（超复数域）。

域的定义：在非空集合 Q 上，定义两种运算（加法和乘法）。满足：

(1) 加法满足交换律、结合律；

(2) 乘法满足结合律、分配律；

(3) 具有单元、零元和逆元。

则形成域(Field)。

现在来研究四元数。

(1) 加法

任取两四元数 $q=q_1i+q_2j+q_3k+q_0$ 和 $p=p_1i+p_2j+p_3k+p_0$，则

$$q+p=(q_1+p_1)i+(q_2+p_2)j+(q_3+p_3)k+(q_0+p_0) \tag{6.5}$$

(2) 乘法

根据式(6.2)，两个四元数 q 和 p 乘积的定义如下：

$$\begin{aligned} qp &=(q_1i+q_2j+q_3k+q_0)(p_1i+p_2j+p_3k+p_0) \\ &=[q_1p_0+q_0p_1+(q_2p_3-q_3p_2)]i+[q_2p_0+q_0p_2+(q_3p_1+q_1p_3)]j \\ &\quad +[q_3p_0+q_0p_3+(q_1p_2-q_2p_1)]k+[q_0p_0-(q_1p_1+q_2p_2+q_3p_3)] \end{aligned} \tag{6.6}$$

故两个四元数相乘结果仍为四元数。

为了运算方便，四元数乘法可借用矢量运算符号的表示法表示如下。

设 $q=\boldsymbol{q}+q_0=q_1i+q_2j+q_3k+q_0$，$p=\boldsymbol{p}+p_0=p_1i+p_2j+p_3k+p_0$，则

$$\begin{aligned} qp &=(q_1i+q_2j+q_3k)p_0+q_0(p_1i+p_2j+p_3k) \\ &\quad +[(q_2p_3-q_3p_2)i+(q_3p_1+q_1p_3)j+(q_1p_2-q_2p_1)k] \\ &\quad +[q_0p_0-(q_1p_1+q_2p_2+q_3p_3)] \\ &=\boldsymbol{q}p_0+q_0\boldsymbol{p}+\boldsymbol{q}\times\boldsymbol{p}+q_0p_0-\boldsymbol{q}\cdot\boldsymbol{p} \end{aligned} \tag{6.7}$$

故

$$pq=\boldsymbol{p}q_0+p_0\boldsymbol{q}+\boldsymbol{p}\times\boldsymbol{q}+p_0q_0-\boldsymbol{p}\cdot\boldsymbol{q}$$

式中，“×”表示矢量叉乘，“·”表示矢量点乘。

由于

$$\boldsymbol{q}\times\boldsymbol{p}=-\boldsymbol{p}\times\boldsymbol{q}\neq\boldsymbol{p}\times\boldsymbol{q}$$

故

$$qp\neq pq$$

即四元数乘法不适合交换律，但可以证明它满足结合律和分配律。读者可自行证明。

有一种特殊情形：若两个四元数 q 和 p 的矢量部分平行，即 $\boldsymbol{q}//\boldsymbol{p}$，那么由于

$$\boldsymbol{p}\times\boldsymbol{q}=\boldsymbol{q}\times\boldsymbol{p}=0$$

则有

$$qp=pq$$

所以两个矢量部分平行的四元数相乘时满足交换律。

根据式(6.7)可知，两个矢量 $\boldsymbol{q}$ 和 $\boldsymbol{p}$ 的四元数积为

$$\boldsymbol{qp}=(q_1i+q_2j+q_3k)(p_1i+p_2j+p_3k)=\boldsymbol{q}\times\boldsymbol{p}-\boldsymbol{q}\cdot\boldsymbol{p} \tag{6.8}$$

注意：四元数乘法在一些文献中用圈乘，即两个四元数间用一个圈 $q\circ p$，以区别点乘、叉乘和数乘等。由于四元数包括标量部分和矢量部分，所以四元数的乘法是集数与数的乘法、数与矢量的乘法、矢量间的点乘和叉乘于一身的乘法。本书凡涉及四元数的乘法，都是指四元数乘，因此不加圈乘符号。

(3) 单元、零元和负四元数

四元数单元为

$$I=0i+0j+0k+1 \tag{6.9}$$

四元数零元为

$$0=0i+0j+0k+0 \tag{6.10}$$

四元数负元为

$$-q=-q_1i-q_2j-q_3k-q_0 \tag{6.11}$$

(4) 共轭和模

四元数 q 的共轭 q^* 定义为

$$q^*=-q_1i-q_2j-q_3k+q_0=-\boldsymbol{q}+q_0 \tag{6.12}$$

或

$$q^*=(-q_1,-q_2,-q_3,q_0)^{\mathrm{T}}=(-\boldsymbol{q},q_0)^{\mathrm{T}} \tag{6.13}$$

有了共轭的定义后，矢量的点乘和叉乘可定义为四元数乘的和或其线性组合：

$$\boldsymbol{p}\cdot\boldsymbol{q}=-\frac{1}{2}(\boldsymbol{pq}+\boldsymbol{qp})=\frac{1}{2}(\boldsymbol{pq}^*+\boldsymbol{qp}^*) \tag{6.14}$$

$$\boldsymbol{p}\times\boldsymbol{q}=\frac{1}{2}(\boldsymbol{pq}-\boldsymbol{qp}) \tag{6.15}$$

四元数的范数或模 $\|q\|$ 定义为

$$\|q\|=\sqrt{q_1^2+q_2^2+q_3^2+q_0^2} \tag{6.16}$$

由运算可知，两个四元数乘积的模等于两个四元数模的乘积，即

$$\|qp\|=\|q\|\|p\| \tag{6.17}$$

若四元数的模长 $\|q\|=1$，即 $q_1^2+q_2^2+q_3^2+q_0^2=1$，则称该四元数为单位四元数。

四元数具有齐次性，即同时乘以一个非零的常数，表示同一旋转，因此，本书只讨论单位

四元数。后面的章节会介绍如何将四元数规范化，即单位化。

(5) 逆元

如果四元数的模$\|q\|$不为零，则称四元数

$$q^{-1}=\frac{q^{*}}{\|q\|^{2}} \tag{6.18}$$

为四元数 q 的逆。显然有

$$qq^{-1}=q^{-1}q=\frac{qq^{*}}{\|q\|^{2}}=1$$

$$\|q^{-1}\|=\frac{\|q^{*}\|}{\|q\|^{2}}=\frac{\|q\|}{\|q\|^{2}}=\frac{1}{\|q\|}$$

(6) 除法

四元数除法是唯一的，由于乘法是不可交换的，故除法分左除和右除。

例如 q、p、x 为三个四元数，$qx=p$ 则 $x=q^{-1}p$；$xq=p$ 则 $x=pq^{-1}$。因 $q^{-1}p\neq pq^{-1}$，故两 x 不相等。

由以上叙述可知四元数全体组成四元数域，或称超复数域，它包含了复数域和实数域。

根据四元数的定义，四元数具有如下性质。

① 四元数之和的共轭四元数等于共轭四元数之和。

$$(q+p+\lambda)^{*}=q^{*}+p^{*}+\lambda^{*} \tag{6.19}$$

② 四元数之积的共轭四元数等于其共轭四元数以相反顺序相乘之积。

$$(\lambda_1\lambda_2\cdots\lambda_n)^{*}=\lambda_n^{*}\cdots\lambda_2^{*}\lambda_1^{*} \tag{6.20}$$

③ 四元数之积的范数等于其因子范数之积

$$\|\lambda_1\lambda_2\cdots\lambda_n\|=\|\lambda_1\|\|\lambda_2\|\cdots\|\lambda_n\| \tag{6.21}$$

④ 诸四元数之逆，由下式给出：

$$(\lambda_1\lambda_2\cdots\lambda_n)^{-1}=\frac{(\lambda_1\lambda_2\cdots\lambda_n)^{*}}{\|\lambda_1\lambda_2\cdots\lambda_n\|^{2}}=\lambda_n^{-1}\cdots\lambda_2^{-1}\lambda_1^{-1} \tag{6.22}$$

⑤ 仅当因子中的一个等于零时，两四元数之积才等于零。

例如：$qp=0$，则$\|qp\|=0$，$\|q\|\|p\|=0$。因$\|q\|$、$\|p\|$为标量，故或者$\|q\|=0$，或者$\|p\|=0$，也即 $q=0$ 或 $p=0$ 时，$qp=0$ 才有可能。

⑥ 诸四元数相乘，当其因子循环置换时，四元数乘积的标量部分不变。即

$$\mathrm{Scal}[\lambda qp]=\mathrm{Scal}[qp\lambda]=\mathrm{Scal}[p\lambda q] \tag{6.23}$$

但 $\mathrm{Scal}[\lambda qp]\neq\mathrm{Scal}[\lambda pq]$。

证：

$$\begin{aligned}\mathrm{Scal}[\lambda qp]&=\mathrm{Scal}\{(\lambda_0+\boldsymbol{\lambda})[\boldsymbol{q}p_0+q_0\boldsymbol{p}+\boldsymbol{q}\times\boldsymbol{p}+q_0p_0-\boldsymbol{q}\cdot\boldsymbol{p}]\}\\&=-q_0(\boldsymbol{\lambda}\cdot\boldsymbol{p})-(\boldsymbol{\lambda}\cdot\boldsymbol{q})p_0-\boldsymbol{\lambda}\cdot(\boldsymbol{q}\times\boldsymbol{p})+\lambda_0q_0p_0-\lambda_0(\boldsymbol{q}\cdot\boldsymbol{p})\end{aligned}$$

因

$$\boldsymbol{\lambda}\cdot(\boldsymbol{q}\times\boldsymbol{p})=\begin{vmatrix}\lambda_1&\lambda_2&\lambda_3\\q_1&q_2&q_3\\p_1&p_2&p_3\end{vmatrix}$$

故因子循环置换时，乘积的标量部分不变；而非循环置换时，则不相等。

⑦ 三个四元数相乘，当因子循环置换时，四元数乘积的矢量部分不相等，即

$$\mathrm{Vect}[\lambda qp] \neq \mathrm{Vect}[qp\lambda]$$

但有

$$\mathrm{Vect}[\lambda qp] = \mathrm{Vect}[pq\lambda] \tag{6.24}$$

证：

$$\begin{aligned}\mathrm{Vect}[\lambda qp] &= \lambda_0 q_0 \boldsymbol{p} + \lambda_0 p_0 \boldsymbol{q} + q_0 p_0 \boldsymbol{\lambda} - (\boldsymbol{q} \cdot \boldsymbol{p})\lambda + \lambda_0(\boldsymbol{q} \times \boldsymbol{p}) \\ &\quad + q_0(\boldsymbol{\lambda} \times \boldsymbol{p}) + p_0(\boldsymbol{\lambda} \times \boldsymbol{q}) + \boldsymbol{\lambda} \times (\boldsymbol{q} \times \boldsymbol{p}) \\ &= \lambda_0 q_0 \boldsymbol{p} + \lambda_0 p_0 \boldsymbol{q} + q_0 p_0 \boldsymbol{\lambda} + \lambda_0(\boldsymbol{q} \times \boldsymbol{p}) + q_0(\boldsymbol{\lambda} \times \boldsymbol{p}) \\ &\quad + p_0(\boldsymbol{\lambda} \times \boldsymbol{q}) - (\boldsymbol{q} \cdot \boldsymbol{p})\boldsymbol{\lambda} + \boldsymbol{q}(\boldsymbol{\lambda} \cdot \boldsymbol{p}) - \boldsymbol{p}(\boldsymbol{\lambda} \cdot \boldsymbol{q}) \\ &= \mathrm{Vect}[pq\lambda] \neq \mathrm{Vect}[qp\lambda]\end{aligned}$$

6.2 四元数的实数矩阵表示

四元数与矩阵有着紧密的联系。四元数可以用一些特殊的方阵来表示，而那些特殊的方阵也可以用四元数来表示，因此可以说四元数只不过是一些特殊矩阵的另一种书写方法而已，所以从数学运算角度来说，四元数概念的出现并没有超越矩阵运算的概念。接下来介绍四元数的实数矩阵表达形式。

四元数 $q = q_1 i + q_2 j + q_3 k + q_0$ 可以看作是四个系数 $(q_1, q_2, q_3, q_0)^{\mathrm{T}}$ 乘以四个基 $\{i, j, k, 1\}$ 的线性组合，即 $q = (i, j, k, 1)(q_1, q_2, q_3, q_0)^{\mathrm{T}}$。接下来引入三个单位正交矩阵 $[\boldsymbol{A}_1]$、$[\boldsymbol{A}_2]$ 和 $[\boldsymbol{A}_3]$（行列式均为 1），其定义如下：

$$[\boldsymbol{A}_1] = \begin{pmatrix} 0 & 0 & 0 & 1 \\ 0 & 0 & -1 & 0 \\ 0 & 1 & 0 & 0 \\ -1 & 0 & 0 & 0 \end{pmatrix}, \quad [\boldsymbol{A}_2] = \begin{pmatrix} 0 & 0 & 1 & 0 \\ 0 & 0 & 0 & 1 \\ -1 & 0 & 0 & 0 \\ 0 & -1 & 0 & 0 \end{pmatrix}, \quad [\boldsymbol{A}_3] = \begin{pmatrix} 0 & -1 & 0 & 0 \\ 1 & 0 & 0 & 0 \\ 0 & 0 & 0 & 1 \\ 0 & 0 & -1 & 0 \end{pmatrix} \tag{6.25}$$

通过计算可知，三个矩阵 $[\boldsymbol{A}_1]$、$[\boldsymbol{A}_2]$ 和 $[\boldsymbol{A}_3]$ 满足以下条件：

$$[\boldsymbol{A}_1]^2 = [\boldsymbol{A}_2]^2 = [\boldsymbol{A}_3]^2 = [\boldsymbol{A}_1][\boldsymbol{A}_2][\boldsymbol{A}_3] = -\boldsymbol{I}_4 \tag{6.26}$$

$$\begin{aligned}[\boldsymbol{A}_1][\boldsymbol{A}_2] &= -[\boldsymbol{A}_2][\boldsymbol{A}_1] = [\boldsymbol{A}_3] \\ [\boldsymbol{A}_2][\boldsymbol{A}_3] &= -[\boldsymbol{A}_3][\boldsymbol{A}_2] = [\boldsymbol{A}_1] \\ [\boldsymbol{A}_3][\boldsymbol{A}_1] &= -[\boldsymbol{A}_1][\boldsymbol{A}_3] = [\boldsymbol{A}_2]\end{aligned} \tag{6.27}$$

我们发现三个矩阵 $[\boldsymbol{A}_1]$、$[\boldsymbol{A}_2]$ 和 $[\boldsymbol{A}_3]$ 分别对应于四元数的三个基 i、j、k，因此，四元数 $q = q_1 i + q_2 j + q_3 k + q_0$ 可以通过如下的矩阵形式表示：

$$\boldsymbol{G}(q) = q_1[\boldsymbol{A}_1] + q_2[\boldsymbol{A}_2] + q_3[\boldsymbol{A}_3] + q_0[\boldsymbol{I}_4] \tag{6.28}$$

其矩阵展开形式为

$$\boldsymbol{G}(q) = \begin{pmatrix} q_0 & -q_3 & q_2 & q_1 \\ q_3 & q_0 & -q_1 & q_2 \\ -q_2 & q_1 & q_0 & q_3 \\ -q_1 & -q_2 & -q_3 & q_0 \end{pmatrix} \tag{6.29}$$

类似的，再次引入三个单位正交矩阵$[\boldsymbol{B}_1]$、$[\boldsymbol{B}_2]$和$[\boldsymbol{B}_3]$（行列式也均为 1），其定义如下：

$$[\boldsymbol{B}_1]=\begin{pmatrix}0&0&0&1\\0&0&1&0\\0&-1&0&0\\-1&0&0&0\end{pmatrix},\quad [\boldsymbol{B}_2]=\begin{pmatrix}0&0&-1&0\\0&0&0&1\\1&0&0&0\\0&-1&0&0\end{pmatrix},\quad [\boldsymbol{B}_3]=\begin{pmatrix}0&1&0&0\\-1&0&0&0\\0&0&0&1\\0&0&-1&0\end{pmatrix} \tag{6.30}$$

通过计算可知，三个矩阵$[\boldsymbol{B}_1]$、$[\boldsymbol{B}_2]$和$[\boldsymbol{B}_3]$满足以下条件：

$$[\boldsymbol{B}_1]^2=[\boldsymbol{B}_2]^2=[\boldsymbol{B}_3]^2=[\boldsymbol{B}_1][\boldsymbol{B}_2][\boldsymbol{B}_3]=-\boldsymbol{I}_4 \tag{6.31}$$

$$\begin{gathered}[\boldsymbol{B}_1][\boldsymbol{B}_2]=-[\boldsymbol{B}_2][\boldsymbol{B}_1]=[\boldsymbol{B}_3]\\ [\boldsymbol{B}_2][\boldsymbol{B}_3]=-[\boldsymbol{B}_3][\boldsymbol{B}_2]=[\boldsymbol{B}_1]\\ [\boldsymbol{B}_3][\boldsymbol{B}_1]=-[\boldsymbol{B}_1][\boldsymbol{B}_3]=[\boldsymbol{B}_2]\end{gathered} \tag{6.32}$$

我们发现三个矩阵$[\boldsymbol{B}_1]$、$[\boldsymbol{B}_2]$和$[\boldsymbol{B}_3]$也分别对应于四元数的三个基 i、j、k，因此，四元数 $q=q_1i+q_2j+q_3k+q_0$ 还可以通过如下的矩阵形式表示：

$$\boldsymbol{H}(q)=q_1[\boldsymbol{B}_1]+q_2[\boldsymbol{B}_2]+q_3[\boldsymbol{B}_3]+q_0[\boldsymbol{I}_4] \tag{6.33}$$

其矩阵展开形式为

$$\boldsymbol{H}(q)=\begin{pmatrix}q_0&q_3&-q_2&q_1\\-q_3&q_0&q_1&q_2\\q_2&-q_1&q_0&q_3\\-q_1&-q_2&-q_3&q_0\end{pmatrix} \tag{6.34}$$

矩阵 $\boldsymbol{G}(q)$和 $\boldsymbol{H}(q)$定义为哈密顿算符，且哈密顿算符与四元数之间存在一一对应关系。

同时，我们注意到$[\boldsymbol{A}_i][\boldsymbol{B}_j]=[\boldsymbol{B}_j][\boldsymbol{A}_i]$，即 $\boldsymbol{G}$ 和 $\boldsymbol{H}$ 两个矩阵相乘是可以交换的，但是两个 $\boldsymbol{G}$ 相乘或两个 $\boldsymbol{H}$ 相乘，矩阵不满足交换律。

6.3　四元数乘的矩阵表示

两个四元数 p 和 q 相乘，除了用 6.1 节中的矢量形式表示其运算法则，还可以用矩阵相乘表示其运算法则，此时要用到 6.2 节定义的哈密顿算符 $\boldsymbol{G}$ 和 $\boldsymbol{H}$。由此，两个四元数 p 和 q 相乘的矩阵运算形式表示如下：

$$pq=\boldsymbol{G}(p)\begin{pmatrix}q_1\\q_2\\q_3\\q_0\end{pmatrix}=\boldsymbol{H}(q)\begin{pmatrix}p_1\\p_2\\p_3\\p_0\end{pmatrix} \tag{6.35}$$

对比式(6.6)和式(6.35)可知，两个四元数相乘，无论采用矢量形式的表示法还是矩阵形式的表示法，都需要进行 16 次乘法运算，其运算效率是一样的。

如果四元数 p 和 q 分别等价于哈密顿算符 $\boldsymbol{G}(p)$和 $\boldsymbol{G}(q)$，即 $p\leftrightarrow\boldsymbol{G}(p)$，$q\leftrightarrow\boldsymbol{G}(q)$，那么有 $pq\leftrightarrow\boldsymbol{G}(p)\boldsymbol{G}(q)$；如果四元数 p 和 q 分别等价于哈密顿算符 $\boldsymbol{H}(p)$和 $\boldsymbol{H}(q)$，即 $p\leftrightarrow\boldsymbol{H}(p)$，$q\leftrightarrow\boldsymbol{H}(q)$，那么有 $pq\leftrightarrow\boldsymbol{H}(q)\boldsymbol{H}(p)$。

接下来给出哈密顿算符的性质，以下性质中的四元数均为单位四元数。

性质 1：$\boldsymbol{G}(p^*)=\boldsymbol{G}(p)^{\mathrm{T}}$，$\boldsymbol{H}(p^*)=\boldsymbol{H}(p)^{\mathrm{T}}$，如果 $p=1$，则矢量部分为 0，即

$$\boldsymbol{G}(p)=\boldsymbol{H}(p)=\begin{pmatrix}1&0&0&0\\0&1&0&0\\0&0&1&0\\0&0&0&1\end{pmatrix}=\boldsymbol{I}_4$$

性质 2：$\boldsymbol{G}(p)\boldsymbol{G}(p)^{\mathrm{T}}=\boldsymbol{G}(p)^{\mathrm{T}}\boldsymbol{G}(p)=\boldsymbol{I}_4$，$\boldsymbol{H}(p)\boldsymbol{H}(p)^{\mathrm{T}}=\boldsymbol{H}(p)^{\mathrm{T}}\boldsymbol{H}(p)=\boldsymbol{I}_4$，即哈密顿算符 $\boldsymbol{G}(p)$ 和 $\boldsymbol{H}(p)$ 是一个 4×4 的单位正交矩阵。

性质 3：$\boldsymbol{G}(pq)=\boldsymbol{G}(p)\boldsymbol{G}(q)$，$\boldsymbol{H}(pq)=\boldsymbol{H}(q)\boldsymbol{H}(p)$。

性质 4：$\boldsymbol{G}(p)\boldsymbol{H}(q)=\boldsymbol{H}(q)\boldsymbol{G}(p)$，该性质表明 $\boldsymbol{G}$ 和 $\boldsymbol{H}$ 两个矩阵相乘是可以交换的，但是两个 $\boldsymbol{G}$ 相乘或两个 $\boldsymbol{H}$ 相乘，矩阵不满足交换律。

性质 5：如果 $\boldsymbol{G}(p)\boldsymbol{H}(q)=\boldsymbol{I}_4$，则 $\boldsymbol{G}(p)=\boldsymbol{I}_4$，$\boldsymbol{H}(q)=\boldsymbol{I}_4$。

性质 6：如果 $\boldsymbol{G}(p)\boldsymbol{H}(q)=\boldsymbol{G}(s)\boldsymbol{H}(t)$，则 $\boldsymbol{G}(p)=\boldsymbol{G}(s)$，$\boldsymbol{H}(q)=\boldsymbol{H}(t)$，$p=s$，$q=t$。

性质 1 和性质 2 可以通过哈密顿算符的定义和四元数共轭定义得到。

性质 3 证明如下：

任意 3 个四元数 p、q、r 相乘，

$$\boldsymbol{G}(pq)r=(pq)r=p(qr)=\boldsymbol{G}(p)(qr)=\boldsymbol{G}(p)(\boldsymbol{G}(q)r)=(\boldsymbol{G}(p)\boldsymbol{G}(q))r$$

因为 r 任意，所以 $\boldsymbol{G}(pq)=\boldsymbol{G}(p)\boldsymbol{G}(q)$。

$$\boldsymbol{H}(pq)r=r(pq)=(rp)q=(\boldsymbol{H}(p)r)q=\boldsymbol{H}(q)(\boldsymbol{H}(p)r)=(\boldsymbol{H}(q)\boldsymbol{H}(p))r$$

因为 r 任意，所以 $\boldsymbol{H}(pq)=\boldsymbol{H}(q)\boldsymbol{H}(p)$。

性质 4 证明如下：

$$\begin{aligned}\boldsymbol{G}(p)\boldsymbol{H}(q)r&=\boldsymbol{G}(p)(\boldsymbol{H}(q)r)=\boldsymbol{G}(p)(rq)=prq=(pr)q=\boldsymbol{H}(q)(pr)\\&=\boldsymbol{H}(q)(\boldsymbol{G}(p)r)=\boldsymbol{H}(q)\boldsymbol{G}(p)r\end{aligned}$$

因为 r 任意，所以 $\boldsymbol{G}(p)\boldsymbol{H}(q)=\boldsymbol{H}(q)\boldsymbol{G}(p)$。

性质 5 证明如下：

由于 $\boldsymbol{G}(p)\boldsymbol{H}(q)=\boldsymbol{I}_4$，左乘 $\boldsymbol{G}(p)^{\mathrm{T}}$ 后得到

$$\boldsymbol{G}(p)^{\mathrm{T}}\boldsymbol{G}(p)\boldsymbol{H}(q)=\boldsymbol{G}(p)^{\mathrm{T}}=\boldsymbol{H}(q)$$

即 $\boldsymbol{H}(q)=\boldsymbol{G}(p)^{\mathrm{T}}$。

根据

$$\boldsymbol{H}(q)=\begin{pmatrix}q_0&q_3&-q_2&q_1\\-q_3&q_0&q_1&q_2\\q_2&-q_1&q_0&q_3\\-q_1&-q_2&-q_3&q_0\end{pmatrix},\quad \boldsymbol{G}(p)^{\mathrm{T}}=\begin{pmatrix}p_0&p_3&-p_2&-p_1\\-p_3&p_0&p_1&-p_2\\p_2&-p_1&p_0&-p_3\\p_1&p_2&p_3&p_0\end{pmatrix}$$

再根据矩阵各个元素分别相等，得到第一行第一列 $p_0=q_0$；第 2 行第 3 列 $p_1=q_1$，第 1 行第 4 列 $-p_1=q_1$，所以 $p_1=q_1=0$，同理 $p_2=q_2=p_3=q_3=0$。所以，四元数 p 和 q 的矢量部分均为零。再次根据 $\boldsymbol{G}(p)\boldsymbol{H}(q)=\boldsymbol{G}(p)\boldsymbol{G}(p)^{\mathrm{T}}=\boldsymbol{I}_4$，得 $p_0^2=1$，因此，$p_0=q_0=1$，$\boldsymbol{G}(p)=\boldsymbol{H}(q)=\boldsymbol{I}_4$。

注意：$p_0=-1$ 是另外一个根，但是得出的四元数是相反数，表示的是同一个旋转，没有更多实际意义，因此把它舍去。

性质 6 证明如下：

把等式 $\boldsymbol{G}(p)\boldsymbol{H}(q)=\boldsymbol{G}(s)\boldsymbol{H}(t)$ 两边同时左乘 $\boldsymbol{G}(s)^{\mathrm{T}}$，右乘 $\boldsymbol{H}(t)^{\mathrm{T}}$，得到 $\boldsymbol{G}(s)^{\mathrm{T}}\boldsymbol{G}(p)\boldsymbol{H}(q)\boldsymbol{H}(t)^{\mathrm{T}}=\boldsymbol{I}_4$，再利用性质 1 和性质 3，则等式左边为

$$\boldsymbol{G}(s^*)\boldsymbol{G}(p)\boldsymbol{H}(q)\boldsymbol{H}(t^*)=\boldsymbol{G}(s^*p)\boldsymbol{H}(t^*q)$$

接着根据性质 5 得到

$$\boldsymbol{G}(s^*p)=\boldsymbol{I}_4,\quad \boldsymbol{H}(t^*q)=\boldsymbol{I}_4,\quad s^*p=1, t^*q=1$$

或

$$p=s,\quad q=t,\quad \boldsymbol{G}(p)=\boldsymbol{G}(s),\quad \boldsymbol{H}(q)=\boldsymbol{H}(t)$$

本节如此详细地介绍哈密顿算符的性质，是因为空间旋转变换矩阵与四元数的哈密顿算符之间存在一定的关系。通过哈密顿算符，我们可以很方便地建立空间旋转变换矩阵与倍四元数之间的关系，在后面的章节中将会推导它们之间的关系。

6.4 四元数的规范化形式

设任意四元数为 $q=q_1i+q_2j+q_3k+q_0$，利用以下方法将其规范化。

记 $\boldsymbol{q}=q_1i+q_2j+q_3k$，将四元数 q 写成

$$q=\|q\|\left(\frac{q_0}{\|q\|}+\frac{q_1i+q_2j+q_3k}{\|q\|}\right)=\|q\|\left(\frac{q_0}{\|q\|}+\frac{\boldsymbol{q}}{\|q\|}\right) \tag{6.36}$$

引入单位矢量 $\boldsymbol{e}_n$，则

$$\boldsymbol{e}_n=\frac{\boldsymbol{q}}{\sqrt{q_1^2+q_2^2+q_3^2}} \tag{6.37}$$

此时，式(6.36)可表示为

$$q=\|q\|\left(\frac{q_0}{\|q\|}+\frac{\sqrt{q_1^2+q_2^2+q_3^2}}{\|q\|}\boldsymbol{e}_n\right) \tag{6.38}$$

这就是四元数的规范化，因为规范四元数的标量部分的平方 $(q_0/\|q\|)^2$ 与单位矢量 $\boldsymbol{e}_n$ 的系数的平方 $\left(\sqrt{q_1^2+q_2^2+q_3^2}/\|q\|\right)^2$ 之和为 1，故可令

$$\frac{q_0}{\|q\|}=\cos\theta,\ \frac{\sqrt{q_1^2+q_2^2+q_3^2}}{\|q\|}=\sin\theta,\quad 0\leqslant\theta\leqslant\pi \tag{6.39}$$

则式(6.38)可表示为

$$q=\|q\|(\boldsymbol{e}_n\sin\theta+\cos\theta) \tag{6.40}$$

角度 θ 的符号取决于单位矢量 $\boldsymbol{e}_n$ 的符号选择，也即是 $\boldsymbol{e}_n$ 方向的选择。

根据欧拉公式，式(6.40)可写为指数形式：

$$q=\|q\|\exp(\boldsymbol{e}_n\theta) \tag{6.41}$$

用式(6.40)来表示四元数，运算起来是很方便的，因为 $\boldsymbol{e}_n\boldsymbol{e}_n=-(\boldsymbol{e}_n\cdot\boldsymbol{e}_n)=-1$，与复数相似，可以有类似于棣莫佛公式的结果，即

$$q^n=\|q\|^n(\cos\theta+\boldsymbol{e}_n\sin\theta)^n=\|q\|^n(\cos n\theta+\boldsymbol{e}_n\sin n\theta)=\|q\|^n\exp(\boldsymbol{e}_n n\theta) \tag{6.42}$$

对于任何次幂次 n 都是正确的。

利用式(6.40)，可以得到直观的四元数几何解释，研究规范四元数 E，

$$E=\cos\theta+\boldsymbol{e}_n\sin\theta$$

在垂直于 $\boldsymbol{e}_n$ 的平面上选择两个矢量，如图 6.1 所示。

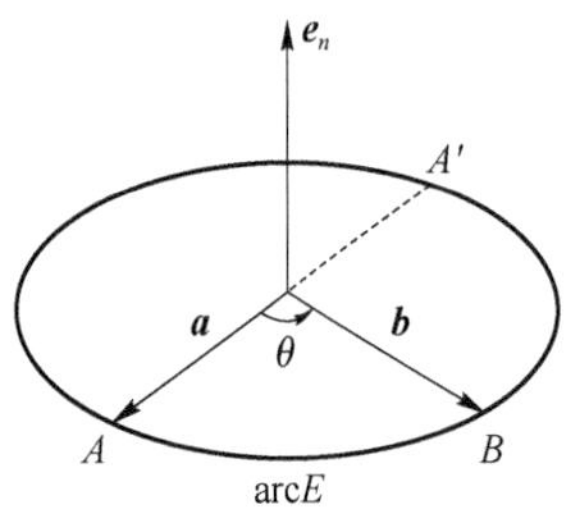

图 6.1　规范四元数的几何图

此两矢量满足如下条件：

(1) 令 $a=\|\boldsymbol{a}\|$，$b=\|\boldsymbol{b}\|$，则 $a=b=\|\boldsymbol{a}\|$；

(2) $\boldsymbol{a}$ 与 $\boldsymbol{b}$ 之间夹角为 θ；

(3) $\boldsymbol{a}$、$\boldsymbol{b}$、$\boldsymbol{e}_n$ 构成了右旋坐标系(不一定是正交的)。

如图 6.1 所示，图中规定了 $\boldsymbol{e}_n$ 和 θ 的正向。

那么有

$$\boldsymbol{a}\cdot\boldsymbol{b}=ab\cos\theta=\|\boldsymbol{a}\|^2\cos\theta \tag{6.43}$$

$$\boldsymbol{a}\times\boldsymbol{b}=\boldsymbol{e}_n ab\sin\theta=\boldsymbol{e}_n\|\boldsymbol{a}\|^2\sin\theta \tag{6.44}$$

故

$$\boldsymbol{ba}=\boldsymbol{b}\times\boldsymbol{a}-\boldsymbol{b}\cdot\boldsymbol{a}=-\boldsymbol{a}\times\boldsymbol{b}-\boldsymbol{b}\cdot\boldsymbol{a}=-\boldsymbol{e}_n\|\boldsymbol{a}\|^2\sin\theta-\|\boldsymbol{a}\|^2\cos\theta \tag{6.45}$$

$$\begin{aligned}\boldsymbol{b}&=(-\boldsymbol{e}_n\|\boldsymbol{a}\|^2\sin\theta-\|\boldsymbol{a}\|^2\cos\theta)\boldsymbol{a}^{-1}\\&=\frac{1}{\|\boldsymbol{a}\|^2}(-\boldsymbol{e}_n\|\boldsymbol{a}\|^2\sin\theta-\|\boldsymbol{a}\|^2\cos\theta)(-\boldsymbol{a})=(\boldsymbol{e}_n\sin\theta+\cos\theta)\boldsymbol{a}\end{aligned} \tag{6.46}$$

式中

$$\boldsymbol{a}^{-1}=-\frac{\boldsymbol{a}}{\|\boldsymbol{a}\|^2}$$

即

$$\boldsymbol{b}=(\boldsymbol{e}_n\sin\theta+\cos\theta)\boldsymbol{a}=E\boldsymbol{a} \tag{6.47}$$

从而有

$$E=\boldsymbol{ba}^{-1} \tag{6.48}$$

利用式(6.47)，可以方便地实施沿任意方向的一个旋转，把表示旋转的四元数左乘到与 $\boldsymbol{e}_n$ 垂直的矢量上即可。通过式(6.48)可以看出，任一规范四元数可以用其单位矢量 $\boldsymbol{e}_n$ 的垂直平面上两矢量四元数之积来表示。

研究图 6.1 可以发现，规范四元数 E 可单值地用大圆弧 arc$E$ 表示。arc$E$ 所在的平面取决于矢量 $\boldsymbol{e}_n$，而弧长取决于 θ，其方向由矢量 $\boldsymbol{e}_n$ 的方向来确定。注意：弧 E 在其大圆上的位置是任意的，即可以滑动。

研究几种特殊情况：

- 当 $\theta=0$ 时，$E=1$，相当旋球面上的任意一点，$\boldsymbol{e}_n$ 可具有任意方向；
- 当 $\theta=\pi$ 时，$E=-1$，相当于半圆弧，$\boldsymbol{e}_n$ 可具有任意方向；
- 当 $\theta=\frac{\pi}{2}$ 时，$E=\boldsymbol{e}_n$。

如图 6.1 所示，arc$E=\overset{\frown}{AB}$对应于四元数 E，因

$$E^{-1}=E^*=\cos\theta-\boldsymbol{e}_n\sin\theta \tag{6.49}$$

为沿 $\boldsymbol{e}_n$ 反向转 θ 角，对应于$\overset{\frown}{BA}$；

$$-E=-\cos\theta-\boldsymbol{e}_n\sin\theta=\cos(\pi-\theta)-\boldsymbol{e}_n\sin(\pi-\theta) \tag{6.50}$$

为沿 $\boldsymbol{e}_n$ 反向转 $\pi-\theta$ 角，对应于$\overset{\frown}{A'B}$。

6.5　用四元数旋转变换表示空间定点旋转

首先研究矢量在空间绕定点的旋转。

由欧拉定理知：空间绕定点旋转，在瞬间必须是绕一欧拉轴旋转一角，如图 6.2 所示，图中矢量 $\boldsymbol{r}$ 绕定点 O 旋转至 $\boldsymbol{r}'$，设 $\boldsymbol{s}$ 为矢量 $\boldsymbol{r}$ 绕定点 O 旋转的瞬时欧拉轴，其转角为 α，α 在垂直于 $\boldsymbol{s}$ 轴的平面 Q 上，P 为 $\boldsymbol{s}$ 轴在 Q 平面上的交点，图中 $\boldsymbol{OM}=\boldsymbol{r}$，$\boldsymbol{ON}=\boldsymbol{r}'$。接下来推导矢量 $\boldsymbol{r}'$ 和 $\boldsymbol{r}$ 之间的关系。

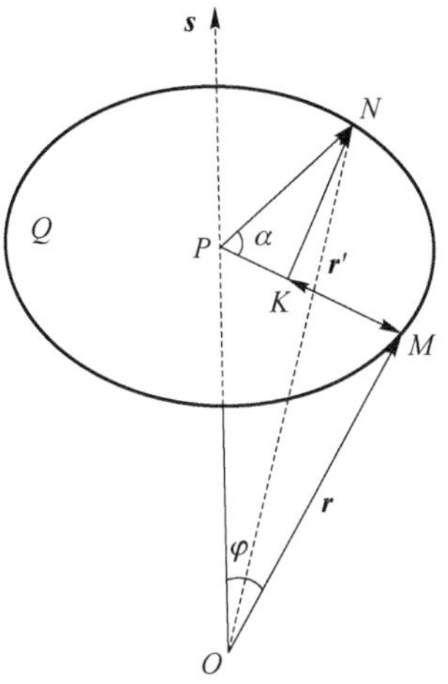

图 6.2　定点旋转的四元数表示法

作 $\boldsymbol{KN}\perp\boldsymbol{MP}$，则矢量 $\boldsymbol{r}'$ 可表示为

$$\boldsymbol{r}'=\boldsymbol{ON}=\boldsymbol{OM}+\boldsymbol{MK}+\boldsymbol{KN} \tag{6.51}$$

由于

$$\boldsymbol{MK}=(1-\cos\alpha)\boldsymbol{MP}=(1-\cos\alpha)(\boldsymbol{OP}-\boldsymbol{OM}) \tag{6.52}$$

$$\boldsymbol{OP}=\left(\boldsymbol{r}\cdot\frac{\boldsymbol{s}}{|\boldsymbol{s}|}\right)\frac{\boldsymbol{s}}{|\boldsymbol{s}|}=(\boldsymbol{r}\cdot\boldsymbol{s})\frac{\boldsymbol{s}}{|\boldsymbol{s}|^2} \tag{6.53}$$

式中，$|\cdot|$表示矢量的模长。

$\boldsymbol{KN}$ 矢量的方向与$(\boldsymbol{OP}\times\boldsymbol{OM})$方向相同，其长度 $|\boldsymbol{KN}|=|\boldsymbol{MP}|\sin\alpha=|\boldsymbol{r}|\sin\varphi\sin\alpha$，故

$$\boldsymbol{KN}=\left(\frac{\boldsymbol{s}}{|\boldsymbol{s}|}\times\boldsymbol{r}\right)\sin\alpha \tag{6.54}$$

将式(6.52)～式(6.54)代入式(6.51)得

$$\begin{aligned}\boldsymbol{r}'&=\boldsymbol{r}+(1-\cos\alpha)\left[(\boldsymbol{r}\cdot\boldsymbol{s})\frac{\boldsymbol{s}}{|\boldsymbol{s}|^2}-\boldsymbol{r}\right]+\left(\frac{\boldsymbol{s}}{|\boldsymbol{s}|}\times\boldsymbol{r}\right)\sin\alpha\\&=\boldsymbol{r}\cos\alpha+(1-\cos\alpha)(\boldsymbol{r}\cdot\boldsymbol{s})\frac{\boldsymbol{s}}{|\boldsymbol{s}|^2}+\left(\frac{\boldsymbol{s}}{|\boldsymbol{s}|}\times\boldsymbol{r}\right)\sin\alpha\end{aligned} \tag{6.55}$$

根据矢量 $\boldsymbol{s}$ 和角 α 定义一四元数

$$q=|\boldsymbol{s}|\left(\cos\frac{\alpha}{2}+\frac{\boldsymbol{s}}{|\boldsymbol{s}|}\sin\frac{\alpha}{2}\right) \tag{6.56}$$

研究四元数变换

$$\begin{aligned}
\boldsymbol{r}'=q\boldsymbol{r}q^{-1}&=|\boldsymbol{s}|\left(\cos\frac{\alpha}{2}+\frac{\boldsymbol{s}}{|\boldsymbol{s}|}\sin\frac{\alpha}{2}\right)\boldsymbol{r}\left[|\boldsymbol{s}|\left(\cos\frac{\alpha}{2}-\frac{\boldsymbol{s}}{|\boldsymbol{s}|}\sin\frac{\alpha}{2}\right)\frac{1}{|\boldsymbol{s}|^2}\right]\\
&=\left(\cos\frac{\alpha}{2}+\frac{\boldsymbol{s}}{|\boldsymbol{s}|}\sin\frac{\alpha}{2}\right)\boldsymbol{r}\left(\cos\frac{\alpha}{2}-\frac{\boldsymbol{s}}{|\boldsymbol{s}|}\sin\frac{\alpha}{2}\right)\\
&=\left\{\left[-\left(\frac{\boldsymbol{s}}{|\boldsymbol{s}|}\cdot\boldsymbol{r}\right)\sin\frac{\alpha}{2}\right]+\left[\boldsymbol{r}\cos\frac{\alpha}{2}+\left(\frac{\boldsymbol{s}}{|\boldsymbol{s}|}\times\boldsymbol{r}\right)\sin\frac{\alpha}{2}\right]\right\}\left(\cos\frac{\alpha}{2}-\frac{\boldsymbol{s}}{|\boldsymbol{s}|}\sin\frac{\alpha}{2}\right)\\
&=\left\{-\left(\frac{\boldsymbol{s}}{|\boldsymbol{s}|}\cdot\boldsymbol{r}\right)\sin\frac{\alpha}{2}\cos\frac{\alpha}{2}+\left(\boldsymbol{r}\cdot\frac{\boldsymbol{s}}{|\boldsymbol{s}|}\right)\cos\frac{\alpha}{2}\sin\frac{\alpha}{2}+\left[\left(\frac{\boldsymbol{s}}{|\boldsymbol{s}|}\times\boldsymbol{r}\right)\cdot\frac{\boldsymbol{s}}{|\boldsymbol{s}|}\right]\sin^2\frac{\alpha}{2}\right\}\\
&\quad+\left\{\boldsymbol{r}\cos^2\frac{\alpha}{2}+\left(\frac{\boldsymbol{s}}{|\boldsymbol{s}|}\times\boldsymbol{r}\right)\sin\frac{\alpha}{2}\cos\frac{\alpha}{2}+\left(\frac{\boldsymbol{s}}{|\boldsymbol{s}|}\cdot\boldsymbol{r}\right)\frac{\boldsymbol{s}}{|\boldsymbol{s}|}\sin^2\frac{\alpha}{2}\right.\\
&\quad\left.-\left(\boldsymbol{r}\times\frac{\boldsymbol{s}}{|\boldsymbol{s}|}\right)\cos\frac{\alpha}{2}\sin\frac{\alpha}{2}-\left[\left(\frac{\boldsymbol{s}}{|\boldsymbol{s}|}\times\boldsymbol{r}\right)\times\frac{\boldsymbol{s}}{|\boldsymbol{s}|}\right]\sin^2\frac{\alpha}{2}\right\}\\
&=\boldsymbol{r}\cos^2\frac{\alpha}{2}+2\left(\frac{\boldsymbol{s}}{|\boldsymbol{s}|}\times\boldsymbol{r}\right)\sin\frac{\alpha}{2}\cos\frac{\alpha}{2}+\left(\frac{\boldsymbol{s}}{|\boldsymbol{s}|}\cdot\boldsymbol{r}\right)\frac{\boldsymbol{s}}{|\boldsymbol{s}|}\sin^2\frac{\alpha}{2}-\left[\left(\frac{\boldsymbol{s}}{|\boldsymbol{s}|}\times\boldsymbol{r}\right)\times\frac{\boldsymbol{s}}{|\boldsymbol{s}|}\right]\sin^2\frac{\alpha}{2}
\end{aligned}$$

由向量三重积特性

$$\left(\frac{\boldsymbol{s}}{|\boldsymbol{s}|}\times\boldsymbol{r}\right)\times\frac{\boldsymbol{s}}{|\boldsymbol{s}|}=\left(\frac{\boldsymbol{s}}{|\boldsymbol{s}|}\cdot\frac{\boldsymbol{s}}{|\boldsymbol{s}|}\right)\boldsymbol{r}-\left(\frac{\boldsymbol{s}}{|\boldsymbol{s}|}\cdot\boldsymbol{r}\right)\frac{\boldsymbol{s}}{|\boldsymbol{s}|}=\boldsymbol{r}-\left(\frac{\boldsymbol{s}}{|\boldsymbol{s}|}\cdot\boldsymbol{r}\right)\frac{\boldsymbol{s}}{|\boldsymbol{s}|}$$

得

$$\begin{aligned}
\boldsymbol{r}'&=\boldsymbol{r}\cos^2\frac{\alpha}{2}+2\left(\frac{\boldsymbol{s}}{|\boldsymbol{s}|}\times\boldsymbol{r}\right)\sin\frac{\alpha}{2}\cos\frac{\alpha}{2}+\left(\frac{\boldsymbol{s}}{|\boldsymbol{s}|}\cdot\boldsymbol{r}\right)\frac{\boldsymbol{s}}{|\boldsymbol{s}|}\sin^2\frac{\alpha}{2}-\\
&\quad\left(\boldsymbol{r}-\left(\frac{\boldsymbol{s}}{|\boldsymbol{s}|}\cdot\boldsymbol{r}\right)\frac{\boldsymbol{s}}{|\boldsymbol{s}|}\right)\sin^2\frac{\alpha}{2}\\
&=\boldsymbol{r}\cos^2\frac{\alpha}{2}+2\left(\frac{\boldsymbol{s}}{|\boldsymbol{s}|}\times\boldsymbol{r}\right)\sin\frac{\alpha}{2}\cos\frac{\alpha}{2}+\left(\frac{\boldsymbol{s}}{|\boldsymbol{s}|}\cdot\boldsymbol{r}\right)\frac{\boldsymbol{s}}{|\boldsymbol{s}|}\sin^2\frac{\alpha}{2}-\\
&\quad\boldsymbol{r}\sin^2\frac{\alpha}{2}+\left(\frac{\boldsymbol{s}}{|\boldsymbol{s}|}\cdot\boldsymbol{r}\right)\frac{\boldsymbol{s}}{|\boldsymbol{s}|}\sin^2\frac{\alpha}{2}\\
&=\boldsymbol{r}\cos\alpha+(1-\cos\alpha)(\boldsymbol{r}\cdot\boldsymbol{s})\frac{\boldsymbol{s}}{|\boldsymbol{s}|^2}+\left(\frac{\boldsymbol{s}}{|\boldsymbol{s}|}\times\boldsymbol{r}\right)\sin\alpha
\end{aligned}\tag{6.57}$$

比较式(6.55)和式(6.57),两者是完全相同的。因此,绕定点矢量旋转可以用四元数变换来表示,式(6.57)的变换称为旋转变换。

注:式(6.55)和式(6.57)可以表示成如下形式:

$$\boldsymbol{r}'=\left[\cos\alpha\boldsymbol{I}_3+(1-\cos\alpha)\frac{\boldsymbol{s}\boldsymbol{s}^{\mathrm{T}}}{|\boldsymbol{s}|^2}+\left(\frac{\boldsymbol{s}}{|\boldsymbol{s}|}\times\right)\sin\alpha\right]\boldsymbol{r}\tag{6.58}$$

其中,式(6.58)与第5章的Euler-Rodrigues公式(5.82)表示的旋转变换表达式是一致的。

如果令

$$\boldsymbol{r}=r_1i+r_2j+r_3k\tag{6.59}$$

$$\boldsymbol{r}'=r_1'i+r_2'j+r_3'k\tag{6.60}$$

$$q=q_1i+q_2j+q_3k+q_0\tag{6.61}$$

利用旋转变换式(6.57),可得 $\boldsymbol{r}$ 和 $\boldsymbol{r}'$ 各分量之间的关系:

$$\begin{cases} r_1' = \dfrac{q_0^2+q_1^2-q_2^2-q_3^2}{\|q\|}r_1 + \dfrac{2(q_1q_2-q_0q_3)}{\|q\|}r_2 + \dfrac{2(q_1q_3+q_0q_2)}{\|q\|}r_3 \\ r_2' = \dfrac{2(q_1q_2+q_0q_3)}{\|q\|}r_1 + \dfrac{q_0^2-q_1^2+q_2^2-q_3^2}{\|q\|}r_2 + \dfrac{2(q_2q_3-q_0q_1)}{\|q\|}r_3 \\ r_3' = \dfrac{2(q_1q_3-q_0q_2)}{\|q\|}r_1 + \dfrac{2(q_2q_3+q_0q_1)}{\|q\|}r_2 + \dfrac{q_0^2-q_1^2-q_2^2+q_3^2}{\|q\|}r_3 \end{cases} \tag{6.62}$$

当旋转变换四元数 q 是规范四元数时，$\|q\|=1$，则可以用共轭四元数来代替逆四元数。此时有

$$\boldsymbol{r}'=q\boldsymbol{r}q^* \tag{6.63}$$

$$q=\cos\frac{\alpha}{2}+\boldsymbol{\zeta}\sin\frac{\alpha}{2} \tag{6.64}$$

$$q^*=\cos\frac{\alpha}{2}-\boldsymbol{\zeta}\sin\frac{\alpha}{2} \tag{6.65}$$

则两矢量 $\boldsymbol{r}'$ 和 $\boldsymbol{r}$ 的各分量之间的关系可以用矩阵形式来表示：

$$\begin{pmatrix} r_1' \\ r_2' \\ r_3' \end{pmatrix} = \begin{pmatrix} q_0^2+q_1^2-q_2^2-q_3^2 & 2(q_1q_2-q_0q_3) & 2(q_1q_3+q_0q_2) \\ 2(q_1q_2+q_0q_3) & q_0^2-q_1^2+q_2^2-q_3^2 & 2(q_2q_3-q_0q_1) \\ 2(q_1q_3-q_0q_2) & 2(q_2q_3+q_0q_1) & q_0^2-q_1^2-q_2^2+q_3^2 \end{pmatrix} \begin{pmatrix} r_1 \\ r_2 \\ r_3 \end{pmatrix} \tag{6.66}$$

形式 $q()q^*$ 称为旋转算子。它确定角为 α 的旋转。

如果将 q 换为 $-q$，因 $(-q)^*=-q^*$，故旋转算子 $(-q)()(-q)^*$ 和 $q()q^*$ 给出相同结果。实际上，因

$$-q=\cos\left(\pi-\frac{\alpha}{2}\right)+(-\boldsymbol{\zeta})\sin\left(\pi-\frac{\alpha}{2}\right) \tag{6.67}$$

表示绕 $-\boldsymbol{\zeta}$ 轴旋转 $(2\pi-\alpha)$，故结果相同。

因 $q^*q()q^*q=1()1$，故旋转算子 $q^*()q$ 给出角度为 α 的反向旋转。因为

$$q^*=\cos\frac{\alpha}{2}-\boldsymbol{\zeta}\sin\frac{\alpha}{2}=\cos\left(-\frac{\alpha}{2}\right)+\boldsymbol{\zeta}\sin\left(-\frac{\alpha}{2}\right) \tag{6.68}$$

如果规范四元数 q 给出以角度 α 绕轴 $\boldsymbol{\zeta}$ 的旋转，而规范四元数 p 给出以角度 β 绕轴 μ 的旋转，则顺序旋转 q 和 p 相应于算子

$$pq()q^*p^*=(pq)()(pq)^* \tag{6.69}$$

因为 pq 也是规范四元数，如令

$$pq=\cos\frac{\psi}{2}+\boldsymbol{\gamma}\sin\frac{\psi}{2} \tag{6.70}$$

则两次顺序旋转的结果与以角度 ψ 绕轴 $\boldsymbol{\gamma}$ 的一次旋转是等价的。更一般的情况是：顺序旋转 $\lambda_1,\lambda_2,\lambda_3,\cdots,\lambda_n$ 和一次旋转 $(\lambda_n\lambda_{n-1}\cdots\lambda_1)$ 是等价的。

根据式(6.64)，绕 x 轴、y 轴和 z 轴分别旋转 α、β、γ 角度的基本旋转四元数可表示如下：

$$q_x(\alpha)=\sin\frac{\alpha}{2}i+\cos\frac{\alpha}{2} \tag{6.71}$$

$$q_y(\beta)=\sin\frac{\beta}{2}j+\cos\frac{\beta}{2} \tag{6.72}$$

$$q_z(\gamma)=\sin\frac{\gamma}{2}k+\cos\frac{\gamma}{2} \tag{6.73}$$

6.6 用四元数变换来表示坐标变换

研究具有单位矢量 $\boldsymbol{e}_1$、$\boldsymbol{e}_2$、$\boldsymbol{e}_3$ 的直角坐标系$\{E\}$和以单位矢量 $\boldsymbol{i}_1$、$\boldsymbol{i}_2$、$\boldsymbol{i}_3$ 为轴的坐标系$\{I\}$之间的坐标变换。

如图 6.3 所示，设坐标系$\{I\}$中某一不变矢量

$$\boldsymbol{r}=r_1\boldsymbol{i}_1+r_2\boldsymbol{i}_2+r_3\boldsymbol{i}_3$$

如果将坐标系$\{I\}$转到坐标系$\{E\}$，此时矢量 $\boldsymbol{r}$ 随坐标系一起旋转成 $\boldsymbol{r}'$，它在原坐标系$\{I\}$中的分量为

$$\boldsymbol{r}'=r_1'\boldsymbol{i}_1+r_2'\boldsymbol{i}_2+r_3'\boldsymbol{i}_3 \tag{6.74}$$

则 r_1'、r_2'、r_3'与 r_1、r_2、r_3 之间的关系由式(6.66)确定。

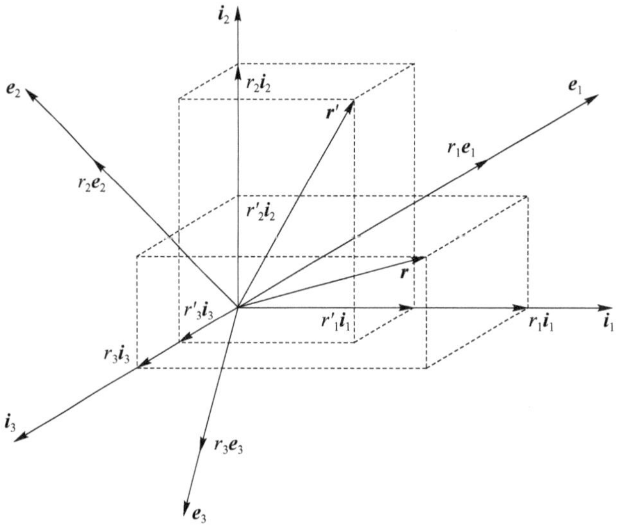

图 6.3 坐标系$\{E\}$和$\{I\}$的关系示意图

如果规范四元数 q 为旋转四元数，则由式(6.66)两边转置可得

$$(r_1' \quad r_2' \quad r_3')=(r_1 \quad r_2 \quad r_3)\begin{pmatrix} q_0^2+q_1^2-q_2^2-q_3^2 & 2(q_1q_2+q_0q_3) & 2(q_1q_3-q_0q_2) \\ 2(q_1q_2-q_0q_3) & q_0^2-q_1^2+q_2^2-q_3^2 & 2(q_2q_3+q_0q_1) \\ 2(q_1q_3+q_0q_2) & 2(q_2q_3-q_0q_1) & q_0^2-q_1^2-q_2^2+q_3^2 \end{pmatrix} \tag{6.75}$$

即

$$(r_1' \quad r_2' \quad r_3')\begin{pmatrix}\boldsymbol{i}_1\\ \boldsymbol{i}_2\\ \boldsymbol{i}_3\end{pmatrix}=(r_1 \quad r_2 \quad r_3)\begin{pmatrix} q_0^2+q_1^2-q_2^2-q_3^2 & 2(q_1q_2+q_0q_3) & 2(q_1q_3-q_0q_2) \\ 2(q_1q_2-q_0q_3) & q_0^2-q_1^2+q_2^2-q_3^2 & 2(q_2q_3+q_0q_1) \\ 2(q_1q_3+q_0q_2) & 2(q_2q_3-q_0q_1) & q_0^2-q_1^2-q_2^2+q_3^2 \end{pmatrix}\begin{pmatrix}\boldsymbol{i}_1\\ \boldsymbol{i}_2\\ \boldsymbol{i}_3\end{pmatrix} \tag{6.76}$$

因为 $\boldsymbol{r}$ 是不变矢量，随坐标系$\{I\}$转成 $\boldsymbol{r}'$，则 $\boldsymbol{r}'$对坐标系$\{E\}$的分量与 $\boldsymbol{r}$ 对坐标系$\{I\}$的分量相同，即

$$\boldsymbol{r}'=(r_1' \quad r_2' \quad r_3')\begin{pmatrix}\boldsymbol{i}_1\\ \boldsymbol{i}_2\\ \boldsymbol{i}_3\end{pmatrix}=(r_1 \quad r_2 \quad r_3)\begin{pmatrix}\boldsymbol{e}_1\\ \boldsymbol{e}_2\\ \boldsymbol{e}_3\end{pmatrix} \tag{6.77}$$

将式(6.77)与式(6.76)比较，则

$$\begin{aligned}\begin{pmatrix}\boldsymbol{e}_1\\ \boldsymbol{e}_2\\ \boldsymbol{e}_3\end{pmatrix}&=\begin{pmatrix}q_0^2+q_1^2-q_2^2-q_3^2 & 2(q_1q_2+q_0q_3) & 2(q_1q_3-q_0q_2)\\ 2(q_1q_2-q_0q_3) & q_0^2-q_1^2+q_2^2-q_3^2 & 2(q_2q_3+q_0q_1)\\ 2(q_1q_3+q_0q_2) & 2(q_2q_3-q_0q_1) & q_0^2-q_1^2-q_2^2+q_3^2\end{pmatrix}\begin{pmatrix}\boldsymbol{i}_1\\ \boldsymbol{i}_2\\ \boldsymbol{i}_3\end{pmatrix}\\ &=\begin{pmatrix}r_{11} & r_{12} & r_{13}\\ r_{21} & r_{22} & r_{23}\\ r_{31} & r_{32} & r_{33}\end{pmatrix}\begin{pmatrix}\boldsymbol{i}_1\\ \boldsymbol{i}_2\\ \boldsymbol{i}_3\end{pmatrix}=\boldsymbol{R}\begin{pmatrix}\boldsymbol{i}_1\\ \boldsymbol{i}_2\\ \boldsymbol{i}_3\end{pmatrix}\end{aligned} \tag{6.78}$$

式(6.78)表示坐标系$\{E\}$与坐标系$\{I\}$之间的关系。通过四元数 q 写出了它们之间的方向余弦阵。它表示两坐标系单位矢量之间的关系，即坐标变换。如果用 R_E 表示联系于坐标系$\{E\}$的四元数，R_I 表示联系于坐标系$\{I\}$的四元数，则坐标变换可以用如下的四元数形式表示之：

$$R_E=q^*R_Iq \tag{6.79}$$

而式(6.66)则是表示对同一坐标系，不变矢量旋转后，其分量之间的关系。可以看出，两变换矩阵是互为转置的。

如果考虑到变换四元数

$$q=|\boldsymbol{s}|\left(\cos\frac{\alpha}{2}+\frac{\boldsymbol{s}}{|\boldsymbol{s}|}\sin\frac{\alpha}{2}\right)$$

如果令$|\boldsymbol{s}|=1$，则

$$q=\cos\frac{\alpha}{2}+\boldsymbol{s}\sin\frac{\alpha}{2}=q_0+q_1i+q_2j+q_3k \tag{6.82}$$

矢量 $\boldsymbol{s}$ 即是欧拉轴方向的单位矢量，设在所研究的坐标系上(例如坐标系$\{I\}$)的分量为 s_1、s_2、s_3，则

$$q_0=\cos\frac{\alpha}{2},\quad q_1=s_1\sin\frac{\alpha}{2},\quad q_2=s_2\sin\frac{\alpha}{2},\quad q_3=s_3\sin\frac{\alpha}{2} \tag{6.83}$$

将式(6.83)代入式(6.78)，可得

$$\begin{pmatrix}r_{11} & r_{12} & r_{13}\\ r_{21} & r_{22} & r_{23}\\ r_{31} & r_{32} & r_{33}\end{pmatrix}=\begin{pmatrix}s_1^2\operatorname{vers}\alpha+c\alpha & s_1s_2\operatorname{vers}\alpha-s_3s\alpha & s_1s_3\operatorname{vers}\alpha+s_2s\alpha\\ s_1s_2\operatorname{vers}\alpha+E_3s\alpha & s_2^2\operatorname{vers}\alpha+c\alpha & s_2s_3\operatorname{vers}\alpha-s_1s\alpha\\ s_1s_3\operatorname{vers}\alpha-E_2s\alpha & s_2s_3\operatorname{vers}\alpha+s_1s\alpha & s_3^2\operatorname{vers}\alpha+c\alpha\end{pmatrix} \tag{6.84}$$

式中，$\operatorname{vers}\alpha=1-\cos\alpha$，$s\alpha=\sin\alpha$，$c\alpha=\cos\alpha$。

根据式(6.84)，使用下面的步骤可以得到规范四元数各个元素的值。

第一步，取 $\boldsymbol{R}$ 的主对角线上 3 个元素(迹)的和，根据规范四元数定义得到

$$\operatorname{tr}(\boldsymbol{R})=r_{11}+r_{22}+r_{33}=1+2\cos\alpha \tag{6.85}$$

故有

$$\cos\alpha=\frac{1}{2}(r_{11}+r_{22}+r_{33}-1) \tag{6.86}$$

第二步，把 $\boldsymbol{R}$ 转置相减，消去对称项，只剩反对称项，得到

$$\boldsymbol{M}=\boldsymbol{R}-\boldsymbol{R}^{\mathrm{T}}=\begin{pmatrix} 0 & -s_3 s\alpha & s_2 s\alpha \\ s_3 s\alpha & 0 & -s_1 s\alpha \\ -s_2 s\alpha & s_1 s\alpha & 0 \end{pmatrix} \tag{6.87}$$

取矩阵元素 $\boldsymbol{M}(3,2)$、$\boldsymbol{M}(1,3)$、$\boldsymbol{M}(2,1)$，分别为 $s_1 s\alpha$、$s_2 s\alpha$、$s_3 s\alpha$，故

$$s_1=\frac{r_{23}-r_{32}}{2s\alpha}, s_2=\frac{r_{31}-r_{13}}{2s\alpha}, s_3=\frac{r_{12}-r_{21}}{2s\alpha} \tag{6.88}$$

将式(6.86)代入式(6.88)得到

$$\begin{cases} s_1=\dfrac{r_{23}-r_{32}}{\sqrt{4-(1-r_{11}-r_{22}-r_{33})^2}} \\ s_2=\dfrac{r_{31}-r_{13}}{\sqrt{4-(1-r_{11}-r_{22}-r_{33})^2}} \\ s_3=\dfrac{r_{12}-r_{21}}{\sqrt{4-(1-r_{11}-r_{22}-r_{33})^2}} \end{cases} \tag{6.89}$$

由式(6.89)所确定的四元数分量称为 Rodrigues-Hamilton 参数。

6.7 转动的相加和连续的坐标变换

上一节研究了矢量旋转和坐标系变换的四元数表示法。本节进一步研究连续的矢量旋转和连续的坐标变换的运算方法。

我们已经知道，矩阵的乘法对应于转动相加，如果第一次转动将矢量 $\boldsymbol{r}$ 转成 $\boldsymbol{r}'$，由矩阵 $\boldsymbol{A}$ 给定

$$\boldsymbol{r}'=\boldsymbol{A}\boldsymbol{r} \tag{6.90}$$

其四元数表示为

$$\boldsymbol{r}'=q\boldsymbol{r}q^* \tag{6.91}$$

式中，

$$q=\cos\frac{\alpha_1}{2}+\boldsymbol{\zeta}_1\sin\frac{\alpha_1}{2} \tag{6.92}$$

第二次转动将矢量 $\boldsymbol{r}'$ 转成 $\boldsymbol{r}''$，由矩阵 $\boldsymbol{B}$ 给定

$$\boldsymbol{r}''=\boldsymbol{B}\boldsymbol{r}'=\boldsymbol{B}\boldsymbol{A}\boldsymbol{r}=\boldsymbol{C}\boldsymbol{r} \tag{6.93}$$

其四元数表示为

$$\boldsymbol{r}''=p\boldsymbol{r}'p^*=(pq)\boldsymbol{r}(pq)^*=\lambda\boldsymbol{r}\lambda^* \tag{6.94}$$

式中，

$$p=\cos\frac{\alpha_2}{2}+\boldsymbol{\zeta}_2\sin\frac{\alpha_2}{2} \tag{6.95}$$

$$\lambda=\cos\frac{\alpha_{12}}{2}+\boldsymbol{\zeta}_{12}\sin\frac{\alpha_{12}}{2} \tag{6.96}$$

根据式(6.35)，将 $\lambda=pq$ 表示为矩阵相乘的形式，有

$$\lambda = pq = \begin{pmatrix} \lambda_1 \\ \lambda_2 \\ \lambda_3 \\ \lambda_0 \end{pmatrix} = \begin{pmatrix} p_0 & -p_3 & p_2 & p_1 \\ p_3 & p_0 & -p_1 & p_2 \\ -p_2 & p_1 & p_0 & p_3 \\ -p_1 & -p_2 & -p_3 & p_0 \end{pmatrix} \begin{pmatrix} q_1 \\ q_2 \\ q_3 \\ q_0 \end{pmatrix} = \begin{pmatrix} q_0 & q_3 & -q_2 & q_1 \\ -q_3 & q_0 & q_1 & q_2 \\ q_2 & -q_1 & q_0 & q_3 \\ -q_1 & -q_2 & -q_3 & q_0 \end{pmatrix} \begin{pmatrix} p_1 \\ p_2 \\ p_3 \\ p_0 \end{pmatrix} \tag{6.97}$$

接下来研究连续的坐标变换。与矢量转动相类似，设矢量 $\boldsymbol{r}_A$ 联系于坐标系$\{A\}$，即

$$\boldsymbol{r}_A = r_1 \boldsymbol{i}_{1A} + r_2 \boldsymbol{i}_{2A} + r_3 \boldsymbol{i}_{3A} \tag{6.98}$$

将坐标系$\{A\}$转至坐标系$\{B\}$，且令

$$\boldsymbol{r}_B = r_1 \boldsymbol{i}_{1B} + r_2 \boldsymbol{i}_{2B} + r_3 \boldsymbol{i}_{3B} \tag{6.99}$$

则有

$$\boldsymbol{r}_B = q^* \boldsymbol{r}_A q \tag{6.100}$$

式中，q 为把坐标系$\{A\}$转成坐标系$\{B\}$的四元数。

如果再将坐标系$\{B\}$转至坐标系$\{C\}$的四元数为 p，且令

$$\boldsymbol{r}_C = r_1 \boldsymbol{i}_{1C} + r_2 \boldsymbol{i}_{2C} + r_3 \boldsymbol{i}_{3C} \tag{6.101}$$

则有

$$\boldsymbol{r}_C = p^* \boldsymbol{r}_B p = p^* q^* \boldsymbol{r}_A q p = (qp)^* \boldsymbol{r}_A (qp) \tag{6.102}$$

如果设将坐标系$\{A\}$转至坐标系$\{C\}$的四元数为 λ，则有

$$\boldsymbol{r}_C = \lambda^* \boldsymbol{r}_A \lambda \tag{6.103}$$

根据式(6.35)，将 $\lambda = qp$ 表示为矩阵相乘的形式，有

$$\lambda = qp = \begin{pmatrix} \lambda_1 \\ \lambda_2 \\ \lambda_3 \\ \lambda_0 \end{pmatrix} = \begin{pmatrix} q_0 & -q_3 & q_2 & q_1 \\ q_3 & q_0 & -q_1 & q_2 \\ -q_2 & q_1 & q_0 & q_3 \\ -q_1 & -q_2 & -q_3 & q_0 \end{pmatrix} \begin{pmatrix} p_1 \\ p_2 \\ p_3 \\ p_0 \end{pmatrix} = \begin{pmatrix} p_0 & p_3 & -p_2 & p_1 \\ -p_3 & p_0 & p_1 & p_2 \\ p_2 & -p_1 & p_0 & p_3 \\ -p_1 & -p_2 & -p_3 & p_0 \end{pmatrix} \begin{pmatrix} q_1 \\ q_2 \\ q_3 \\ q_0 \end{pmatrix} \tag{6.104}$$

比较式(6.97)和式(6.104)，可以看出矢量旋转和坐标变换的区别在于四元数乘积因子互相交换，而从矩阵表示的形式上来看，该矩阵互为转置。

令

$$Q_{BA} = \begin{pmatrix} q_1 \\ q_2 \\ q_3 \\ q_0 \end{pmatrix}, Q_{CB} = \begin{pmatrix} p_1 \\ p_2 \\ p_3 \\ p_0 \end{pmatrix}, Q_{CA} = \begin{pmatrix} \lambda_1 \\ \lambda_2 \\ \lambda_3 \\ \lambda_0 \end{pmatrix} \tag{6.105}$$

则通过哈密顿算符，有

$$Q_{CA} = [\boldsymbol{H}_{CB}(p)] Q_{BA} = [\boldsymbol{G}_{BA}(q)] Q_{CB} \tag{6.106}$$

如果有四个坐标系如下：

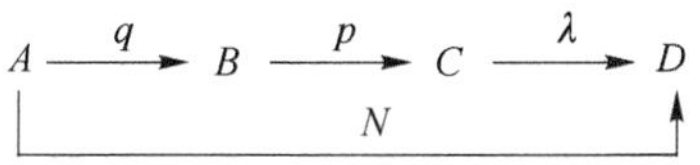

则

$$
\begin{aligned}
Q_{DA} &= [\boldsymbol{H}_{DC}(\lambda)][\boldsymbol{H}_{CB}(p)]Q_{BA}(q) \\
&= [\boldsymbol{G}_{BA}(q)][\boldsymbol{G}_{CB}(p)]Q_{DC}(\lambda) \\
&= [\boldsymbol{H}_{DC}(\lambda)][\boldsymbol{G}_{BA}(q)]Q_{CB}(p) \\
&= [\boldsymbol{G}_{BA}(q)][\boldsymbol{H}_{DC}(\lambda)]Q_{CB}(p)
\end{aligned}
\tag{6.107}
$$

故

$$
[\boldsymbol{H}_{DC}(\lambda)][\boldsymbol{G}_{BA}(q)] = [\boldsymbol{G}_{BA}(q)][\boldsymbol{H}_{DC}(\lambda)] \tag{6.108}
$$

利用上面所述的连续坐标变换公式，可以建立变换四元数与欧拉角（z-y-x）之间的关系。

如图 6.4 所示，设坐标系 $ox_0y_0z_0$ 通过 φ、ψ、γ 转到坐标系 $ox_1y_1z_1$，其转换次序如下：

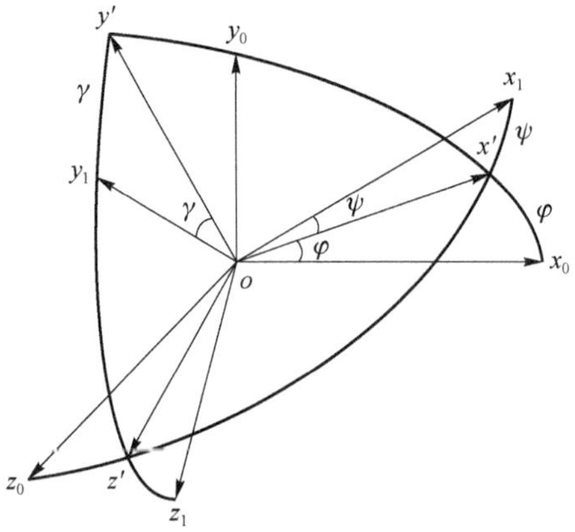

图 6.4　体坐标系与惯性坐标系关系图

$$
\underset{(A)}{ox_0y_0z_0} \xrightarrow[\varphi]{\boldsymbol{\Phi}} \underset{(B)}{ox'y'z_0} \xrightarrow[\psi]{\boldsymbol{\Psi}} \underset{(C)}{ox_1y'z'} \xrightarrow[\gamma]{\boldsymbol{\Gamma}} \underset{(D)}{ox_1y_1z_1}
$$

$$
(A) \xrightarrow{\quad N \quad} (D)
$$

其对应的四元数为 $\boldsymbol{\Phi}$、$\boldsymbol{\Psi}$、$\boldsymbol{\Gamma}$，则

$$
\boldsymbol{\Phi} = \cos\frac{\varphi}{2} + \boldsymbol{i}_{3A}\sin\frac{\varphi}{2}, \quad Q_{BA} = \left(0, 0, \sin\frac{\varphi}{2}, \cos\frac{\varphi}{2}\right)^{\mathrm{T}}
$$

$$
\boldsymbol{\Psi} = \cos\frac{\psi}{2} + \boldsymbol{i}_{2B}\sin\frac{\psi}{2}, \quad Q_{CB} = \left(0, \sin\frac{\psi}{2}, 0, \cos\frac{\psi}{2}\right)^{\mathrm{T}}
$$

$$
\boldsymbol{\Gamma} = \cos\frac{\gamma}{2} + \boldsymbol{i}_{1C}\sin\frac{\gamma}{2}, \quad Q_{DC} = \left(\sin\frac{\gamma}{2}, 0, 0, \cos\frac{\gamma}{2}\right)^{\mathrm{T}}
$$

$$
Q_{DA}(N) = (N_1, N_2, N_3, N_0)^{\mathrm{T}}
$$

因 $N = \boldsymbol{\Phi\Psi\Gamma}$，

$$\begin{pmatrix}N_1\\N_2\\N_3\\N_0\end{pmatrix}=\begin{pmatrix}\cos\frac{\gamma}{2} & 0 & 0 & \sin\frac{\gamma}{2}\\ 0 & \cos\frac{\gamma}{2} & \sin\frac{\gamma}{2} & 0\\ 0 & -\sin\frac{\gamma}{2} & \cos\frac{\gamma}{2} & 0\\ -\sin\frac{\gamma}{2} & 0 & 0 & \cos\frac{\gamma}{2}\end{pmatrix}\begin{pmatrix}\cos\frac{\psi}{2} & 0 & -\sin\frac{\psi}{2} & 0\\ 0 & \cos\frac{\psi}{2} & 0 & \sin\frac{\psi}{2}\\ \sin\frac{\psi}{2} & 0 & \cos\frac{\psi}{2} & 0\\ 0 & -\sin\frac{\psi}{2} & 0 & \cos\frac{\psi}{2}\end{pmatrix}\begin{pmatrix}0\\0\\\sin\frac{\varphi}{2}\\\cos\frac{\varphi}{2}\end{pmatrix}$$

$$=\begin{pmatrix}\sin\frac{\gamma}{2}\cos\frac{\psi}{2}\cos\frac{\varphi}{2}-\cos\frac{\gamma}{2}\sin\frac{\psi}{2}\sin\frac{\varphi}{2}\\ \cos\frac{\gamma}{2}\sin\frac{\psi}{2}\cos\frac{\varphi}{2}+\sin\frac{\gamma}{2}\cos\frac{\psi}{2}\sin\frac{\varphi}{2}\\ -\sin\frac{\gamma}{2}\sin\frac{\psi}{2}\cos\frac{\varphi}{2}+\cos\frac{\gamma}{2}\cos\frac{\psi}{2}\sin\frac{\varphi}{2}\\ \cos\frac{\gamma}{2}\cos\frac{\psi}{2}\cos\frac{\varphi}{2}+\sin\frac{\gamma}{2}\sin\frac{\psi}{2}\sin\frac{\varphi}{2}\end{pmatrix}\tag{6.109}$$

反过来，亦可以用四元数 N_0、N_1、N_2、N_3 来表示欧拉角 φ、ψ、γ。根据式(6.78)以及欧拉变换矩阵表达式有

$$\boldsymbol{r}=\begin{pmatrix}N_0^2+N_1^2-N_2^2-N_3^2 & 2(N_1N_2+N_0N_3) & 2(N_1N_3-N_0N_2)\\ 2(N_1N_2-N_0N_3) & N_0^2-N_1^2+N_2^2-N_3^2 & 2(N_2N_3+N_0N_1)\\ 2(N_1N_3+N_0N_2) & 2(N_2N_3-N_0N_1) & N_0^2-N_1^2-N_2^2+N_3^2\end{pmatrix}$$

$$\boldsymbol{r}=\begin{pmatrix}\cos\varphi\cos\psi & -\cos\psi\sin\varphi & \sin\psi\\ \sin\gamma\sin\psi\cos\varphi+\cos\gamma\sin\varphi & -\sin\gamma\sin\psi\sin\varphi+\cos\gamma\cos\varphi & -\sin\gamma\cos\psi\\ -\cos\gamma\sin\psi\cos\varphi+\sin\gamma\sin\varphi & \cos\gamma\sin\psi\sin\varphi+\sin\gamma\cos\varphi & \cos\gamma\cos\psi\end{pmatrix}$$

故

$$\begin{cases}\operatorname{tg}\varphi=\dfrac{-2(N_1N_2+N_0N_3)}{N_0^2+N_1^2-N_2^2-N_3^2}\\ \sin\psi=2(N_1N_3-N_0N_2)\\ \operatorname{tg}\gamma=\dfrac{-2(N_0N_1+N_2N_3)}{N_0^2-N_1^2-N_2^2+N_3^2}\\ N_0^2+N_1^2+N_2^2+N_3^2=1\end{cases}\tag{6.110}$$

上面表示的欧拉角变换是坐标变换。

6.8　四元数的复数形式

在实数形式下，四元数的各个部分往往包括旋转角度的正弦和余弦函数。在公式的处理中，为了避免引入超越方程，可以把正弦和余弦看作两个具有平方和为 1 的变量，使其成为多项式方程。但是，一个角度变量用两个正弦、余弦变量代替，增加了变量的数量。如果

采用半角正切，则可以化正弦、余弦函数为单变量函数，但是要引入分式，在去分母的过程中很容易引入增根。为了避免这些缺点，可以采用角度的复指数形式来表示正弦、余弦，这样做既可以把正弦、余弦化为单变量函数，又不引入分式，是一个理想的方法。但缺点是要引入复数。与此同时，实数形式的四元数就显得不适应这种变化，所以引入复数形式的四元数就显得顺理成章。接下来来介绍复数形式四元数的推导过程。

Clifford 代数 Cl(4,1,0)中，包含 5 个正交基$\{\boldsymbol{e}_1,\boldsymbol{e}_2,\boldsymbol{e}_3,\boldsymbol{e}_+,\boldsymbol{e}_-\}$，满足以下条件：

$$\boldsymbol{e}_1^2=\boldsymbol{e}_2^2=\boldsymbol{e}_3^2=\boldsymbol{e}_+^2=1,\boldsymbol{e}_-^2=-1,\boldsymbol{e}_i\boldsymbol{e}_j=-\boldsymbol{e}_j\boldsymbol{e}_i,\quad \forall i,j=1,2,3,+,-,i\neq j \tag{6.111}$$

引入两个正交 null 向量 $\boldsymbol{e}_0$ 和 $\boldsymbol{e}_\infty$，

$$\boldsymbol{e}_\infty=\boldsymbol{e}_++\boldsymbol{e}_-,\quad \boldsymbol{e}_0=\frac{\boldsymbol{e}_--\boldsymbol{e}_+}{2} \tag{6.112}$$

则

$$\boldsymbol{e}_0^2=\boldsymbol{e}_\infty^2=0 \tag{6.113}$$

式中，$\boldsymbol{e}_0$ 表示 Cl(4,1,0)的原点，$\boldsymbol{e}_\infty$是 Cl(4,1,0)的无穷远点。

四元数 $q=q_1i+q_2j+q_3k+q_0$ 对应 Cl(4,1,0)中的元素：

$$q=q_1\boldsymbol{e}_{23}+q_2\boldsymbol{e}_{13}+q_3\boldsymbol{e}_{12}+q_0 \tag{6.114}$$

其中，$\boldsymbol{e}_{ij}=\boldsymbol{e}_i\boldsymbol{e}_j$。

根据式(6.111)，有 $\boldsymbol{e}_{23}^2=\boldsymbol{e}_{13}^2=\boldsymbol{e}_{12}^2=\boldsymbol{e}_{23}\boldsymbol{e}_{13}\boldsymbol{e}_{12}=-1,\boldsymbol{e}_{23}\boldsymbol{e}_{13}=\boldsymbol{e}_{12},\boldsymbol{e}_{12}\boldsymbol{e}_{23}=\boldsymbol{e}_{13},\boldsymbol{e}_{13}\boldsymbol{e}_{12}=\boldsymbol{e}_{23}$，$\boldsymbol{e}_{13}\boldsymbol{e}_{23}=-\boldsymbol{e}_{12}$，$\boldsymbol{e}_{23}\boldsymbol{e}_{12}=-\boldsymbol{e}_{13},\boldsymbol{e}_{12}\boldsymbol{e}_{13}=-\boldsymbol{e}_{23}$，其对应四元数的基 $i^2=j^2=k^2=ijk=-1,ij=k$，$jk=i,ki=j,ji=-k,kj=-i,ik=-j$，即 $i\mapsto\boldsymbol{e}_{23},j\mapsto\boldsymbol{e}_{13},k\mapsto\boldsymbol{e}_{12}$。

把四元数应用于$\{\boldsymbol{e}_{23},\boldsymbol{e}_{13}\}$张成的平面中的旋转，则生成元可以写为

$$\begin{aligned}R(\theta)&=\cos\theta+\sin\theta\boldsymbol{e}_{12}=\frac{\mathrm{e}^{\mathrm{i}\theta}+\mathrm{e}^{-\mathrm{i}\theta}}{2}+\frac{\mathrm{e}^{\mathrm{i}\theta}-\mathrm{e}^{-\mathrm{i}\theta}}{2\mathrm{i}}\boldsymbol{e}_{12}\\&=\mathrm{e}^{\mathrm{i}\theta}\left(\frac{1}{2}+\frac{\boldsymbol{e}_{12}}{2\mathrm{i}}\right)+\mathrm{e}^{-\mathrm{i}\theta}\left(\frac{1}{2}-\frac{\boldsymbol{e}_{12}}{2\mathrm{i}}\right)=\mathrm{e}^{\mathrm{i}\theta}\xi+\mathrm{e}^{-\mathrm{i}\theta}\eta\end{aligned} \tag{6.115}$$

其中出现的以下这两个元素很重要：

$$\xi=\frac{1}{2}+\frac{\boldsymbol{e}_{12}}{2\mathrm{i}},\quad \eta=\frac{1}{2}-\frac{\boldsymbol{e}_{12}}{2\mathrm{i}} \tag{6.116}$$

根据式(6.115)，得到复数形式的平面四元数为

$$R(\theta)=(\xi,\eta)(X_q,\overline{X}_q)^{\mathrm{T}} \tag{6.117}$$

其中，$X_q=\mathrm{e}^{\mathrm{i}\theta}=\cos\theta+\mathrm{i}\sin\theta,\overline{X}_q=\mathrm{e}^{-\mathrm{i}\theta}=\cos\theta-\mathrm{i}\sin\theta$。

根据式(6.116)，可以得到

$$\xi+\eta=1 \tag{6.118}$$

$$\xi-\eta=\frac{\boldsymbol{e}_{12}}{\mathrm{i}} \tag{6.119}$$

$$\boldsymbol{e}_{12}=\mathrm{i}(\xi-\eta) \tag{6.120}$$

并且，根据 $\boldsymbol{e}_{12}^2=-1$，得到

$$\xi^2=\left(\frac{1}{2}+\frac{\boldsymbol{e}_{12}}{2\mathrm{i}}\right)^2=\left(\frac{1}{2}\right)^2+\left(\frac{\boldsymbol{e}_{12}}{2\mathrm{i}}\right)^2+2\left(\frac{1}{2}\right)\left(\frac{\boldsymbol{e}_{12}}{2\mathrm{i}}\right)=\frac{1}{2}+\frac{\boldsymbol{e}_{12}}{2\mathrm{i}}=\xi \tag{6.121}$$

同理，

$$\eta^2=\left(\frac{1}{2}-\frac{\boldsymbol{e}_{12}}{2\mathrm{i}}\right)^2=\left(\frac{1}{2}\right)^2+\left(\frac{\boldsymbol{e}_{12}}{2\mathrm{i}}\right)^2-2\left(\frac{1}{2}\right)\left(\frac{\boldsymbol{e}_{12}}{2\mathrm{i}}\right)=\frac{1}{2}-\frac{\boldsymbol{e}_{12}}{2\mathrm{i}}=\eta \tag{6.122}$$

$$\xi\eta=\eta\xi=0 \tag{6.123}$$

另外，通过计算可以得到

$$\xi\boldsymbol{e}_{12}=\boldsymbol{e}_{12}\xi,\quad \eta\boldsymbol{e}_{12}=\boldsymbol{e}_{12}\eta \tag{6.124}$$

式(6.124)表示交换性交换。但是

$$\xi\boldsymbol{e}_{23}=\boldsymbol{e}_{23}\eta,\xi\boldsymbol{e}_{13}=\boldsymbol{e}_{13}\eta,\eta\boldsymbol{e}_{23}=\boldsymbol{e}_{23}\xi,\eta\boldsymbol{e}_{13}=\boldsymbol{e}_{13}\xi \tag{6.125}$$

式(6.125)表示另外一种交换性，在交换后 ξ、η 也要对换。

我们将式(6.115)在三维空间中进行推广。根据 Clifford 代数的运算规则，式(6.111)和 ξ、η 的定义式(6.116)，可以得到

$$\xi\boldsymbol{e}_{23}=\left(\frac{1}{2}+\frac{\boldsymbol{e}_{12}}{2\mathrm{i}}\right)\boldsymbol{e}_{23}=\frac{\boldsymbol{e}_{23}}{2}+\frac{\boldsymbol{e}_{12}\boldsymbol{e}_{23}}{2\mathrm{i}}=\frac{\boldsymbol{e}_{23}}{2}+\frac{\boldsymbol{e}_{13}}{2\mathrm{i}}$$

$$\boldsymbol{e}_{23}\eta=\boldsymbol{e}_{23}\left(\frac{1}{2}-\frac{\boldsymbol{e}_{12}}{2\mathrm{i}}\right)=\frac{\boldsymbol{e}_{23}}{2}-\frac{\boldsymbol{e}_{23}\boldsymbol{e}_{12}}{2\mathrm{i}}=\frac{\boldsymbol{e}_{23}}{2}+\frac{\boldsymbol{e}_{13}}{2\mathrm{i}}=\xi\boldsymbol{e}_{23}$$

$$\xi\boldsymbol{e}_{23}=\xi^2\boldsymbol{e}_{23}=\xi\boldsymbol{e}_{23}\eta$$

因此，

$$\begin{aligned}\xi\boldsymbol{e}_{23}&=\boldsymbol{e}_{23}\eta=\xi\boldsymbol{e}_{23}\eta\\ \eta\boldsymbol{e}_{23}&=\boldsymbol{e}_{23}\xi=\eta\boldsymbol{e}_{23}\xi\\ \xi\boldsymbol{e}_{13}&=\boldsymbol{e}_{13}\eta=\xi\boldsymbol{e}_{13}\eta\\ \eta\boldsymbol{e}_{13}&=\boldsymbol{e}_{13}\xi=\eta\boldsymbol{e}_{13}\xi\end{aligned} \tag{6.126}$$

根据以上规律，由式(6.118)～式(6.120)，一个普通的四元数 $q=q_1\boldsymbol{e}_{23}+q_2\boldsymbol{e}_{13}+q_3\boldsymbol{e}_{12}+q_0$ 可以写为

$$q=(q_1\boldsymbol{e}_{23}+q_2\boldsymbol{e}_{13})\xi+(q_1\boldsymbol{e}_{23}+q_2\boldsymbol{e}_{13})\eta+q_3\mathrm{i}(\xi-\eta)+q_0(\xi+\eta) \tag{6.127}$$

并根据式(6.116)，有

$$\boldsymbol{e}_{23}\xi=\boldsymbol{e}_{23}\left(\frac{1}{2}+\frac{\boldsymbol{e}_{12}}{2\mathrm{i}}\right)=\frac{\boldsymbol{e}_{23}}{2}+\frac{\boldsymbol{e}_{23}\boldsymbol{e}_{12}}{2\mathrm{i}}=\frac{\boldsymbol{e}_{23}}{2}-\frac{\boldsymbol{e}_{13}}{2\mathrm{i}} \tag{6.128}$$

$$\boldsymbol{e}_{13}\xi=\boldsymbol{e}_{13}\left(\frac{1}{2}+\frac{\boldsymbol{e}_{12}}{2\mathrm{i}}\right)=\frac{\boldsymbol{e}_{13}}{2}+\frac{\boldsymbol{e}_{13}\boldsymbol{e}_{12}}{2\mathrm{i}}=\frac{\boldsymbol{e}_{13}}{2}+\frac{\boldsymbol{e}_{23}}{2\mathrm{i}} \tag{6.129}$$

$$\boldsymbol{e}_{23}\xi=\mathrm{i}\boldsymbol{e}_{13}\xi,\boldsymbol{e}_{13}\xi=-\mathrm{i}\boldsymbol{e}_{23}\xi \tag{6.130}$$

把式(6.130)代入式(6.127)中的第 1 项，得到

$$\begin{aligned}(q_1\boldsymbol{e}_{23}+q_2\boldsymbol{e}_{13})\xi&=(q_1\boldsymbol{e}_{23}-\mathrm{i}q_2\boldsymbol{e}_{23})\xi=(q_1-\mathrm{i}q_2)\boldsymbol{e}_{23}\xi\\ &=(\mathrm{i}q_1\boldsymbol{e}_{13}+q_2\boldsymbol{e}_{13})\xi=(q_2+\mathrm{i}q_1)\boldsymbol{e}_{13}\xi\end{aligned} \tag{6.131}$$

根据式(6.126)和式(6.131)，式(6.127)中的第 1 项有 6 种形式：

$$\begin{aligned}(q_1\boldsymbol{e}_{23}+q_2\boldsymbol{e}_{13})\xi&=(q_1-\mathrm{i}q_2)\boldsymbol{e}_{23}\xi=(q_1-\mathrm{i}q_2)\eta\boldsymbol{e}_{23}=(q_1-\mathrm{i}q_2)\eta\boldsymbol{e}_{23}\xi\\ &=(q_2+\mathrm{i}q_1)\boldsymbol{e}_{13}\xi=(q_2+\mathrm{i}q_1)\eta\boldsymbol{e}_{13}=(q_2+\mathrm{i}q_1)\eta\boldsymbol{e}_{13}\xi\end{aligned} \tag{6.132}$$

它们首先按照 $\boldsymbol{e}_{23}$、$\boldsymbol{e}_{13}$ 的乘积形式分为两类，再按照 ξ、η 在左、在右或在两边的情况再各分为 3 类。

同理，根据

$$\boldsymbol{e}_{23}\eta=\boldsymbol{e}_{23}\left(\frac{1}{2}-\frac{\boldsymbol{e}_{12}}{2\mathrm{i}}\right)=\frac{\boldsymbol{e}_{23}}{2}-\frac{\boldsymbol{e}_{23}\boldsymbol{e}_{12}}{2\mathrm{i}}=\frac{\boldsymbol{e}_{23}}{2}+\frac{\boldsymbol{e}_{13}}{2\mathrm{i}} \tag{6.133}$$

$$\boldsymbol{e}_{13}\eta=\boldsymbol{e}_{13}\left(\frac{1}{2}-\frac{\boldsymbol{e}_{12}}{2\mathrm{i}}\right)=\frac{\boldsymbol{e}_{13}}{2}-\frac{\boldsymbol{e}_{13}\boldsymbol{e}_{12}}{2\mathrm{i}}=\frac{\boldsymbol{e}_{13}}{2}-\frac{\boldsymbol{e}_{23}}{2\mathrm{i}} \tag{6.134}$$

得出

$$\boldsymbol{e}_{13}\eta=\mathrm{i}\boldsymbol{e}_{23}\eta,\quad \boldsymbol{e}_{23}\eta=-\mathrm{i}\boldsymbol{e}_{13}\eta \tag{6.135}$$

因此，式(6.127)中第 2 项也写为 6 种形式，也是按照 $\boldsymbol{e}_{23}$、$\boldsymbol{e}_{13}$ 的乘积形式分为两类，再按照 ξ、η 在左、在右或在两边再分为 3 类。

$$\begin{aligned}(q_1\boldsymbol{e}_{23}+q_2\boldsymbol{e}_{13})\eta&=(q_2-\mathrm{i}q_1)\boldsymbol{e}_{13}\eta=(q_2-\mathrm{i}q_1)\xi\boldsymbol{e}_{13}=(q_2-\mathrm{i}q_1)\xi\boldsymbol{e}_{13}\eta\\&=(q_1+\mathrm{i}q_2)\boldsymbol{e}_{23}\eta=(q_1+\mathrm{i}q_2)\xi\boldsymbol{e}_{23}=(q_1+\mathrm{i}q_2)\xi\boldsymbol{e}_{23}\eta\end{aligned} \tag{6.136}$$

于是四元数 q 可以写为以 $\{\eta\boldsymbol{e}_{23}\xi,\xi\boldsymbol{e}_{23}\eta,\xi,\eta\}$ 或 $\{\eta\boldsymbol{e}_{13}\xi,\xi\boldsymbol{e}_{13}\eta,\xi,\eta\}$ 为四个基的线性组合形式，但其系数为复数：

$$\begin{aligned}q&=q_1\boldsymbol{e}_{23}+q_2\boldsymbol{e}_{13}+q_3\boldsymbol{e}_{12}+q_0\\&=(q_1\boldsymbol{e}_{23}+q_2\boldsymbol{e}_{13})\xi+(q_1\boldsymbol{e}_{23}+q_2\boldsymbol{e}_{13})\eta+q_3\mathrm{i}(\xi-\eta)+q_0(\xi+\eta)\\&=(q_1-\mathrm{i}q_2)\eta\boldsymbol{e}_{23}\xi+(q_1+\mathrm{i}q_2)\xi\boldsymbol{e}_{23}\eta+(q_0+q_3\mathrm{i})\xi+(q_0-q_3\mathrm{i})\eta\\&=(q_2+\mathrm{i}q_1)\eta\boldsymbol{e}_{13}\xi+(q_2-\mathrm{i}q_1)\xi\boldsymbol{e}_{13}\eta+(q_0+q_3\mathrm{i})\xi+(q_0-q_3\mathrm{i})\eta\end{aligned} \tag{6.137}$$

注意到 q 中后两项即 ξ、η 项只有一种写法，但是前面两项每项都有 6 种写法，所以共有 36 种写法，其中有 ξ、η 全在左面的，也有全在右面的，也有在两边的。这对于它们参与左乘或右乘时的化简是非常有意义的。由于四元数乘法有结合律，把 ξ、η 夹在两个四元数中间相乘，则可以利用前面的公式进行化简。q 中后两项只是 ξ、η，不存在左乘、右乘的问题，左乘、右乘都可以直接进行运算。

四元数 $Q_1=A_1\eta\boldsymbol{e}_{23}\xi+B_1\xi\boldsymbol{e}_{23}\eta+C_1\xi+D_1\eta$ 和 $Q_2=A_2\eta\boldsymbol{e}_{23}\xi+B_2\xi\boldsymbol{e}_{23}\eta+C_2\xi+D_2\eta$ 相乘，其运算步骤为：

第 1 步，把 Q_1 按照右边的 ξ、η 进行分组，把 Q_2 按照左边的 ξ、η 进行分组；

第 2 步，按照中间的 ξ、η 部分各自相乘，因为它们交叉相乘为零；

第 3、4、5 步，把它们乘开，并按照乘法规则化简，仍然分为 $\eta\boldsymbol{e}_{23}\xi$、$\xi\boldsymbol{e}_{23}\eta$、$\xi$、$\eta$ 四部分。

$$\begin{aligned}Q&=Q_1Q_2\\&=(A_1\eta\boldsymbol{e}_{23}\xi+B_1\xi\boldsymbol{e}_{23}\eta+C_1\xi+D_1\eta)(A_2\eta\boldsymbol{e}_{23}\xi+B_2\xi\boldsymbol{e}_{23}\eta+C_2\xi+D_2\eta)\\&=[(A_1\eta\boldsymbol{e}_{23}\xi+C_1\xi)+(B_1\xi\boldsymbol{e}_{23}\eta+D_1\eta)][(B_2\xi\boldsymbol{e}_{23}\eta+C_2\xi)+(A_2\eta\boldsymbol{e}_{23}\xi+D_2\eta)]\\&=(A_1\eta\boldsymbol{e}_{23}\xi+C_1\xi)(B_2\xi\boldsymbol{e}_{23}\eta+C_2\xi)+(B_1\xi\boldsymbol{e}_{23}\eta+D_1\eta)(A_2\eta\boldsymbol{e}_{23}\xi+D_2\eta)\\&=(A_1B_2\eta\boldsymbol{e}_{23}\xi^2\boldsymbol{e}_{23}\eta+C_1B_2\xi^2\boldsymbol{e}_{23}\eta+A_1C_2\eta\boldsymbol{e}_{23}\xi^2+C_1C_2\xi^2)+\\&\quad(B_1A_2\xi\boldsymbol{e}_{23}\eta^2\boldsymbol{e}_{23}\xi+D_1A_2\eta^2\boldsymbol{e}_{23}\xi+B_1D_2\xi\boldsymbol{e}_{23}\eta^2+D_1D_2\eta^2)\\&=(-A_1B_2\eta+C_1B_2\xi\boldsymbol{e}_{23}\eta+A_1C_2\eta\boldsymbol{e}_{23}\xi+C_1C_2\xi)+\\&\quad(-B_1A_2\xi+D_1A_2\eta\boldsymbol{e}_{23}\xi+B_1D_2\xi\boldsymbol{e}_{23}\eta+D_1D_2\eta)\\&=(A_1C_2+D_1A_2)\eta\boldsymbol{e}_{23}\xi+(C_1B_2+B_1D_2)\xi\boldsymbol{e}_{23}\eta+(C_1C_2-B_1A_2)\xi+(D_1D_2-A_1B_2)\eta\end{aligned} \tag{6.138}$$

如果四元数 q 的四个系数都是实数，式(6.137)可以写为复数形式后变为两个复数及其共轭，即

$$q = q_1\boldsymbol{e}_{23} + q_2\boldsymbol{e}_{13} + q_3\boldsymbol{e}_{12} + q_0$$
$$= (q_1 - \mathrm{i}q_2)\eta\boldsymbol{e}_{23}\xi + (q_1 + \mathrm{i}q_2)\xi\boldsymbol{e}_{23}\eta + (q_0 + q_3\mathrm{i})\xi + (q_0 - q_3\mathrm{i})\eta \tag{6.139}$$
$$= Y_q\xi\boldsymbol{e}_{23}\eta + Y'_q\eta\boldsymbol{e}_{23}\xi + X_q\xi + X'_q\eta$$

其中，$Y_q = q_1 + q_2\mathrm{i}$，$X_q = q_0 + q_3\mathrm{i}$，$Y'_q = \overline{Y}_q$，$X'_q = \overline{X}_q$。

如果四元数 q 的四个系数为复数，则复数形式四元数的四个系数 X_q、Y_q、X'_q、Y'_q之间不再满足共轭关系，而是四个复数，但是前面的等式(6.137)仍然成立。

四元数 q 的共轭四元数 q^* 在新的基下可表示如下：

$$q^* = -q_1\boldsymbol{e}_{23} - q_2\boldsymbol{e}_{13} - q_3\boldsymbol{e}_{12} + q_0$$
$$= (-q_1 + \mathrm{i}q_2)\eta\boldsymbol{e}_{23}\xi + (-q_1 - \mathrm{i}q_2)\xi\boldsymbol{e}_{23}\eta + (q_0 - \mathrm{i}q_3)\xi + (q_0 + \mathrm{i}q_3)\eta \tag{6.140}$$
$$= (-q_2 - \mathrm{i}q_1)\eta\boldsymbol{e}_{13}\xi + (-q_2 + \mathrm{i}q_1)\xi\boldsymbol{e}_{13}\eta + (q_0 - q_3\mathrm{i})\xi + (q_0 + q_3\mathrm{i})\eta$$

如果四元数的四个系数都是实数，则其共轭四元数写为复数形式后仍然变为两个复数及其共轭。考查共轭四元数的复数形式，可以看到，只要把原四元数所有的矢量(包括所有的 $\boldsymbol{e}_{ij}$ 和 ξ、η)颠倒顺序，且把 ξ 和 η 交换即可，系数保持不变；或者四个基不变，把 $\eta\boldsymbol{e}_{23}\xi$、$\xi\boldsymbol{e}_{23}\eta$ 系数变号，把 ξ 和 η 系数交换即可。

两个四元数相乘，对于系数全是实数的情况，采用普通的算法，要进行 16 次乘法运算。采用复数形式，考查式(6.138)，要进行 8 次复数乘法；每次复数乘法相当于 4 次实数乘法，所以需要进行 32 次实数乘法。但是考查式(6.138)，复数形式表示实系数的四元数实际上没有必要计算全部 4 个系数，仅计算两个就够了，例如式(6.139)中的 X_q、Y_q，而它们的共轭则没有必要再计算。所以，实际上仍然是进行 16 次实数乘法。但是当系数是复数情况时，原来的计算方法必须计算 16 次复数乘法，而采用复数形式时，通过考查式(6.137)，可以发现只要进行 8 次复数乘法即可。

基于复数形式的四元数，严格证明了 6R 机器人位移反解结果为不超过 16 次的单变量方程，并且通过展开一个 6×6 的行列式，可以直接得到这个方程。此处不详细介绍该过程，在后面的章节中会具体介绍其求解过程。

6.9　四元数的复数矩阵形式

6.2 节中我们介绍了四元数的实数矩阵形式，接下来为了发挥复数的特点，我们来介绍四元数的复数矩阵形式。

四元数 $q = q_1 i + q_2 j + q_3 k + q_0$ 可以看作是四个系数 q_1, q_2, q_3, q_0 乘以四个基 $\{i, j, k, 1\}$ 的线性组合，即 $q == (i, j, k, 1)(q_1, q_2, q_3, q_0)^{\mathrm{T}}$。为了发挥复数表示能力强的特点，引入复数，令

$$X_q = q_0 + q_3\mathrm{i},\quad Y_q = q_1 + q_2\mathrm{i},\quad \overline{X}_q = q_0 - q_3\mathrm{i},\quad \overline{Y}_q = q_1 - q_2\mathrm{i} \tag{6.141}$$

则

$$q_0 = \frac{X_q + \overline{X}_q}{2},\quad q_3 = \frac{X_q - \overline{X}_q}{2\mathrm{i}},\quad q_1 = \frac{Y_q + \overline{Y}_q}{2},\quad q_2 = \frac{Y_q - \overline{Y}_q}{2\mathrm{i}} \tag{6.142}$$

式(6.141)可写成如下矩阵形式：

$$\begin{pmatrix} X_q \\ -\overline{Y}_q \\ Y_q \\ \overline{X}_q \end{pmatrix} = \begin{pmatrix} 0 & 0 & \mathrm{i} & 1 \\ -1 & \mathrm{i} & 0 & 0 \\ 1 & \mathrm{i} & 0 & 0 \\ 0 & 0 & -\mathrm{i} & 1 \end{pmatrix} \begin{pmatrix} q_1 \\ q_2 \\ q_3 \\ q_0 \end{pmatrix} = \boldsymbol{M} \begin{pmatrix} q_1 \\ q_2 \\ q_3 \\ q_0 \end{pmatrix} \tag{6.143}$$

其中，

$$\boldsymbol{M} = \begin{pmatrix} 0 & 0 & \mathrm{i} & 1 \\ -1 & \mathrm{i} & 0 & 0 \\ 1 & \mathrm{i} & 0 & 0 \\ 0 & 0 & -\mathrm{i} & 1 \end{pmatrix} \tag{6.144}$$

经计算，可以得到

$$\boldsymbol{M}^{-1} = \begin{pmatrix} 0 & -\dfrac{1}{2} & \dfrac{1}{2} & 0 \\ 0 & \dfrac{1}{2\mathrm{i}} & \dfrac{1}{2\mathrm{i}} & 0 \\ \dfrac{1}{2\mathrm{i}} & 0 & 0 & -\dfrac{1}{2\mathrm{i}} \\ \dfrac{1}{2} & 0 & 0 & \dfrac{1}{2} \end{pmatrix} \tag{6.145}$$

$$\begin{pmatrix} q_1 \\ q_2 \\ q_3 \\ q_0 \end{pmatrix} = \boldsymbol{M}^{-1} \begin{pmatrix} X_q \\ -\overline{Y}_q \\ Y_q \\ \overline{X}_q \end{pmatrix} \tag{6.146}$$

根据式(6.141)～式(6.146)，q_1, q_2, q_3, q_0 与 $X_q, Y_q, \overline{X}_q, \overline{Y}_q$ 可以任意转换。注意，式(6.143)中第二行用 $-\overline{Y}_q$，而不用 $\overline{Y}_q$，是为了后面矩阵的形式整齐。经过多次试验发现，也可以把第三行 Y_q 变为负号，即

$$\begin{pmatrix} X_q \\ \overline{Y}_q \\ -Y_q \\ \overline{X}_q \end{pmatrix} = \begin{pmatrix} 0 & 0 & \mathrm{i} & 1 \\ 1 & -\mathrm{i} & 0 & 0 \\ -1 & -\mathrm{i} & 0 & 0 \\ 0 & 0 & -\mathrm{i} & 1 \end{pmatrix} \begin{pmatrix} q_1 \\ q_2 \\ q_3 \\ q_0 \end{pmatrix} \tag{6.147}$$

后面矩阵的形式也较好，但是在本书中不采用这一形式。

另外，当 q_1, q_2, q_3, q_0 不是实数而是复数时，$q_0 - q_3\mathrm{i}$ 和 $q_0 + q_3\mathrm{i}$、$q_1 - q_2\mathrm{i}$ 和 $q_1 + q_2\mathrm{i}$ 不再满足共轭关系，它们将是互相独立的复数。但是对于后面的计算基本不受影响。对于 q_1, q_2, q_3, q_0 全是实数的情况，我们可以只计算其中的 X_q 和 Y_q，利用共轭立即得到 $\overline{X}_q$ 和 $\overline{Y}_q$，而对于复数，则四个数必须全部计算。

将式(6.146)代入四元数 q 中，则其可以表示如下：

$$\begin{aligned} q &= q_1 i + q_2 j + q_3 k + q_0 = (i, j, k, 1)(q_1, q_2, q_3, q_0)^{\mathrm{T}} \\ &= ((i, j, k, 1)\boldsymbol{M}^{-1})(\boldsymbol{M}(q_1, q_2, q_3, q_0)^{\mathrm{T}}) \end{aligned} \tag{6.148}$$

利用式(6.145)，定义式(6.148)中前一个括号为复数形式四元数的四个新基，即

$$(\xi,-\eta i,\xi i,\eta)=(i,j,k,1)\boldsymbol{M}^{-1}=\left(\left(\frac{1}{2}+\frac{k}{2\mathrm{i}}\right),\left(-\frac{i}{2}+\frac{j}{2\mathrm{i}}\right),\left(\frac{i}{2}+\frac{j}{2\mathrm{i}}\right),\left(\frac{1}{2}-\frac{k}{2\mathrm{i}}\right)\right) \tag{6.149}$$

由此，得到复数形式的四元数为

$$q=(\xi,-\eta i,\xi i,\eta)(X_q,-\overline{Y}_q,Y_q,\overline{X}_q)^{\mathrm{T}} \tag{6.150}$$

式(6.150)为复数形式的四元数，其四个新基$(\xi,-\eta i,\xi i,\eta)$与上一节中推导出的复数形式四元数的四个基$\{\xi,-\eta\boldsymbol{e}_{23}\xi,\xi\boldsymbol{e}_{23}\eta,\eta\}$保持一致，只需令$i\mapsto\boldsymbol{e}_{23}$，$j\mapsto\boldsymbol{e}_{13}$，$k\mapsto\boldsymbol{e}_{12}$。这四个基具有很多性质，例如幂等性、正交性、交换性等，上一节已进行讨论，这里不予进一步研究。

四元数U、V、W按照实数和复数形式分别写成如下形式：

$$U=(i,j,k,1)(u_1,u_2,u_3,u_0)^{\mathrm{T}}=(\xi,-\eta i,\xi i,\eta)(X_u,-\overline{Y}_u,Y_u,\overline{X}_u)^{\mathrm{T}}$$

$$V=(i,j,k,1)(v_1,v_2,v_3,v_0)^{\mathrm{T}}=(\xi,-\eta i,\xi i,\eta)(X_v,-\overline{Y}_v,Y_v,\overline{X}_v)^{\mathrm{T}}$$

$$W=UV=(\xi,-\eta i,\xi i,\eta)(X_w,-\overline{Y}_w,Y_w,\overline{X}_w)^{\mathrm{T}}$$

则两个四元数U和V相乘得到四元数W，可以表示为

$$W=(\xi,-\eta i,\xi i,\eta)\begin{pmatrix}X_w\\-\overline{Y}_w\\Y_w\\\overline{X}_w\end{pmatrix}=UV=(i,j,k,1)\begin{pmatrix}u_0&-u_3&u_2&u_1\\u_3&u_0&-u_1&u_2\\-u_2&u_1&u_0&u_3\\-u_1&-u_2&-u_3&u_0\end{pmatrix}\begin{pmatrix}v_1\\v_2\\v_3\\v_0\end{pmatrix}$$

$$=(i,j,k,1)\boldsymbol{M}^{-1}\left(\boldsymbol{M}\begin{pmatrix}u_0&-u_3&u_2&u_1\\u_3&u_0&-u_1&u_2\\-u_2&u_1&u_0&u_3\\-u_1&-u_2&-u_3&u_0\end{pmatrix}\boldsymbol{M}^{-1}\right)\boldsymbol{M}\begin{pmatrix}v_1\\v_2\\v_3\\v_0\end{pmatrix}$$

$$=(\xi,-\eta i,\xi i,\eta)\left(\boldsymbol{M}\begin{pmatrix}u_0&-u_3&u_2&u_1\\u_3&u_0&-u_1&u_2\\-u_2&u_1&u_0&u_3\\-u_1&-u_2&-u_3&u_0\end{pmatrix}\boldsymbol{M}^{-1}\right)\begin{pmatrix}X_v\\-\overline{Y}_v\\Y_v\\\overline{X}_v\end{pmatrix}$$

$$=(\xi,-\eta i,\xi i,\eta)\begin{pmatrix}X_u&Y_u&0&0\\-\overline{Y}_u&\overline{X}_u&0&0\\0&0&X_u&Y_u\\0&0&-\overline{Y}_u&\overline{X}_u\end{pmatrix}\begin{pmatrix}X_v\\-\overline{Y}_v\\Y_v\\\overline{X}_v\end{pmatrix}$$

于是，

$$\begin{pmatrix}X_w\\-\overline{Y}_w\\Y_w\\\overline{X}_w\end{pmatrix}=\begin{pmatrix}X_u&Y_u&0&0\\-\overline{Y}_u&\overline{X}_u&0&0\\0&0&X_u&Y_u\\0&0&-\overline{Y}_u&\overline{X}_u\end{pmatrix}\begin{pmatrix}X_v\\-\overline{Y}_v\\Y_v\\\overline{X}_v\end{pmatrix} \tag{6.151}$$

式(6.151)中的4×4矩阵具有很好的形式，它是分块对角矩阵，其主对角线上两个2×2矩阵完全相同，副对角线上全部为0。这就是前面在式(6.143)中要加一个负号的原因，没有这个负号，该4×4矩阵就没有这样好的形式。

把式(6.151)拆成两个式子，有

$$\begin{pmatrix} X_w \\ -\overline{Y}_w \end{pmatrix}=\begin{pmatrix} X_u & Y_u \\ -\overline{Y}_u & \overline{X}_u \end{pmatrix}\begin{pmatrix} X_v \\ -\overline{Y}_v \end{pmatrix} \tag{6.152}$$

$$\begin{pmatrix} Y_w \\ \overline{X}_w \end{pmatrix}=\begin{pmatrix} X_u & Y_u \\ -\overline{Y}_u & \overline{X}_u \end{pmatrix}\begin{pmatrix} Y_v \\ \overline{X}_v \end{pmatrix} \tag{6.153}$$

由于式(6.152)和式(6.153)中的 2×2 矩阵完全相同,因此可以把式(6.152)和式(6.153)合并,把左右两边全部装配成 2×2 矩阵,得到

$$\begin{pmatrix} X_w & Y_w \\ -\overline{Y}_w & \overline{X}_w \end{pmatrix}=\begin{pmatrix} X_u & Y_u \\ -\overline{Y}_u & \overline{X}_u \end{pmatrix}\begin{pmatrix} X_v & Y_v \\ -\overline{Y}_v & \overline{X}_v \end{pmatrix} \tag{6.154}$$

式(6.154)中的 3 个 2×2 矩阵分别代表 3 个四元数 U、V、W,并且其形式完全一致,由此我们推导出了四元数的复数矩阵表达式,即

$$W\Rightarrow \boldsymbol{W}=\begin{pmatrix} X_w & Y_w \\ -\overline{Y}_w & \overline{X}_w \end{pmatrix},\quad U\Rightarrow \boldsymbol{U}=\begin{pmatrix} X_u & Y_u \\ -\overline{Y}_u & \overline{X}_u \end{pmatrix},\quad V\Rightarrow \boldsymbol{V}=\begin{pmatrix} X_v & Y_v \\ -\overline{Y}_v & \overline{X}_v \end{pmatrix}$$

根据四元数的复数矩阵形式,两个四元数相乘可以转换为对应的两个矩阵相乘,即

$$W=UV\Rightarrow \boldsymbol{W}=\boldsymbol{UV} \tag{6.155}$$

相应的,两个四元数相加或相减,也可以直接用复数矩阵加减计算,即

$$W=U+V\Rightarrow \boldsymbol{W}=\boldsymbol{U}+\boldsymbol{V} \tag{6.156}$$

根据式(6.141),四元数 q 的共轭 q^* 其复数矩阵形式表示如下:

$$\boldsymbol{Q}^*=\begin{pmatrix} q_0+(-q_3)\mathrm{i} & (-q_1)+(-q_2)\mathrm{i} \\ -(-q_1)+(-q_2)\mathrm{i} & q_0-(-q_3)\mathrm{i} \end{pmatrix}=\begin{pmatrix} q_0-q_3\mathrm{i} & -q_1-q_2\mathrm{i} \\ q_1-q_2\mathrm{i} & q_0+q_3\mathrm{i} \end{pmatrix}=\begin{pmatrix} \overline{X}_q & -Y_q \\ \overline{Y}_q & X_q \end{pmatrix} \tag{6.157}$$

可以看出在复数形式下 $\boldsymbol{Q}^*$ 为 $\boldsymbol{Q}$ 的复共轭转置。

由于

$$\begin{aligned}\boldsymbol{QQ}^*=\boldsymbol{Q}^*\boldsymbol{Q}&=\begin{pmatrix} X_q & Y_q \\ -\overline{Y}_q & \overline{X}_q \end{pmatrix}\begin{pmatrix} \overline{X}_q & -Y_q \\ \overline{Y}_q & X_q \end{pmatrix}=\begin{pmatrix} \overline{X}_q & -Y_q \\ \overline{Y}_q & X_q \end{pmatrix}\begin{pmatrix} X_q & Y_q \\ -\overline{Y}_q & \overline{X}_q \end{pmatrix}\\&=\begin{pmatrix} X_q\overline{X}_q+Y_q\overline{Y}_q & 0 \\ 0 & X_q\overline{X}_q+Y_q\overline{Y}_q \end{pmatrix}\end{aligned} \tag{6.158}$$

因此,当 q 为单位四元数时,$X_q\overline{X}_q+Y_q\overline{Y}_q=q_0^2+q_1^2+q_2^2+q_3^2=1$,其乘积为 2×2 的单位矩阵,即

$$\boldsymbol{QQ}^*=\boldsymbol{Q}^*\boldsymbol{Q}=\begin{pmatrix} 1 & 0 \\ 0 & 1 \end{pmatrix}$$

一般情况下,四元数与其共轭相乘应该有 $qq^*=q^*q=\|q\|^2$,其对应的复数矩阵形式为

$$\boldsymbol{QQ}^*=\boldsymbol{Q}^*\boldsymbol{Q}=\begin{pmatrix} \|q\|^2 & 0 \\ 0 & \|q\|^2 \end{pmatrix} \tag{6.159}$$

所以四元数的模 $\|q\|$ 为

$$\|q\|=\sqrt{q^*q}=\sqrt{\begin{vmatrix} X_q & Y_q \\ -\overline{Y}_q & \overline{X}_q \end{vmatrix}} \tag{6.160}$$

式中,$|\cdot|$ 表示矩阵的行列式。

如果 q_1, q_2, q_3, q_0 是复数的话，其模很可能是复数，否则当 q_1, q_2, q_3, q_0 为实数时，其模取为正实数。有了模，就可以把一般的四元数转换为单位四元数：

$$\boldsymbol{Q}_E=\frac{\boldsymbol{Q}}{\|q\|}=\frac{1}{\|q\|}\begin{pmatrix} X_q & Y_q \\ -\overline{Y}_q & \overline{X}_q \end{pmatrix}=\frac{1}{\sqrt{\begin{vmatrix} X_q & Y_q \\ -\overline{Y}_q & \overline{X}_q \end{vmatrix}}}\begin{pmatrix} X_q & Y_q \\ -\overline{Y}_q & \overline{X}_q \end{pmatrix} \tag{6.161}$$

如果四元数的模 $\|q\|$ 不为零，可以得到其逆阵：

$$\boldsymbol{Q}^{-1}=\frac{1}{\begin{vmatrix} X_q & Y_q \\ -\overline{Y}_q & \overline{X}_q \end{vmatrix}}\begin{pmatrix} \overline{X}_q & -Y_q \\ \overline{Y}_q & X_q \end{pmatrix}=\frac{1}{\|q\|^2}\boldsymbol{Q}^*$$

于是，

$$\boldsymbol{Q}\boldsymbol{Q}^{-1}=\boldsymbol{Q}^{-1}\boldsymbol{Q}=\frac{1}{\|q\|^2}\boldsymbol{Q}\boldsymbol{Q}^*=\frac{1}{\|q\|^2}\begin{pmatrix} \|q\|^2 & 0 \\ 0 & \|q\|^2 \end{pmatrix}=\begin{pmatrix} 1 & 0 \\ 0 & 1 \end{pmatrix}$$

下面举例说明。

矢量 $\boldsymbol{u}=u_1 i+u_2 j+u_3 k$ 绕单位轴 $\boldsymbol{e}_n\ (n_x, n_y, n_z)^{\mathrm{T}}$ 旋转 θ 角得到 $\boldsymbol{v}=v_1 i+v_2 j+v_3 k$，使用四元数的运算表达式为 $\boldsymbol{v}=q\boldsymbol{u}q^*$，其中，$q=\cos\dfrac{\theta}{2}+\boldsymbol{e}_n\sin\dfrac{\theta}{2}$。根据式(6.154)和式(6.157)写出其复数矩阵计算式 $\boldsymbol{V}=\boldsymbol{Q}\boldsymbol{U}\boldsymbol{Q}^*$，其中，

$$\boldsymbol{V}=\begin{pmatrix} X_v & Y_v \\ -\overline{Y}_v & \overline{X}_v \end{pmatrix}=\begin{pmatrix} \mathrm{i}v_3 & v_1+\mathrm{i}v_2 \\ -v_1+\mathrm{i}v_2 & -\mathrm{i}v_3 \end{pmatrix},\quad \boldsymbol{U}=\begin{pmatrix} X_u & Y_u \\ -\overline{Y}_u & \overline{X}_u \end{pmatrix}=\begin{pmatrix} \mathrm{i}u_3 & u_1+\mathrm{i}u_2 \\ -u_1+\mathrm{i}u_2 & -\mathrm{i}u_3 \end{pmatrix}$$

$$\boldsymbol{Q}=\begin{pmatrix} X_q & Y_q \\ -\overline{Y}_q & \overline{X}_q \end{pmatrix}=\begin{pmatrix} q_0+q_3\mathrm{i} & q_1+q_2\mathrm{i} \\ -q_1+q_2\mathrm{i} & q_0-q_3\mathrm{i} \end{pmatrix},\quad \boldsymbol{Q}^*=\overline{\boldsymbol{Q}}^{\mathrm{T}}=\begin{pmatrix} \overline{X}_q & -Y_q \\ \overline{Y}_q & X_q \end{pmatrix}=\begin{pmatrix} q_0-q_3\mathrm{i} & -q_1-q_2\mathrm{i} \\ q_1-q_2\mathrm{i} & q_0+q_3\mathrm{i} \end{pmatrix}$$

则

$$\begin{pmatrix} X_v & Y_v \\ -\overline{Y}_v & \overline{X}_v \end{pmatrix}=\begin{pmatrix} X_q & Y_q \\ -\overline{Y}_q & \overline{X}_q \end{pmatrix}\begin{pmatrix} X_u & Y_u \\ -\overline{Y}_u & \overline{X}_u \end{pmatrix}\begin{pmatrix} \overline{X}_q & -Y_q \\ \overline{Y}_q & X_q \end{pmatrix}$$

通过式(6.146)，可以得出

$$\begin{pmatrix} v_1 \\ v_2 \\ v_3 \\ 0 \end{pmatrix}=\boldsymbol{M}^{-1}\begin{pmatrix} X_v \\ -\overline{Y}_v \\ Y_v \\ \overline{X}_v \end{pmatrix}=\begin{pmatrix} q_0^2u_1+q_1^2u_1-q_2^2u_1-q_3^2u_1+2q_1q_2u_2-2q_0q_3u_2+2q_0q_2u_3+2q_1q_3u_3 \\ q_0^2u_2-q_1^2u_2+q_2^2u_2-q_3^2u_2+2q_1q_2u_1+2q_0q_3u_1-2q_0q_1u_3+2q_2q_3u_3 \\ -q_0^2u_3+q_1^2u_3+q_2^2u_3-q_3^2u_3+2q_0q_2u_1-2q_1q_3u_1-2q_0q_1u_2-2q_2q_3u_2 \\ 0 \end{pmatrix}$$

与通过 $\boldsymbol{v}=q\boldsymbol{u}q^*=\boldsymbol{G}(q)\boldsymbol{H}(q^*)\boldsymbol{u}$ 得到的矢量结果是一致的。

四元数的复数矩阵表示形式还可以通过如下的方式进行推导。如果将四元数同构于 Clifford 代数 Cl(0,2,0)，其单位正交基是 $\{\boldsymbol{e}_1, \boldsymbol{e}_2\}$，张成 Cl(0,2,0) 的一组基向量为 $\{1, \boldsymbol{e}_1, \boldsymbol{e}_2, \boldsymbol{e}_1\boldsymbol{e}_2\}$，正交基的乘法表按照结合律，并满足如下条件：$\boldsymbol{e}_i^2=-1$ 和 $\boldsymbol{e}_i\boldsymbol{e}_j=-\boldsymbol{e}_j\boldsymbol{e}_i\ (i\neq j)$。此时，四元数 $q=q_1 i+q_2 j+q_3 k+q_0$ 对应 Cl(0,2,0) 中的元素：$q=q_1\boldsymbol{e}_1+q_2\boldsymbol{e}_2+q_3\boldsymbol{e}_{12}+q_0$。

上述 4 个基向量对应的矩阵形式表示如下：

$$1=\begin{pmatrix} 1 & 0 \\ 0 & 1 \end{pmatrix},\quad \boldsymbol{e}_1=\begin{pmatrix} 0 & 1 \\ -1 & 0 \end{pmatrix},\quad \boldsymbol{e}_2=\begin{pmatrix} 0 & \mathrm{i} \\ \mathrm{i} & 0 \end{pmatrix},\quad \boldsymbol{e}_{12}=\begin{pmatrix} \mathrm{i} & 0 \\ 0 & -\mathrm{i} \end{pmatrix} \tag{6.162}$$

此时，四元数 $q=q_1\boldsymbol{e}_1+q_2\boldsymbol{e}_2+q_3\boldsymbol{e}_{12}+q_0$ 的复数矩阵形式即可表示如下：

$$\boldsymbol{Q}=q_1\boldsymbol{e}_1+q_2\boldsymbol{e}_2+q_3\boldsymbol{e}_{12}+q_0=q_1\begin{pmatrix}0 & 1\\ -1 & 0\end{pmatrix}+q_2\begin{pmatrix}0 & \mathrm{i}\\ \mathrm{i} & 0\end{pmatrix}+q_3\begin{pmatrix}\mathrm{i} & 0\\ 0 & -\mathrm{i}\end{pmatrix}+q_0\begin{pmatrix}1 & 0\\ 0 & 1\end{pmatrix}$$
$$=\begin{pmatrix}q_0+q_3\mathrm{i} & q_1+q_2\mathrm{i}\\ -q_1+q_2\mathrm{i} & q_0-q_3\mathrm{i}\end{pmatrix}=\begin{pmatrix}X_q & Y_q\\ -\overline{Y}_q & \overline{X}_q\end{pmatrix} \tag{6.163}$$

若将上述 4 个基对应的矩阵形式表示如下：

$$1=\begin{pmatrix}1 & 0\\ 0 & 1\end{pmatrix},\boldsymbol{e}_1=\begin{pmatrix}0 & -1\\ 1 & 0\end{pmatrix},\quad \boldsymbol{e}_2=\begin{pmatrix}0 & -\mathrm{i}\\ -\mathrm{i} & 0\end{pmatrix},\quad \boldsymbol{e}_{12}=\begin{pmatrix}\mathrm{i} & 0\\ 0 & -\mathrm{i}\end{pmatrix} \tag{6.164}$$

此时，四元数 $q=q_1\boldsymbol{e}_1+q_2\boldsymbol{e}_2+q_3\boldsymbol{e}_{12}+q_0$ 的复数矩阵形式即可表示如下：

$$\boldsymbol{Q}=q_1\boldsymbol{e}_1+q_2\boldsymbol{e}_2+q_3\boldsymbol{e}_{12}+q_0=q_1\begin{pmatrix}0 & -1\\ 1 & 0\end{pmatrix}+q_2\begin{pmatrix}0 & -\mathrm{i}\\ -\mathrm{i} & 0\end{pmatrix}+q_3\begin{pmatrix}\mathrm{i} & 0\\ 0 & -\mathrm{i}\end{pmatrix}+q_0\begin{pmatrix}1 & 0\\ 0 & 1\end{pmatrix}$$
$$=\begin{pmatrix}q_0+q_3\mathrm{i} & -q_1-q_2\mathrm{i}\\ q_1-q_2\mathrm{i} & q_0-q_3\mathrm{i}\end{pmatrix}=\begin{pmatrix}X_q & -Y_q\\ \overline{Y}_q & \overline{X}_q\end{pmatrix} \tag{6.165}$$

事实上，四元数的复数矩阵形式除式(6.163)和式(6.165)外，还有多种表示形式，主要取决于其基$\{1,\boldsymbol{e}_1,\boldsymbol{e}_2,\boldsymbol{e}_{12}\}$的表达式，只要满足以下条件：$\boldsymbol{e}_1\boldsymbol{e}_2=-\boldsymbol{e}_2\boldsymbol{e}_1=\boldsymbol{e}_{12}$，$\boldsymbol{e}_2\boldsymbol{e}_{12}=-\boldsymbol{e}_{12}\boldsymbol{e}_2=\boldsymbol{e}_1$，$\boldsymbol{e}_{12}\boldsymbol{e}_1=-\boldsymbol{e}_1\boldsymbol{e}_{12}=\boldsymbol{e}_2$，$\boldsymbol{e}_1^2=-1$，$\boldsymbol{e}_2^2=-1$，和 $\boldsymbol{e}_{12}^2=-1$。

四元数的复数矩阵表示形式还有其他推导形式，这里就不再给出。

第7章 对偶代数

对偶角、对偶矢量和对偶矩阵法在20世纪60年代由Yang (1969)引入机构学研究，用对偶角描述空间机构中的构件和运动副，用对偶矩阵描述空间机构的位移关系，由于形式对称、优美，并成功地解决了一些包括圆柱副C的空间单环机构分析与综合问题，引起了一定的关注，并在一定程度上得到了推广和使用。例如，Yang (1969) 使用对偶矩阵分析了RCRCR机构(R:旋转副，C:圆柱副)就是一个成功的开端。之后Duffy在他的球面三角法中也引入了对偶数，使得定律推导过程简化，解决了一批空间机构的位移分析问题。对偶代数在机构学中占有十分重要的位置。此外，Yang(1963)以及Yang和Freudenstein(1964)也使用对偶四元数法对机构学进行研究，但是他后来认为对偶矩阵法更好，故Yang等对对偶四元数法在机构学的分析和综合中没有再加以发展。直到20世纪末期，由于对偶四元数法能够描述空间的全位姿运动才再次引起机构学家的注意。

对偶四元数(Dual Quaternion)也称双四元数(Bi-quaternion)，由Clifford(1873)将四元数推广到三维空间表示旋量得到，可以描述空间的全位姿运动。对偶四元数与三维空间中空间位移的几何表示关联起来是由Study(1903)及Ravani和Roth(1979)通过研究得到的。对偶四元数其原部(主部)为Hamilton四元数，表示旋转，没有量纲；对偶部(副部)是代表平移向量的向量四元数与对偶四元数原部的四元数积，与平移有关，具有长度量纲。目前，对偶四元数已经成功应用到各种复杂机构的运动学分析和综合问题中，如Wampler等(1996)使用对偶四元数法对任意尺寸6自由度Stewart-Gough台体型并联机构位置正解进行建模，使用同伦连续法证明了该问题最多有40组解的结论；甘东明等(2008)成功将对偶四元数应用到任意尺寸7R单环空间机构的运动学分析中，并正确求解出该问题的16组完整解；Ge等(2013)把平面对偶四元数应用到平面机构的刚体导引综合中，并运用运动映射理论完成既含有转动副(R副)又含有移动副(P副)的平面机构的刚体导引综合问题，实现其统一建模求解。但是，对偶四元数中由于原部为四元数，因此原部具有齐次性，正负原部表示同一个旋转，故当位姿是未知量时，求解会导致解的数量增加一倍。例如，张英等(2015)使用对偶四元数对所有台体型Stewart-Gough并联机构位置正解建模求解时，其解的个数都是实际数量的2倍，因此这将会导致最后行列式求解复杂耗时。然而，应用对偶四元数建模其优点也是可见的，即它能够实现该问题的统一建模以及求解。因此，对偶四元数在机构学运动分析和综合中的应用仍然广泛。

接下来介绍对偶数、对偶向量、对偶矩阵和对偶四元数的运算法则及其几何意义。基于上述理论的机器人机构学建模应用将在后面的章节中介绍。

7.1 对偶数及对偶角

7.1.1 对偶数

对偶数由 Clifford (1873) 在构造 Clifford 算子 ω 时首次提出。该算子为现在人们熟知的对偶单元 ε,满足 $\varepsilon^2=\varepsilon^3=\cdots=0$。一个对偶数定义为与实数单位及对偶算子 ε 相联系的一对有序的实数,其一般形式为

$$\hat{a}=a+\varepsilon a^0 \tag{7.1}$$

其中,$a\in\mathbb{R}$,$a^0\in\mathbb{R}$。a 和 a^0 分别为对偶数的主部和副部,也可称为原部和对偶部。当 $a=0$ 时,$\hat{a}=\varepsilon a^0$,$\hat{a}$ 称为纯对偶数。全体对偶数记为$\hat{\mathbb{R}}$,它是实数域$\mathbb{R}$上的二维线性空间。

根据 $\varepsilon^2=\varepsilon^3=\cdots=0$,可定义对偶符号 ε 的矩阵形式如下:

$$\varepsilon=\begin{pmatrix}0 & 0\\ 1 & 0\end{pmatrix} \tag{7.2}$$

注意:对偶符号的矩阵形式表示并不是唯一的。

由此,与对偶数 $\hat{a}=a+\varepsilon a^0$ 对应的矩阵形式为

$$\boldsymbol{A}=\begin{pmatrix}a & 0\\ a^0 & a\end{pmatrix}。$$

对偶数空间上的零因子、幂零元、幂等元、可逆元和不可逆元都容易描述,而且容易定义对偶数加法、乘法、乘方、开方、除法和函数,如下。

(1) 加法

$$\hat{a}+\hat{b}=(a+\varepsilon a^0)+(b+\varepsilon b^0)=(a+b)+\varepsilon(a^0+b^0) \tag{7.3}$$

(2) 乘法

$$\hat{a}\hat{b}=(a+\varepsilon a^0)(b+\varepsilon b^0)=(ab)+\varepsilon(ab^0+a^0b) \tag{7.4}$$

式(7.4)相应的矩阵形式为

$$\begin{pmatrix}ab & 0\\ ab^0+a^0b & ab\end{pmatrix}=\begin{pmatrix}a & 0\\ a^0 & a\end{pmatrix}\begin{pmatrix}b & 0\\ b^0 & b\end{pmatrix} \tag{7.5}$$

(3) 乘方

$$(\hat{a})^n=(a+\varepsilon a^0)^n=(a)^n+\varepsilon a^0na^{n-1} \tag{7.6}$$

(4) 除法

两个对偶数 $\hat{a}$ 和 $\hat{b}$ 的除法是通过分母实数化得到的,即

$$\frac{\hat{a}}{\hat{b}}=\frac{(a+\varepsilon a^0)(b-\varepsilon b^0)}{(b+\varepsilon b^0)(b-\varepsilon b^0)}=\frac{a}{b}-\varepsilon\left(\frac{ab^0-a^0b}{b^2}\right) \tag{7.7}$$

对偶数被一个如 εb^0 的纯对偶数相除是没有意义的。

(5) 逆

$$(\hat{a})^{-1}=(a+\varepsilon a^0)^{-1}=a^{-1}-\varepsilon a^0 a^{-2} \tag{7.8}$$

注：纯对偶数没有逆。

(6) 对偶数的函数

对偶数的函数，用 Taylor 级数展开，并代入 $\varepsilon^2=\varepsilon^3=\cdots=0$，就可以展成实数的函数。单个对偶数的函数可定义为

$$f(\hat{x})=f(x+\varepsilon x^0)=f(x)+\varepsilon x^0\frac{\mathrm{d}f(x)}{\mathrm{d}x} \tag{7.9}$$

事实上，对偶数的乘方和逆的定义也可以用函数定义导出：

$$f(\hat{a})=(\hat{a})^n=f(a)+\varepsilon a^0\frac{\mathrm{d}f(a)}{\mathrm{d}a}=a^n+\varepsilon a^0 na^{n-1} \tag{7.10}$$

$$f(\hat{a})=(\hat{a})^{-1}=f(a)+\varepsilon a^0\frac{\mathrm{d}f(a)}{\mathrm{d}a}=a^{-1}-\varepsilon a^0 a^{-2} \tag{7.11}$$

根据式(7.4)～式(7.8)，有

- $\hat{a}=a+\varepsilon a^0$ 是幂零元的充分必要条件是 $a=0$，这也是不可逆的充要条件；
- $\hat{a}=a+\varepsilon a^0$ 是幂等元的充分必要条件是 $\hat{a}=1$ 或 $\hat{a}=0$；
- $\hat{a}=a+\varepsilon a^0$ 是可逆元的充分必要条件是 $a\neq0$。

7.1.2　对偶角

对偶角由 Study (1903) 最先提出，它是有几何意义的，因为它可用来度量如图 7.1 所示空间中任意两条相错直线之间的相对位置。由单位矢量 $\boldsymbol{l}_1$ 和 $\boldsymbol{l}_2$ 所代表的两直线间的空间相对位置可由下面的对偶角来表示：

$$\hat{\theta}=\theta+\varepsilon d \tag{7.12}$$

因而，一个对偶角的主部与副部分别度量空间两直线的夹角和两直线的垂直距离。由以上可知，若两直线在空间既不平行也不相交，则它们之间的对偶角为真对偶角；若两直线在空间相交，则它们之间的对偶角只有实部；若两直线相互平行，则它们之间的对偶角为纯对偶角。

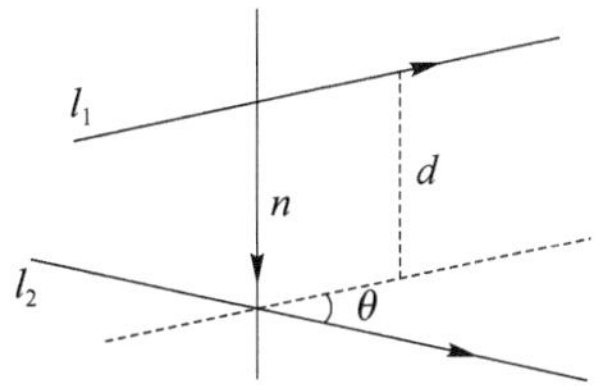

图 7.1　空间任意两条相错直线

对偶角的意义还在于所有常规的三角函数公式均可适用，根据式(7.9)，可以推导出对偶角的三角函数，表示如下：

$$\sin\hat{\theta}=\sin\theta+\varepsilon d\cos\theta \tag{7.13}$$

$$\cos\hat{\theta}=\cos\theta-\varepsilon d\sin\theta \tag{7.14}$$

实数角的所有三角恒等式对于偶数角都有效。例如，

$$\sin^2\hat{\theta}+\cos^2\hat{\theta}=1 \tag{7.15}$$

$$\sin(2\hat{\theta})=2\sin\hat{\theta}\cos\hat{\theta} \tag{7.16}$$

$$\cos(2\hat{\theta})=1-2\sin^2\hat{\theta}=2\cos^2\hat{\theta}-1 \tag{7.17}$$

根据式(7.9)可知，对偶角的欧拉公式表示如下：

$$e^{i\hat{x}}=e^{ix}+\varepsilon i x^0 e^{ix}=\cos\hat{x}+i\sin\hat{x} \tag{7.18}$$

$$e^{-i\hat{x}}=e^{-ix}-\varepsilon i x^0 e^{ix}=\cos\hat{x}-i\sin\hat{x} \tag{7.19}$$

根据式(7.18)和式(7.19)可知，

$$\cos(\hat{\theta})=\frac{1}{2}(e^{i\hat{\theta}}+e^{-i\hat{\theta}}) \tag{7.20}$$

$$\sin(\hat{\theta})=\frac{1}{2i}(e^{i\hat{\theta}}-e^{-i\hat{\theta}}) \tag{7.21}$$

式(7.20)和式(7.21)为对偶数形式的欧拉公式，与实数形式的欧拉公式也是完全一致的。

介绍对偶矢量之前，我们先介绍一下线矢量与它的 Plücker 坐标表示。

7.2 线矢量与 Plücker 坐标

空间一点的位置可通过三维列矢量来描述，而空间中某一有向直线的位置用一个三维列矢量是不能完全描述的。本节介绍用线矢量来描述三维空间中的有向直线，并介绍其 Plücker 坐标表示。

线矢量的定义：如果空间一个矢量被约束在一个方向、位置确定的直线上，仅允许该矢量沿直线前后移动，则这个被直线约束的矢量称为线矢量(Line Vector)。

线矢量由于不能像自由矢量那样在空间任意移动，所以不能把它移到原点。因此，过原点 O 作该线矢量的垂面交该线矢量于点 M，如图 7.2 所示。此垂面与交点都是唯一的。由于线矢量可以沿直线 L 移动，所以不妨把它移动到点 M，这样线矢量的位置就确定了。描述此线矢量可用表示直线的方向向量 $\boldsymbol{l}$ 及点 M 在平面中的位置 $\boldsymbol{r}$ 共 5 个量来描述，所以空间任意线矢量有 5 个独立的分量。若是单位线矢量，还应满足条件 $\boldsymbol{l}\cdot\boldsymbol{l}=1$，所以单位线矢量只有四个独立的分量。但是，很少采用三个方向分量及点 M 在平面中的位置来描述线矢量。接下来介绍另一种表示方法。

如图 7.3 所示，用矢量 $\boldsymbol{l}(L,M,N)^{\mathrm{T}}$ 表示该线矢量的方向，它由直线上任意两点的 $\boldsymbol{p}(x,y,z)^{\mathrm{T}}$ 和 $\boldsymbol{q}(x',y',z')^{\mathrm{T}}$ 确定，有

$$L=x'-x,\quad M=y'-y,\quad N=z'-z \tag{7.22}$$

用直线对原点 O 的线矩 $\boldsymbol{l}^0\ (P,Q,R)^{\mathrm{T}}$ 来确定线矢量在空间的位置。线矩定义为

$$\boldsymbol{l}^0=\boldsymbol{r}\times\boldsymbol{l} \tag{7.23}$$

式中，$\boldsymbol{r}$ 为直线上任意一点的位置矢量。

由此，有

$$P=yz'-y'z,\quad Q=zx'-z'x,\quad R=xy'-x'y \tag{7.24}$$

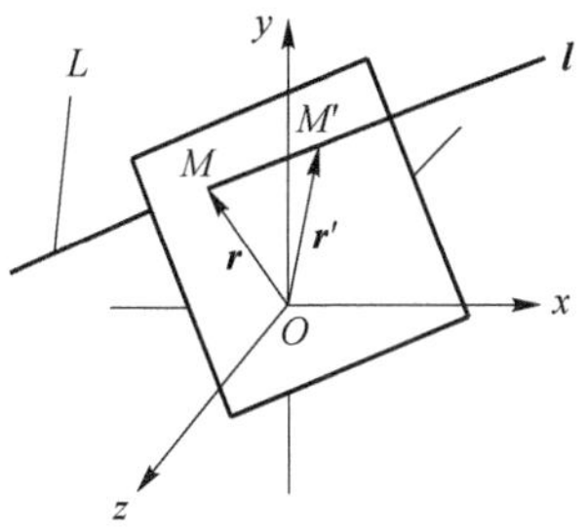

图 7.2　线矢量的第一种描述

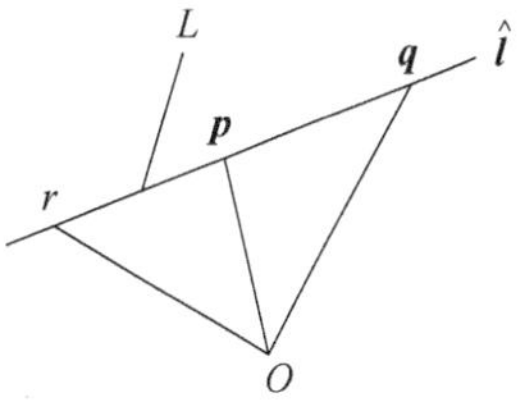

图 7.3　线矢量的第二种描述

注意:线矩与点在直线上位置的选择无关。假如另选直线上一点 $\boldsymbol{r}'$,$\boldsymbol{r}'\times\boldsymbol{l}=(\boldsymbol{r}'-\boldsymbol{r})\times\boldsymbol{l}+\boldsymbol{r}\times\boldsymbol{l}=\boldsymbol{l}^0$。第一项 $\boldsymbol{r}'-\boldsymbol{r}$ 与 $\boldsymbol{l}$ 同向,所以其叉乘为零,$\boldsymbol{l}^0$ 不变。所以一般可以选择 $\boldsymbol{r}$ 与 $\boldsymbol{l}$ 垂直,即选择直线与过原点的垂面的交点。

由此可知,线矢量完全可由两个矢量 $\boldsymbol{l}$ 和 $\boldsymbol{l}^0$ 来确定。为此定义一个包含上述两个 3 维矢量的 6 维向量,即线矢量表示如下:

$$\hat{\boldsymbol{l}}=\begin{pmatrix}\boldsymbol{l}\\ \boldsymbol{l}^0\end{pmatrix}=\begin{pmatrix}\boldsymbol{l}\\ \boldsymbol{r}\times\boldsymbol{l}\end{pmatrix}\tag{7.25}$$

线矢量也可用 Plücker 坐标表示如下:

$$\hat{\boldsymbol{l}}=(\boldsymbol{l};\boldsymbol{l}^0)=(L,M,N;P,Q,R)\tag{7.26}$$

根据式(7.23),得到

$$\boldsymbol{l}\cdot\boldsymbol{l}^0=0\tag{7.27}$$

说明 $\boldsymbol{l}$ 和 $\boldsymbol{l}^0$ 正交。由于 $\boldsymbol{l}$ 和 $\boldsymbol{l}^0$ 共 6 个分量,而它们需要满足式(7.27)的条件,故实际上只有 5 个独立的变量。对于单位线矢量,还有 $\boldsymbol{l}\cdot\boldsymbol{l}=1$,故只有 4 个独立的变量,与前面的结论是一致的。

如果已知 $\boldsymbol{r}$ 与 $\boldsymbol{l}$,根据 $\boldsymbol{l}^0=\boldsymbol{r}\times\boldsymbol{l}$ 可求出 $\boldsymbol{l}^0$;反之已知 $\boldsymbol{l}$ 和 $\boldsymbol{l}^0$,可以根据下式求出 $\boldsymbol{r}$,表示如下:

$$\boldsymbol{r}=\frac{\boldsymbol{l}\times\boldsymbol{l}^0}{\boldsymbol{l}\cdot\boldsymbol{l}}\tag{7.28}$$

其中,式(7.28)的右边可展开为 $\boldsymbol{l}\times\boldsymbol{l}^0=\boldsymbol{l}\times(\boldsymbol{r}\times\boldsymbol{l})=(\boldsymbol{l}\cdot\boldsymbol{l})\boldsymbol{r}-(\boldsymbol{l}\cdot\boldsymbol{r})\boldsymbol{l}=(\boldsymbol{l}\cdot\boldsymbol{l})\boldsymbol{r}$。

因为直线 $\boldsymbol{l}$ 与线矩 $\boldsymbol{l}^0$ 相互垂直,式(7.28)可写为

$$\boldsymbol{r}=\frac{|\boldsymbol{l}|\,|\boldsymbol{l}^0|}{|\boldsymbol{l}|\,|\boldsymbol{l}|}\boldsymbol{e}=\frac{|\boldsymbol{l}^0|}{|\boldsymbol{l}|}\boldsymbol{e}$$

这里 $\boldsymbol{e}$ 是单位矢量,其方向由 $\boldsymbol{l}\times\boldsymbol{l}^0$ 决定,这样原点到直线的距离 $|\boldsymbol{r}|$ 为

$$|\boldsymbol{r}|=\frac{|\boldsymbol{l}^0|}{|\boldsymbol{l}|}\tag{7.29}$$

由式(7.29)可以看到,若 $\boldsymbol{l}^0=0$,则 $|\boldsymbol{r}|=0$,直线到原点的距离为 0,即直线过原点。此时线矢量的 Plücker 坐标可写为 $(\boldsymbol{l};\boldsymbol{0})$。反之,若 Plücker 坐标的前 3 个标量为零,即当 $\boldsymbol{l}=\boldsymbol{0}$,而 $|\boldsymbol{l}^0|$ 为有限值时,$|\boldsymbol{r}|=\infty$,此时直线位于距原点无穷远的平面上,写成 Plücker 坐标是 $(\boldsymbol{0};\boldsymbol{l}^0)$。因为此时对于任意选择的原点,无穷远处的一个无穷小的矢量对原点的线矩皆为 $\boldsymbol{l}^0$。$\boldsymbol{l}^0$ 与原点位置选择无关,这说明 $(\boldsymbol{0};\boldsymbol{l}^0)$ 成为自由矢量。这就是说,若直线的

Plücker 坐标的第一个矢量为零，表示该直线位于无穷远处。通常自由矢量记为$(\boldsymbol{0};\boldsymbol{l})$。

对于非单位线矢量 $\hat{\boldsymbol{l}}$，令 $\boldsymbol{l}_e=\boldsymbol{l}/|\boldsymbol{l}|$，$\boldsymbol{l}_e^0=\boldsymbol{r}\times\boldsymbol{l}_e$，经过正则变换后，得到

$$\hat{\boldsymbol{l}}=|\boldsymbol{l}|\begin{pmatrix}\boldsymbol{l}_e\\\boldsymbol{l}_e^0\end{pmatrix}=|\boldsymbol{l}|\hat{\boldsymbol{l}}_e \tag{7.30}$$

式中，$\hat{\boldsymbol{l}}_e$ 为单位线矢量，满足 $\boldsymbol{l}_e\cdot\boldsymbol{l}_e=1$，$\boldsymbol{l}_e\cdot\boldsymbol{l}_e^0=\boldsymbol{l}_e\cdot(r\times\boldsymbol{l}_e)=0$。$|\boldsymbol{l}|$ 表示该线矢量的幅值。因此，线矢量可以写成单位线矢量与幅值数乘的形式。

因为线矢量$(\boldsymbol{l};\boldsymbol{l}^0)$表示的是齐次坐标，以标量 λ 数乘，$\lambda(\boldsymbol{l};\boldsymbol{l}^0)$表示同一线矢。

矢量 $\boldsymbol{l}$ 表示直线的方向，与原点的位置无关；而线矩 $\boldsymbol{l}^0$ 则与原点的位置有关。若原点的位置改变，由 B 点移至点 A 点，如图 7.4 所示，则矢量 $\boldsymbol{l}$ 对点 A 的线矩 $\boldsymbol{l}^A$ 为

$$\boldsymbol{l}^A=\boldsymbol{r}_A\times\boldsymbol{l}=(\boldsymbol{r}_{AB}+\boldsymbol{r}_B)\times\boldsymbol{l}=\boldsymbol{l}^B+\boldsymbol{r}_{AB}\times\boldsymbol{l} \tag{7.31}$$

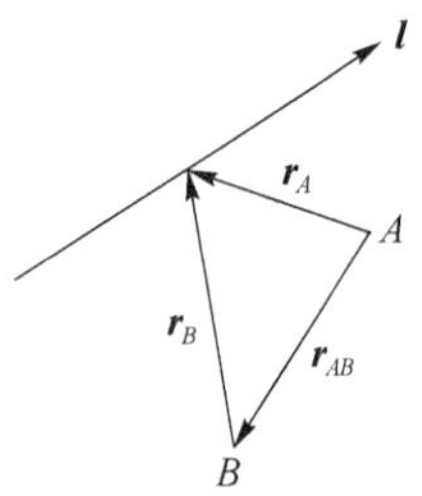

图 7.4　线矩与原点的位置有关

7.3　对偶矢量

7.3.1　对偶矢量的运算法则

对偶矢量定义如下：

$$\hat{\boldsymbol{m}}=\boldsymbol{m}+\varepsilon\,\boldsymbol{m}^0=(\hat{m}_1,\hat{m}_2,\hat{m}_3)^{\mathrm{T}} \tag{7.32}$$

其中，$\boldsymbol{m},\boldsymbol{m}^0\in\mathbb{R}^3$，$\hat{m}_i(i=1,2,3)$是对偶数。$\boldsymbol{m}=(m_1,m_2,m_3)^{\mathrm{T}}$，$\boldsymbol{m}^0=(m_1^0,m_2^0,m_3^0)^{\mathrm{T}}$。

实际上，对偶矢量就是 Ball 定义的旋量 (Screw) $\$=\boldsymbol{s}+\varepsilon\boldsymbol{s}^0$。旋量是一条具有节距的直线。简单而言，可直观地视之为一个机械螺旋。

对偶矢量空间是$\mathbb{R}$上的六维空间，也可以看成对偶数空间$\hat{\mathbb{R}}$上的三次有限生成模。对偶矢量空间类似于向量空间，可以定义加法、数乘、内积和外积。

(1) 加法

$$\hat{\boldsymbol{p}}+\hat{\boldsymbol{q}}=(\boldsymbol{p}+\varepsilon\boldsymbol{p}^0)+(\boldsymbol{q}+\varepsilon\boldsymbol{q}^0)=(\boldsymbol{p}+\boldsymbol{q})+\varepsilon(\boldsymbol{p}^0+\boldsymbol{q}^0) \tag{7.33}$$

(2) 数乘

$$\hat{\lambda}\hat{\boldsymbol{p}}=(\lambda+\varepsilon\lambda^0)(\boldsymbol{p}+\varepsilon\boldsymbol{p}^0)=\lambda\boldsymbol{p}+\varepsilon(\lambda^0\boldsymbol{p}+\lambda\boldsymbol{p}^0) \tag{7.34}$$

(3) 内积(点积)

$$\hat{\boldsymbol{p}}\cdot\hat{\boldsymbol{q}}=(\boldsymbol{p}+\varepsilon\boldsymbol{p}^0)\cdot(\boldsymbol{q}+\varepsilon\boldsymbol{q}^0)=\boldsymbol{p}\cdot\boldsymbol{q}+\varepsilon(\boldsymbol{p}^0\cdot\boldsymbol{q}+\boldsymbol{p}\cdot\boldsymbol{q}^0) \tag{7.35}$$

由式(7.35)可知，两对偶矢量的内积仅是一个对偶数，不再是对偶矢量。

对偶矢量内积的对偶部对应的就是旋量的互易积。两旋量 $\$_1$ 和 $\$_2$ 的互易积(Reciprocal Product) 是指将两旋量的原部矢量和对偶矢量交换后作点积之和，即

$$M_{12}=\$_1\circ\$_2=\boldsymbol{s}_1\cdot\boldsymbol{s}_2^0+\boldsymbol{s}_2\cdot\boldsymbol{s}_1^0=\$_1^{\mathrm{T}}\boldsymbol{\Delta}\$_2=\$_2^{\mathrm{T}}\boldsymbol{\Delta}\$_1 \tag{7.36}$$

式中，$\boldsymbol{\Delta}=\begin{pmatrix}\boldsymbol{0}&\boldsymbol{I}_3\\\boldsymbol{I}_3&\boldsymbol{0}\end{pmatrix}$。$M_{12}$也称为两旋量的互矩(Mutual Moment)。

$\boldsymbol{\Delta}$ 实质上是一个反对称单位矩阵，它具有以下特性：

$$\boldsymbol{\Delta}\boldsymbol{\Delta}=\boldsymbol{I}_6,\quad \boldsymbol{\Delta}^{-1}=\boldsymbol{\Delta},\quad \boldsymbol{\Delta}^{\mathrm{T}}=\boldsymbol{\Delta} \tag{7.37}$$

若原点从点 $\boldsymbol{O}$ 移动到点 $\boldsymbol{A}$，这两个旋量变成

$$\$_1^A=\boldsymbol{s}_1+\varepsilon\boldsymbol{s}_1^A=\boldsymbol{s}_1+\varepsilon(\boldsymbol{s}_1^0+\boldsymbol{AO}\times\boldsymbol{s}_1)$$

$$\$_2^A=\boldsymbol{s}_2+\varepsilon\boldsymbol{s}_2^A=\boldsymbol{s}_2+\varepsilon(\boldsymbol{s}_2^0+\boldsymbol{AO}\times\boldsymbol{s}_2)$$

这两个新的旋量的互易积为

$$\$_1^A\circ\$_2^A=\boldsymbol{s}_1\cdot(\boldsymbol{s}_2^0+\boldsymbol{AO}\times\boldsymbol{s}_2)+\boldsymbol{s}_2\cdot(\boldsymbol{s}_1^0+\boldsymbol{AO}\times\boldsymbol{s}_1)=\$_1^0\circ\$_2^0$$

这个结果表明互易积与原点的选择无关，即对偶矢量内积的对偶部分与原点位置的选择无关。

(4) 叉积

$$\hat{\boldsymbol{p}}\times\hat{\boldsymbol{q}}=(\boldsymbol{p}+\varepsilon\boldsymbol{p}^0)\times(\boldsymbol{q}+\varepsilon\boldsymbol{q}^0)=\boldsymbol{p}\times\boldsymbol{q}+\varepsilon(\boldsymbol{p}^0\times\boldsymbol{q}+\boldsymbol{p}\times\boldsymbol{q}^0) \tag{7.38}$$

(5) 模

$$|\hat{\boldsymbol{m}}|=\sqrt{\hat{\boldsymbol{m}}\cdot\hat{\boldsymbol{m}}}=\sqrt{\boldsymbol{m}\cdot\boldsymbol{m}+2\varepsilon\boldsymbol{m}\cdot\boldsymbol{m}^0}=|\boldsymbol{m}|\left(1+\varepsilon\frac{\boldsymbol{m}\cdot\boldsymbol{m}^0}{\boldsymbol{m}\cdot\boldsymbol{m}}\right) \tag{7.39}$$

当对偶矢量的模 $|\hat{\boldsymbol{m}}|=1$ 时，其主部的模 $|\boldsymbol{m}|=1$，主部与副部正交，即 $\boldsymbol{m}\cdot\boldsymbol{m}^0=0$，此时该对偶矢量称为单位对偶矢量。单位对偶矢量就是前面提到的单位线矢量。

一个对偶矢量 $\hat{\boldsymbol{m}}=\boldsymbol{m}+\varepsilon\boldsymbol{m}^0$ 可以化为 $\hat{\boldsymbol{m}}=|\hat{\boldsymbol{m}}|\hat{\boldsymbol{m}}_e$ 的形式，$\hat{\boldsymbol{m}}_e$ 为单位对偶矢量。于是，

$$\hat{\boldsymbol{m}}_e=\boldsymbol{m}_e+\varepsilon\boldsymbol{m}_e^0=\frac{\hat{\boldsymbol{m}}}{|\hat{\boldsymbol{m}}|}=\frac{\boldsymbol{m}}{|\boldsymbol{m}|}+\varepsilon\left(\frac{\boldsymbol{m}^0}{|\boldsymbol{m}|}-\frac{\boldsymbol{m}(\boldsymbol{m}\cdot\boldsymbol{m}^0)}{|\boldsymbol{m}|(\boldsymbol{m}\cdot\boldsymbol{m})}\right) \tag{7.40}$$

其中，$\boldsymbol{m}_e=\dfrac{\boldsymbol{m}}{|\boldsymbol{m}|}$，$\boldsymbol{m}_e^0=\dfrac{\boldsymbol{m}^0}{|\boldsymbol{m}|}-\dfrac{\boldsymbol{m}(\boldsymbol{m}\cdot\boldsymbol{m}^0)}{|\boldsymbol{m}|(\boldsymbol{m}\cdot\boldsymbol{m})}$。

可以验证式(7.40)满足单位对偶矢量的两个条件，即主部 $\boldsymbol{m}_e$ 的模为 1，主部 $\boldsymbol{m}_e$ 与副部 $\boldsymbol{m}_e^0$ 正交，表示如下：

$$\boldsymbol{m}_e\cdot\boldsymbol{m}_e=1,\quad \boldsymbol{m}_e\cdot\boldsymbol{m}_e^0=0$$

根据式(7.39)和式(7.40)，可将任意对偶矢量 $\hat{\boldsymbol{m}}$ 表示为对偶数 $\hat{\lambda}$ 与单位对偶矢量 $\hat{\boldsymbol{m}}_e$ 的乘积形式，如下：

$$\hat{\boldsymbol{m}}=\boldsymbol{m}+\varepsilon\boldsymbol{m}^0=\hat{\lambda}\hat{\boldsymbol{m}}_e=(\lambda+\varepsilon\lambda^0)(\boldsymbol{m}_e+\varepsilon\boldsymbol{m}_e^0) \tag{7.41}$$

其中，$\hat{\lambda}=|\boldsymbol{m}|\left(1+\varepsilon\dfrac{\boldsymbol{m}\cdot\boldsymbol{m}^0}{\boldsymbol{m}\cdot\boldsymbol{m}}\right)$是对偶矢量 $\hat{\boldsymbol{m}}$ 的模长。

展开式(7.41)得到

$$\hat{\boldsymbol{m}}=\boldsymbol{m}+\varepsilon\boldsymbol{m}^0=\lambda\boldsymbol{m}_e+\varepsilon(\lambda^0\boldsymbol{m}_e+\lambda\boldsymbol{m}_e^0) \tag{7.42}$$

由此，对偶矢量也可称为矩量，是矩与向量的合称，是单位对偶矢量与对偶数乘积得到的几何量。

对偶矢量的节距定义为对偶矢量副部在主部上的投影与主部模长的比值，表示为

$$h=\frac{\boldsymbol{m}\cdot\boldsymbol{m}^0}{\boldsymbol{m}\cdot\boldsymbol{m}} \tag{7.43}$$

类似线矢量，对偶矢量 $\hat{\boldsymbol{m}}$ 的 Plücker 坐标表示为

$$\hat{\boldsymbol{m}}=(\boldsymbol{m};\boldsymbol{m}^0) \tag{7.44}$$

其代数形式可表示为

$$\hat{m}=(L,M,N;P^*,Q^*,R^*) \tag{7.45}$$

式中，$P^*=P+hL,Q^*=Q+hM,R^*=R+hN$。

我们知道，线矢量在空间对应一条确定的直线；同样，一个对偶矢量或旋量$(\boldsymbol{m};\boldsymbol{m}^0)$，$\boldsymbol{m}\cdot\boldsymbol{m}^0\neq0$，在空间也对应一条确定的直线。为确定这条直线，可以如图 7.5 所示将 $\boldsymbol{m}^0$ 分解为垂直和平行于 $\boldsymbol{m}$ 的两个分量 $h\boldsymbol{m}$ 和 $\boldsymbol{m}^0-h\boldsymbol{m}$。这样

$$(\boldsymbol{m};\boldsymbol{m}^0)=(\boldsymbol{m};\boldsymbol{m}^0-h\boldsymbol{m})+(\boldsymbol{0};h\boldsymbol{m}) \tag{7.46}$$

其中，$\boldsymbol{m}^0-h\boldsymbol{m}$ 垂直于 $\boldsymbol{m}$，由此 $\boldsymbol{m}^0-h\boldsymbol{m}=\boldsymbol{m}_0$，因此旋量的轴线方程即是

$$\boldsymbol{r}\times\boldsymbol{m}=\boldsymbol{m}^0-h\boldsymbol{m} \tag{7.47}$$

由此，一个对偶矢量可以分解表示为

$$(\boldsymbol{m};\boldsymbol{m}^0)=(\boldsymbol{m};\boldsymbol{m}^0-h\boldsymbol{m})+(\boldsymbol{0};h\boldsymbol{m}) \tag{7.48}$$

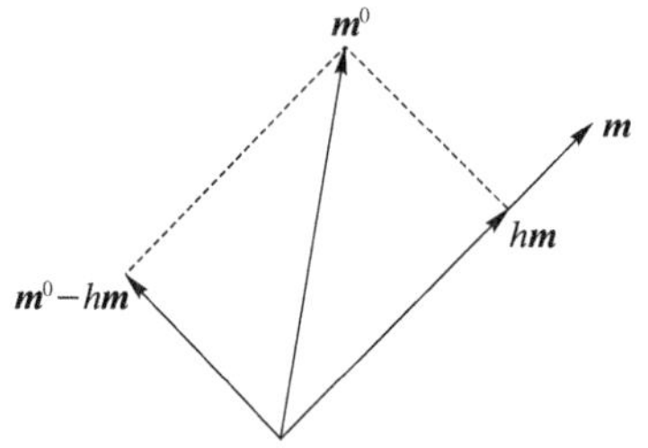

图 7.5　对偶矢量(旋量)的轴线

一个对偶矢量包含 4 个因素：对偶矢量的轴线位置、节距以及方向和大小。对于单位对偶矢量就只包括了 3 个因素，即对偶矢量的轴线位置、节距以及方向。同时还看到，在坐标系的变换中，对偶矢量的轴线位置、节距和大小都不发生变化。

7.3.2　单位线矢量的内积

若有两单位线矢量 $\hat{\boldsymbol{l}}_1=\boldsymbol{l}_1+\varepsilon\boldsymbol{l}_1^0=\boldsymbol{l}_1+\varepsilon\boldsymbol{r}_1\times\boldsymbol{l}_1$ 和 $\hat{\boldsymbol{l}}_2=\boldsymbol{l}_2+\varepsilon\boldsymbol{l}_2^0=\boldsymbol{l}_2+\varepsilon\boldsymbol{r}_2\times\boldsymbol{l}_2$，如图 7.6 所示，可知

$$\boldsymbol{l}_1\cdot\boldsymbol{l}_2=\cos\alpha_{12},\boldsymbol{l}_1\times\boldsymbol{l}_2=\boldsymbol{a}_{12}\sin\alpha_{12} \tag{7.49}$$

式中，$\boldsymbol{a}_{12}$ 是单位矢量，表示两直线的公法线；α_{12} 是矢量 $\boldsymbol{l}_1$ 绕 $\boldsymbol{a}_{12}$ 旋转到 $\boldsymbol{l}_2$ 的扭转角。

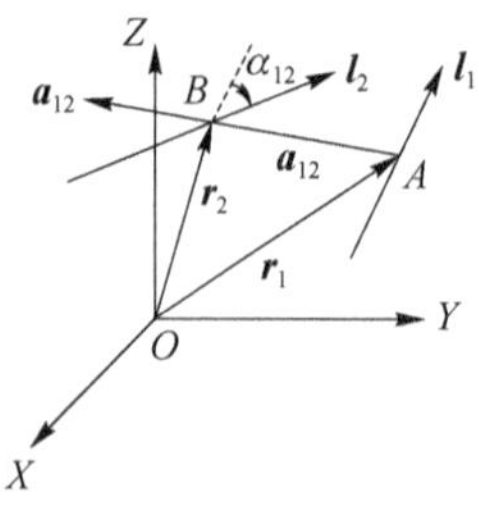

图 7.6　两直线的空间位置

根据式(7.35)，$\hat{\boldsymbol{l}}_1$ 和 $\hat{\boldsymbol{l}}_2$ 的内积表示为

$$\begin{aligned}\hat{\boldsymbol{l}}_1\cdot\hat{\boldsymbol{l}}_2&=(\boldsymbol{l}_1+\varepsilon\boldsymbol{r}_1\times\boldsymbol{l}_1)\cdot(\boldsymbol{l}_2+\varepsilon\boldsymbol{r}_2\times\boldsymbol{l}_2)\\&=(\boldsymbol{l}_1+\varepsilon\boldsymbol{r}_1\times\boldsymbol{l}_1)\cdot(\boldsymbol{l}_2+\varepsilon\boldsymbol{r}_1\times\boldsymbol{l}_2+\varepsilon a_{12}\boldsymbol{a}_{12}\times\boldsymbol{l}_2)\\&=\boldsymbol{l}_1\cdot\boldsymbol{l}_2+\varepsilon\boldsymbol{l}_1\cdot\boldsymbol{r}_1\times\boldsymbol{l}_2+\varepsilon a_{12}\boldsymbol{l}_1\cdot\boldsymbol{a}_{12}\times\boldsymbol{l}_2+\varepsilon\boldsymbol{r}_1\times\boldsymbol{l}_1\cdot\boldsymbol{l}_2\\&=\boldsymbol{l}_1\cdot\boldsymbol{l}_2-\varepsilon a_{12}\boldsymbol{a}_{12}\cdot\boldsymbol{l}_1\times\boldsymbol{l}_2\end{aligned}\tag{7.50}$$

式(7.50)中使用了等式 $\boldsymbol{r}_2=\boldsymbol{r}_1+a_{12}\boldsymbol{a}_{12}$。

根据式(7.49),式(7.50)可以进一步写为

$$\hat{\boldsymbol{l}}_1\cdot\hat{\boldsymbol{l}}_2=\cos\alpha_{12}-\varepsilon a_{12}\sin\alpha_{12}\tag{7.51}$$

根据对偶角的定义式(7.12),可知式(7.51)可以再进一步写为

$$\hat{\boldsymbol{l}}_1\cdot\hat{\boldsymbol{l}}_2=\cos\hat{\alpha}_{12}=\cos(\alpha_{12}+\varepsilon a_{12})\tag{7.52}$$

即两单位线矢量的内积就是其对偶角的余弦。这个结果与两单位矢量的内积 $\boldsymbol{l}_1\cdot\boldsymbol{l}_2=\cos\alpha_{12}$ 有相同的形式。

如果 $\hat{\boldsymbol{l}}_1$ 与 $\hat{\boldsymbol{l}}_2$ 共面平行时,$\alpha_{12}=0$ 或者 π,两线矢量的内积表示为

$$\hat{\boldsymbol{l}}_1\cdot\hat{\boldsymbol{l}}_2=\pm1\tag{7.53}$$

如果 $\hat{\boldsymbol{l}}_1$ 与 $\hat{\boldsymbol{l}}_2$ 垂直相交,即 $\alpha_{12}=\pi/2$,$a_{12}=0$,则两线矢量的内积为零,即

$$\hat{\boldsymbol{l}}_1\cdot\hat{\boldsymbol{l}}_2=0\tag{7.54}$$

如果 $\hat{\boldsymbol{l}}_1$ 与 $\hat{\boldsymbol{l}}_2$ 垂直但不相交,即 $\alpha_{12}=\pi/2$,$a_{12}\neq0$,则两线矢量的内积为

$$\hat{\boldsymbol{l}}_1\cdot\hat{\boldsymbol{l}}_2=\pm\varepsilon a_{12}\tag{7.55}$$

利用 7.1 节中定义的对偶角,单位线矢量 $\hat{\boldsymbol{l}}$ 在坐标系$\{O\}$的表示可以通过它和坐标系 x 轴、y 轴和 z 轴之间的位置关系描述,即空间两直线之间的关系描述,如图 7.7 所示,表示如下:

$$\begin{aligned}\hat{\boldsymbol{l}}^O&=(\hat{\boldsymbol{l}}^O\cdot\hat{\boldsymbol{x}},\hat{\boldsymbol{l}}^O\cdot\hat{\boldsymbol{y}},\hat{\boldsymbol{l}}^O\cdot\hat{\boldsymbol{z}})\\&=(\cos\hat{\alpha}_x,\cos\hat{\alpha}_y,\cos\hat{\alpha}_z)\\&=(\cos(\alpha_x+\varepsilon d_x),\cos(\alpha_y+\varepsilon d_y),\cos(\alpha_z+\varepsilon d_z))\end{aligned}\tag{7.56}$$

式中,α_x、α_y 和 α_z 分别表示直线 l 与 x 轴、y 轴和 z 轴的夹角;d_x、d_y 和 d_z 分别表示直线 l 与 x 轴、y 轴和 z 轴的距离。

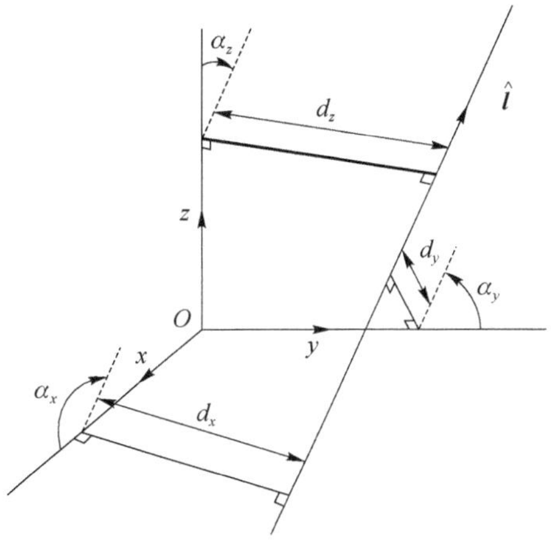

图 7.7　线矢量 $\hat{\boldsymbol{l}}$ 在坐标系$\{O\}$的描述

由式(7.56)可以看出，这个结果与自由矢量在坐标系的方向余弦表示相似。

若将线矢量 $\hat{\boldsymbol{l}}$ 表示成 Plücker 坐标$(L,M,N;P,Q,R)$，则有

$$\begin{aligned}\cos(\alpha_x+\varepsilon d_x)&=L+\varepsilon P\\ \cos(\alpha_y+\varepsilon d_y)&=M+\varepsilon Q\\ \cos(\alpha_z+\varepsilon d_z)&=N+\varepsilon R\end{aligned}\tag{7.57}$$

7.3.3 单位线矢量的叉积

两单位线矢量 $\hat{\boldsymbol{l}}_1=\boldsymbol{l}_1+\varepsilon\boldsymbol{l}_1^0=\boldsymbol{l}_1+\varepsilon\boldsymbol{r}_1\times\boldsymbol{l}_1$ 和 $\hat{\boldsymbol{l}}_2=\boldsymbol{l}_2+\varepsilon\boldsymbol{l}_2^0=\boldsymbol{l}_2+\varepsilon\boldsymbol{r}_2\times\boldsymbol{l}_2$，如图 7.6 所示，根据式(7.38)，其叉积表示如下：

$$\begin{aligned}\hat{\boldsymbol{l}}_1\times\hat{\boldsymbol{l}}_2&=(\boldsymbol{l}_1+\varepsilon\boldsymbol{r}_1\times\boldsymbol{l}_1)\times(\boldsymbol{l}_2+\varepsilon\boldsymbol{r}_2\times\boldsymbol{l}_2)\\ &=(\boldsymbol{l}_1+\varepsilon\boldsymbol{r}_1\times\boldsymbol{l}_1)\times(\boldsymbol{l}_2+\varepsilon\boldsymbol{r}_1\times\boldsymbol{l}_2+\varepsilon a_{12}\boldsymbol{a}_{12}\times\boldsymbol{l}_2)\\ &=\boldsymbol{l}_1\times\boldsymbol{l}_2+\varepsilon\boldsymbol{l}_1\times(a_{12}\boldsymbol{a}_{12}\times\boldsymbol{l}_2)+\varepsilon\boldsymbol{l}_1\times(\boldsymbol{r}_1\times\boldsymbol{l}_2)+\varepsilon\boldsymbol{r}_1\times\boldsymbol{l}_1\times\boldsymbol{l}_2\\ &=\boldsymbol{l}_1\times\boldsymbol{l}_2+\varepsilon a_{12}\boldsymbol{a}_{12}(\boldsymbol{l}_1\cdot\boldsymbol{l}_2)+\varepsilon\boldsymbol{r}_1\times(\boldsymbol{l}_1\times\boldsymbol{l}_2)\\ &=\boldsymbol{a}_{12}\sin\alpha_{12}+\varepsilon a_{12}\boldsymbol{a}_{12}\cos\alpha_{12}+\varepsilon\boldsymbol{r}_1\times\boldsymbol{a}_{12}\sin\alpha_{12}\\ &=\hat{\boldsymbol{a}}_{12}\sin\alpha_{12}+\varepsilon\cos\alpha_{12}a_{12}\hat{\boldsymbol{a}}_{12}\\ &=\hat{\boldsymbol{a}}_{12}(\sin\alpha_{12}+\varepsilon\cos\alpha_{12}a_{12})\\ &=\hat{\boldsymbol{a}}_{12}\sin\hat{\alpha}_{12}\end{aligned}\tag{7.58}$$

式中，$\hat{\boldsymbol{a}}_{12}=\boldsymbol{a}_{12}+\varepsilon\boldsymbol{r}_1\times\boldsymbol{a}_{12}$，$\hat{\alpha}_{12}=\alpha_{12}+\varepsilon a_{12}$。

这里应用了恒等式

$$\boldsymbol{l}_2\times\boldsymbol{r}_1\times\boldsymbol{l}_1+\boldsymbol{r}_1\times\boldsymbol{l}_1\times\boldsymbol{l}_2+\boldsymbol{l}_1\times\boldsymbol{l}_2\times\boldsymbol{r}_1\equiv 0$$

和三重积公式

$$\boldsymbol{l}_1\times(\boldsymbol{a}_{12}\times\boldsymbol{l}_2)=(\boldsymbol{l}_1\cdot\boldsymbol{l}_2)\boldsymbol{a}_{12}-(\boldsymbol{l}_1\cdot\boldsymbol{a}_{12})\boldsymbol{l}_2=(\boldsymbol{l}_1\cdot\boldsymbol{l}_2)\boldsymbol{a}_{12}$$

由于 $\hat{\boldsymbol{a}}_{12}=\boldsymbol{a}_{12}+\varepsilon\boldsymbol{r}_1\times\boldsymbol{a}_{12}$ 与原点的选择有关，因此，叉积的对偶部与原点位置有关。

式(7.58)表示的两单位线矢量的叉积公式形式上完全类似于两矢量的叉积 $\boldsymbol{l}_1\times\boldsymbol{l}_2=\boldsymbol{a}_{12}\sin\alpha_{12}$。

根据式(7.35)，有

$$\begin{aligned}\hat{\boldsymbol{l}}_1\times\hat{\boldsymbol{l}}_2\cdot\hat{\boldsymbol{l}}_1&=(\boldsymbol{l}_1+\varepsilon\boldsymbol{r}_1\times\boldsymbol{l}_1)\times(\boldsymbol{l}_2+\varepsilon\boldsymbol{r}_2\times\boldsymbol{l}_2)\cdot(\boldsymbol{l}_1+\varepsilon\boldsymbol{r}_1\times\boldsymbol{l}_1)\\ &=(\boldsymbol{l}_1\times\boldsymbol{l}_2+\varepsilon\boldsymbol{l}_1\times(\boldsymbol{r}_2\times\boldsymbol{l}_2)+\varepsilon\boldsymbol{r}_1\times\boldsymbol{l}_1\times\boldsymbol{l}_2)\cdot(\boldsymbol{l}_1+\varepsilon\boldsymbol{r}_1\times\boldsymbol{l}_1)\\ &=\varepsilon\boldsymbol{r}_1\times\boldsymbol{l}_1\times\boldsymbol{l}_2\cdot\boldsymbol{l}_1+\varepsilon(\boldsymbol{l}_1\times\boldsymbol{l}_2)\cdot(\boldsymbol{r}_1\times\boldsymbol{l}_1)=0\end{aligned}\tag{7.59}$$

式(7.59)表明 $\hat{\boldsymbol{l}}_1\times\hat{\boldsymbol{l}}_2$ 与 $\hat{\boldsymbol{l}}_1$ 垂直相交，同理 $\hat{\boldsymbol{l}}_1\times\hat{\boldsymbol{l}}_2$ 与 $\hat{\boldsymbol{l}}_2$ 也垂直相交。其形式上完全类似于矢量 $\boldsymbol{l}_1\times\boldsymbol{l}_2$ 与 $\boldsymbol{l}_1$ 的关系和 $\boldsymbol{l}_1\times\boldsymbol{l}_2$ 与 $\boldsymbol{l}_2$ 的关系。

当 $\hat{\boldsymbol{l}}_1$ 与 $\hat{\boldsymbol{l}}_2$ 共面平行时，$\alpha_{12}=0$ 或者 π，式(7.58)简化为

$$\hat{\boldsymbol{l}}_1\times\hat{\boldsymbol{l}}_2=\boldsymbol{a}_{12}\sin\alpha_{12}+\varepsilon a_{12}\boldsymbol{a}_{12}\cos\alpha_{12}=\pm\varepsilon a_{12}\boldsymbol{a}_{12}\tag{7.60}$$

当 $\hat{\boldsymbol{l}}_1$ 与 $\hat{\boldsymbol{l}}_2$ 重合时，$\alpha_{12}=0$ 或者 π，$\boldsymbol{a}_{12}=\boldsymbol{0}$，有

$$\hat{\boldsymbol{l}}_1\times\hat{\boldsymbol{l}}_2=0 \tag{7.61}$$

对于线矢量，若两线矢 $\hat{\boldsymbol{l}}_1=\boldsymbol{l}_1+\varepsilon\boldsymbol{l}_1^0$ 和 $\hat{\boldsymbol{l}}_2=\boldsymbol{l}_2+\varepsilon\boldsymbol{l}_2^0$ 共面，而且两原部矢量之和非零，则两线矢量之和仍为线矢量。这可证明如下：由于是线矢量，原部和对偶部矢量有正交性，即 $\boldsymbol{l}_1\cdot\boldsymbol{l}_1^0=0$，$\boldsymbol{l}_2\cdot\boldsymbol{l}_2^0=0$。又已知该两线矢量共面，可知两线矢量内积的对偶部 $\boldsymbol{l}_1^0\cdot\boldsymbol{l}_2+\boldsymbol{l}_2^0\cdot\boldsymbol{l}_1=0$，所以有

$$(\boldsymbol{l}_1+\boldsymbol{l}_2)\cdot(\boldsymbol{l}_1^0+\boldsymbol{l}_2^0)=0 \tag{7.62}$$

这表明和线矢量的原部与对偶部是正交的，因此共面两线矢量之和仍为线矢量。但两单位线矢量之和不再为单位线矢量。

对于共面的两线矢量，和线矢过两线矢的交点。这是因为，共面两线矢的和仍为线矢量，其矢量方程为

$$\boldsymbol{r}\times(\boldsymbol{l}_1+\boldsymbol{l}_2)=\boldsymbol{l}_1^0+\boldsymbol{l}_2^0 \tag{7.63}$$

若以 $\boldsymbol{r}_1$ 表示两线矢交点的矢径，$\boldsymbol{r}_1$ 应分别在两线矢上，同时满足两线矢方程：

$$\boldsymbol{r}_1\times\boldsymbol{l}_1=\boldsymbol{l}_1^0,\quad \boldsymbol{r}_1\times\boldsymbol{l}_2=\boldsymbol{l}_2^0 \tag{7.64}$$

将两式相加有

$$\boldsymbol{r}_1\times(\boldsymbol{l}_1+\boldsymbol{l}_2)=\boldsymbol{l}_1^0+\boldsymbol{l}_2^0 \tag{7.65}$$

此式表明两线矢的交点 $\boldsymbol{r}_1$ 满足和线矢作用线方程，所以和线矢过两直线的交点。

当两线矢平行，且 $\boldsymbol{l}_2=-\boldsymbol{l}_1$ 时，两线矢之和是一偶量：

$$\hat{\boldsymbol{l}}_1+\hat{\boldsymbol{l}}_2=\varepsilon(\boldsymbol{r}_1\times\boldsymbol{l}_1+\boldsymbol{r}_2\times(-\boldsymbol{l}_1))=\varepsilon(\boldsymbol{r}_1-\boldsymbol{r}_2)\times\boldsymbol{l}_1 \tag{7.66}$$

注意：不共面的两线矢量之和一般为节距不为零的矩量或旋量，而线矢量与偶量之和则非线矢。

7.4 对偶矩阵

7.4.1 对偶矩阵的运算法则

对偶矩阵定义如下：

$$\hat{\boldsymbol{M}}=\boldsymbol{M}+\varepsilon\boldsymbol{M}^0=(\hat{\boldsymbol{m}}_1,\hat{\boldsymbol{m}}_2,\hat{\boldsymbol{m}}_3)^{\mathrm{T}} \tag{7.67}$$

其中，$\boldsymbol{M},\boldsymbol{M}^0\in\mathbb{R}^{3\times3}$，$\hat{\boldsymbol{m}}_i(i=1,2,3)$是对偶矢量。

对偶矩阵 $\hat{\boldsymbol{M}}$ 可写成如下矩阵形式：

$$[\hat{\boldsymbol{M}}]=\begin{pmatrix}\boldsymbol{M} & \boldsymbol{0}\\ \boldsymbol{M}^0 & \boldsymbol{M}\end{pmatrix} \tag{7.68}$$

对偶矩阵空间类似于矩阵空间，可以定义加法、数乘矩阵、矩阵乘法、矩阵转置和逆，而且由定义引出的性质也是类似的。

（1）加法

$$\hat{\boldsymbol{M}}_1+\hat{\boldsymbol{M}}_2=(\boldsymbol{M}_1+\varepsilon\boldsymbol{M}_1^0)+(\boldsymbol{M}_2+\varepsilon\boldsymbol{M}_2^0)=(\boldsymbol{M}_1+\boldsymbol{M}_2)+\varepsilon(\boldsymbol{M}_1^0+\boldsymbol{M}_2^0) \tag{7.69}$$

（2）数乘

$$\hat{\lambda}\hat{\boldsymbol{M}}=(\lambda+\varepsilon\lambda^0)(\boldsymbol{M}+\varepsilon\boldsymbol{M}^0)=\lambda\boldsymbol{M}+\varepsilon(\lambda^0\boldsymbol{M}+\lambda\boldsymbol{M}^0) \tag{7.70}$$

（3）矩阵乘法

$$\hat{\boldsymbol{M}}_1\hat{\boldsymbol{M}}_2=(\boldsymbol{M}_1+\varepsilon\boldsymbol{M}_1^0)(\boldsymbol{M}_2+\varepsilon\boldsymbol{M}_2^0)=(\boldsymbol{M}_1\boldsymbol{M}_2)+\varepsilon(\boldsymbol{M}_1^0\boldsymbol{M}_2+\boldsymbol{M}_1\boldsymbol{M}_2^0) \tag{7.71}$$

式(7.71)也可表示成如下的矩阵形式：

$$\hat{\boldsymbol{M}}_1\hat{\boldsymbol{M}}_2=\begin{pmatrix}\boldsymbol{M}_1 & 0\\ \boldsymbol{M}_1^0 & \boldsymbol{M}_1\end{pmatrix}\begin{pmatrix}\boldsymbol{M}_2 & 0\\ \boldsymbol{M}_2^0 & \boldsymbol{M}_2\end{pmatrix}=\begin{pmatrix}\boldsymbol{M}_1\boldsymbol{M}_2 & 0\\ \boldsymbol{M}_1^0\boldsymbol{M}_2+\boldsymbol{M}_1\boldsymbol{M}_2^0 & \boldsymbol{M}_1\boldsymbol{M}_2\end{pmatrix} \tag{7.72}$$

（4）矩阵转置

$$\hat{\boldsymbol{M}}^{\mathrm{T}}=(\boldsymbol{M}+\varepsilon\boldsymbol{M}^0)^{\mathrm{T}}=\boldsymbol{M}^{\mathrm{T}}+\varepsilon(\boldsymbol{M}^0)^{\mathrm{T}} \tag{7.73}$$

（5）逆

$$\hat{\boldsymbol{M}}^{-1}=(\boldsymbol{M}+\varepsilon\boldsymbol{M}^0)^{-1}=\boldsymbol{M}^{-1}-\varepsilon\boldsymbol{M}^{-1}\boldsymbol{M}^0\boldsymbol{M}^{-1} \tag{7.74}$$

在实空间中，若 $\hat{\boldsymbol{M}}^{\mathrm{T}}\hat{\boldsymbol{M}}=\hat{\boldsymbol{M}}\hat{\boldsymbol{M}}^{\mathrm{T}}=\boldsymbol{I}_3$，则 $\hat{\boldsymbol{M}}$ 为单位正交对偶矩阵。对于任意 3 阶单位正交对偶矩阵 $\hat{\boldsymbol{M}}=\boldsymbol{M}+\varepsilon\boldsymbol{M}^0$，存在唯一的三维向量 $\boldsymbol{d}$，满足：$\hat{\boldsymbol{M}}=\boldsymbol{M}+\varepsilon[\boldsymbol{d}\times]\boldsymbol{M}$，$[\boldsymbol{d}\times]$ 是一个反对称矩阵，即满足 $\boldsymbol{d}\times\boldsymbol{l}_i=\boldsymbol{l}_i^0$，其中 $\hat{\boldsymbol{l}}_i=\boldsymbol{l}_i+\varepsilon\boldsymbol{l}_i^0$ 是对偶矩阵 $\hat{\boldsymbol{M}}$ 的第 $i(i=1,2,3)$ 列。于是，任意的单位正交对偶矩阵可以表示为

$$\begin{aligned}\hat{\boldsymbol{M}}&=(\hat{\boldsymbol{l}}_1,\hat{\boldsymbol{l}}_2,\hat{\boldsymbol{l}}_3)=(\boldsymbol{l}_1+\varepsilon\boldsymbol{l}_1^0,\boldsymbol{l}_2+\varepsilon\boldsymbol{l}_2^0,\boldsymbol{l}_3+\varepsilon\boldsymbol{l}_3^0)\\&=(\boldsymbol{l}_1,\boldsymbol{l}_2,\boldsymbol{l}_3)+\varepsilon(\boldsymbol{l}_1^0,\boldsymbol{l}_2^0,\boldsymbol{l}_3^0)\\&=\boldsymbol{M}+\varepsilon[\boldsymbol{d}\times]\boldsymbol{M}\end{aligned} \tag{7.75}$$

根据单位正交对偶矩阵的性质，可知其三个列对偶矢量 $\hat{\boldsymbol{l}}_1=\boldsymbol{l}_1+\varepsilon\boldsymbol{l}_1^0$，$\hat{\boldsymbol{l}}_2=\boldsymbol{l}_2+\varepsilon\boldsymbol{l}_2^0$ 和 $\hat{\boldsymbol{l}}_3=\boldsymbol{l}_3+\varepsilon\boldsymbol{l}_3^0$ 均是单位对偶矢量，且其两两内积为 0，那么它们两两垂直相交，因此必然有公共点 O'，由此形成一个坐标架 $\{O'-\boldsymbol{l}_1\boldsymbol{l}_2\boldsymbol{l}_3\}$。

根据式(7.72)可知，单位正交矩阵的逆矩阵可以表示如下：

$$\hat{\boldsymbol{M}}^{-1}=(\boldsymbol{M}+\varepsilon\boldsymbol{M}^0)^{-1}=\boldsymbol{M}^{\mathrm{T}}-\varepsilon\boldsymbol{M}^{\mathrm{T}}\boldsymbol{D} \tag{7.76}$$

式中，$\boldsymbol{D}=[\boldsymbol{d}\times]$。

注意：单位正交对偶矩阵的逆矩阵 $\hat{\boldsymbol{M}}^{-1}$ 的矩阵形式 $[\hat{\boldsymbol{M}}^{-1}]$ 可直接由 $[\hat{\boldsymbol{M}}]$ 求逆得到，即

$$[\hat{\boldsymbol{M}}^{-1}]=[\hat{\boldsymbol{M}}]^{-1}=\begin{pmatrix}\boldsymbol{M}^{\mathrm{T}} & \boldsymbol{0}\\ -\boldsymbol{M}^{\mathrm{T}}\boldsymbol{D} & \boldsymbol{M}^{\mathrm{T}}\end{pmatrix} \tag{7.77}$$

此时有，

$$[\hat{\boldsymbol{M}}][\hat{\boldsymbol{M}}^{-1}]=\begin{pmatrix}\boldsymbol{M} & \boldsymbol{0}\\ \boldsymbol{D}\boldsymbol{M} & \boldsymbol{M}\end{pmatrix}\begin{pmatrix}\boldsymbol{M}^{\mathrm{T}} & \boldsymbol{0}\\ -\boldsymbol{M}^{\mathrm{T}}\boldsymbol{D} & \boldsymbol{M}^{\mathrm{T}}\end{pmatrix}=\begin{pmatrix}\boldsymbol{M}\boldsymbol{M}^{\mathrm{T}} & \boldsymbol{0}\\ \boldsymbol{D}\boldsymbol{M}\boldsymbol{M}^{\mathrm{T}}-\boldsymbol{M}\boldsymbol{M}^{\mathrm{T}}\boldsymbol{D} & \boldsymbol{M}\boldsymbol{M}^{\mathrm{T}}\end{pmatrix}=\begin{pmatrix}\boldsymbol{I}_3 & \boldsymbol{0}\\ \boldsymbol{0} & \boldsymbol{I}_3\end{pmatrix} \tag{7.78}$$

而其转置矩阵 $\hat{\boldsymbol{M}}^{\mathrm{T}}$ 的矩阵表达式 $[\hat{\boldsymbol{M}}^{\mathrm{T}}]$ 不能直接由 $[\hat{\boldsymbol{M}}]$ 求转置得到，即

$$[\hat{\boldsymbol{M}}^{\mathrm{T}}]=\begin{pmatrix}\boldsymbol{M}^{\mathrm{T}} & \boldsymbol{0}\\ -\boldsymbol{M}^{\mathrm{T}}\boldsymbol{D} & \boldsymbol{M}^{\mathrm{T}}\end{pmatrix}\neq[\hat{\boldsymbol{M}}]^{\mathrm{T}}=\begin{pmatrix}\boldsymbol{M}^{\mathrm{T}} & -\boldsymbol{M}^{\mathrm{T}}\boldsymbol{D}\\ \boldsymbol{0} & \boldsymbol{M}^{\mathrm{T}}\end{pmatrix} \tag{7.79}$$

$[\hat{\boldsymbol{M}}^{\mathrm{T}}]$和$[\hat{\boldsymbol{M}}]^{\mathrm{T}}$逆矩阵之间可以通过下述矩阵进行相似变换，即

$$\boldsymbol{\Delta}[\hat{\boldsymbol{M}}^{\mathrm{T}}]\boldsymbol{\Delta}=\begin{pmatrix}\boldsymbol{0} & \boldsymbol{I}_3\\ \boldsymbol{I}_3 & \boldsymbol{0}\end{pmatrix}\begin{pmatrix}\boldsymbol{M}^{\mathrm{T}} & \boldsymbol{0}\\ -\boldsymbol{M}^{\mathrm{T}}\boldsymbol{D} & \boldsymbol{M}^{\mathrm{T}}\end{pmatrix}\begin{pmatrix}\boldsymbol{0} & \boldsymbol{I}_3\\ \boldsymbol{I}_3 & \boldsymbol{0}\end{pmatrix}=[\hat{\boldsymbol{M}}]^{\mathrm{T}} \tag{7.80}$$

式中，$\boldsymbol{\Delta}=\begin{pmatrix}\boldsymbol{0} & \boldsymbol{I}_3\\ \boldsymbol{I}_3 & \boldsymbol{0}\end{pmatrix}$。

7.4.2 线矢量的坐标变换

接下来建立线矢量$\hat{\boldsymbol{l}}$在不同坐标系之间的坐标变换。

如图 7.8 所示，线矢量$\hat{\boldsymbol{l}}$在坐标系$\{N\}$中可表示为

$$\hat{\boldsymbol{l}}^N=\boldsymbol{l}^N+\varepsilon\boldsymbol{r}_p^N\times\boldsymbol{l}^N \tag{7.81}$$

式中，$\boldsymbol{r}_p^N$为线矢量$\hat{\boldsymbol{l}}$上的点$\boldsymbol{p}$在坐标系$\{N\}$的表示。

线矢量$\hat{\boldsymbol{l}}$在坐标系$\{O\}$中可表示为

$$\hat{\boldsymbol{l}}^O=\boldsymbol{l}^O+\varepsilon\boldsymbol{r}_p^O\times\boldsymbol{l}^O \tag{7.82}$$

式中，$\boldsymbol{r}_p^O$为线矢量$\hat{\boldsymbol{l}}$的点$\boldsymbol{p}$在坐标系$\{O\}$中的表示，$\boldsymbol{r}_p^O=\boldsymbol{d}+\boldsymbol{M}\boldsymbol{r}_p^N$，$\boldsymbol{d}$为坐标系$\{N\}$的原点在坐标系$\{O\}$中的表示，$\boldsymbol{l}^O=\boldsymbol{M}\boldsymbol{l}^N$，$\boldsymbol{M}$为坐标系$\{N\}$相对坐标系$\{O\}$的旋转变换矩阵。

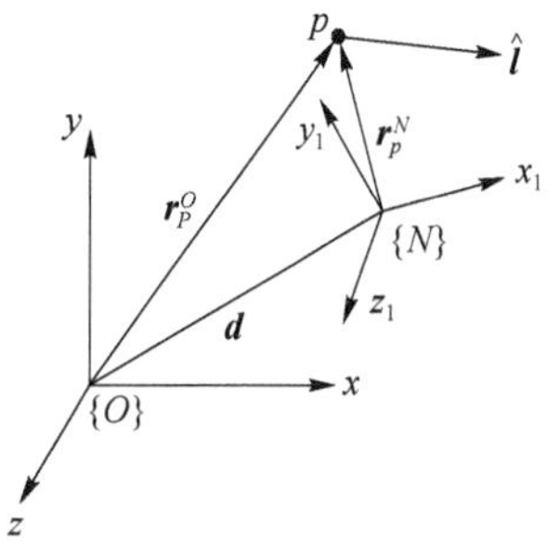

图 7.8 线矢量在不同坐标系中的表示

将式(7.81)代入式(7.82)并利用坐标系之间的变换，式(7.82)可重写为

$$\begin{aligned}\hat{\boldsymbol{l}}^O&=\boldsymbol{l}^O+\varepsilon\boldsymbol{r}_p^O\times\boldsymbol{l}^O\\&=\boldsymbol{M}\boldsymbol{l}^N+\varepsilon(\boldsymbol{M}\boldsymbol{r}_p^N)\times(\boldsymbol{M}\boldsymbol{l}^N)+\varepsilon\boldsymbol{d}\times(\boldsymbol{M}\boldsymbol{l}^N)\\&=\boldsymbol{M}(\boldsymbol{l}^N+\varepsilon\boldsymbol{r}_p^N\times\boldsymbol{l}^N)+\varepsilon[\boldsymbol{d}\times]\boldsymbol{M}\hat{\boldsymbol{l}}^N\\&=\boldsymbol{M}\hat{\boldsymbol{l}}^N+\varepsilon[\boldsymbol{d}\times]\boldsymbol{M}\hat{\boldsymbol{l}}^N\\&=\hat{\boldsymbol{M}}\hat{\boldsymbol{l}}^N\end{aligned} \tag{7.83}$$

式中，$\hat{\boldsymbol{M}}=\boldsymbol{M}+\varepsilon[\boldsymbol{d}\times]\boldsymbol{M}$。$[\boldsymbol{d}\times]$为反对称矩阵。

式(7.83)是基于对偶矩阵表示的线矢量坐标变换式。

如果将线矢量$\hat{\boldsymbol{l}}$在坐标系$\{N\}$和$\{O\}$中分别表示为 Plücker 坐标形式，即

$$\hat{\boldsymbol{l}}^N=(\boldsymbol{l}^N;\boldsymbol{r}_p^N\times\boldsymbol{l}^N),\quad \hat{\boldsymbol{l}}^O=(\boldsymbol{l}^O;\boldsymbol{r}_p^O\times\boldsymbol{l}^O)$$

此时，根据式(7.83)，线矢量$\hat{\boldsymbol{l}}$在两个坐标系的坐标变换矩阵表示如下：

$$\begin{pmatrix}\boldsymbol{l}^O\\ \boldsymbol{r}_p^O\times\boldsymbol{l}^O\end{pmatrix}=\begin{pmatrix}\boldsymbol{M}\boldsymbol{l}^N\\ \boldsymbol{M}(\boldsymbol{r}_p^N\times\boldsymbol{l}^N)+[\boldsymbol{d}\times]\boldsymbol{M}\boldsymbol{l}^N\end{pmatrix}=\begin{pmatrix}\boldsymbol{M} & \boldsymbol{0}\\ [\boldsymbol{d}\times]\boldsymbol{M} & \boldsymbol{M}\end{pmatrix}\begin{pmatrix}\boldsymbol{l}^N\\ \boldsymbol{r}_p^N\times\boldsymbol{l}^N\end{pmatrix} \tag{7.84}$$

式(7.84)中的 6×6 变换矩阵称为伴随矩阵，记为 $\mathrm{Ad}({}_{N}^{O}\boldsymbol{T})=\begin{pmatrix}\boldsymbol{M} & \boldsymbol{0}\\ [\boldsymbol{d}\times]\boldsymbol{M} & \boldsymbol{M}\end{pmatrix}$。

接下来介绍对偶变换矩阵 $\hat{\boldsymbol{M}}$ 的物理意义。若令 $\hat{\boldsymbol{l}}=(1,0,0;0,0,0)^{\mathrm{T}}$，则 $\hat{\boldsymbol{l}}$ 与 $\hat{\boldsymbol{x}}_1$ 重合，又因为 $\hat{\boldsymbol{x}}$ 本身也是线矢量，且 $\hat{\boldsymbol{x}}=(1,0,0;0,0,0)^{\mathrm{T}}$，在式(7.83)两边点乘 $\hat{\boldsymbol{x}}$，则左边得到 $\hat{\boldsymbol{x}}\cdot\hat{\boldsymbol{x}}_1$，右边得到 $(1,0,0;0,0,0)\hat{\boldsymbol{M}}(1,0,0;0,0,0)^{\mathrm{T}}$，是 $\hat{\boldsymbol{M}}$ 的第一行第一列元素 $\boldsymbol{M}_{11}$。由对偶角的定义可知，$\hat{\boldsymbol{x}}\cdot\hat{\boldsymbol{x}}_1=\cos(\hat{\boldsymbol{x}},\hat{\boldsymbol{x}}_1)=\boldsymbol{M}_{11}$。$\cos(\hat{\boldsymbol{x}},\hat{\boldsymbol{x}}_1)$ 表示两线矢量 $\hat{\boldsymbol{x}}$ 与 $\hat{\boldsymbol{x}}_1$ 所构成对偶角的余弦，因此，线矢量的变换矩阵 $\hat{\boldsymbol{M}}$ 表示如下：

$$\hat{\boldsymbol{M}}=\begin{pmatrix}\cos(\hat{\boldsymbol{x}}_1,\hat{\boldsymbol{x}}) & \cos(\hat{\boldsymbol{y}}_1,\hat{\boldsymbol{x}}) & \cos(\hat{\boldsymbol{z}}_1,\hat{\boldsymbol{x}})\\ \cos(\hat{\boldsymbol{x}}_1,\hat{\boldsymbol{y}}) & \cos(\hat{\boldsymbol{y}}_1,\hat{\boldsymbol{y}}) & \cos(\hat{\boldsymbol{z}}_1,\hat{\boldsymbol{y}})\\ \cos(\hat{\boldsymbol{x}}_1,\hat{\boldsymbol{z}}) & \cos(\hat{\boldsymbol{y}}_1,\hat{\boldsymbol{z}}) & \cos(\hat{\boldsymbol{z}}_1,\hat{\boldsymbol{z}})\end{pmatrix} \tag{7.85}$$

根据两单位线矢量内积的定义(7.50)以及式(7.83)，式(7.85)可以展开如下：

$$\begin{aligned}\hat{\boldsymbol{M}}&=\boldsymbol{M}+\varepsilon[\boldsymbol{d}\times]\boldsymbol{M}\\
&=\begin{pmatrix}\boldsymbol{x}_1\cdot\boldsymbol{x} & \boldsymbol{y}_1\cdot\boldsymbol{x} & \boldsymbol{z}_1\cdot\boldsymbol{x}\\ \boldsymbol{x}_1\cdot\boldsymbol{y} & \boldsymbol{y}_1\cdot\boldsymbol{y} & \boldsymbol{z}_1\cdot\boldsymbol{y}\\ \boldsymbol{x}_1\cdot\boldsymbol{z} & \boldsymbol{y}_1\cdot\boldsymbol{z} & \boldsymbol{z}_1\cdot\boldsymbol{z}\end{pmatrix}+\varepsilon[\boldsymbol{d}\times]\begin{pmatrix}\boldsymbol{x}_1\cdot\boldsymbol{x} & \boldsymbol{y}_1\cdot\boldsymbol{x} & \boldsymbol{z}_1\cdot\boldsymbol{x}\\ \boldsymbol{x}_1\cdot\boldsymbol{y} & \boldsymbol{y}_1\cdot\boldsymbol{y} & \boldsymbol{z}_1\cdot\boldsymbol{y}\\ \boldsymbol{x}_1\cdot\boldsymbol{z} & \boldsymbol{y}_1\cdot\boldsymbol{z} & \boldsymbol{z}_1\cdot\boldsymbol{z}\end{pmatrix}\\
&=\begin{pmatrix}\cos(\boldsymbol{x}_1,\boldsymbol{x}) & \cos(\boldsymbol{y}_1,\boldsymbol{x}) & \cos(\boldsymbol{z}_1,\boldsymbol{x})\\ \cos(\boldsymbol{x}_1,\boldsymbol{y}) & \cos(\boldsymbol{y}_1,\boldsymbol{y}) & \cos(\boldsymbol{z}_1,\boldsymbol{y})\\ \cos(\boldsymbol{x}_1,\boldsymbol{z}) & \cos(\boldsymbol{y}_1,\boldsymbol{z}) & \cos(\boldsymbol{z}_1,\boldsymbol{z})\end{pmatrix}+\varepsilon\begin{pmatrix}\boldsymbol{d}\cdot(\boldsymbol{x}_1\times\boldsymbol{x}) & \boldsymbol{d}\cdot(\boldsymbol{y}_1\times\boldsymbol{x}) & \boldsymbol{d}\cdot(\boldsymbol{z}_1\times\boldsymbol{x})\\ \boldsymbol{d}\cdot(\boldsymbol{x}_1\times\boldsymbol{y}) & \boldsymbol{d}\cdot(\boldsymbol{y}_1\times\boldsymbol{y}) & \boldsymbol{d}\cdot(\boldsymbol{z}_1\times\boldsymbol{y})\\ \boldsymbol{d}\cdot(\boldsymbol{x}_1\times\boldsymbol{z}) & \boldsymbol{d}\cdot(\boldsymbol{y}_1\times\boldsymbol{z}) & \boldsymbol{d}\cdot(\boldsymbol{z}_1\times\boldsymbol{z})\end{pmatrix}\\
&=\begin{pmatrix}\cos\alpha_{11} & \cos\alpha_{21} & \cos\alpha_{31}\\ \cos\alpha_{12} & \cos\alpha_{22} & \cos\alpha_{32}\\ \cos\alpha_{13} & \cos\alpha_{23} & \cos\alpha_{33}\end{pmatrix}+\varepsilon\begin{pmatrix}-d_{11}\sin\alpha_{11} & -d_{21}\sin\alpha_{21} & -d_{31}\sin\alpha_{31}\\ -d_{12}\sin\alpha_{12} & -d_{22}\sin\alpha_{22} & -d_{32}\sin\alpha_{32}\\ -d_{13}\sin\alpha_{13} & -d_{23}\sin\alpha_{23} & -d_{33}\sin\alpha_{33}\end{pmatrix}\end{aligned} \tag{7.86}$$

式中，α_{ij} 和 d_{ij} 分别表示新坐标系的 i 坐标轴与原坐标系 j 坐标轴之间的夹角和公垂线距离。式(7.86)就是方向余弦矩阵的推广。其原部就是各坐标轴的夹角余弦，对偶部就是矢量 $\boldsymbol{d}$ 与各坐标轴单位矢量的混合积，即各新坐标轴单位矢量 $\hat{\boldsymbol{M}}$ 可以表示为对偶角的余弦矩阵。

在特殊情况下，当坐标变换是绕 z 轴旋转 θ 角，并且沿着 z 轴移动距离 d 时，其变换矩阵表示如下：

$$\begin{aligned}\hat{\boldsymbol{M}}&=\begin{pmatrix}\cos\theta & -\sin\theta & 0\\ \sin\theta & \cos\theta & 0\\ 0 & 0 & 1\end{pmatrix}+\varepsilon\begin{pmatrix}0 & -d & 0\\ d & 0 & 0\\ 0 & 0 & 0\end{pmatrix}\begin{pmatrix}\cos\theta & -\sin\theta & 0\\ \sin\theta & \cos\theta & 0\\ 0 & 0 & 1\end{pmatrix}\\
&=\begin{pmatrix}\cos\theta & -\sin\theta & 0\\ \sin\theta & \cos\theta & 0\\ 0 & 0 & 1\end{pmatrix}+\varepsilon d\begin{pmatrix}-\sin\theta & -\cos\theta & 0\\ \cos\theta & -\sin\theta & 0\\ 0 & 0 & 0\end{pmatrix}=\begin{pmatrix}\cos\hat{\theta} & -\sin\hat{\theta} & 0\\ \sin\hat{\theta} & \cos\hat{\theta} & 0\\ 0 & 0 & 1\end{pmatrix}\\
&=\mathrm{Rot}[z,\hat{\theta}]=\boldsymbol{Z}[\hat{\theta}]\end{aligned} \tag{7.87}$$

当坐标变换是绕 x 轴旋转 α 角，并且沿着 x 轴移动距离 a 时，其变换矩阵表示如下：

$$\hat{\boldsymbol{M}}=\begin{pmatrix}1&0&0\\0&\cos\alpha&-\sin\alpha\\0&\sin\alpha&\cos\alpha\end{pmatrix}+\varepsilon\begin{pmatrix}0&0&0\\0&0&-a\\0&a&0\end{pmatrix}\begin{pmatrix}1&0&0\\0&\cos\alpha&-\sin\alpha\\0&\sin\alpha&\cos\alpha\end{pmatrix}$$
$$=\begin{pmatrix}1&0&0\\0&\cos\alpha&-\sin\alpha\\0&\sin\alpha&\cos\alpha\end{pmatrix}+\varepsilon a\begin{pmatrix}0&0&0\\0&-\sin\alpha&-\cos\alpha\\0&\cos\alpha&-\sin\alpha\end{pmatrix}=\begin{pmatrix}1&0&0\\0&\cos\hat{\alpha}&-\sin\hat{\alpha}\\0&\sin\hat{\alpha}&\cos\hat{\alpha}\end{pmatrix}$$
$$=\mathrm{Rot}[x,\hat{\alpha}]=\boldsymbol{X}[\hat{\alpha}] \tag{7.88}$$

通过式(7.87)和式(7.88),我们建立了基于对偶角矩阵的空间机构相邻两连杆的坐标变换关系,即

$$_{i-1}^{\ \ i}\hat{\boldsymbol{T}}=\boldsymbol{Z}[\hat{\theta}_i]\boldsymbol{X}[\hat{\alpha}_i] \tag{7.89}$$

7.5 对偶四元数

作为空间运动学基本原理之一的 Charles 定理告诉我们:一般性刚体运动包括一个绕某个轴(称为“螺旋轴”)的旋转和一个沿相同轴的平移。由于该定理可以用螺钉和螺母的运动生动描述,所以一般性刚体运动又被称作“螺旋运动”。如 Charles 定理所述,螺旋运动有两个必要参数:螺旋轴和螺距,其中螺距给出了绕螺旋轴的转动和沿螺旋轴的平移之间的关系。与其他可用来描述螺旋运动的方法相比,如齐次变换、Q/T 方法、李代数等,对偶四元数被证实是刻画螺旋运动即一般性刚体运动的最简洁和最有效的数学工具。到目前为止,对偶四元数已经在包括机械、机器人的许多领域中用于运动学和动力学分析。螺旋运动需要六个参数来描述它,即描述螺旋轴(线矢量)的 4 个参数、移动的距离 d 以及转动的角度 θ。而刚体的一般性运动也需要六个参数来描述,即三个旋转量和三个移动量。接下来我们首先介绍对偶四元数的基本知识,然后用其来描述刚体的一般性运动。

7.5.1 对偶四元数的运算法则

对偶四元数实际上是元素为对偶数的四元数,即 $\hat{q}=(\hat{\boldsymbol{q}},\hat{q}_0)^{\mathrm{T}}$,其中 $\hat{q}_0$ 为对偶数,$\hat{\boldsymbol{q}}$ 为对偶向量。对偶四元数也可以写成一个元素为四元数的对偶数:

$$\hat{q}=q+\varepsilon q' \tag{7.90}$$

其中,q 和 q' 都是普通的四元数。显然,对偶向量可看作是标量部分为零的对偶四元数。

对偶四元数与普通四元数具有相同的性质,即

$$\begin{aligned}&\hat{q}_1+\hat{q}_2=(\hat{\boldsymbol{q}}_1,\hat{q}_{01})^{\mathrm{T}}+(\hat{\boldsymbol{q}}_2,\hat{q}_{02})^{\mathrm{T}}=(\hat{\boldsymbol{q}}_1+\hat{\boldsymbol{q}}_2,\hat{q}_{01}+\hat{q}_{02})^{\mathrm{T}}\\&\hat{q}_1+\hat{q}_2=(q_1+\varepsilon q_1')+(q_2+\varepsilon q_2')=(q_1+q_2)+\varepsilon(q_1'+q_2')\\&\lambda\hat{q}=(\lambda\hat{\boldsymbol{q}},\lambda\hat{q}_0)^{\mathrm{T}}\\&\hat{q}_1\hat{q}_2=(\hat{q}_{01}\hat{\boldsymbol{q}}_2+\hat{q}_{02}\hat{\boldsymbol{q}}_1+\hat{\boldsymbol{q}}_1\times\hat{\boldsymbol{q}}_2,\hat{q}_{01}\hat{q}_{02}-\hat{\boldsymbol{q}}_1\cdot\hat{\boldsymbol{q}}_2)^{\mathrm{T}}\end{aligned} \tag{7.91}$$

对偶四元数的范数定义为$\|\hat{q}\|=\sqrt{\hat{q}\hat{q}^*}$，这是一个对偶数。如果对偶数的实数部分非零，其逆可以写作$\hat{q}^{-1}=\|\hat{q}\|^{-2}\hat{q}^*$，其中$\hat{q}^*=(-\hat{\boldsymbol{q}},\hat{q}_0)^{\mathrm{T}}$或$\hat{q}^*=q^*+\varepsilon q'^*$是共轭对偶四元数。因此，单位对偶四元数的逆存在且等于其共轭。

四元数空间和对偶数空间除了维数上的区别，最重要的是对偶数有非零幂零元。

假定坐标系$\{O\}$与坐标系$\{N\}$之间的一般性刚体运动由转动q紧接着平移$\boldsymbol{t}^N$（或平移$\boldsymbol{t}^O$紧接着转动q）描述。根据坐标系变换关系可知$\boldsymbol{t}^O=q\boldsymbol{t}^N q^*$，由此可以导出，Plücker 直线$\hat{\boldsymbol{l}}$满足$\hat{\boldsymbol{l}}^O=\hat{q}\hat{\boldsymbol{l}}^N\hat{q}^*$，其中单位对偶四元数$\hat{q}$是$q$和$\boldsymbol{t}^O$（或$q$和$\boldsymbol{t}^N$）的函数。其推导过程表示如下。

坐标系$\{N\}$中的 Plücker 直线$\hat{\boldsymbol{l}}^N=\boldsymbol{l}^N+\varepsilon\boldsymbol{m}^N$在坐标系$\{O\}$中可表示为$\hat{\boldsymbol{l}}^O=\boldsymbol{l}^O+\varepsilon\boldsymbol{m}^O$，其中

$$\begin{aligned}\boldsymbol{l}^O&=q\boldsymbol{l}^N q^*,\\ \boldsymbol{m}^O&=\boldsymbol{r}_p^O\times\boldsymbol{l}^O\\ &=(q\boldsymbol{r}_p^N q^*+\boldsymbol{t}^O)\times(q\boldsymbol{l}^N q^*)\\ &=q\boldsymbol{m}^N q^*+\boldsymbol{t}^O\times(q\boldsymbol{l}^N q^*)\\ &=q\boldsymbol{m}^N q^*+\frac{1}{2}(\boldsymbol{t}^O q\boldsymbol{l}^N q^*-q\boldsymbol{l}^N q^*\boldsymbol{t}^O)\end{aligned}\tag{7.92}$$

接下来定义一个新的四元数和对偶四元数，如下：

$$\begin{aligned}q'&=\frac{1}{2}\boldsymbol{t}^O q=\frac{1}{2}q\boldsymbol{t}^N\\ \hat{q}&=q+\varepsilon\frac{1}{2}\boldsymbol{t}^O q=q+\varepsilon\frac{1}{2}q\boldsymbol{t}^N=q+\varepsilon q'\end{aligned}\tag{7.93}$$

有了q'和$\hat{q}$的定义，可以得到式(7.91)与下式等价：

$$\begin{aligned}\boldsymbol{m}^O&=q\boldsymbol{m}^N q^*+\frac{1}{2}(\boldsymbol{t}^O q\boldsymbol{l}^N q^*-q\boldsymbol{l}^N q^*\boldsymbol{t}^O)\\ &=q\boldsymbol{m}^N q^*+(q'\boldsymbol{l}^N q+q\boldsymbol{l}^N q'^*)\end{aligned}\tag{7.94}$$

从而有，

$$\boldsymbol{l}^O+\varepsilon\boldsymbol{m}^O=(q+\varepsilon q')(\boldsymbol{l}^N+\varepsilon\boldsymbol{m}^N)(q^*+\varepsilon q'^*)\tag{7.95}$$

即

$$\hat{\boldsymbol{l}}^O=\hat{q}\hat{\boldsymbol{l}}^N\hat{q}^*\tag{7.96}$$

由此，对偶四元数可表示如下：

$$\begin{aligned}\hat{q}&=q+\varepsilon q'=q+\varepsilon\frac{1}{2}\boldsymbol{t}^O q\\ &=q+\varepsilon\frac{1}{2}qq^*\boldsymbol{t}^O q=q+\varepsilon\frac{1}{2}q\boldsymbol{t}^N\end{aligned}\tag{7.97}$$

根据式(7.93)可知，

$$\begin{aligned}\boldsymbol{t}^O&=2q'q^*\\ \boldsymbol{t}^N&=2q^*q'\end{aligned}\tag{7.98}$$

接下来像四元数那样把对偶四元数表示成三角几何形式。

任意单位对偶四元数表示成：

$$\hat{q}=\sin\frac{\hat{\theta}}{2}\hat{\boldsymbol{n}}+\cos\frac{\hat{\theta}}{2} \tag{7.99}$$

推导过程如下。如图 7.9 所示，直线 $\hat{\boldsymbol{l}}_1=\boldsymbol{l}_1+\varepsilon\boldsymbol{p}_1\times\boldsymbol{l}_1$ 先平移 $\boldsymbol{t}$ 紧接着转动 q，成为直线 $\hat{\boldsymbol{l}}_2=\boldsymbol{l}_2+\varepsilon\boldsymbol{p}_2\times\boldsymbol{l}_2$。

那么，$\boldsymbol{t}=\boldsymbol{p}_2-\boldsymbol{p}_1$，螺旋轴方向为 $\boldsymbol{n}=(\boldsymbol{l}_1\times\boldsymbol{l}_2)/\sin\theta$，螺旋角为 θ(实际上，螺旋轴和螺旋角就是四元数 q 中的 $\boldsymbol{n}$ 和 θ)；螺距为 $d=\boldsymbol{t}\cdot\boldsymbol{n}$。记 $\boldsymbol{p}_1$ 在螺旋轴上的投影为 $\boldsymbol{p}$，点 $\boldsymbol{p}_4$ 是 $\boldsymbol{p}_1\boldsymbol{p}_3$ 的中点，因此有 $\boldsymbol{p}\boldsymbol{p}_4$ 垂直于 $\boldsymbol{p}_1\boldsymbol{p}_3$，故 $\boldsymbol{p}\boldsymbol{p}_4$ 垂直于平面 $\boldsymbol{p}_1\boldsymbol{p}_2\boldsymbol{p}_3$，则

$$\boldsymbol{p}_1\boldsymbol{p}=\frac{1}{2}(\boldsymbol{p}_1\boldsymbol{p}_2+\boldsymbol{p}_2\boldsymbol{p}_3)+\boldsymbol{p}_4\boldsymbol{p}=\frac{1}{2}\left[\boldsymbol{t}-d\boldsymbol{n}+\cot\left(\frac{\theta}{2}\right)\boldsymbol{n}\times\boldsymbol{t}\right] \tag{7.100}$$

将式(7.100)左右两边叉乘矢量 $\boldsymbol{n}$ 并乘以 $\sin\dfrac{\theta}{2}$，有

$$\sin\left(\frac{\theta}{2}\right)\boldsymbol{p}_1\boldsymbol{p}\times\boldsymbol{n}+\frac{d}{2}\cos\left(\frac{\theta}{2}\right)\boldsymbol{n}=\frac{1}{2}\left[\sin\left(\frac{\theta}{2}\right)\boldsymbol{t}\times\boldsymbol{n}+\cos\left(\frac{\theta}{2}\right)\boldsymbol{t}\right] \tag{7.101}$$

其中，式(7.101)的推导使用了三重积 $(\boldsymbol{n}\times\boldsymbol{t})\times\boldsymbol{n}=(\boldsymbol{n}\cdot\boldsymbol{n})\boldsymbol{t}-(\boldsymbol{n}\cdot\boldsymbol{t})\boldsymbol{n}=\boldsymbol{t}-d\boldsymbol{n}$。

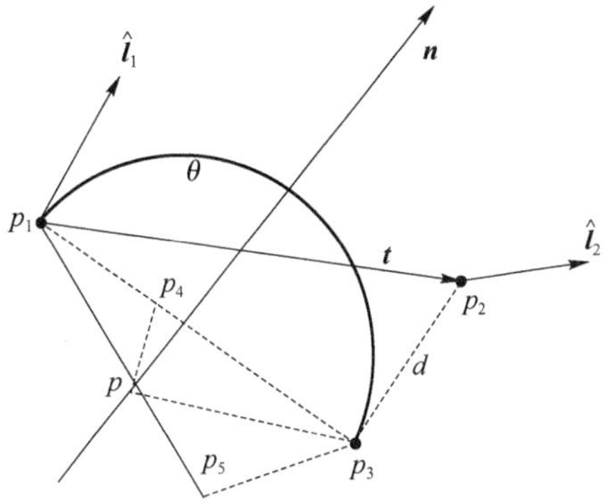

图 7.9　单位对偶四元数表示的旋转

考虑到 $q=\sin\left(\dfrac{\theta}{2}\right)\boldsymbol{n}+\cos\left(\dfrac{\theta}{2}\right)$ 和式(7.101)，有

$$\begin{aligned}\hat{q}&=q+\varepsilon\,\frac{1}{2}\boldsymbol{t}q\\&=\left[\sin\left(\frac{\theta}{2}\right)\boldsymbol{n}+\cos\left(\frac{\theta}{2}\right)\right]+\varepsilon\,\frac{1}{2}\left[\sin\left(\frac{\theta}{2}\right)(\boldsymbol{t}\times\boldsymbol{n})+\cos\left(\frac{\theta}{2}\right)\boldsymbol{t}-d\sin\left(\frac{\theta}{2}\right)\right]\\&=\left\{\sin\left(\frac{\theta}{2}\right)\boldsymbol{n}+\varepsilon\left[\sin\left(\frac{\theta}{2}\right)\boldsymbol{p}_1\boldsymbol{p}\times\boldsymbol{n}+\frac{d}{2}\cos\left(\frac{\theta}{2}\right)\boldsymbol{n}\right]\right\}+\left[\cos\left(\frac{\theta}{2}\right)-\varepsilon\,\frac{1}{2}d\sin\left(\frac{\theta}{2}\right)\right]\\&=\sin\left(\frac{\hat{\theta}}{2}\right)\hat{\boldsymbol{n}}+\cos\left(\frac{\hat{\theta}}{2}\right)\end{aligned} \tag{7.102}$$

其中，对偶角和螺旋轴分别为

$$\begin{cases}\hat{\theta}=\theta+\varepsilon d \\ \hat{\boldsymbol{n}}=\boldsymbol{n}+\varepsilon(\boldsymbol{p}_1\boldsymbol{p}\times\boldsymbol{n})\end{cases} \tag{7.103}$$

注意：如果 $\boldsymbol{p}_1$ 是坐标系的原点，则螺旋轴：$\hat{\boldsymbol{n}}=\boldsymbol{n}+\varepsilon(\boldsymbol{p}\times\boldsymbol{n})$，此时螺旋轴表示一条通过 p 点的标准直线；否则，螺旋轴虽然是一条标准直线，但是该直线并不通过 p 点，而是通过 $\boldsymbol{p}_1\boldsymbol{p}$，这在图 7.9 中可以看出来。一般都选 p 点为原点。

如果给定三角几何形式的对偶四元数表示为

$$\begin{aligned}\hat{q}&=\hat{\boldsymbol{n}}\sin\left(\frac{\hat{\theta}}{2}\right)+\cos\left(\frac{\hat{\theta}}{2}\right)=(\boldsymbol{n}+\varepsilon\boldsymbol{n}_0)\sin\left(\frac{\theta+\varepsilon d}{2}\right)+\cos\left(\frac{\theta+\varepsilon d}{2}\right)\\&=\left[\boldsymbol{n}\sin\left(\frac{\theta}{2}\right)+\cos\left(\frac{\theta}{2}\right)\right]+\varepsilon\left[\sin\left(\frac{\theta}{2}\right)\boldsymbol{n}_0+\frac{d}{2}\cos\left(\frac{\theta}{2}\right)\boldsymbol{n}-\frac{d}{2}\sin\left(\frac{\theta}{2}\right)\right]\end{aligned} \tag{7.104}$$

那么，根据式(7.104)，可知四元数 $q=\boldsymbol{n}\sin\left(\frac{\theta}{2}\right)+\cos\left(\frac{\theta}{2}\right)$，$\boldsymbol{t}$ 可以根据式(7.98)求得

$$\begin{aligned}\boldsymbol{t}&=2q'q^*=2\left[\sin\left(\frac{\theta}{2}\right)\boldsymbol{n}_0+\frac{d}{2}\cos\left(\frac{\theta}{2}\right)\boldsymbol{n}-\frac{d}{2}\sin\left(\frac{\theta}{2}\right)\right]\left[-\boldsymbol{n}\sin\left(\frac{\theta}{2}\right)+\cos\left(\frac{\theta}{2}\right)\right]\\&=2\left[\sin\left(\frac{\theta}{2}\right)\cos\left(\frac{\theta}{2}\right)\boldsymbol{n}_0+\frac{d}{2}\cos\left(\frac{\theta}{2}\right)\cos\left(\frac{\theta}{2}\right)\boldsymbol{n}+\frac{d}{2}\sin\left(\frac{\theta}{2}\right)\sin\left(\frac{\theta}{2}\right)\boldsymbol{n}-\right.\\&\left.\sin\left(\frac{\theta}{2}\right)\sin\left(\frac{\theta}{2}\right)(\boldsymbol{n}_0\times\boldsymbol{n})-\frac{d}{2}\sin\left(\frac{\theta}{2}\right)\cos\left(\frac{\theta}{2}\right)+\frac{d}{2}\cos\left(\frac{\theta}{2}\right)\sin\left(\frac{\theta}{2}\right)\right]\\&=\sin\theta\boldsymbol{n}_0+(1-\cos\theta)(\boldsymbol{n}\times\boldsymbol{n}_0)+d\boldsymbol{n}\end{aligned} \tag{7.105}$$

事实上，式(7.105)也可以从图 7.9 中直接得到

$$\begin{aligned}\boldsymbol{t}&=\boldsymbol{p}_1\boldsymbol{p}+\boldsymbol{p}\boldsymbol{p}_3+\boldsymbol{p}_3\boldsymbol{p}_2=(\boldsymbol{n}\times\boldsymbol{n}_0)+\sin\theta\boldsymbol{n}_0-\cos\theta(\boldsymbol{n}\times\boldsymbol{n}_0)+d\boldsymbol{n}\\&=\sin\theta\boldsymbol{n}_0+(1-\cos\theta)(\boldsymbol{n}\times\boldsymbol{n}_0)+d\boldsymbol{n}\end{aligned} \tag{7.106}$$

式中，$\boldsymbol{p}_1\boldsymbol{p}=\boldsymbol{n}\times\boldsymbol{n}_0$，$\boldsymbol{p}\boldsymbol{p}_3=\sin\theta\boldsymbol{n}_0-\cos\theta(\boldsymbol{n}\times\boldsymbol{n}_0)$，$\boldsymbol{p}_3\boldsymbol{p}_2=d\boldsymbol{n}$。$\boldsymbol{n}_0$ 位于平面 p_1pp_3，并且垂直于直线 p_1p。因此，过 p_3 做直线 p_1p 的垂线，交 p_1p 于点 p_5，那么 $\boldsymbol{p}_5\boldsymbol{p}_3=\sin\theta\boldsymbol{n}_0$，此时 $\boldsymbol{p}\boldsymbol{p}_3=\boldsymbol{p}_5\boldsymbol{p}_3-\boldsymbol{p}_5\boldsymbol{p}=\sin\theta\boldsymbol{n}_0-\cos\theta(\boldsymbol{n}\times\boldsymbol{n}_0)$。

在特殊情况下，当坐标变换是绕 z 轴旋转 θ 角，并且沿着 z 轴移动距离 d 时，用对偶四元数表示如下：

$$\begin{aligned}\hat{\boldsymbol{Z}}(\hat{\theta})&=\sin\frac{\hat{\theta}}{2}\boldsymbol{z}+\cos\frac{\hat{\theta}}{2}\\&=\left[\sin\left(\frac{\theta}{2}\right)\boldsymbol{z}+\cos\left(\frac{\theta}{2}\right)\right]+\varepsilon\frac{d}{2}\left[\cos\left(\frac{\theta}{2}\right)\boldsymbol{z}-\sin\left(\frac{\theta}{2}\right)\right]\end{aligned} \tag{7.107}$$

当坐标变换是绕 x 轴旋转 α 角，并且沿着 x 轴移动距离 a 时，用对偶四元数表示如下：

$$\begin{aligned}\hat{\boldsymbol{X}}(\hat{\alpha})&=\sin\frac{\hat{\alpha}}{2}\boldsymbol{x}+\cos\frac{\hat{\alpha}}{2}\\&=\left[\sin\left(\frac{\alpha}{2}\right)\boldsymbol{x}+\cos\left(\frac{\alpha}{2}\right)\right]+\varepsilon\frac{a}{2}\left[\cos\left(\frac{\alpha}{2}\right)\boldsymbol{x}-\sin\left(\frac{\alpha}{2}\right)\right]\end{aligned} \tag{7.108}$$

7.5.2　对偶四元数的复数形式

类比四元数，对偶四元数

$$\hat{q}=ai+bj+ck+d+a_0 i\varepsilon+b_0 j\varepsilon+c_0 k\varepsilon+d_0\varepsilon \tag{7.109}$$

对应 Cl(4,1,0)中的元素：

$$\hat{q}=a\boldsymbol{e}_{23}+b\boldsymbol{e}_{13}+c\boldsymbol{e}_{12}+d+a_0\boldsymbol{e}_{\infty 1}+b_0\boldsymbol{e}_{2\infty}+c_0\boldsymbol{e}_{\infty 3}+d_0\boldsymbol{e}_{123\infty} \tag{7.110}$$

其中后四项可以写为

$$(a_0\boldsymbol{e}_{23}+b_0\boldsymbol{e}_{13}+c_0\boldsymbol{e}_{12}+\boldsymbol{e}_0)\boldsymbol{e}_{123\infty} \tag{7.111}$$

按照前面四元数的方法，对偶四元数的复数形式为

$$\begin{aligned}\hat{q}&=u\eta\boldsymbol{e}_{23}\xi+\bar{u}\xi\boldsymbol{e}_{23}\eta+v\xi+\bar{v}\eta+(u_0\eta\boldsymbol{e}_{23}\xi+\bar{u}_0\xi\boldsymbol{e}_{23}\eta+v_0\xi+\bar{v}_0\eta)\boldsymbol{e}_{123\infty}\\&=u\eta\boldsymbol{e}_{23}\xi+\bar{u}\xi\boldsymbol{e}_{23}\eta+v\xi+\bar{v}\eta+u_0\eta\boldsymbol{e}_{23}\boldsymbol{e}_{123\infty}\xi+\bar{u}_0\xi\boldsymbol{e}_{23}\boldsymbol{e}_{123\infty}\eta+v_0\xi\boldsymbol{e}_{123\infty}+\bar{v}_0\eta\boldsymbol{e}_{123\infty}\end{aligned} \tag{7.112}$$

其中，$u=a+\mathrm{i}b$，$\bar{u}=a-\mathrm{i}b$，$v=d+\mathrm{i}c$，$\bar{v}=d-\mathrm{i}c$，$u_0=a_0+\mathrm{i}b_0$，$\bar{u}_0=a_0-\mathrm{i}b_0$，$v_0=d_0+\mathrm{i}c_0$，$\bar{v}_0=d_0-\mathrm{i}c_0$。

复数形式对偶四元数的 8 个基为

$$\eta\boldsymbol{e}_{23}\xi,\xi\boldsymbol{e}_{23}\eta,\xi,\eta,\eta\boldsymbol{e}_{23}\boldsymbol{e}_{123\infty}\xi,\xi\boldsymbol{e}_{23}\boldsymbol{e}_{123\infty}\eta,\xi\boldsymbol{e}_{123\infty},\eta\boldsymbol{e}_{123\infty} \tag{7.113}$$

上面定义的 $\boldsymbol{e}_{123\infty}$ 可以与对偶四元数中的所有元素交换，即

$$\begin{gathered}\boldsymbol{e}_{123\infty}\xi=\xi\boldsymbol{e}_{123\infty};\quad \boldsymbol{e}_{123\infty}\eta=\eta\boldsymbol{e}_{123\infty};\quad \boldsymbol{e}_{123\infty}\boldsymbol{e}_{23}=\boldsymbol{e}_{23}\boldsymbol{e}_{123\infty};\\ \boldsymbol{e}_{123\infty}\boldsymbol{e}_{13}=\boldsymbol{e}_{13}\boldsymbol{e}_{123\infty};\quad \boldsymbol{e}_{123\infty}\boldsymbol{e}_{12}=\boldsymbol{e}_{12}\boldsymbol{e}_{123\infty}\end{gathered} \tag{7.114}$$

而 ξ，η 与 $\boldsymbol{e}_{23}$，$\boldsymbol{e}_{13}$ 的交换规则与前面四元数中的定义完全相同，交换时 ξ、η 也要对换。

按照这些运算法则，后 4 项也可以写为 ξ、η 全部在左边，或全部在右边，或在两边的形式。这对于对偶四元数参与左乘或右乘是非常有意义的。按照左乘、右乘 ξ、η 的排列组合共有 4 种情况，每种情况都可以得到对偶四元数 8 项中的两项。例如当左乘 ξ 时，消掉左边为 η 的 4 项，再右乘 ξ 时消掉剩下 4 项中 η 在右边的两项，只剩 ξ 在左且 ξ 在右的两项。其他情况也类似。

按照传统的对偶四元数的写法，$\boldsymbol{e}_{23}$，$\boldsymbol{e}_{13}$，$\boldsymbol{e}_{12}$ 对应 i，j，k，$\boldsymbol{e}_{123\infty}$ 对应 ε。对偶四元数写为

$$\begin{aligned}\hat{q}&=ai+bj+ck+d+a_0 i\varepsilon+b_0 j\varepsilon+c_0 k\varepsilon+d_0\varepsilon\\&=a\boldsymbol{e}_{23}+b\boldsymbol{e}_{13}+c\boldsymbol{e}_{12}+d+a_0\boldsymbol{e}_{23}\boldsymbol{e}_{123\infty}+b_0\boldsymbol{e}_{13}\boldsymbol{e}_{123\infty}+c_0\boldsymbol{e}_{12}\boldsymbol{e}_{123\infty}+d_0\boldsymbol{e}_{123\infty}\\&=(a+\mathrm{i}b)\eta\boldsymbol{e}_{23}\xi+(a-\mathrm{i}b)\xi\boldsymbol{e}_{23}\eta+(d+\mathrm{i}c)\xi+(d-\mathrm{i}c)\eta+\\&\quad(a_0+\mathrm{i}b_0)\eta\boldsymbol{e}_{23}\varepsilon\xi+(a_0-\mathrm{i}b_0)\xi\boldsymbol{e}_{23}\varepsilon\eta+(d_0+\mathrm{i}c_0)\xi\varepsilon+(d_0-\mathrm{i}c_0)\eta\varepsilon\end{aligned} \tag{7.115}$$

其中，ε 与所有元素交换，只有 i，j 与 ξ，η 交换时 ξ，η 要对换。

当对偶四元数左乘 ξ，右乘 ξ 时，得到的对偶四元数只有两项。这是因为左乘 ξ 时，消掉左边为 η 的 4 项，右乘 ξ 时消掉剩下 4 项中 η 在右边的两项，只剩 ξ 在左且 ξ 在右的两项。按照左乘、右乘 ξ、η 的排列组合共有 4 种情况，每种情况都类似得到两项。如果我们记

$$\hat{q}=s_1\eta\boldsymbol{e}_{23}\xi+s_2\xi\boldsymbol{e}_{23}\eta+s_3\xi+s_4\eta+s_{10}\eta\boldsymbol{e}_{23}\varepsilon\xi+s_{20}\xi\boldsymbol{e}_{23}\varepsilon\eta+s_{30}\xi\varepsilon+s_{40}\eta\varepsilon \tag{7.116}$$

则

$$\begin{aligned}\eta\hat{q}\xi&=s_1\eta\boldsymbol{e}_{23}\xi+s_{10}\eta\boldsymbol{e}_{23}\varepsilon\xi\\ \xi\hat{q}\eta&=s_2\xi\boldsymbol{e}_{23}\eta+s_{20}\xi\boldsymbol{e}_{23}\varepsilon\eta\\ \xi\hat{q}\xi&=s_3\xi+s_{30}\xi\varepsilon\\ \eta\hat{q}\eta&=s_4\eta+s_{40}\eta\varepsilon\end{aligned} \tag{7.117}$$

而且，这 4 种情况得到的 2 项各不相同。这在后面的化简当中很有用处。

7.5.3 对偶四元数的复数矩阵形式

为了把四元数的复数矩阵形式推广到对偶四元数当中，尝试把对偶数用 2×2 的复数矩阵表示出来，为此先检查下面的幂零矩阵：

$$\begin{pmatrix} \mathrm{i} & 1 \\ 1 & -\mathrm{i} \end{pmatrix}^2 = \begin{pmatrix} \mathrm{i} & 1 \\ 1 & -\mathrm{i} \end{pmatrix}\begin{pmatrix} \mathrm{i} & 1 \\ 1 & -\mathrm{i} \end{pmatrix} = \begin{pmatrix} 0 & 0 \\ 0 & 0 \end{pmatrix}$$

所以，一个对偶数 $\hat{a}=a+\varepsilon a^0$ 可以表示为如下的复数矩阵形式：

$$\hat{a}=a+\varepsilon a^0 \Rightarrow \hat{\mathbf{A}} = \begin{pmatrix} a & 0 \\ 0 & a \end{pmatrix} + \begin{pmatrix} \mathrm{i}a^0 & a^0 \\ a^0 & -\mathrm{i}a^0 \end{pmatrix} = \begin{pmatrix} a+\mathrm{i}a^0 & a^0 \\ a^0 & a-\mathrm{i}a^0 \end{pmatrix} \tag{7.118}$$

两个对偶数相乘 $\hat{a}\hat{b}=(a+\varepsilon a^0)(b+\varepsilon b^0)=ab+\varepsilon(ab^0+a^0b)$，其对应的复数矩阵形式表示如下：

$$\begin{aligned} \hat{\boldsymbol{A}}\hat{\boldsymbol{B}} &= \begin{pmatrix} a+\mathrm{i}a^0 & a^0 \\ a^0 & a-\mathrm{i}a^0 \end{pmatrix}\begin{pmatrix} b+\mathrm{i}b^0 & b^0 \\ b^0 & b-\mathrm{i}b^0 \end{pmatrix} \\ &= \begin{pmatrix} ab+\mathrm{i}ab^0+\mathrm{i}a^0b & ab^0+a^0b \\ ab^0+a^0b & ab-\mathrm{i}ab^0-\mathrm{i}a^0b \end{pmatrix} \end{aligned} \tag{7.119}$$

可以看出，虽然对偶数可以表示为 2×2 复数矩阵形式，但不论是表示还是运算，都要复杂得多。

把第 5 章关于四元数的矩阵形式推广到对偶四元数中，可以有两种方式，一种方式是把对偶四元数写成以对偶数为元素的 2×2 复数矩阵，其中每个矩阵元素又可以写为 2×2 复数矩阵。另一种方式是把对偶四元数看作采用上面的方法，而对偶数、对偶矢量又是对偶四元数的特殊情况，所以可以把标量、对偶数（即对偶标量）、矢量、对偶矢量、四元数、对偶四元数完全统一为 2×2 的矩阵运算或 2×2 的对偶矩阵运算。

一个对偶四元数表示如式(7.108)所示，类比四元数的复数矩阵形式，后四项可以写为

$$a_0 i\varepsilon + b_0 j\varepsilon + c_0 k\varepsilon + d_0\varepsilon = \begin{pmatrix} d_0+c_0\mathrm{i} & a_0+b_0\mathrm{i} \\ -a_0+b_0\mathrm{i} & d_0-c_0\mathrm{i} \end{pmatrix}\varepsilon \tag{7.120}$$

前四项可以按照前面四元数的方法，变为复数矩阵形式，于是对偶四元数的复数矩阵形式写为

$$\begin{aligned} \hat{q} &= ai+bj+ck+d+a_0 i\varepsilon+b_0 j\varepsilon+c_0 k\varepsilon+d_0\varepsilon \\ &= \begin{pmatrix} d+c\mathrm{i} & a+b\mathrm{i} \\ -a+b\mathrm{i} & d-c\mathrm{i} \end{pmatrix} + \begin{pmatrix} d_0+c_0\mathrm{i} & a_0+b_0\mathrm{i} \\ -a_0+b_0\mathrm{i} & d_0-c_0\mathrm{i} \end{pmatrix}\varepsilon \end{aligned} \tag{7.121}$$

第8章　倍四元数

倍四元数(Double Quaternion)的出现虽然较早,但是与对偶四元数不同,其在机构运动学中的应用只有十几年的时间。倍四元数本质上表示的是一个四维空间的旋转。用在三维空间,它可以近似表示一个旋转加平移,但是这个近似可以精确到任意的精度。它类似于把平面中的旋转加平移变换用一个三维空间的纯旋转来近似表示。我们知道,球面中的一小部分可以近似看作一个小平面,只要这个平面足够小,或球的半径足够大,这种近似所造成的误差就可以任意小。三维空间的旋转加平移运动与四维空间的纯旋转情况类似,这种方法可以把旋转和平移统一为旋转,处理对象会变得相对简单和统一,而且四维空间的纯旋转还具有不会出现奇异的好处,这在编程中会避免很多麻烦,程序的可靠性也可以得到提高。倍四元数在机构学应用时,其主要特点就是把滑动副(P 副)的线性位移近似看作一个半径足够大的圆弧,于是刚体在三维空间的三个转动和三个移动就可以近似看作是在四维空间中的纯转动。这样就把移动和转动统一起来,大大减少了机构的种类,使得用统一的方法建模与求解成为可能。此外,由于没有了滑动副,在求解当中还避免了滑动位移所造成的关系式相关、奇异等编制程序当中非常棘手的问题。

在廖启征之前,在三维空间中,空间位移的几何表示与倍四元数的关联是通过对偶四元数作中介完成的。McCarthy 和 Ge 对此做出了巨大的努力。他们通过借助于旋转变换矩阵的指数形式,对反对称形式的指数矩阵进行分解,完成了倍四元数与空间位移几何表示的关联。McCarthy 研究表明,当四维球体的半径 $R\to\infty$ 时,四维空间的旋转矩阵就近似为三维空间位移的齐次转换矩阵。Ge 也表示三维空间位移的对偶四元数表示是四维空间双旋转的倍四元数表示的特例。廖启征借助于矩阵分解,把齐次坐标变换矩阵分解为旋转与平移两部分,进而转换为哈密顿算符,然后得到其对应的倍四元数形式。Larochelle 等和 Purwar 等通过矩阵的奇异值分解(SVD)或者极值分解(PD)将无量纲的三维空间位移矩阵近似为四维空间中的旋转矩阵,然后得到其对应的对偶四元数和倍四元数形式。2017 年 Thomas 用类似廖启征的方法,把齐次坐标变换矩阵分解为旋转与平移两部分,然后通过 Cayley 分解将旋转和平移矩阵表示成两个矩阵的乘积(实际上是哈密顿算符),然后得到其相应的倍四元数和对偶四元数形式。

用倍四元数表示空间的位姿变换与其他方法间可以进行自由转换,因而在工程上有各种各样的应用前景。Ge(1998)将倍四元数应用于空间位姿的插值;Ahlers(2000)把倍四元数用于空间 TR 机器人的优化设计中,并对两圆柱副运动链进行了综合设计;Perez(2000)用倍四元数对空间 RR 机器人进行综合;乔曙光等(2010)用倍四元数对空间串联机构的逆运动学问题进行建模,并完成了空间 6R 串联机构的统一建模和求解。

本章首先使用矩阵指数积分别研究三维欧氏空间$\mathbb{E}^3$的旋转和四维欧氏空间$\mathbb{E}^4$的旋转，并揭示了单位四元数实际上对应的是一个四维欧氏空间的旋转；接着指出一个四维欧氏空间的旋转可以分解为两个单位四元数的乘积；然后通过矩阵运算，指出三维空间运动与四维空间旋转之间的关系，由于对偶四元数可以描述三维空间的全位姿运动，而倍四元数可以描述四维空间的旋转运动，因此一旦获得三维空间运动与四维空间旋转之间的关系，很自然就可以得出三维空间运动的对偶四元数表示与倍四元数表示之间的关系；最后指出三维空间运动的对偶四元数表示与倍四元数表示之间的关系。

8.1 矩阵指数积和旋转矩阵

在 n 维欧氏空间$\mathbb{E}^n$中，绕一固定点的有限旋转可以用一个 $n\times n$ 的正交矩阵$\boldsymbol{A}_n$ 表示，此矩阵 $\boldsymbol{A}_n$ 的行列式为$+1$；而在同一个空间中的无穷小旋转可用一个 $n\times n$ 的反对称矩阵 $\boldsymbol{M}_n$ 表示。其中，$\boldsymbol{A}_n$ 和 $\boldsymbol{M}_n$ 可通过矩阵指数积联系在一起，表示如下：

$$\boldsymbol{A}_n = \mathrm{e}^{\boldsymbol{M}_n} = \sum_{k=0}^{\infty} \frac{\boldsymbol{M}_n^k}{k\,!} \tag{8.1}$$

如果矩阵 $\boldsymbol{MN}=\boldsymbol{NM}$，有

$$\mathrm{e}^{(\boldsymbol{M}+\boldsymbol{N})} = \mathrm{e}^{\boldsymbol{M}}\mathrm{e}^{\boldsymbol{N}} = \mathrm{e}^{\boldsymbol{N}}\mathrm{e}^{\boldsymbol{M}} \tag{8.2}$$

由此可知，在欧氏空间中，有限旋转可以用无穷小旋转的指数积来表示。本节的目的是研究 4×4 反对称矩阵的指数积。为了更好地引入和说明矩阵指数积的概念，首先用 2 维欧氏空间中的平面旋转来说明。

8.2 2D 旋转

在 2 维欧氏空间$\mathbb{E}^2$中，表示无穷小转动的 2×2 反对称矩阵 $\boldsymbol{M}_2$ 表示如下：

$$\boldsymbol{M}_2 = \theta \boldsymbol{I} \tag{8.3}$$

式中，$\boldsymbol{I}=\begin{pmatrix}0 & -1\\1 & 0\end{pmatrix}$。

通过计算，$\boldsymbol{I}$ 满足以下条件：

$$\boldsymbol{I}^2 = -\boldsymbol{E}_2 \tag{8.4}$$

其中，$\boldsymbol{E}_n$ 表示的是一个 $n\times n$ 单位矩阵。

由式(8.1)和式(8.4)得到矩阵指数积 $\mathrm{e}^{\theta\boldsymbol{I}}$，即 2D 旋转矩阵 $\boldsymbol{A}_2$，表示如下：

$$\boldsymbol{A}_2 = \mathrm{e}^{\theta\boldsymbol{I}} = \cos\theta\boldsymbol{E}_2 + \sin\theta\boldsymbol{I} = \begin{pmatrix}\cos\theta & -\sin\theta\\ \sin\theta & \cos\theta\end{pmatrix} \tag{8.5}$$

式(8.5)就是我们熟悉的平面旋转矩阵。矩阵 $\boldsymbol{I}$ 和式(8.5)分别是虚数单位 i 和欧拉公式 $\mathrm{e}^{\mathrm{i}\theta}=\cos\theta+\mathrm{i}\sin\theta$ 的 2×2 矩阵表示形式。

8.3　3D 旋转和四元数

在三维欧氏空间$\mathbb{E}^3$中，表示无穷小转动的 3×3 反对称矩阵 $\boldsymbol{M}_3$ 表示如下：

$$\boldsymbol{M}_3=\theta\boldsymbol{S} \tag{8.6}$$

式中，

$$\boldsymbol{S}=\begin{pmatrix} 0 & -s_3 & s_2 \\ s_3 & 0 & -s_1 \\ -s_2 & s_1 & 0 \end{pmatrix}$$

是矢量 $\boldsymbol{s}(s_1,s_2,s_3)^{\mathrm{T}}$ 相应的反对称矩阵，也可记为 $[\boldsymbol{s}\times]$，且满足如下条件：

$$|\boldsymbol{s}|^2=s_1^2+s_2^2+s_3^2=1 \tag{8.7}$$

即 $\boldsymbol{s}$ 是一个单位矢量。

通过计算可知，反对称矩阵 $\boldsymbol{S}$ 满足以下关系：

$$\boldsymbol{S}^3=\boldsymbol{s}\boldsymbol{s}^{\mathrm{T}}-\boldsymbol{E}_3,\quad \boldsymbol{S}^3=-|\boldsymbol{s}|^2\boldsymbol{S} \tag{8.8}$$

因此，由式(8.1)和式(8.8)得到矩阵指数积 $\mathrm{e}^{\theta\boldsymbol{S}}$，即 3D 旋转矩阵 $\boldsymbol{A}_3$，表示如下：

$$\boldsymbol{A}_3=\mathrm{e}^{\theta\boldsymbol{S}}=\boldsymbol{E}_3+\sin\theta\boldsymbol{S}+(1-\cos\theta)\boldsymbol{S}^2 \tag{8.9}$$

式(8.9)就是我们熟悉的表示绕单位矢量 $\boldsymbol{s}=(s_1,s_2,s_3)^{\mathrm{T}}$ 旋转 θ 角的三维旋转矩阵，即 3D 旋转运动的 Rodrigues 方程。注意：式(8.9)不能被推导得到一个类似平面旋转矩阵的形式，因为 $\boldsymbol{S}^2+\boldsymbol{E}_3\neq\boldsymbol{0}$。

如果 $|\boldsymbol{s}|\neq 1$，那么式(8.9)修正为

$$\mathrm{e}^{\theta\boldsymbol{S}}=\boldsymbol{E}_3+\frac{\boldsymbol{S}}{|\boldsymbol{s}|}\sin(|\boldsymbol{s}|\theta)+\frac{\boldsymbol{S}^2}{|\boldsymbol{s}|^2}(1-\cos(|\boldsymbol{s}|\theta)) \tag{8.10}$$

接下来，将三维欧氏空间$\mathbb{E}^3$看作是四维欧氏空间$\mathbb{E}^4$的一个超平面。首先把式(8.6)改写成一个 4×4 的反对称矩阵 $\boldsymbol{M}_4$：

$$\boldsymbol{M}_4=\begin{pmatrix} \theta\boldsymbol{S} & \boldsymbol{0} \\ \boldsymbol{0}^{\mathrm{T}} & 0 \end{pmatrix} \tag{8.11}$$

通过观察可知，式(8.11)可以写成如下两个矩阵的和：

$$\boldsymbol{M}_4=(\theta/2)\boldsymbol{S}^+ +(\theta/2)\boldsymbol{S}^- \tag{8.12}$$

式中，

$$\boldsymbol{S}^+=\begin{pmatrix} 0 & -s_3 & s_2 & s_1 \\ s_3 & 0 & -s_1 & s_2 \\ -s_2 & s_1 & 0 & s_3 \\ -s_1 & -s_2 & -s_3 & 0 \end{pmatrix} \tag{8.13}$$

$$\boldsymbol{S}^-=\begin{pmatrix} 0 & -s_3 & s_2 & -s_1 \\ s_3 & 0 & -s_1 & -s_2 \\ -s_2 & s_1 & 0 & -s_3 \\ s_1 & s_2 & s_3 & 0 \end{pmatrix} \tag{8.14}$$

并且，矩阵 $\boldsymbol{S}^+$ 和 $\boldsymbol{S}^-$ 满足交换律，即

$$\boldsymbol{S}^{+}\boldsymbol{S}^{-}=\boldsymbol{S}^{-}\boldsymbol{S}^{+} \tag{8.15}$$

同时，注意到矩阵 $\boldsymbol{S}^{+}$ 和 $\boldsymbol{S}^{-}$ 分别为矢量四元数 $\boldsymbol{s}^{+}=s_1 i+s_2 j+s_3 k$ 和 $\boldsymbol{s}^{-}=(\boldsymbol{s}^{+})^{*}=-s_1 i-s_2 j-s_3 k$ 的 Hamilton 算符表示，即 $\boldsymbol{S}^{+}\to\boldsymbol{G}(\boldsymbol{s}^{+})$，$\boldsymbol{S}^{-}\to\boldsymbol{H}(\boldsymbol{s}^{-})$。

因此，根据式(8.2)、式(8.12)和式(8.15)得到：

$$e^{\boldsymbol{M}_4}=e^{(\theta/2)\boldsymbol{S}^{+}}e^{(\theta/2)\boldsymbol{S}^{-}}=e^{(\theta/2)\boldsymbol{S}^{-}}e^{(\theta/2)\boldsymbol{S}^{+}} \tag{8.16}$$

此外，矩阵 $\boldsymbol{S}^{+}$ 和 $\boldsymbol{S}^{-}$ 类似 2×2 的反对称矩阵 $\boldsymbol{I}$，有如下特性：

$$(\boldsymbol{S}^{+})^2=-\boldsymbol{E}_4,\quad (\boldsymbol{S}^{-})^2=-\boldsymbol{E}_4 \tag{8.17}$$

由此，类似式(8.5)，$e^{(\theta/2)\boldsymbol{S}^{+}}$ 可表示为类似平面旋转矩阵的形式，即

$$e^{(\theta/2)\boldsymbol{S}^{+}}=\cos(\theta/2)\boldsymbol{E}_4+\sin(\theta/2)\boldsymbol{S}^{+} \tag{8.18}$$

将式(8.18)展开，得到如下的矩阵形式：

$$e^{(\theta/2)\boldsymbol{S}^{+}}=\begin{pmatrix}\cos(\theta/2) & -s_3\sin(\theta/2) & s_2\sin(\theta/2) & s_1\sin(\theta/2)\\ s_3\sin(\theta/2) & \cos(\theta/2) & -s_1\sin(\theta/2) & s_2\sin(\theta/2)\\ -s_2\sin(\theta/2) & s_1\sin(\theta/2) & \cos(\theta/2) & s_3\sin(\theta/2)\\ -s_1\sin(\theta/2) & -s_2\sin(\theta/2) & -s_3\sin(\theta/2) & \cos(\theta/2)\end{pmatrix} \tag{8.19}$$

众所周知，一个 4×4 的正交矩阵表示一个双旋转，其包括两个相互正交平面的两个独立平面旋转。在这两个相互正交的平面上，一个平面上的任意一条直线都与另一个平面上的直线垂直，这在三维欧氏空间$\mathbb{E}^3$中是不可能。

正交矩阵 $e^{(\theta/2)\boldsymbol{S}^{+}}$ 表示的是一个 4 维欧氏空间$\mathbb{E}^4$的特殊双旋转，这两个平面旋转具有相同的旋转角度 $\theta/2$。此矩阵就是本书之前提到四元数的 Hamilton 算符 $\boldsymbol{G}$，因此其与如下的单位四元数是同构的：

$$e^{(\theta/2)\boldsymbol{S}^{+}}\to G=\sin(\theta/2)(s_1 i+s_2 j+s_3 k)+\cos(\theta/2) \tag{8.20}$$

同样的，类似式(8.5)，$e^{(\theta/2)\boldsymbol{S}^{-}}$ 也可表示为如下 4×4 的单位正交矩阵(行列式为+1)：

$$e^{(\theta/2)\boldsymbol{S}^{-}}=\cos(\theta/2)\boldsymbol{E}_4+\sin(\theta/2)\boldsymbol{S}^{-} \tag{8.21}$$

式(8.21)展开为如下的矩阵形式：

$$e^{(\theta/2)\boldsymbol{S}^{-}}=\begin{pmatrix}\cos(\theta/2) & -s_3\sin(\theta/2) & s_2\sin(\theta/2) & -s_1\sin(\theta/2)\\ s_3\sin(\theta/2) & \cos(\theta/2) & -s_1\sin(\theta/2) & -s_2\sin(\theta/2)\\ -s_2\sin(\theta/2) & s_1\sin(\theta/2) & \cos(\theta/2) & -s_3\sin(\theta/2)\\ s_1\sin(\theta/2) & s_2\sin(\theta/2) & s_3\sin(\theta/2) & \cos(\theta/2)\end{pmatrix} \tag{8.22}$$

正交矩阵 $e^{(\theta/2)\boldsymbol{S}^{-}}$ 表示的也是一个 4 维欧氏空间$\mathbb{E}^4$的特殊双旋转，这两个平面旋转分别具有旋转角度 $\theta/2$ 和 $-\theta/2$。此矩阵就是之前提及的四元数 Hamilton 算符 $\boldsymbol{H}$，因此其与如下的单位四元数是同构的：

$$e^{(\theta/2)\boldsymbol{S}^{-}}\to H^{*}=-\sin(\theta/2)(s_1 i+s_2 j+s_3 k)+\cos(\theta/2) \tag{8.23}$$

式中，H^{*} 是四元数 H 的共轭四元数，且 $H=G=\sin(\theta/2)(s_1 i+s_2 j+s_3 k)+\cos(\theta/2)$。这里用 H^{*} 表示的原因是为了与四元数表示 3D 旋转矩阵一致。

同时根据式(8.19)可知，矩阵 $\boldsymbol{S}^{+}$ 代表的是旋转角度为 $\pi/2$ 的两个等角双旋转；根据式(8.22)可知，矩阵 $\boldsymbol{S}^{-}$ 代表的是旋转角度分别为$\frac{\pi}{2}$和$-\frac{\pi}{2}$的双旋转。

由上面的分析可知：① 一个三维欧氏空间的无穷小转动 $\theta\boldsymbol{S}$ 由两个 4 维空间的无穷小

转动$(\theta/2)\boldsymbol{S}^+$和$(\theta/2)\boldsymbol{S}^-$合成;② 三维欧氏空间的一个旋转对应四维欧氏空间的两个等角双旋转 $e^{(\theta/2)\boldsymbol{S}^+}$ 和 $e^{(\theta/2)\boldsymbol{S}^-}$ 的乘积;③ 一个单位四元数对应一个 4D 旋转。

由式(8.20)和式(8.23)可知,基本旋转矩阵$\boldsymbol{R}(x,\theta)$、$\boldsymbol{R}(y,\theta)$和$\boldsymbol{R}(z,\theta)$对应的单位四元数分别为

$$\boldsymbol{R}(x,\theta)\rightarrow G_x(\theta)(G_x(\theta))^*:G_x(\theta)=\sin(\theta/2)i+\cos(\theta/2) \tag{8.24}$$

$$\boldsymbol{R}(y,\theta)\rightarrow G_y(\theta)(G_y(\theta))^*:G_y(\theta)=\sin(\theta/2)j+\cos(\theta/2) \tag{8.25}$$

$$\boldsymbol{R}(z,\theta)\rightarrow G_z(\theta)(G_z(\theta))^*:G_z(\theta)=\sin(\theta/2)k+\cos(\theta/2) \tag{8.26}$$

8.4 4D 旋转和倍四元数

在 4 维欧氏空间 $\boldsymbol{E}^4$ 中,表示无穷小转动的一般 4×4 反对称矩阵 $\boldsymbol{M}$ 表示如下:

$$\boldsymbol{M}=\begin{pmatrix} 0 & -m_3 & m_2 & n_1 \\ m_3 & 0 & -m_1 & n_2 \\ -m_2 & m_1 & 0 & n_3 \\ -n_1 & -n_2 & -n_3 & 0 \end{pmatrix} \tag{8.27}$$

其中,$\boldsymbol{M}$ 的特征值是纯虚数$\pm \mathrm{i}\alpha$,$\pm \mathrm{i}\beta$,它们满足如下条件:

$$\begin{aligned} \alpha^2+\beta^2&=m_1^2+m_2^2+m_3^2+n_1^2+n_2^2+n_3^2 \\ \alpha^2\beta^2&=(m_1n_1+m_2n_2+m_3n_3)^2 \end{aligned} \tag{8.28}$$

矩阵 $\boldsymbol{M}$ 代表的是一个无穷小双旋转,旋转角度分别为 α 和 β。矩阵指数积 $e^{\boldsymbol{M}}$ 代表的是一个旋转角度分别为 α 和 β 的有限双旋转,是一个正交矩阵。通过适当的坐标变换,矩阵指数积 $e^{\boldsymbol{M}}$ 可表示如下:

$$e^{\boldsymbol{M}}=\begin{pmatrix} \cos\alpha & -\sin\alpha & 0 & 0 \\ \sin\alpha & \cos\alpha & 0 & 0 \\ 0 & 0 & \cos\beta & -\sin\beta \\ 0 & 0 & \sin\beta & \cos\beta \end{pmatrix} \tag{8.29}$$

从式(8.28)可知,当 $\alpha^2=\beta^2$,可以得到 $m_i^2=n_i^2(i=1,2,3)$。这种情况下,矩阵 $\boldsymbol{M}$ 和 $e^{\boldsymbol{M}}$ 分别代表的是等角无穷小旋转和等角有限双旋转,它们分别对应的是矢量四元数和单位四元数。

当 $\alpha^2\neq\beta^2$,矩阵指数积 $e^{\boldsymbol{M}}$ 可以表示如下:

$$e^{\boldsymbol{M}}=\frac{1}{\alpha^2-\beta^2}\left[(\boldsymbol{M}^2+\alpha^2\boldsymbol{E}_4)\left(\cos\beta\boldsymbol{E}_4+\frac{\boldsymbol{M}}{\beta}\sin\beta\right)-(\boldsymbol{M}^2+\beta^2\boldsymbol{E}_4)\left(\cos\alpha\boldsymbol{E}_4+\frac{\boldsymbol{M}}{\alpha}\sin\alpha\right)\right] \tag{8.30}$$

式(8.27)给定的反对称矩阵 $\boldsymbol{M}$ 也可被认为是一个椭圆三维空间的旋量或是马达(Motor)$(m_1,m_2,m_3;n_1,n_2,n_3)$的 4×4 矩阵表示。Clifford 在 1873 年指出椭圆三维空间的马达包括两个关于两极轴的无穷小旋转。两个旋转角度的比值称为螺旋运动的节距,定义为

$$\sigma=\frac{m_1n_1+m_2n_2+m_3n_3}{m_1^2+m_2^2+m_3^2} \tag{8.31}$$

矩阵 $\boldsymbol{M}$ 的行列式为 $\Delta=\det(\boldsymbol{M})=(m_1n_1+m_2n_2+m_3n_3)^2$。因此，当 $\Delta\neq 0$，即节距不等于 0 时，矩阵 $\boldsymbol{M}$ 表示的是一个旋量；否则，当 $\Delta=0$ 时，矩阵 $\boldsymbol{M}$ 表示的是一个线矢量或转子(Rotor)。

当 $m_i=n_i(i=1,2,3)$ 时，矩阵 $\boldsymbol{M}$ 对应的是一个节距为 $+1$ 的旋量，通常将其记为 $\boldsymbol{M}^+$。上节提到的矩阵 S^+ 表示的原因就在此。该旋量具有矢量的特征，即两个节距为 $+1$ 的旋量的和仍然是一个节距为 $+1$ 的旋量，Clifford 将其称为左矢量。类似的，当 $m_i=-n_i(i=1,2,3)$ 时，矩阵 $\boldsymbol{M}$ 对应的是一个节距为 -1 的旋量，通常将其记为 $\boldsymbol{M}^-$。上节提到的矩阵 S^- 表示的原因同理也在此。该旋量同样也具有矢量的特征，Clifford 将其称为右矢量。$\boldsymbol{M}^+$ 和 $\boldsymbol{M}^-$ 也可被称为矢量四元数。

接下来，我们来推导一般旋量或马达 $\boldsymbol{M}$ 的指数积 $e^{\boldsymbol{M}}$ 可以表示为左四元数和右四元数的乘积。

Clifford 指出一个无穷小的旋量 $\boldsymbol{M}$ 可以表示为一个左矢量和右矢量的和。这可以很容易地实现。通过交换元素 m_i 和 $n_i(i=1,2,3)$ 定义一个矩阵 $\boldsymbol{M}'$（事实上，矩阵 $\boldsymbol{M}$ 和 $\boldsymbol{M}'$ 对应的就是旋量 Plücker 形式的轴线坐标和射线坐标）。此时有 $\boldsymbol{M}=\boldsymbol{M}^++\boldsymbol{M}^-$，其中，反对称矩阵

$$\boldsymbol{M}^+=(\boldsymbol{M}+\boldsymbol{M}')/2,\boldsymbol{M}^-=(\boldsymbol{M}-\boldsymbol{M}')/2 \tag{8.32}$$

节距分别为 $+1$ 或 -1。由此可知，任意无穷小的旋量都可以表示为左矢量 $\boldsymbol{M}^+$ 和右矢量 $\boldsymbol{M}^-$ 的和。

定义角度 θ 和 ϕ 分别表示等角无穷小旋转 $\boldsymbol{M}^+$ 和 $\boldsymbol{M}^-$ 的旋转角度。根据式(8.28)可知，θ 和 ϕ 可以通过下式计算得到：

$$\theta=\frac{1}{2}\sqrt{(m_1+n_1)^2+(m_2+n_2)^2+(m_3+n_3)^2} \tag{8.33}$$

$$\phi=\frac{1}{2}\sqrt{(m_1-n_1)^2+(m_2-n_2)^2+(m_3-n_3)^2} \tag{8.34}$$

定义 $s_i=(m_i+n_i)/(2\theta)(i=1,2,3)$ 和 $t_i=(m_i-n_i)/(2\phi)(i=1,2,3)$，可知矢量 $\boldsymbol{s}=(s_1,s_2,s_3)^{\mathrm{T}}$ 和 $\boldsymbol{t}=(t_1,t_2,t_3)^{\mathrm{T}}$ 都是单位矢量。此时，矩阵 $\boldsymbol{M}^+$ 和 $\boldsymbol{M}^-$ 可以被重新写为

$$\boldsymbol{M}^+=\theta\boldsymbol{S}^+,\quad \boldsymbol{M}^-=\phi\boldsymbol{T}^- \tag{8.35}$$

其中，$\boldsymbol{S}^+$ 由式(8.13)给定；$\boldsymbol{T}^-$ 由式(8.14)通过将 s_i 替换为 $t_i(i=1,2,3)$ 得到。

由此可知，一个无穷小的螺旋运动 $\boldsymbol{M}$ 可以分解为节距为 $+1$ 和 -1 的两个螺旋运动 $\boldsymbol{M}^+$ 和 $\boldsymbol{M}^-$，其旋转角分别为 θ 和 ϕ，即

$$\boldsymbol{M}=\boldsymbol{M}^++\boldsymbol{M}^-=\theta\boldsymbol{S}^++\phi\boldsymbol{T}^- \tag{8.36}$$

角度 θ、ϕ 和无穷小的螺旋运动 $\boldsymbol{M}$ 的初始旋转角度 α、β 之间的关系如下：

$$\theta=(\alpha+\beta)/2,\quad \phi=(\alpha-\beta)/2 \tag{8.37}$$

矩阵 $\boldsymbol{M}$ 中的六个独立参数($\theta s_1,\theta s_2,\theta s_3;\phi t_1,\phi t_2,\phi t_3$)也可以被认为是旋量 $\boldsymbol{M}$ 的坐标。该坐标被称作是 Study 形式的坐标。以此坐标表示旋量的情况下，根据式(8.31)可知，其节距表示如下：

$$\sigma=\frac{\theta^2-\phi^2}{\theta^2+\phi^2+2\theta\phi\cos\gamma} \tag{8.38}$$

式中，$\cos\gamma=s_1t_1+s_2t_2+s_3t_3$。

原始坐标$(m_1,m_2,m_3;n_1,n_2,n_3)$被称为旋量 $\boldsymbol{M}$ Plücker 形式的坐标。对于线矢量来说，Plücker 坐标形式的条件 $m_1n_1+m_2n_2+m_3n_3=0$ 与 Study 坐标形式的条件 $\theta^2=\phi^2$ 或 $\alpha\beta=0$ 是等价的。

定义矩阵 $\boldsymbol{G}^+=\mathrm{e}^{\boldsymbol{M}^+}=\mathrm{e}^{\theta\boldsymbol{S}^+}$，同时根据式(8.18)，有

$$\boldsymbol{G}^+=\mathrm{e}^{\theta\boldsymbol{S}^+}=\cos\theta\boldsymbol{E}_4+\sin\theta\boldsymbol{S}^+=\begin{pmatrix}\cos\theta & -s_3\sin\theta & s_2\sin\theta & s_1\sin\theta\\ s_3\sin\theta & \cos\theta & -s_1\sin\theta & s_2\sin\theta\\ -s_2\sin\theta & s_1\sin\theta & \cos\theta & s_3\sin\theta\\ -s_1\sin\theta & -s_2\sin\theta & -s_3\sin\theta & \cos\theta\end{pmatrix}\tag{8.39}$$

观察式(8.39)可知，矩阵 $\boldsymbol{G}^+$ 是式(8.40)所示的单位四元数的矩阵表示，是该四元数的 Hamilton $\boldsymbol{G}$ 算符表示。该单位四元数表示为

$$G=s_1\sin\theta i+s_2\sin\theta j+s_3\sin\theta k+\cos\theta\tag{8.40}$$

因此，四元数 G 表示椭圆三维空间的一个节距为+1，旋转角度为 θ 的有限螺旋运动。这样的运动被称为椭圆三维空间的 Clifford 左移动(Clifford Left Translation)。

定义矩阵$(\boldsymbol{H}^*)^{-1}=\mathrm{e}^{\boldsymbol{M}^-}=\mathrm{e}^{\phi\boldsymbol{T}^-}$，同时根据式(8.21)，有

$$(\boldsymbol{H}^*)^-=\mathrm{e}^{\phi\boldsymbol{T}^-}=\cos\phi\boldsymbol{E}_4+\sin\phi\boldsymbol{T}^-=\begin{pmatrix}\cos\phi & -t_3\sin\phi & t_2\sin\phi & -t_1\sin\phi\\ t_3\sin\phi & \cos\phi & -t_1\sin\phi & -t_2\sin\phi\\ -t_2\sin\phi & t_1\sin\phi & \cos\phi & -t_3\sin\phi\\ t_1\sin\phi & t_2\sin\phi & t_3\sin\phi & \cos\phi\end{pmatrix}\tag{8.41}$$

观察式(8.41)可知，矩阵$(\boldsymbol{H}^*)^{-1}$是式(8.42)所示的单位四元数的矩阵表示，是该四元数的 Hamilton $\boldsymbol{H}$ 算符表示。该单位四元数表示为

$$H^*=-t_1\sin\phi i-t_2\sin\phi j-t_3\sin\phi k+\cos\phi\tag{8.42}$$

这里 H^* 是四元数 H 的共轭四元数，$H=t_1\sin\phi i+t_2\sin\phi j+t_3\sin\phi k+\cos\phi$。同样的，四元数 H 表示椭圆三维空间的一个节距为−1，旋转角度为 ϕ 的有限螺旋运动。这样的运动被称为椭圆三维空间的 Clifford 右移动(Clifford Right Translation)。

通过计算可知，矩阵 $\boldsymbol{S}^+$ 和 $\boldsymbol{T}^-$ 满足以下条件：

$$(\boldsymbol{S}^+)^2=(\boldsymbol{T}^-)^2=-\boldsymbol{E}_4,\quad \boldsymbol{S}^+\boldsymbol{T}^-=\boldsymbol{T}^-\boldsymbol{S}^+\tag{8.43}$$

根据式(8.2)、式(8.36)和式(8.43)可知，一般无穷小旋量 $\boldsymbol{M}=\theta\boldsymbol{S}^++\phi\boldsymbol{T}^-$，它的矩阵指数积表示如下：

$$\boldsymbol{A}_4=\mathrm{e}^{\boldsymbol{M}}=\mathrm{e}^{\theta\boldsymbol{S}^+}\mathrm{e}^{\phi\boldsymbol{T}^-}=\mathrm{e}^{\phi\boldsymbol{T}^-}\mathrm{e}^{\theta\boldsymbol{S}^+}\tag{8.44}$$

因此，椭圆三维空间的一般有限螺旋运动可以表示为两个节距分别为+1和−1的有限螺旋运动的乘积，每个旋量运动可以用一个四元数表示。

由此，一个4D旋转矩阵 $\boldsymbol{A}_4=\boldsymbol{G}^+(\boldsymbol{H}^*)^-$ 与一对单位四元数(G,H)就联系起来了。这对单位四元数(G,H)称为倍四元数(Double Quaternion)，表示为 $\widetilde{G}=(G,H)$。

4维欧氏空间中一点 $\tilde{x}=(x,y,z,w)^{\mathrm{T}}$ 通过 $\boldsymbol{A}_4$ 旋转到 $\widetilde{X}=(X,Y,Z,W)^{\mathrm{T}}$：

$$\widetilde{X}=\boldsymbol{A}_4\tilde{x}=\mathrm{e}^{\boldsymbol{M}}\tilde{x}=\boldsymbol{G}^+(\boldsymbol{H}^*)^-\tilde{x}\tag{8.45}$$

根据哈密顿算符的性质，式(8.45)可以写成如下四元数乘积的形式：

$$\widetilde{X}=G\,\widetilde{x}\,H^{*} \tag{8.46}$$

式中，$\widetilde{x}=xi+yj+zk+w$ 和 $\widetilde{X}=Xi+Yj+Zk+W$ 都是四元数表示。

当四元数 $G=H$ 时，4 维空间的旋转变为一个三维空间的旋转：

$$\widetilde{X}=G\,\widetilde{x}\,G^{*} \tag{8.47}$$

给定两对倍四元数(G_1,H_1)和(G_2,H_2)，则 4D 中的两个连续转动(G_3,H_3)表示合成的旋转，则有

$$G_3=G_1G_2,\quad H_3=H_1H_2 \tag{8.48}$$

也就是说，倍四元数的 G 和 H 可以分开运算。Clifford 引入 ξ 和 η，其满足 $\xi^2=\xi,\eta^2=\eta,\xi+\eta=1,\xi\eta=0$，则倍四元数可表示为

$$\widetilde{G}=\xi G+\eta H \tag{8.49}$$

式中，ξ 和 η 的具体表示将在几何代数章节中介绍。

此时，两个倍四元数的乘积和四元数的乘积具有一样的形式，即

$$\widetilde{G}_3=\widetilde{G}_1\widetilde{G}_2 \tag{8.50}$$

如果 $\widetilde{G}\widetilde{G}=1$，那么称该倍四元数为单位倍四元数。

通过上述推导可知，4D 旋转矩阵与倍四元数存在一一对应关系，即给定一个 4D 旋转矩阵 $\boldsymbol{A}_4$，我们可以通过式(8.27)～式(8.42)求得与其对应的倍四元数。上述求解步骤的关键是获得表示无穷小旋量的 4×4 反对称矩阵 $\boldsymbol{M}$。

对于给定的 4D 旋转矩阵 $\boldsymbol{A}_4$，利用如下的 Cayley 公式求得反对称矩阵 $\boldsymbol{M}$：

$$\boldsymbol{M}=(\boldsymbol{A}_4-\boldsymbol{E}_4)(\boldsymbol{A}_4+\boldsymbol{E}_4)^{-1} \tag{8.51}$$

获得 $\boldsymbol{M}$ 后，通过式(8.32)～式(8.35)求得旋转角度 θ 和 ϕ，然后根据式(8.39)～式(8.42)求得相应的倍四元数。

此外，我们还可以通过下述步骤求解得到与 4D 旋转矩阵 $\boldsymbol{A}_4$ 对应的倍四元数。给定一个 4D 旋转矩阵 $\boldsymbol{A}_4$，首先根据 Cayley 的分解公式将 $\boldsymbol{A}_4$ 分解为两个等角旋转矩阵，表示如下：

$$\boldsymbol{A}_4=\boldsymbol{R}^{\mathrm{L}}\boldsymbol{R}^{\mathrm{R}}=\boldsymbol{R}^{\mathrm{R}}\boldsymbol{R}^{\mathrm{L}} \tag{8.52}$$

其中，$\boldsymbol{R}^{\mathrm{L}}$ 和 $\boldsymbol{R}^{\mathrm{R}}$ 都是单位正交矩阵，并且行列式等于 $+1$，其表示形式如下：

$$\boldsymbol{R}^{\mathrm{L}}=\begin{pmatrix} l_0 & -l_3 & l_2 & -l_1 \\ l_3 & l_0 & -l_1 & -l_2 \\ -l_2 & l_1 & l_0 & -l_3 \\ l_1 & l_2 & l_3 & l_0 \end{pmatrix},\quad \boldsymbol{R}^{\mathrm{R}}=\begin{pmatrix} r_0 & -r_3 & r_2 & r_1 \\ r_3 & r_0 & -r_1 & r_2 \\ -r_2 & r_1 & r_0 & r_3 \\ -r_1 & -r_2 & -r_3 & r_0 \end{pmatrix} \tag{8.53}$$

并且满足以下条件：$l_0^2+l_1^2+l_2^2+l_3^2=1,r_0^2+r_1^2+r_2^2+r_3^2=1$。

通过分析可以看出，$\boldsymbol{R}^{\mathrm{L}}$ 对应的是本书之前提到的 Hamilton 算符 $\boldsymbol{H}$，其对应的单位四元数为：$H^{*}=-l_1i-l_2j-l_3k+l_0$；$\boldsymbol{R}^{\mathrm{R}}$ 对应的是本书之前提到的 Hamilton 算符 $\boldsymbol{G}$，其对应的单位四元数为：$G=r_1i+r_2j+r_3k+r_0$。

根据 Rosen 提出的算法，式(8.52)展开后，可以被重新写成如下形式：

$$\begin{pmatrix} l_0r_0 & l_0r_1 & l_0r_2 & l_0r_3 \\ l_1r_0 & l_1r_1 & l_1r_2 & l_1r_3 \\ l_2r_0 & l_2r_1 & l_2r_2 & l_2r_3 \\ l_3r_0 & l_3r_1 & l_3r_2 & l_3r_3 \end{pmatrix}$$

$$=\frac{1}{4}\begin{pmatrix} a_{11}+a_{22}+a_{33}+a_{44} & a_{14}-a_{23}+a_{32}-a_{41} & a_{13}+a_{24}-a_{31}-a_{42} & -a_{12}+a_{21}+a_{34}-a_{43} \\ -a_{14}-a_{23}+a_{32}+a_{41} & a_{11}-a_{22}-a_{33}+a_{44} & a_{12}+a_{21}+a_{34}+a_{43} & a_{13}-a_{24}+a_{31}-a_{42} \\ a_{13}-a_{24}-a_{31}+a_{42} & a_{12}+a_{21}-d_{34}-a_{43} & -a_{11}+a_{22}-a_{33}+a_{44} & a_{14}+a_{23}+a_{32}+a_{41} \\ -a_{12}+a_{21}-a_{34}+a_{43} & a_{13}+a_{24}+a_{31}+a_{42} & -a_{14}+a_{23}+a_{32}-a_{41} & -a_{11}-a_{22}+a_{33}+a_{44} \end{pmatrix} \tag{8.54}$$

式中，$a_{i,j}$ 为矩阵 $\boldsymbol{A}_4$ 的第 i 行第 j 列元素。

接下来将式(8.54)中左边矩阵中第 i 行的元素求平方和，可以得到

$$l_{i-1}^2(r_0^2+r_1^2+r_2^2+r_3^2)=\frac{1}{16}\sum_{j=1}^{4}\omega_{i,j}^2 \tag{8.55}$$

式中，$\omega_{i,j}$ 为式(8.54)右边矩阵中的第 i 行第 j 列元素。

根据式(8.55)，得到

$$l_{i-1}=\pm\frac{1}{4}\sqrt{\sum_{j=1}^{4}\omega_{i,j}^2} \tag{8.56}$$

根据 $l_0^2+l_1^2+l_2^2+l_3^2=1$，我们假定 $l_{i-1}\neq 0$，那么有

$$r_{j-1}=\frac{\omega_{i,j}}{l_{i-1}} \tag{8.57}$$

最后再假设 $r_{j-1}\neq 0$，除了式(8.56)，还可以得到

$$l_{k-1}=\frac{\omega_{k,j}}{r_{j-1}} \tag{8.58}$$

通过上述求解过程，可以知道一个 4D 旋转矩阵可以分解为两组等角旋转矩阵，即 $\boldsymbol{A}_4=\boldsymbol{R}^{\mathrm{L}}\boldsymbol{R}^{\mathrm{R}}$ 或 $\boldsymbol{A}_4=(-\boldsymbol{R}^{\mathrm{L}})(-\boldsymbol{R}^{\mathrm{R}})$。其不同之处仅在于符号。

四元数角度 μ 和 υ 可以通过下式求得：

$$\tan\mu=\frac{\sqrt{r_1^2+r_2^2+r_3^2}}{r_0},\tan\upsilon=\frac{\sqrt{l_1^2+l_2^2+l_3^2}}{l_0} \tag{8.59}$$

此时，四元数 $G=r_1i+r_2j+r_3k+r_0$ 和 $H^*=-l_1i-l_2j-l_3k+l_0$ 可以分别表示如下：

$$G=s_1\sin\mu i+s_2\sin\mu j+s_3\sin\mu k+\cos\mu$$

$$H^*=-t_1\sin\upsilon i-t_2\sin\upsilon j-t_3\sin\upsilon k+\cos\upsilon \tag{8.60}$$

式中，

$$s_1=\frac{r_1}{\sqrt{r_1^2+r_2^2+r_3^2}},\quad s_2=\frac{r_2}{\sqrt{r_1^2+r_2^2+r_3^2}},\quad s_3=\frac{r_3}{\sqrt{r_1^2+r_2^2+r_3^2}}$$

$$t_1=\frac{l_1}{\sqrt{l_1^2+l_2^2+l_3^2}},\quad t_2=\frac{l_2}{\sqrt{l_1^2+l_2^2+l_3^2}},\quad t_3=\frac{l_3}{\sqrt{l_1^2+l_2^2+l_3^2}}$$

8.5 3D空间运动和4D空间旋转

在三维空间中，为了表示位移，引入了齐次坐标，把一个3×3表示的旋转矩阵$\boldsymbol{R}(\theta,\phi,\psi)$和一个表示平移的3×1平移矢量$\boldsymbol{d}=(d_x,d_y,d_z)^{\mathrm{T}}$写成一个4×4的齐次变换矩阵$\boldsymbol{T}=[\boldsymbol{R},\boldsymbol{d}]$。角度$\theta$、$\phi$、$\psi$是欧拉角，旋转矩阵定义为$\boldsymbol{R}(\theta,\phi,\psi)=\boldsymbol{R}_y(\theta)\boldsymbol{R}_x(-\phi)\boldsymbol{R}_z(\psi)$。齐次变换矩阵$\boldsymbol{T}$可以写成如下两个矩阵的乘积：

$$\boldsymbol{T}=\begin{pmatrix} & & & d_x\\ & \boldsymbol{E}_3 & & d_y\\ & & & d_z\\ 0 & 0 & 0 & 1\end{pmatrix}\begin{pmatrix} & & & 0\\ & \boldsymbol{R}(\theta,\phi,\psi) & & 0\\ & & & 0\\ 0 & 0 & 0 & 1\end{pmatrix}=\boldsymbol{DR} \tag{8.61}$$

根据MaCarthy提出的方法，我们可以把4×4的齐次变换矩阵$\boldsymbol{T}$看作是在四维空间中$W=1$的超平面上的一个位移。从这个观点出发，我们可以得到一个$W=R$的超平面上的完全相同的一个转换：

$$\begin{pmatrix}X\\Y\\Z\\R\end{pmatrix}=\boldsymbol{H}\begin{pmatrix}x\\y\\z\\R\end{pmatrix}=\begin{pmatrix} & & & d_x/R\\ & \boldsymbol{R}(\theta,\phi,\psi) & & d_y/R\\ & & & d_z/R\\ 0 & 0 & 0 & 1\end{pmatrix}\begin{pmatrix}x\\y\\z\\R\end{pmatrix} \tag{8.62}$$

式中，矩阵$\boldsymbol{H}$是一个无量纲的矩阵。

接下来给出几种可以将矩阵$\boldsymbol{H}$近似为4D空间旋转矩阵$\boldsymbol{N}$的处理方法。

第一种方法：一个4D旋转可以分解为三维子空间(X-Y-Z)上的一个旋转和分别绕W-X平面上旋转角α、W-Y平面上旋转角β、W-Z平面上旋转角γ的乘积。该4D旋转矩阵$\boldsymbol{N}$表示如下：

$$\begin{pmatrix}X\\Y\\Z\\W\end{pmatrix}=\boldsymbol{N}\begin{pmatrix}x\\y\\z\\w\end{pmatrix}=\boldsymbol{J}(\alpha,\beta,\gamma)\begin{pmatrix} & & & 0\\ & \boldsymbol{R}(\theta,\phi,\psi) & & 0\\ & & & 0\\ 0 & 0 & 0 & 1\end{pmatrix}\begin{pmatrix}x\\y\\z\\w\end{pmatrix} \tag{8.63}$$

其中，

$$\boldsymbol{J}(\alpha,\beta,\gamma)=\begin{pmatrix} c\alpha & 0 & 0 & s\alpha\\ -s\beta s\alpha & c\beta & 0 & s\beta c\alpha\\ -s\gamma c\beta s\alpha & -s\gamma s\beta & c\gamma & s\gamma c\beta c\alpha\\ -c\gamma c\beta s\alpha & -s\beta c\gamma & -s\gamma & c\gamma c\beta c\alpha\end{pmatrix} \tag{8.64}$$

式中，s和c分别表示正弦和余弦函数。

接下来考虑一个接近点$(0,0,0,R)^{\mathrm{T}}$的4D小角度旋转，R是4维超球的半径。W-X、W-Y和W-Z平面的旋转角度可以通过下式给定：

$$\tan\alpha=\frac{d_x}{R},\quad \tan\beta=\frac{d_y}{R},\quad \tan\gamma=\frac{d_z}{R} \tag{8.65}$$

把式(8.65)代入式(8.63)，用泰勒级数展开：

$$\begin{pmatrix} X \\ Y \\ Z \\ R \end{pmatrix} = \begin{pmatrix} & & & d_x/R \\ & \boldsymbol{R}(\theta,\phi,\psi) & & d_y/R \\ & & & d_z/R \\ 0 & 0 & 0 & 1 \end{pmatrix} \begin{pmatrix} x \\ y \\ z \\ R \end{pmatrix} + 1/R \begin{pmatrix} 0 & 0 & 0 & 0 \\ 0 & 0 & 0 & 0 \\ 0 & 0 & 0 & 0 \\ e_1 & e_2 & e_3 & 0 \end{pmatrix} \begin{pmatrix} x \\ y \\ z \\ R \end{pmatrix} + O(1/R^2) \tag{8.66}$$

式中，$e_i = -(r_{1i}d_x + r_{2i}d_y + r_{3i}d_z)(i=1,2,3)$，$r_{ij}$ 表示矩阵 $\boldsymbol{R}(\theta,\phi,\psi)$ 第 i 行第 j 列的元素。式(8.66)的第二项仅在垂直于 $W=R$ 的超平面有非零元素。因此，随着 R 增加，三维空间的位移就可以近似为四维空间中的旋转。根据式(8.66)可知，误差 ε 是 L^2/R^2 数量级，其中，L 是指定工作空间的最大长度。因此，四维球半径 R 的取值为

$$R = L/\sqrt{\varepsilon} \tag{8.67}$$

上式表明半径 R 可以根据近似的精度来选取。

除了上述推导方法，还可以根据矩阵的奇异值分解(SVD)或者极值分解(PD)将无量纲的三维空间位移矩阵 $\boldsymbol{H}$ 近似为四维空间中的旋转矩阵 $\boldsymbol{N}$。

第二种方法：根据奇异值分解，无量纲的三维空间位移矩阵 $\boldsymbol{H}$ 可以分解为

$$\boldsymbol{H} = \boldsymbol{U}\boldsymbol{\Sigma}\boldsymbol{V}^{\mathrm{T}} \tag{8.68}$$

式中，矩阵 $\boldsymbol{U}$ 和 $\boldsymbol{V}$ 均为正交矩阵，$\boldsymbol{\Sigma}$ 是一个对角元素为正值的对角矩阵。

此时，可以用一个 4×4 的旋转矩阵 $\boldsymbol{N}=\boldsymbol{U}\boldsymbol{V}^{\mathrm{T}}$ 来近似它，该矩阵 $\boldsymbol{N}$ 是三维空间位移矩阵的 Frobenius 模误差最小近似。

第三种方法：根据极值分解，无量纲的三维空间位移矩阵 $\boldsymbol{H}$ 可以分解为

$$\boldsymbol{H} = \boldsymbol{P}\boldsymbol{S} \tag{8.69}$$

式中，$\boldsymbol{S}$ 是一个正定对称矩阵，$\boldsymbol{P}$ 是一个正交矩阵。

矩阵 $\boldsymbol{P}$、$\boldsymbol{S}$ 与 $\boldsymbol{U}$、$\boldsymbol{V}$、$\boldsymbol{\Sigma}$ 之间的关系表示如下：

$$\boldsymbol{P} = \boldsymbol{U}\boldsymbol{V}^{\mathrm{T}} \tag{8.70}$$

$$\boldsymbol{S} = \boldsymbol{V}\boldsymbol{\Sigma}\boldsymbol{V}^{\mathrm{T}} \tag{8.71}$$

接下来给出沿 x 轴、y 轴和 z 轴分别移动 d_x、d_y 和 d_z 的三维基本移动矩阵的近似 4D 旋转矩阵表示。

$$\boldsymbol{T}_x(d_x/R) = \begin{pmatrix} 1 & 0 & 0 & \dfrac{d_x}{R} \\ 0 & 1 & 0 & 0 \\ 0 & 0 & 1 & 0 \\ 0 & 0 & 0 & 1 \end{pmatrix} \simeq \begin{pmatrix} \cos\alpha & 0 & 0 & \sin\alpha \\ 0 & 1 & 0 & 0 \\ 0 & 0 & 1 & 0 \\ -\sin\alpha & 0 & 0 & \cos\alpha \end{pmatrix} = \boldsymbol{J}(\alpha,0,0) \tag{8.72}$$

$$\boldsymbol{T}_y(d_y/R) = \begin{pmatrix} 1 & 0 & 0 & 0 \\ 0 & 1 & 0 & d_y/R \\ 0 & 0 & 1 & 0 \\ 0 & 0 & 0 & 1 \end{pmatrix} \simeq \begin{pmatrix} 1 & 0 & 0 & 0 \\ 0 & \cos\beta & 0 & \sin\beta \\ 0 & 0 & 1 & 0 \\ 0 & -\sin\beta & 0 & \cos\beta \end{pmatrix} = \boldsymbol{J}(0,\beta,0) \tag{8.73}$$

$$\boldsymbol{T}_z(d_z/R) = \begin{pmatrix} 1 & 0 & 0 & 0 \\ 0 & 1 & 0 & 0 \\ 0 & 0 & 1 & d_z/R \\ 0 & 0 & 0 & 1 \end{pmatrix} \simeq \begin{pmatrix} 1 & 0 & 0 & 0 \\ 0 & 1 & 0 & 0 \\ 0 & 0 & \cos\gamma & \sin\gamma \\ 0 & 0 & -\sin\gamma & \cos\gamma \end{pmatrix} = \boldsymbol{J}(0,0,\gamma) \tag{8.74}$$

式中，$\alpha=d_x/R$，$\beta=d_y/R$，$\gamma=d_z/R$。此时，式(8.72)～式(8.74)分别对应一个 4D 旋转

矩阵。

将式(8.72)～式(8.74)相乘，$\boldsymbol{J}(\alpha,\beta,\gamma)=\boldsymbol{J}(0,0,\gamma)\boldsymbol{J}(0,\beta,0)\boldsymbol{J}(\alpha,0,0)$，我们可以得到矩阵 $\boldsymbol{J}(\alpha,\beta,\gamma)$，即

$$\boldsymbol{J}(\alpha,\beta,\gamma)=\boldsymbol{T}_z(d_z/R)\boldsymbol{T}_y(d_y/R)\boldsymbol{T}_x(d_x/R)=\boldsymbol{T}_z(\gamma)\boldsymbol{T}_y(\beta)\boldsymbol{T}_x(\alpha) \tag{8.75}$$

根据 4D 旋转与倍四元数的关系，式(8.72)～式(8.74)可分别表示成如下对应的单位四元数：

$$\boldsymbol{T}_x(d_x/R)=(G_{dx})^+(H_{dx}^*)^-,\quad \boldsymbol{T}_y(d_y/R)=(G_{dy})^+(H_{dy}^*)^-,\quad \boldsymbol{T}_z(d_z/R)=(G_{dz})^+(H_{dz}^*)^- \tag{8.76}$$

式中，

$$G_{dx}=\sin(\alpha/2)i+\cos(\alpha/2),\quad H_{dx}^*=\sin(\alpha/2)i+\cos(\alpha/2)$$
$$G_{dy}=\sin(\beta/2)j+\cos(\beta/2),\quad H_{dy}^*=\sin(\beta/2)j+\cos(\beta/2)$$
$$G_{dz}=\sin(\gamma/2)k+\cos(\gamma/2),\quad H_{dz}^*=\sin(\gamma/2)k+\cos(\gamma/2)$$

根据式(8.76)可知，三维平移矩阵 $\boldsymbol{D}$ 对应的倍四元数 $\widetilde{G}_d=(G_d,H_d)$ 即为

$$G_d=H_d^*=(\sin(\alpha/2)i+\cos(\alpha/2))(\sin(\beta/2)j+\cos(\beta/2))(\sin(\gamma/2)k+\cos(\gamma/2)) \tag{8.77}$$

由此，空间三维位移矩阵 $\boldsymbol{T}=\boldsymbol{DR}$ 对应的倍四元数 $\widetilde{G}_t=(G_t,H_t)$ 为

$$G_t=G_dG_r,\ H_t=H_dH_r \tag{8.78}$$

式中，三维旋转矩阵 $\boldsymbol{R}$ 对应的倍四元数为 $\widetilde{G}_r=(G_r,H_r)$，$G_r=H_r$。

8.6 3D 空间运动和对偶四元数

一个 3D 位移由旋转和平移组成。以单位四元数 Q 表示旋转，$\boldsymbol{d}$ 表示平移矢量，则 3D 空间位移用对偶四元数表示为

$$\hat{Q}=Q+\varepsilon Q^0 \tag{8.79}$$

式中，ε 是对偶单位，$\varepsilon^2=0$，$Q^0=(1/2)\boldsymbol{d}Q=(1/2)d\bar{\boldsymbol{d}}Q$，$\bar{\boldsymbol{d}}$为单位矢量，$\|Q^0\|=d/2$。

8.7 对偶四元数与倍四元数的相互转换

通常把非常大的球面上的小运动看作是 2D 平面位移。实际上，这个平面位移是关于球心的一个 3D 旋转。同样，3D 空间位移能被近似为在一个在半径足够大的 4D 球面上的小旋转。

对偶四元数表示 3D 空间位移，倍四元数表示 4D 旋转。只要指定 4D 球体的半径 R，就能把 3D 空间位移转换为 4D 旋转，即把对偶四元数转换为倍四元数，也可以把倍四元数转换为对偶四元数。

已知对偶四元数$\hat{Q}=Q+\varepsilon Q^0$，相对应的倍四元数 $\widetilde{G}=(G,H)$ 可通过下式求得：

$$G=\cos(\gamma/2)Q+\sin(\gamma/2)Q',H=\cos(\gamma/2)Q-\sin(\gamma/2)Q' \tag{8.80}$$

式中，Q'是一个单位四元数，$Q'=Q^0/|Q^0|=\bar{\boldsymbol{d}}Q$，$\bar{\boldsymbol{d}}=Q'Q^*$ 为单位矢量；$\gamma=2|Q^0|/R=d/R$。如果 $d=0$，即 $\gamma=0$，那么 $G=H=Q$，此时倍四元数表示的是 3D 旋转。

其推导过程如下。

令 $\varepsilon\approx1/R$，其中 R 是一个足够大的数，得到

$$\begin{aligned}Q+\varepsilon Q^0&=Q+\varepsilon(d/2)\bar{\boldsymbol{d}}Q\approx Q+d/(2R)\bar{\boldsymbol{d}}Q=(1+d/(2R)\bar{\boldsymbol{d}})Q\\Q-\varepsilon Q^0&=Q-\varepsilon(d/2)\bar{\boldsymbol{d}}Q\approx Q-d/(2R)\bar{\boldsymbol{d}}Q=(1-d/(2R)\bar{\boldsymbol{d}})Q\end{aligned} \tag{8.81}$$

由于 R 足够大，因此令 $\gamma=d/R$，则 $\sin(\gamma/2)\approx\gamma/2=d/(2R)$，$\cos(\gamma/2)\approx1$，此时，式(8.81)可表示如下：

$$\begin{aligned}Q+\varepsilon Q^0&\approx(\cos(\gamma/2)+\sin(\gamma/2)\bar{\boldsymbol{d}})Q=DQ\\Q-\varepsilon Q^0&\approx(\cos(\gamma/2)-\sin(\gamma/2)\bar{\boldsymbol{d}})Q=D^*Q\end{aligned} \tag{8.82}$$

式中，$D=\cos(\gamma/2)+\sin(\gamma/2)\bar{\boldsymbol{d}}$，是一个单位四元数。

令倍四元数的 G 和 H 分别表示如下：

$$\begin{aligned}G&=(\cos(\gamma/2)+\sin(\gamma/2)\bar{\boldsymbol{d}})Q=\cos(\gamma/2)Q+\sin(\gamma/2)Q'\\H&=(\cos(\gamma/2)-\sin(\gamma/2)\bar{\boldsymbol{d}})Q=\cos(\gamma/2)Q-\sin(\gamma/2)Q'\end{aligned} \tag{8.83}$$

式中，$Q'=\bar{\boldsymbol{d}}Q=Q^0/|Q^0|$。

已知倍四元数 $\tilde{G}=(G,H)$，相对应的对偶四元数$\hat{Q}=Q+\varepsilon Q^0$ 可通过下式求得：

$$Q=\frac{G+H}{2\cos(\gamma/2)},\quad Q^0=\frac{1}{2}R\gamma Q'=\frac{1}{2}R\gamma\left(\frac{G-H}{2\sin(\gamma/2)}\right) \tag{8.84}$$

式中，$\gamma=\cos^{-1}(G\cdot H)$，$Q'=\dfrac{G-H}{2\sin(\gamma/2)}$。

注意：如果 $G=H$，那么 $Q^0=0$，此时倍四元数表示的是 3D 旋转。

综述，给定一个三维空间矩阵 $\boldsymbol{T}$，我们可以知道旋转矩阵 $\boldsymbol{R}$ 和位移矢量 $\boldsymbol{d}$，首先根据旋转矩阵求得单位四元数 Q，具体求法在第 6 章中已介绍；接着根据式 $Q^0=(1/2)\boldsymbol{d}Q$，求得对偶四元数对偶部的表示；最后根据式(8.80)即可以求出其倍四元数表示。通过该方法得出的矩阵 $\boldsymbol{N}$ 是三维空间位移矩阵的 Frobenius 模误差最小近似，类似于矩阵 $\boldsymbol{N}$ 的 PD 分解。接下来通过一个实例进行说明。

例 8.1 给定一组欧拉角$(\theta,\phi,\psi)=(45°,80°,0)$，位移矢量 $\boldsymbol{d}=(2.00,3.00,1.00)^{\mathrm{T}}$，那么根据 $\boldsymbol{R}(\theta,\phi,\psi)=\boldsymbol{R}_y(\theta)\boldsymbol{R}_x(-\phi)\boldsymbol{R}_z(\psi)$求得旋转矩阵 $\boldsymbol{R}$，此时根据 Larochelle 等的理论，我们取四维球半径 $R=2L=24l_{\max}/\pi$，式中的 $l_{\max}$ 指的是位移矢量中的最大值，即 $l_{\max}=3$。代入后，得到 $R=45.836\,6$。由此我们得到无量纲的三维空间位移矩阵 $\boldsymbol{H}$ 表示如下：

$$\boldsymbol{H}=\begin{pmatrix}0.707\,1&-0.696\,4&0.122\,8&0.043\,6\\0&0.173\,6&0.984\,8&0.065\,4\\-0.707\,1&-0.696\,4&0.122\,8&0.021\,8\\0&0&0&1\end{pmatrix} \tag{8.85}$$

接下来根据 $\tan\alpha=\dfrac{d_x}{R}$，$\tan\beta=\dfrac{d_y}{R}$，$\tan\gamma=\dfrac{d_z}{R}$，求得角度 α、β 和 γ，从而将其代入式(8.64)得到 4D 旋转矩阵 $\boldsymbol{N}$，表示如下：

$$N=\begin{pmatrix} 0.7064 & -0.6957 & 0.1227 & 0.0436 \\ -0.0020 & 0.1753 & 0.9824 & 0.0652 \\ -0.7076 & -0.6958 & 0.1212 & 0.0217 \\ -0.0153 & 0.0341 & -0.0723 & 0.9967 \end{pmatrix} \tag{8.86}$$

该矩阵与 $\boldsymbol{H}$ 矩阵的 Frobenius 模误差值为 0.081 6。

利用式(8.80)得到的 4D 旋转矩阵 $\boldsymbol{N}$ 表示如下：

$$N=\begin{pmatrix} 0.7068 & -0.6956 & 0.1212 & 0.0436 \\ -0.0005 & 0.1748 & 0.9824 & 0.0654 \\ -0.7073 & -0.6960 & 0.1220 & 0.0218 \\ -0.0154 & 0.0342 & -0.0724 & 0.9967 \end{pmatrix} \tag{8.87}$$

该矩阵与 $\boldsymbol{H}$ 矩阵的 Frobenius 模误差值为 0.081 7。该表示方式就是本节介绍的倍四元数法。

基于 PD 分解或 SVD 分解得到的 4D 旋转矩阵 $\boldsymbol{N}$ 表示如下：

$$N=\begin{pmatrix} 0.7070 & -0.6962 & 0.1224 & 0.0218 \\ -0.0001 & 0.1739 & 0.9842 & 0.0327 \\ -0.7071 & -0.6963 & 0.1226 & 0.0109 \\ -0.0077 & 0.0171 & -0.0362 & 0.9992 \end{pmatrix} \tag{8.88}$$

该矩阵与 $\boldsymbol{H}$ 矩阵的 Frobenius 模误差值为 0.057 7。

第9章 几何代数

几何代数(Geometric Algebra)是由 David Hestenes 命名的一种数学计算工具，该名字是为了强调几何代数能通过几何方法来解决几何问题，而不是应用代数方法进行几何计算。几何代数的提出解决了微积分创始人 Leibniz 提出的“如何用几何语言直接进行几何计算?”的问题。几何代数可以为几何建模提供简洁、通用的代数表示，为几何计算提供快速、稳健的代数处理。几何代数有四大基本组成：表示几何体的 Grassmann 结构、表示几何关系的 Clifford 乘法、表示几何变换的旋量或张量和表示几何量的括号。

几何代数，也称为克利福德代数(Clifford Algebra)，由 Clifford 在 1878 年建立，他提出了一种新的乘法运算符号，即几何积，几何积将 Hamilton 的四元数和 Grassmann 的扩张代数(外代数)结合，能够进行高维的几何计算和分析。Clifford 代数将矢量、四元数、张量等都统一到同一个代数框架内，不仅保留矩阵代数、向量代数和四元数代数的优点，是一个结合的非交换代数，而且还更具有概括性。Clifford 代数对于几何体、几何关系和几何变换具有不依赖于坐标的、通用和易于计算的符号表示。

Clifford 代数在机构学的应用始于 Study 以及后来的 Blaschke 和 Dimentberg，20 世纪 60 年代，Hestense 发展了几何代数的理论体系，并将其作为数学、物理研究中的一种通用语言，使得几何代数的优势得到了极大体现，引发了学者的广泛关注。Hestenes 对经典力学进行了系统研究，特别是刚体运动学的研究成果为机构运动学中采用几何代数方法奠定了重要基础。

之前章节中介绍的四元数、对偶四元数和倍四元数以及复数等都属于 Clifford 代数，本章主要介绍另一种几何代数空间——共形几何代数空间，其他几何代数空间读者可参考其他文献。

1997 年，李洪波博士创立了共形几何代数(Conformal Geometric Algebra，CGA)，它是几何代数的一个重要分支。共形几何代数最初称作广义齐次坐标，是一个新的几何表示和计算系统。它是完全不依赖于坐标的经典几何的统一语言，不仅拥有用于几何建模的协变量代数，而且拥有用于几何计算的高级不变量算法。在表示方面，CGA 结合共形模型和几何代数，提供了表示几何体的 Grassmann 结构、表示几何变换的统一旋量作用和表示几何量的括号系统。在计算方面，CGA 拥有新的高级不变量代数，即零括号代数(Null Brackets Algebra, NBA)；拥有新的计算思想，即基于括号的表示、消元和展开以得到分解和最短的结果；拥有不变量的展开和化简的高效计算技术。

本章首先介绍几何代数的基本概念和运算法则，接着介绍共形几何代数的基本概念、运算法则，相应几何体的代数表示以及刚体运动变换表示。

9.1 几何代数的基本概念

在几何代数中，描述及计算几何体的基本元素不是向量，而是具有更广泛意义的子空间(Subspaces)，因为向量只能作为一维的子空间。几何代数中最基本的运算是几何积(Geometric Product)，此外还有两个重要的运算是内积(Inner Product)和外积(Outer Product)，外积主要用于几何体的组成和相交，而内积则用于角度和距离的计算。

9.1.1 外积

几何代数中，两个向量 $\boldsymbol{a}$ 和 $\boldsymbol{b}$ 的外积定义为 $\boldsymbol{a}\wedge\boldsymbol{b}$。两个向量 $\boldsymbol{a}$ 和 $\boldsymbol{b}$ 的外积表示向量 $\boldsymbol{a}$ 沿着向量 $\boldsymbol{b}$ 扫过的有方向的平行四边形，如图 9.1 所示。

这个有方向的平行四边形 $\boldsymbol{a}\wedge\boldsymbol{b}$ 的方向是沿着向量 $\boldsymbol{a}$ 到向量 $\boldsymbol{b}$ 的方向，图 9.1 所示为顺时针方向。这个有方向的平行四边形 $\boldsymbol{a}\wedge\boldsymbol{b}$ 的大小为向量 $\boldsymbol{a}$ 沿着向量 $\boldsymbol{b}$ 上扫过的面积，记为

$$|\boldsymbol{a}\wedge\boldsymbol{b}|=|\boldsymbol{a}|\,|\boldsymbol{b}|\sin\theta \tag{9.1}$$

式中，θ 为向量 $\boldsymbol{a}$ 和 $\boldsymbol{b}$ 的夹角。

向量的外积表示与叉积的不同体现在它能在任意维数向量空间表示，而叉积则仅在三维欧氏空间中成立。另外，叉积的几何意义是表示由两个向量所确定的平面的法线。正是由于叉积的局限性，在几何代数中引入了外积的概念。

两个向量的外积运算具有以下性质。

(1) 反交换律

向量 $\boldsymbol{a}$ 和 $\boldsymbol{b}$ 的外积具有反交换律，即

$$\boldsymbol{a}\wedge\boldsymbol{b}=-\boldsymbol{b}\wedge\boldsymbol{a} \tag{9.2}$$

(2) 数因子分配律

$$\boldsymbol{a}\wedge(\beta\boldsymbol{b})=\beta(\boldsymbol{a}\wedge\boldsymbol{b}) \tag{9.3}$$

(3) 分配律

三个向量 $\boldsymbol{a}$、$\boldsymbol{b}$ 和 $\boldsymbol{c}$ 的外积满足分配律，即

$$\boldsymbol{a}\wedge(\boldsymbol{b}+\boldsymbol{c})=\boldsymbol{a}\wedge\boldsymbol{b}+\boldsymbol{a}\wedge\boldsymbol{c} \tag{9.4}$$

(4) 结合律

三个向量 $\boldsymbol{a}$、$\boldsymbol{b}$ 和 $\boldsymbol{c}$ 的外积也满足结合律，即

$$(\boldsymbol{a}\wedge\boldsymbol{b})\wedge\boldsymbol{c}=\boldsymbol{a}\wedge(\boldsymbol{b}\wedge\boldsymbol{c}) \tag{9.5}$$

该性质的证明将在介绍完几何积之后给出。

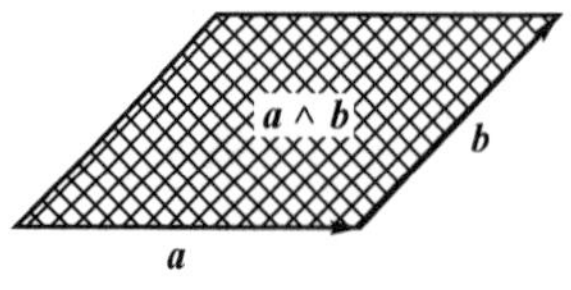

图 9.1 $\boldsymbol{a}\wedge\boldsymbol{b}$ 的几何性质

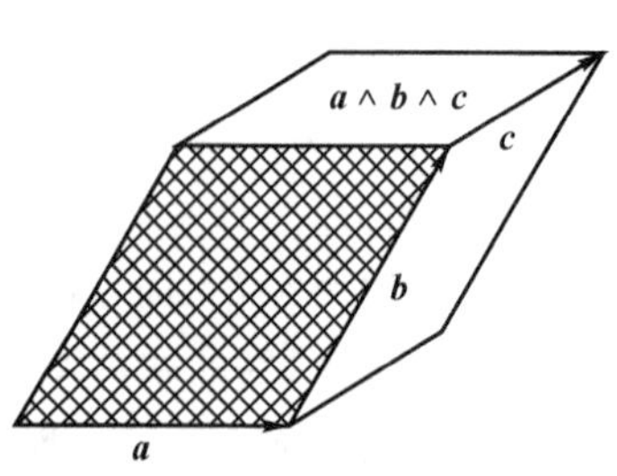

图 9.2 $\boldsymbol{a}\wedge\boldsymbol{b}\wedge\boldsymbol{c}$ 的几何性质

两个向量 $\boldsymbol{a}$ 和 $\boldsymbol{b}$ 的外积 $\boldsymbol{a}\wedge\boldsymbol{b}$ 表示的是一个有方向的面，如图 9.1 所示，三个向量 $\boldsymbol{a}$、$\boldsymbol{b}$ 和 $\boldsymbol{c}$ 的外积 $\boldsymbol{a}\wedge\boldsymbol{b}\wedge\boldsymbol{c}$ 表示的是由这三个向量构成的有方向的体，如图 9.2 所示。依此类推，k 个向量 $\boldsymbol{a}_1,\boldsymbol{a}_2,\cdots,\boldsymbol{a}_k$ 的外积 $\boldsymbol{a}_1\wedge\boldsymbol{a}_2\wedge\cdots\wedge\boldsymbol{a}_k$ 表示的是由这 k 个向量构成的有方向的 k 维空间。

当向量 $\boldsymbol{a}$ 和 $\boldsymbol{b}$ 方向相同时，根据式(9.2)有

$$\boldsymbol{a}\wedge\boldsymbol{b}=0 \tag{9.6}$$

即当向量 $\boldsymbol{a}$ 和 $\boldsymbol{b}$ 线性相关时，其外积为零。依此类推，k 个向量 $\boldsymbol{a}_1,\boldsymbol{a}_2,\cdots,\boldsymbol{a}_k$ 线性相关，当且仅当

$$\boldsymbol{a}_1\wedge\boldsymbol{a}_2\wedge\cdots\wedge\boldsymbol{a}_k=0 \tag{9.7}$$

因此，外积运算可以用来判别向量的线性相关性。

9.1.2　内积

几何代数的另一个重要操作是内积，由“·”表示。几何代数中，两个向量 $\boldsymbol{a}$ 和 $\boldsymbol{b}$ 的内积，即为欧氏空间中 $\boldsymbol{a}$ 和 $\boldsymbol{b}$ 的标量积，记为 $\boldsymbol{a}\cdot\boldsymbol{b}$。两个向量 $\boldsymbol{a}$ 和 $\boldsymbol{b}$ 的内积的几何意义为向量 $\boldsymbol{a}$ 在向量 $\boldsymbol{b}$ 上的投影的扩大，且扩大的大小为 $\boldsymbol{b}$ 的模，即

$$\boldsymbol{a}\cdot\boldsymbol{b}=|\boldsymbol{a}|\,|\boldsymbol{b}|\cos\theta \tag{9.8}$$

式中，θ 为向量 $\boldsymbol{a}$ 和 $\boldsymbol{b}$ 的夹角。

若 $\boldsymbol{a}$ 和 $\boldsymbol{b}$ 为相互垂直的两个向量，则有

$$\boldsymbol{a}\cdot\boldsymbol{b}=0 \tag{9.9}$$

两个向量的内积表示与欧氏向量空间定义的点积或标量积是相同的，但是几何代数定义的内积可以作用于任意维数向量空间的几何量。

两个向量的内积具有以下性质。

(1) 交换律

向量 $\boldsymbol{a}$ 和 $\boldsymbol{b}$ 的内积满足交换律，即

$$\boldsymbol{a}\cdot\boldsymbol{b}=\boldsymbol{b}\cdot\boldsymbol{a} \tag{9.10}$$

(2) 分配律

三个向量 $\boldsymbol{a}$、$\boldsymbol{b}$ 和 $\boldsymbol{c}$ 的内积满足分配律，即

$$\boldsymbol{a}\cdot(\boldsymbol{b}+\boldsymbol{c})=\boldsymbol{a}\cdot\boldsymbol{b}+\boldsymbol{a}\cdot\boldsymbol{c} \tag{9.11}$$

9.1.3　几何积

几何代数中两向量 $\boldsymbol{a}$ 和 $\boldsymbol{b}$ 的几何积，记为 $\boldsymbol{ab}$，定义如下：

$$\boldsymbol{ab}=\boldsymbol{a}\cdot\boldsymbol{b}+\boldsymbol{a}\wedge\boldsymbol{b} \tag{9.12}$$

可以看出向量的几何积由对称部分和反对称部分组成，对称部分为内积 $\boldsymbol{a}\cdot\boldsymbol{b}=\boldsymbol{b}\cdot\boldsymbol{a}$，反对称部分为外积 $\boldsymbol{a}\wedge\boldsymbol{b}=-\boldsymbol{b}\wedge\boldsymbol{a}$。而几何积本身既不具有对称性，也不具有反对称性，但它具有可逆性。

式(9.12)可以写成如下的指数表达形式：

$$\boldsymbol{ab}=\boldsymbol{a}\cdot\boldsymbol{b}+\boldsymbol{a}\wedge\boldsymbol{b}=|\boldsymbol{a}|\,|\boldsymbol{b}|(\cos\theta+\boldsymbol{I}\sin\theta)=|\boldsymbol{a}|\,|\boldsymbol{b}|\exp(\boldsymbol{I}\theta) \tag{9.13}$$

式中，$\boldsymbol{I}$ 为由两向量 $\boldsymbol{a}$ 和 $\boldsymbol{b}$ 张成的表示有向面积的单位二向量。

由此，在几何代数中，根据几何积，向量的内积和外积分别表示为

$$\boldsymbol{a}\cdot\boldsymbol{b}=\frac{1}{2}(\boldsymbol{ab}+\boldsymbol{ba}) \tag{9.14}$$

$$\boldsymbol{a}\wedge\boldsymbol{b}=\frac{1}{2}(\boldsymbol{ab}-\boldsymbol{ba}) \tag{9.15}$$

向量的几何积具有以下性质：

$$\boldsymbol{a}(\boldsymbol{b}+\boldsymbol{c})=\boldsymbol{ab}+\boldsymbol{ac}\text{（左分配律）} \tag{9.16}$$

$$(\boldsymbol{b}+\boldsymbol{c})\boldsymbol{a}=\boldsymbol{ba}+\boldsymbol{ca}\text{（右分配律）} \tag{9.17}$$

$$\boldsymbol{a}\lambda=\lambda\boldsymbol{a} \tag{9.18}$$

$$\boldsymbol{a}(\boldsymbol{bc})=(\boldsymbol{ab})\boldsymbol{c}\text{（结合律）} \tag{9.19}$$

$$\boldsymbol{a}^2=\pm|\boldsymbol{a}|^2 \tag{9.20}$$

接下来应用式(9.15)证明向量的外积满足结合律，即式(9.5)。

$$\begin{aligned}(\boldsymbol{a}\wedge\boldsymbol{b})\wedge\boldsymbol{c}&=\frac{1}{2}((\boldsymbol{a}\wedge\boldsymbol{b})\boldsymbol{c}+\boldsymbol{c}(\boldsymbol{a}\wedge\boldsymbol{b}))\\&=\frac{1}{2}\left(\frac{1}{2}(\boldsymbol{ab}-\boldsymbol{ba})\boldsymbol{c}+\boldsymbol{c}\,\frac{1}{2}(\boldsymbol{ab}-\boldsymbol{ba})\right)\\&=\frac{1}{4}(\boldsymbol{abc}-\boldsymbol{bac}+\boldsymbol{cab}-\boldsymbol{cba})\end{aligned} \tag{9.21}$$

$$\begin{aligned}\boldsymbol{a}\wedge(\boldsymbol{b}\wedge\boldsymbol{c})&=\frac{1}{2}(\boldsymbol{a}(\boldsymbol{b}\wedge\boldsymbol{c})+(\boldsymbol{b}\wedge\boldsymbol{c})\boldsymbol{a})\\&=\frac{1}{2}\left(\boldsymbol{a}\,\frac{1}{2}(\boldsymbol{bc}-\boldsymbol{cb})+\frac{1}{2}(\boldsymbol{bc}-\boldsymbol{cb})\boldsymbol{a}\right)\\&=\frac{1}{4}(\boldsymbol{abc}-\boldsymbol{acb}+\boldsymbol{bca}-\boldsymbol{cba})\end{aligned} \tag{9.22}$$

将式(9.21)和式(9.22)相减，得

$$\begin{aligned}&(\boldsymbol{a}\wedge\boldsymbol{b})\wedge\boldsymbol{c}-\boldsymbol{a}\wedge(\boldsymbol{b}\wedge\boldsymbol{c})\\&=-\frac{1}{4}\boldsymbol{b}(\boldsymbol{ac}+\boldsymbol{ca})+\frac{1}{4}(\boldsymbol{ca}+\boldsymbol{ac})\boldsymbol{b}\\&=-\frac{1}{2}\boldsymbol{b}(\boldsymbol{a}\cdot\boldsymbol{c})+\frac{1}{2}(\boldsymbol{a}\cdot\boldsymbol{c})\boldsymbol{b}=0\end{aligned} \tag{9.23}$$

由此证明向量的外积满足结合律。

9.1.4 几何代数的基本元素

一组一维正交基$\{\boldsymbol{e}_1,\boldsymbol{e}_2,\cdots,\boldsymbol{e}_n\}$可以构建一个 n 维几何代数空间，其中，$\boldsymbol{e}_i(1,2,\cdots,n)$被称为基向量(Basis Vector)。$n$ 维向量空间$\mathbb{R}^n$的几何代数记为 $\mathcal{G}_n=\mathcal{G}_{p,q,r}=\mathrm{Cl}(p,q,r)$，维数 $n=p+q+r$，其中 p 是 $\boldsymbol{e}_i^2=1$ 的基向量数量，q 是 $\boldsymbol{e}_i^2=-1$ 的基向量数量，r 是 $\boldsymbol{e}_i^2=0$ 的基向量数量。它们之间满足如下关系式：

$$\boldsymbol{e}_i\boldsymbol{e}_j=\begin{cases}1 & i=j\in\{1,\cdots,p\}\\-1 & i=j\in\{p+1,\cdots,p+q\}\\0 & i=j\in\{p+q+1,\cdots,n\}\\\boldsymbol{e}_i\boldsymbol{e}_j=\boldsymbol{e}_i\wedge\boldsymbol{e}_j=-\boldsymbol{e}_j\wedge\boldsymbol{e}_i,i\neq j\end{cases} \tag{9.24}$$

$$\mathscr{G}_{p,q,r}=\mathscr{G}_{p,q} \quad \text{非退化空间} \tag{9.25}$$

$$\mathscr{G}_{p,q,r}=\mathscr{G}_{p} \quad \text{欧氏空间} \tag{9.26}$$

几何代数的最简单例子应该是 $\mathscr{G}_{0,1,0}$，它与复数$\mathbb{C}$同构。$\mathscr{G}_{0,1,0}$的元素形如 $a+b\boldsymbol{e}_1$，其中 a 和 b 是实数。这些元素的加法是按分量进行的，乘法是结合的，即

$$(a+b\boldsymbol{e}_1)+(c+d\boldsymbol{e}_1)=(a+c)(b+d)\boldsymbol{e}_1 \tag{9.27}$$

$$(a+b\boldsymbol{e}_1)(c+d\boldsymbol{e}_1)=(ac-bd)+(ad+bc)\boldsymbol{e}_1 \tag{9.28}$$

因为 $\boldsymbol{e}_1\boldsymbol{e}_1=-1$。因此，基向量 $\boldsymbol{e}_1$ 起的作用就像是复数单位 i。根据类似的讨论可以看出，几何代数 $\mathscr{G}_{0,0,1}$与第 7 章讲到的对偶数$\mathbb{D}$同构，此时 $\boldsymbol{e}_1\boldsymbol{e}_1=0$。

下一个例子是几何代数 $\mathscr{G}_{0,2,0}$，它与四元数$\mathbb{H}$同构。$\mathscr{G}_{0,2,0}$的一般元素形如 $w+x\boldsymbol{e}_1+y\boldsymbol{e}_2+z\boldsymbol{e}_1\boldsymbol{e}_2$，指定 $i\mapsto\boldsymbol{e}_1$，和 $j\mapsto\boldsymbol{e}_2$ 和 $k\mapsto\boldsymbol{e}_1\boldsymbol{e}_2$，可得到单元四元数。可以很方便地验证基向量的性质符合我们的要求。首先计算它们的平方：

$$i^2=\boldsymbol{e}_1^2=-1,\quad j^2=\boldsymbol{e}_2^2=-1,\quad k^2=\boldsymbol{e}_1\boldsymbol{e}_2\boldsymbol{e}_1\boldsymbol{e}_2=-\boldsymbol{e}_1\boldsymbol{e}_1\boldsymbol{e}_2\boldsymbol{e}_2=-1 \tag{9.29}$$

所有的平方都如期望那样为-1。下面计算它们的积：

$$ij=\boldsymbol{e}_1\boldsymbol{e}_2=k,\quad jk=\boldsymbol{e}_2\boldsymbol{e}_1\boldsymbol{e}_2=-\boldsymbol{e}_1\boldsymbol{e}_2\boldsymbol{e}_2=\boldsymbol{e}_1=i,\quad ki=\boldsymbol{e}_1\boldsymbol{e}_2\boldsymbol{e}_1=-\boldsymbol{e}_1\boldsymbol{e}_1\boldsymbol{e}_2=\boldsymbol{e}_2=j \tag{9.30}$$

最后，验证元素的反交换性，$ij+ji=0$ 是很显然的，所以只需验证

$$jk+kj=\boldsymbol{e}_2\boldsymbol{e}_1\boldsymbol{e}_2+\boldsymbol{e}_1\boldsymbol{e}_2\boldsymbol{e}_2=0,\quad ki+ij=\boldsymbol{e}_1\boldsymbol{e}_2\boldsymbol{e}_1+\boldsymbol{e}_1\boldsymbol{e}_1\boldsymbol{e}_2=0 \tag{9.31}$$

再一个例子是几何代数 $\mathscr{G}_{0,2,1}$，它与对偶四元数同构。指定对偶四元数的基和 $\mathscr{G}_{0,2,1}$基的对应关系如下：$i\mapsto\boldsymbol{e}_1$，$j\mapsto\boldsymbol{e}_2$，$k\mapsto\boldsymbol{e}_1\boldsymbol{e}_2$，$\varepsilon\mapsto\boldsymbol{e}_1\boldsymbol{e}_2\boldsymbol{e}$，$i\varepsilon\mapsto-\boldsymbol{e}_2\boldsymbol{e}$，$j\varepsilon\mapsto\boldsymbol{e}_1\boldsymbol{e}$，$k\varepsilon\mapsto-\boldsymbol{e}$。四元数的相关性质前面已证明，接下来我们只需验证：

$$\begin{aligned}
\varepsilon^2&=\boldsymbol{e}_1\boldsymbol{e}_2\boldsymbol{e}\boldsymbol{e}_1\boldsymbol{e}_2\boldsymbol{e}=\boldsymbol{e}_1\boldsymbol{e}_2\boldsymbol{e}\boldsymbol{e}\boldsymbol{e}_1\boldsymbol{e}_2=0\\
\varepsilon i&=\boldsymbol{e}_1\boldsymbol{e}_2\boldsymbol{e}\boldsymbol{e}_1=\boldsymbol{e}_1\boldsymbol{e}_1\boldsymbol{e}_2\boldsymbol{e}=-\boldsymbol{e}_2\boldsymbol{e}=i\varepsilon\\
\varepsilon j&=\boldsymbol{e}_1\boldsymbol{e}_2\boldsymbol{e}\boldsymbol{e}_2=-\boldsymbol{e}_1\boldsymbol{e}_2\boldsymbol{e}_2\boldsymbol{e}=\boldsymbol{e}_1\boldsymbol{e}=j\varepsilon\\
\varepsilon k&=\boldsymbol{e}_1\boldsymbol{e}_2\boldsymbol{e}\boldsymbol{e}_1\boldsymbol{e}_2=-\boldsymbol{e}_1\boldsymbol{e}_1\boldsymbol{e}_2\boldsymbol{e}_2\boldsymbol{e}=-\boldsymbol{e}=k\varepsilon
\end{aligned} \tag{9.32}$$

最后一个例子是几何代数 $\mathscr{G}_{0,3,0}$，它与倍四元数同构。指定倍四元数的基和 $\mathscr{G}_{0,3,0}$基的对应关系如下：$i\mapsto\boldsymbol{e}_1$，$j\mapsto\boldsymbol{e}_2$，$k\mapsto\boldsymbol{e}_1\boldsymbol{e}_2$，$\omega\mapsto\boldsymbol{e}_1\boldsymbol{e}_2\boldsymbol{e}_3$，$i\omega\mapsto-\boldsymbol{e}_2\boldsymbol{e}_3$，$j\omega\mapsto\boldsymbol{e}_1\boldsymbol{e}_3$，$k\omega\mapsto-\boldsymbol{e}_3$。同样，四元数的相关性质前面已证明，接下来我们只需验证：

$$\begin{aligned}
\omega^2&=\boldsymbol{e}_1\boldsymbol{e}_2\boldsymbol{e}_3\boldsymbol{e}_1\boldsymbol{e}_2\boldsymbol{e}_3=-\boldsymbol{e}_1\boldsymbol{e}_2\boldsymbol{e}_3\boldsymbol{e}_3\boldsymbol{e}_2\boldsymbol{e}_1=1\\
\omega i&=\boldsymbol{e}_1\boldsymbol{e}_2\boldsymbol{e}_3\boldsymbol{e}_1=\boldsymbol{e}_1\boldsymbol{e}_1\boldsymbol{e}_2\boldsymbol{e}_3=-\boldsymbol{e}_2\boldsymbol{e}_3=i\omega\\
\omega j&=\boldsymbol{e}_1\boldsymbol{e}_2\boldsymbol{e}_3\boldsymbol{e}_2=-\boldsymbol{e}_1\boldsymbol{e}_2\boldsymbol{e}_2\boldsymbol{e}_3=\boldsymbol{e}_1\boldsymbol{e}_3=j\omega\\
\omega k&=\boldsymbol{e}_1\boldsymbol{e}_2\boldsymbol{e}_3\boldsymbol{e}_1\boldsymbol{e}_2=-\boldsymbol{e}_1\boldsymbol{e}_1\boldsymbol{e}_2\boldsymbol{e}_2\boldsymbol{e}_3=-\boldsymbol{e}_3=k\omega
\end{aligned} \tag{9.33}$$

因此，如前所述，复数、四元数、对偶四元数和倍四元数都属于几何代数。

1. *k*-外张量(*k*-blade)和 *k*-向量(*k*-vector)

几何代数的基本代数元素是外张量(Blade)。一个 k-外张量(k-blade)由 $k(k\leqslant n)$个线性无关的向量 $\boldsymbol{a}_1,\boldsymbol{a}_2,\cdots,\boldsymbol{a}_k$ 的外积张成，记作：

$$\langle\mathbf{A}\rangle_k=\boldsymbol{a}_1\wedge\boldsymbol{a}_2\wedge\cdots\wedge\boldsymbol{a}_k=\bigwedge_{i=1}^{k}\boldsymbol{a}_i \tag{9.34}$$

其中，k 表示这个 blade 的阶数或维数(Grade)，所以$\langle\mathbf{A}\rangle_k$ 又称作 k 阶 blade。$\langle\mathbf{A}\rangle_k$ 表示由这 k 个向量张成的有方向的子空间。特别的，当 $k=0$ 时，$\langle\mathbf{A}\rangle_0$ 表示一个标量，当 $k=1$ 时，$\langle\mathbf{A}\rangle_1$ 表示一个向量。

很显然，k 个基向量构成一组特殊的 k-blade，称之为 k 阶基 blade。在几何代数中，对于任何基向量生成的外张量 $\boldsymbol{e}_\alpha \boldsymbol{e}_\beta \cdots \boldsymbol{e}_\gamma$，都能通过交换两个基向量的位置再乘以 -1，将它们转换成 $\pm \boldsymbol{e}_i \boldsymbol{e}_j \cdots \boldsymbol{e}_k$ 的形式，其中 $i \leqslant j \leqslant \cdots \leqslant k$。如果基向量是重复的，就可以将这样的两个基向量变成 1、-1 或 0。用这种方法可以将任何基 blade 转换为正规形式：$\boldsymbol{e}_i \boldsymbol{e}_j \cdots \boldsymbol{e}_k$，并具有严格的不等式关系 $i < j < \cdots < k$。通常将 $\boldsymbol{e}_i \boldsymbol{e}_j \cdots \boldsymbol{e}_k$ 简写为 $\boldsymbol{e}_{ij\cdots k}$。

例如，在三维欧氏空间中，有三个基向量 $\{\boldsymbol{e}_1, \boldsymbol{e}_2, \boldsymbol{e}_3\}$，其中，$\{1\}$ 是 0-blade 的基，$\{\boldsymbol{e}_1, \boldsymbol{e}_2, \boldsymbol{e}_3\}$ 是 1-blade 的一组基，$\{\boldsymbol{e}_{12}, \boldsymbol{e}_{23}, \boldsymbol{e}_{31}\}$ 是 2-blade 的一组基，$\{\boldsymbol{e}_{123}\}$ 是 3-blade 的一组基。

k-blade 的阶数(Grade)由外张量中线性无关的向量个数决定。

任何 k-外张量可以分解为 k-外张量的基的集合；而 k-外张量的线性组合称作 k-向量(k-vector)。所有 k-向量的集合构成几何代数 $\mathcal{G}_n$ 的 k 维子空间，记作 $\mathcal{G}_n^k$，基 blade 的个数为 $\begin{pmatrix} n \\ k \end{pmatrix}$。整个 $\mathcal{G}_n$ 由所有子空间的和组成，即

$$\mathcal{G}_n = \sum_{k=0}^{n} \mathcal{G}_n^k \tag{9.35}$$

由此可计算出 n 维几何代数 $\mathcal{G}_n$ 中基 blade 的个数：

$$\sum_{k=0}^{n} \begin{pmatrix} n \\ k \end{pmatrix} = 2^n \tag{9.36}$$

n 维几何代数中，标量是零维子空间，向量是一维子空间。而一个向量与另一个向量的外积得到二元向量(Bivector)，它是二维子空间。三个向量的外积可以构成三元向量(Trivector)，即三维子空间，依此类推，$k(k \leqslant n)$ 个向量的外积构成 k-向量(k-vector)。其中，n 个线性无关的向量的外积称为伪标量(Pseudoscalar，n-blade)。

具有单元幅值的伪标量称为单元伪标量，记作 $\boldsymbol{I}_n$。例如，对应三维欧氏空间，其单位伪标量记作 $\boldsymbol{I}_E = \boldsymbol{I}_3 = \boldsymbol{e}_1 \wedge \boldsymbol{e}_2 \wedge \boldsymbol{e}_3$；对应 5 维共形空间，其单位伪标量记作 $\boldsymbol{I}_C = \boldsymbol{I}_5 = \boldsymbol{e}_1 \wedge \boldsymbol{e}_2 \wedge \boldsymbol{e}_3 \wedge \boldsymbol{e}_+ \wedge \boldsymbol{e}_- = \boldsymbol{e}_1 \wedge \boldsymbol{e}_2 \wedge \boldsymbol{e}_3 \wedge \boldsymbol{e}_\infty \wedge \boldsymbol{e}_0$。伪标量是阶数最高的外张量。在 n 维几何代数 $\mathcal{G}_n$ 中，$n+1$ 个向量的外积为 0。

外张量的阶数提供了几何代数的分级，这意味着能够将几何代数分解为向量子空间

$$\mathcal{G}_{p,q,r} = V_0 \oplus V_1 \oplus V_2 \oplus \cdots \oplus V_n \tag{9.37}$$

其中，每个子空间 V_k 有一个 k 阶外张量确定的基，而 $V_0 = \mathbb{R}$ 由 1 生成。这个分级依赖于基向量的选择，不同的选择给出不同的分解。但是如果将这个代数划分成偶次和奇次子空间，即

$$\mathcal{G}_{p,q,r} = \mathcal{G}_{p,q,r}^{+} + \mathcal{G}_{p,q,r}^{-} \tag{9.38}$$

那么这个分解与基的选择无关。通过分析可以看到，偶部分 $\mathcal{G}_{p,q,r}^{+}$ 是一个子代数——由于基向量只能成对地消去，因此偶次多项式的积总是偶次的。可以证明，这个偶子代数的维数是 $2^{p+q+r+1}$。实际上，任何一个几何代数同构于多一个基向量的几何代数的偶子代数，即

$$\mathcal{G}_{p,q,r} = \mathcal{G}_{p,q+1,r}^{+} \tag{9.39}$$

显然，这个同构是将 $\mathcal{G}_{p,q,r}$ 的基向量 $\boldsymbol{e}_i$ 映射到 $\mathcal{G}_{p,q+1,r}^{+}$ 的生成元 $\boldsymbol{e}_i \boldsymbol{e}_-$。现在需要做的就是检验这个映射保持代数中的关系：

$$\boldsymbol{e}_i \boldsymbol{e}_j + \boldsymbol{e}_j \boldsymbol{e}_i \mapsto \boldsymbol{e}_i \boldsymbol{e}_- \boldsymbol{e}_j \boldsymbol{e}_- + \boldsymbol{e}_j \boldsymbol{e}_- \boldsymbol{e}_i \boldsymbol{e}_- = -(\boldsymbol{e}_i \boldsymbol{e}_j + \boldsymbol{e}_j \boldsymbol{e}_i) \boldsymbol{e}_-^2 \tag{9.40}$$

可以看到，只要 $\boldsymbol{e}_-$ 的平方等于 -1，这个关系就保持不变。

由此可知，$\mathscr{G}_{0,3,0}^{+}$ 与四元数 $\mathbb{H}$ 同构。指定四元数的基和 $\mathscr{G}_{0,3,0}^{+}$ 的基的对应关系如下：$i \mapsto \boldsymbol{e}_2\boldsymbol{e}_3$，$j \mapsto \boldsymbol{e}_3\boldsymbol{e}_1$，$k \mapsto \boldsymbol{e}_1\boldsymbol{e}_2$。

同理可知，$\mathscr{G}_{0,3,1}^{+}$ 与对偶四元数同构。指定对偶四元数的基和 $\mathscr{G}_{0,3,1}^{+}$ 的基的对应关系如下：$i \mapsto \boldsymbol{e}_2\boldsymbol{e}_3$，$j \mapsto \boldsymbol{e}_3\boldsymbol{e}_1$，$k \mapsto l\boldsymbol{e}_1\boldsymbol{e}_2$，$\varepsilon \mapsto \boldsymbol{e}\boldsymbol{e}_1\boldsymbol{e}_2\boldsymbol{e}_3$，$i\varepsilon \mapsto \boldsymbol{e}_1\boldsymbol{e}$，$j\varepsilon \mapsto \boldsymbol{e}_2\boldsymbol{e}$，$k\varepsilon \mapsto \boldsymbol{e}_3\boldsymbol{e}$。这个代数在机器人机构运动学中应用非常广泛。

2. 多重向量(Multivector)

n 维几何代数 $\mathscr{G}_n$ 中，由不同阶数的外张量线性组合而成的元素称为多重向量(Multivector)。记作：

$$\boldsymbol{A} = \langle \boldsymbol{A} \rangle_0 + \langle \boldsymbol{A} \rangle_1 + \cdots + \langle \boldsymbol{A} \rangle_k + \cdots + \langle \boldsymbol{A} \rangle_n = \sum_{k=0}^{n} \langle \boldsymbol{A} \rangle_k \tag{9.41}$$

其中，$\langle \boldsymbol{A} \rangle_k$ 表示多重向量 $\boldsymbol{A}$ 的第 k 阶向量部分。

将 9.1.2 节中两向量的内积运算法则延伸，一个 r 阶外张量 $\langle \boldsymbol{A} \rangle_r$：$\boldsymbol{a}_1 \wedge \cdots \wedge \boldsymbol{a}_r$ 和一个 s 阶外张量 $\langle \boldsymbol{B} \rangle_s$：$\boldsymbol{b}_1 \wedge \cdots \wedge \boldsymbol{b}_s$ 的内积定义如下：

$$\langle \boldsymbol{A} \rangle_r \cdot \langle \boldsymbol{B} \rangle_s = \begin{cases} ((((\langle \boldsymbol{A} \rangle_r \cdot \boldsymbol{b}_1 \cdot) \cdot \boldsymbol{b}_2 \cdot) \cdots \cdot) \boldsymbol{b}_{s-1}) \cdot \boldsymbol{b}_s & \text{当 } r \geqslant s \\ \boldsymbol{a}_1 \cdot (\boldsymbol{a}_2 \cdot (\cdots (\boldsymbol{a}_{r-1} \cdot (\boldsymbol{a}_r \cdot \langle \boldsymbol{B} \rangle_s)))) & \text{当 } r < s \end{cases} \tag{9.42}$$

式中，

$$\begin{aligned} \boldsymbol{b} \cdot \langle \boldsymbol{A} \rangle_r &= \sum_{i=1}^{r} (-1)^{i+1} (\boldsymbol{b} \cdot \boldsymbol{a}_i)(\boldsymbol{a}_1 \wedge \cdots \wedge \boldsymbol{a}_{i-1} \wedge \boldsymbol{a}_{i+1} \wedge \cdots \wedge \boldsymbol{a}_r) \\ &= \sum_{i=1}^{r} (-1)^{i+1} (\boldsymbol{b} \cdot \boldsymbol{a}_i)[\langle \boldsymbol{A} \rangle_r \backslash \boldsymbol{a}_i] \\ \langle \boldsymbol{A} \rangle_r \cdot \boldsymbol{b} &= \sum_{i=1}^{r} (-1)^{r-i} (\boldsymbol{a}_i \cdot \boldsymbol{b})(\boldsymbol{a}_1 \wedge \cdots \wedge \boldsymbol{a}_{i-1} \wedge \boldsymbol{a}_{i+1} \wedge \cdots \wedge \boldsymbol{a}_r) \\ &= \sum_{i=1}^{r} (-1)^{r-i} (\boldsymbol{a}_i \cdot \boldsymbol{b})[\langle \boldsymbol{A} \rangle_r \backslash \boldsymbol{a}_i] \end{aligned}$$

其中，$\langle \boldsymbol{A} \rangle_k \backslash \boldsymbol{a}_i$ 代表去掉向量 $\boldsymbol{a}_i$ 的外张量 $\langle \boldsymbol{A} \rangle_k$。

当两个外张量 $\langle \boldsymbol{A} \rangle_r$ 和 $\langle \boldsymbol{B} \rangle_s$ 阶数相等时，即 $r = s$，它们的内积可以通过下面的行列式求得：

$$\begin{aligned} \langle \boldsymbol{A} \rangle_r \cdot \langle \boldsymbol{B} \rangle_s &= (-1)^{r(r-1)/2} (\boldsymbol{a}_r \wedge \cdots \wedge \boldsymbol{a}_2 \wedge \boldsymbol{a}_1) \cdot (\boldsymbol{b}_1 \wedge \boldsymbol{b}_2 \wedge \cdots \wedge \boldsymbol{b}_r) \\ &= (-1)^{r(r-1)/2} \det \alpha_{ij} = (-1)^{r(r-1)/2} \det(\boldsymbol{a}_i \cdot \boldsymbol{b}_j) \end{aligned} \tag{9.43}$$

将其展开得到：

$$\det \alpha_{ij} = \begin{pmatrix} \alpha_{11} & \alpha_{12} & \cdots & \alpha_{1r} \\ \alpha_{21} & \alpha_{22} & \cdots & \alpha_{2r} \\ \vdots & & & \vdots \\ \alpha_{r1} & \alpha_{r2} & \cdots & \alpha_{rr} \end{pmatrix} = \begin{pmatrix} \boldsymbol{a}_1 \cdot \boldsymbol{b}_1 & \boldsymbol{a}_1 \cdot \boldsymbol{b}_2 & \cdots & \boldsymbol{a}_1 \cdot \boldsymbol{b}_r \\ \boldsymbol{a}_2 \cdot \boldsymbol{b}_1 & \boldsymbol{a}_2 \cdot \boldsymbol{b}_2 & \cdots & \boldsymbol{a}_2 \cdot \boldsymbol{b}_r \\ \vdots & & & \vdots \\ \boldsymbol{a}_r \cdot \boldsymbol{b}_1 & \boldsymbol{a}_r \cdot \boldsymbol{b}_2 & \cdots & \boldsymbol{a}_r \cdot \boldsymbol{b}_r \end{pmatrix} \tag{9.44}$$

将 9.1.1 节中两向量的外积运算法则延伸，一个 r 阶外张量 $\langle \boldsymbol{A} \rangle_r$：$\boldsymbol{a}_1 \wedge \cdots \wedge \boldsymbol{a}_r$ 和一个 s 阶外张量 $\langle \boldsymbol{B} \rangle_s$：$\boldsymbol{b}_1 \wedge \cdots \wedge \boldsymbol{b}_r$ 的外积定义如下：

$$\langle \boldsymbol{A} \rangle_r \wedge \langle \boldsymbol{B} \rangle_s = (\boldsymbol{a}_1 \wedge \cdots \wedge \boldsymbol{a}_r) \wedge (\boldsymbol{b}_1 \wedge \cdots \wedge \boldsymbol{b}_s) \tag{9.45}$$

通过式(9.42)和式(9.45)可知，两个外张量 $\langle \boldsymbol{A} \rangle_r$ 和 $\langle \boldsymbol{B} \rangle_s$ 的内积减少了阶数，外积增加了阶数，即

$$\langle \boldsymbol{A}\rangle_r \cdot \langle \boldsymbol{B}\rangle_s = \langle \boldsymbol{AB}\rangle_{|r-s|} \tag{9.46}$$

$$\langle \boldsymbol{A}\rangle_r \cdot \langle \boldsymbol{B}\rangle_s = \langle \boldsymbol{AB}\rangle_{r+s} \tag{9.47}$$

在几何代数中，经常使用以下内积公式。

向量 $\boldsymbol{a}$ 与 2-blade $\boldsymbol{b}\wedge\boldsymbol{c}$ 的内积为

$$\boldsymbol{a}\cdot(\boldsymbol{b}\wedge\boldsymbol{c}) = (\boldsymbol{a}\cdot\boldsymbol{b})\boldsymbol{c} - (\boldsymbol{a}\cdot\boldsymbol{c})\boldsymbol{b} \tag{9.48}$$

式(9.48)中，$\boldsymbol{a}\cdot\boldsymbol{b}$ 和 $\boldsymbol{a}\cdot\boldsymbol{c}$ 都是标量，因此，向量与二元向量的内积的结果是一个向量。

相对应，在三维欧氏向量空间中，有

$$\boldsymbol{a}\times(\boldsymbol{b}\times\boldsymbol{c}) = (\boldsymbol{a}\cdot\boldsymbol{c})\boldsymbol{b} - (\boldsymbol{a}\cdot\boldsymbol{b})\boldsymbol{c} \tag{9.49}$$

两个 2-blade $\boldsymbol{a}\wedge\boldsymbol{b}$ 和 $\boldsymbol{c}\wedge\boldsymbol{d}$ 的内积为：

$$\begin{aligned}(\boldsymbol{a}\wedge\boldsymbol{b})\cdot(\boldsymbol{c}\wedge\boldsymbol{d}) &= ((\boldsymbol{a}\wedge\boldsymbol{b})\cdot\boldsymbol{c})\cdot\boldsymbol{d} \\ &= (-(\boldsymbol{a}\cdot\boldsymbol{c})\boldsymbol{b} + (\boldsymbol{b}\cdot\boldsymbol{c})\boldsymbol{a})\cdot\boldsymbol{d} \\ &= -(\boldsymbol{a}\cdot\boldsymbol{c})(\boldsymbol{b}\cdot\boldsymbol{d}) + (\boldsymbol{b}\cdot\boldsymbol{c})(\boldsymbol{a}\cdot\boldsymbol{d})\end{aligned} \tag{9.50}$$

相对应，在三维欧氏向量空间中，有

$$(\boldsymbol{a}\times\boldsymbol{b})\cdot(\boldsymbol{c}\times\boldsymbol{d}) = (\boldsymbol{a}\cdot\boldsymbol{c})(\boldsymbol{b}\cdot\boldsymbol{d}) - (\boldsymbol{b}\cdot\boldsymbol{c})(\boldsymbol{a}\cdot\boldsymbol{d}) \tag{9.51}$$

接下来将向量的内积、外积以及几何积的概念进一步扩展到 k-外张量间的运算。

向量 $\boldsymbol{a}$ 与二元向量(Bivector)$\boldsymbol{B}$ 的几何积可以表示成对称部分和反对称部分之和，即

$$\begin{aligned}\boldsymbol{aB} &= \frac{1}{2}(\boldsymbol{aB}+\boldsymbol{aB}) + \frac{1}{2}(\boldsymbol{Ba}-\boldsymbol{Ba}) \\ &= \frac{1}{2}(\boldsymbol{aB}-\boldsymbol{Ba}) + \frac{1}{2}(\boldsymbol{aB}+\boldsymbol{Ba})\end{aligned} \tag{9.52}$$

引入下面的表达式：

$$\boldsymbol{a}\cdot\boldsymbol{B} = \frac{1}{2}(\boldsymbol{aB}-\boldsymbol{Ba}) = -\boldsymbol{B}\cdot\boldsymbol{a} \tag{9.53}$$

$$\boldsymbol{a}\wedge\boldsymbol{B} = \frac{1}{2}(\boldsymbol{aB}+\boldsymbol{Ba}) = \boldsymbol{B}\wedge\boldsymbol{a} \tag{9.54}$$

式(9.53)和式(9.54)相加，得

$$\boldsymbol{aB} = \boldsymbol{a}\cdot\boldsymbol{B} + \boldsymbol{a}\wedge\boldsymbol{B} \tag{9.55}$$

将式(9.55)扩展，向量与 k-外张量之间的内积与外积定义如下：

$$\boldsymbol{a}\cdot\langle\boldsymbol{A}\rangle_k = \frac{1}{2}(\boldsymbol{a}\langle\boldsymbol{A}\rangle_k - (-1)^k\langle\boldsymbol{A}\rangle_k\boldsymbol{a}) = (-1)^{k+1}\langle\boldsymbol{A}\rangle_k\cdot\boldsymbol{a} \tag{9.56}$$

$$\boldsymbol{a}\wedge\langle\boldsymbol{A}\rangle_k = \frac{1}{2}(\boldsymbol{a}\langle\boldsymbol{A}\rangle_k + (-1)^k\langle\boldsymbol{A}\rangle_k\boldsymbol{a}) = (-1)^k\langle\boldsymbol{A}\rangle_k\wedge\boldsymbol{a} \tag{9.57}$$

根据式(9.42)可知，$\boldsymbol{a}\cdot\langle\boldsymbol{A}\rangle_k$ 是一个$(k-1)$阶外张量(当 $k=1$ 时，是个标量)；根据式(9.45)可知，$\boldsymbol{a}\wedge\langle\boldsymbol{A}\rangle_k$ 是一个$(k+1)$阶外张量。

将式(9.56)和式(9.57)相加，得

$$\boldsymbol{a}\langle\boldsymbol{A}\rangle_k = \boldsymbol{a}\cdot\langle\boldsymbol{A}\rangle_k + \boldsymbol{a}\wedge\langle\boldsymbol{A}\rangle_k \tag{9.58}$$

注意：两个 k 阶外张量($k\geqslant 2$)的几何积一般不能写成如下表达式：$\boldsymbol{AB}=\boldsymbol{A}\cdot\boldsymbol{B}+\boldsymbol{A}\wedge\boldsymbol{B}$，除非其中的一个是向量。特别的，当 $\boldsymbol{A}$ 和 $\boldsymbol{B}$ 分别是二元向量时，上式也不能成立。为了说明这个问题，假定 $\boldsymbol{A}$ 是两个正交向量的外积，即 $\boldsymbol{A}=\boldsymbol{a}\wedge\boldsymbol{b}=\boldsymbol{ab}$。那么有，

$$\begin{aligned}\boldsymbol{AB} &= \boldsymbol{abB} = \boldsymbol{a}(\boldsymbol{b}\cdot\boldsymbol{B}+\boldsymbol{b}\wedge\boldsymbol{B}) \\ &= \boldsymbol{a}\cdot(\boldsymbol{b}\cdot\boldsymbol{B}) + \boldsymbol{a}\wedge(\boldsymbol{b}\cdot\boldsymbol{B}) + \boldsymbol{a}\cdot(\boldsymbol{b}\wedge\boldsymbol{B}) + \boldsymbol{a}\wedge\boldsymbol{b}\wedge\boldsymbol{B}\end{aligned}$$

因此,

$$AB=A\cdot B+\langle AB\rangle_2+A\wedge B \tag{9.59}$$

式中,

$$A\cdot B=\langle AB\rangle_0=a\cdot(b\cdot B),\quad \langle AB\rangle_2=a\wedge(b\cdot B)+a\cdot(b\wedge B),\quad A\wedge B=\langle AB\rangle_4=a\wedge b\wedge B$$

从式(9.59)可知,两个二元向量的几何积包含三项,而非像式(9.58)中的两项。事实上,两个二元向量的几何积类似向量与向量的几何积,都可以分解为对称和反对称部分,由此有

$$AB=\frac{1}{2}(AB+BA)+\frac{1}{2}(AB-BA) \tag{9.60}$$

将式(9.60)与式(9.59)进行比较,对于二元向量 A 和 B,很容易得到:

$$A\cdot B+A\wedge B=\frac{1}{2}(AB+BA)=B\cdot A+B\wedge A \tag{9.61}$$

$$\langle AB\rangle_2=\frac{1}{2}(AB-BA)=-\langle BA\rangle_2 \tag{9.62}$$

式中,$\frac{1}{2}(AB-BA)$称为 Anticommutator 或 Anticommutator 积,因为当 A 和 B 可交换时,$\frac{1}{2}(AB-BA)=0$。此时,我们将其记为:$A\underline{\times}B=\frac{1}{2}(AB-BA)=-B\underline{\times}A$。同时,从式(9.62)可知,二元向量的 Anticommutator 积生成另一个二元向量。

从式(9.61)可知,二元向量的对称积$\frac{1}{2}(AB+BA)$生成一个标量和一个 4 元向量 $A\wedge B$。此外,当二元向量 A 和 B 相同时,$AB=A\cdot B$。

Anticommutator 积在计算 2 元向量和高阶外张量的几何积是非常有用的。对于任意的二元向量 A,我们有

$$A\underline{\times}\langle M\rangle_k=\langle A\underline{\times}M\rangle_k \tag{9.63}$$

式(9.63)表明二元向量的空间在 Anticommutator 积是封闭的。由此可知,二元向量 A 与多重向量 M 的几何积可以展开表示为

$$AM=A\cdot M+A\underline{\times}M+A\wedge M\quad M\text{ 的阶数}\geqslant 2 \tag{9.64}$$

9.1.5 几何代数基本运算法则

1. k-blade 的逆(Inverse)

k-blade$\langle A\rangle_k$($k\leqslant n$)的逆定义为

$$\langle A\rangle_k^{-1}=\frac{\langle A\rangle_k^{\dagger}}{\|\langle A\rangle_k\|^2},\quad \|\langle A\rangle_k\|\neq 0 \tag{9.65}$$

式中,$\langle A\rangle_k^{\dagger}$ 表示 k-blade 的倒置(Reverse)(有时也记为$\langle\widetilde{A}\rangle_k$)。倒置操作是这样一个算子,仅仅将 k-blade 的向量的顺序颠倒一下。例如$\langle A\rangle_k=\bigwedge_{i=1}^{k}a_i$,则

$$\langle A\rangle_k^{\dagger}=a_k\wedge a_{k-1}\wedge\cdots\wedge a_1=(-1)^{k(k-1)/2}\langle A\rangle_k \tag{9.66}$$

blade 的阶数决定了 blade 的倒置是否会引入一个额外的符号。

从式(9.66)可知,标量和向量的倒置和本身相同,即$\langle A\rangle_0^{\dagger}=\langle A\rangle_0$,$a^{\dagger}=a$。2-blade 和 3-

blade 的倒置需要改变符号，即

$$\boldsymbol{B}^{\dagger}=(\boldsymbol{a}\wedge\boldsymbol{b})^{\dagger}=\boldsymbol{b}\wedge\boldsymbol{a}=-\boldsymbol{a}\wedge\boldsymbol{b}=-\boldsymbol{B}$$

$$\boldsymbol{T}^{\dagger}=(\boldsymbol{a}\wedge\boldsymbol{b}\wedge\boldsymbol{c})^{\dagger}=\boldsymbol{c}\wedge\boldsymbol{b}\wedge\boldsymbol{a}=-\boldsymbol{a}\wedge\boldsymbol{b}\wedge\boldsymbol{c}=-\boldsymbol{T}$$

而 4-blade 和 5-blade 的倒置不需要改变符号。由此，我们可以归纳得出，$\forall k\in\mathbb{N}$：

$$\langle\boldsymbol{A}\rangle_{4k}^{\dagger}=\langle\boldsymbol{A}\rangle_{4k}\quad\langle\boldsymbol{A}\rangle_{4k+1}^{\dagger}=\langle\boldsymbol{A}\rangle_{4k+1}$$

$$\langle\boldsymbol{A}\rangle_{4k+2}^{\dagger}=-\langle\boldsymbol{A}\rangle_{4k}\quad\langle\boldsymbol{A}\rangle_{4k+3}^{\dagger}=-\langle\boldsymbol{A}\rangle_{4k+3}$$

对于 3D 欧氏空间的几何代数，其多向量 $\boldsymbol{A}$ 的倒置可以写成如下表达式：

$$\langle\boldsymbol{A}\rangle^{\dagger}=\langle\boldsymbol{A}\rangle_0+\langle\boldsymbol{A}\rangle_1-\langle\boldsymbol{A}\rangle_2-\langle\boldsymbol{A}\rangle_3\tag{9.67}$$

对于 5D 共形几何空间的几何代数，其多向量 $\boldsymbol{A}$ 的倒置可以写成如下表达式：

$$\boldsymbol{A}^{\dagger}=\langle\boldsymbol{A}\rangle_0+\langle\boldsymbol{A}\rangle_1-\langle\boldsymbol{A}\rangle_2-\langle\boldsymbol{A}\rangle_3+\langle\boldsymbol{A}\rangle_4+\langle\boldsymbol{A}\rangle_5\tag{9.68}$$

根据式(9.66)可知，对任意$\langle\boldsymbol{A}\rangle_k$，有

$$\begin{aligned}\langle\boldsymbol{A}\rangle_k\cdot\langle\boldsymbol{A}\rangle_k^{\dagger}&=(\boldsymbol{a}_1\wedge\boldsymbol{a}_2\wedge\cdots\wedge\boldsymbol{a}_k)\cdot(\boldsymbol{a}_k\wedge\boldsymbol{a}_{k-1}\wedge\cdots\wedge\boldsymbol{a}_1)\\&=\boldsymbol{a}_1\cdot(\boldsymbol{a}_2\cdot\cdots\cdot(\boldsymbol{a}_k\cdot(\boldsymbol{a}_k\wedge\boldsymbol{a}_{k-1}\wedge\cdots\wedge\boldsymbol{a}_1)))\\&=\det([\boldsymbol{a}_1\wedge\boldsymbol{a}_2\wedge\cdots\wedge\boldsymbol{a}_k])=\|\langle\boldsymbol{A}\rangle_k\|^2\end{aligned}\tag{9.69}$$

$$\langle\boldsymbol{A}\rangle_k\cdot\langle\boldsymbol{A}\rangle_k=(-1)^{k(k-1)/2}\|\langle\boldsymbol{A}\rangle_k\|^2\tag{9.70}$$

式中，$\|\langle\boldsymbol{A}\rangle_k\|$为 k-blade 的模或幅值(Magnitude)。$\det([\boldsymbol{a}_1\wedge\boldsymbol{a}_2\wedge\cdots\wedge\boldsymbol{a}_k])$表示由 k 个向量构成的矩阵的行列式。

将其推广，多重向量 $\boldsymbol{A}$ 的幅值定义如下：

$$\|\boldsymbol{A}\|=\langle\boldsymbol{A}^{\dagger}\boldsymbol{A}\rangle_0^{1/2}\tag{9.71}$$

$$|\boldsymbol{a}_1\boldsymbol{a}_2\cdots\boldsymbol{a}_k|^2=\langle\boldsymbol{A}^{\dagger}\boldsymbol{A}\rangle_0=(\boldsymbol{a}_1\boldsymbol{a}_2\cdots\boldsymbol{a}_k)^{\dagger}(\boldsymbol{a}_1\boldsymbol{a}_2\cdots\boldsymbol{a}_k)=|\boldsymbol{a}_1|^2|\boldsymbol{a}_2|^2\cdots|\boldsymbol{a}_k|^2\geqslant 0\tag{9.72}$$

如果 $\boldsymbol{A}\neq 0$，但$\|\boldsymbol{A}\|^2=0$，即向量 $\boldsymbol{A}$ 不是空向量，但向量 $\boldsymbol{A}$ 的幅值为零，则向量 $\boldsymbol{A}$ 被称为零向量(Null Vector)。从某种程度而言，零向量自身互补。常见的几何代数空间——共形几何中的基向量 $\boldsymbol{e}_0$、$\boldsymbol{e}_\infty$ 均为零向量空间。在后面章节的讨论中可以发现，零向量在几何代数中有着重要的意义和作用，尤其对于刚体变换中的平移变换而言。

2. 对偶(Dual)

在几何代数 $\mathcal{G}_n$ 中，多重向量 $\boldsymbol{M}$ 的对偶定义为

$$\boldsymbol{M}^*=\boldsymbol{M}\boldsymbol{I}_n^{-1}\tag{9.73}$$

式中，$\boldsymbol{I}_n^{-1}$ 表示单位伪标量 $\boldsymbol{I}_n$ 的逆。$\boldsymbol{I}_n^{-1}$ 与 $\boldsymbol{I}_n$ 二者仅相差一个正负号。对于三维欧氏空间，$\boldsymbol{I}_3^{-1}=\boldsymbol{e}_3\wedge\boldsymbol{e}_2\wedge\boldsymbol{e}_1=-\boldsymbol{I}_3$；对于五维共形几何空间，$\boldsymbol{I}_5^{-1}=-\boldsymbol{e}_-\wedge\boldsymbol{e}_+\wedge\boldsymbol{e}_3\wedge\boldsymbol{e}_2\wedge\boldsymbol{e}_1=-\boldsymbol{I}_5$。

对于 k-blade，其对偶是一个$(n-r)$阶的 blade。特别的，对于伪标量，其对偶量是一个标量(伪标量由此得名)。几何代数中，对偶对应了线性代数中补集的概念。

内积与外积互为对偶，一个向量 $\boldsymbol{a}$ 与一个多重向量 $\boldsymbol{M}$ 满足如下运算法则：

$$(\boldsymbol{a}\cdot\boldsymbol{M})\boldsymbol{I}_n=\boldsymbol{a}\wedge(\boldsymbol{M}\boldsymbol{I}_n)\tag{9.74}$$

$$(\boldsymbol{a}\wedge\boldsymbol{M})\boldsymbol{I}_n=\boldsymbol{a}\cdot(\boldsymbol{M}\boldsymbol{I}_n)\tag{9.75}$$

3. 并运算符

在几何代数 $\mathcal{G}_n$ 中，两个多重向量 $\boldsymbol{A}$ 和 $\boldsymbol{B}$，并运算符 $\dot{\wedge}$ 定义如下：如果 $\boldsymbol{A}\cap\boldsymbol{B}=\varnothing$，那么

$$\boldsymbol{A}\dot{\wedge}\boldsymbol{B}=\boldsymbol{A}\wedge\boldsymbol{B}\tag{9.76}$$

该运算符表示 $\boldsymbol{A}$ 和 $\boldsymbol{B}$ 的并集。

例如：若 $\boldsymbol{A}=\boldsymbol{e}_1\boldsymbol{e}_2$，$\boldsymbol{B}=\boldsymbol{e}_3\boldsymbol{e}_4$。由于 $\boldsymbol{A}\cap\boldsymbol{B}=\varnothing$，所以 $\boldsymbol{A}$ 和 $\boldsymbol{B}$ 的并运算为

$$\boldsymbol{A}\dot{\wedge}\boldsymbol{B}=\boldsymbol{A}\wedge\boldsymbol{B}=\boldsymbol{e}_1\boldsymbol{e}_2\wedge\boldsymbol{e}_3\boldsymbol{e}_4=\boldsymbol{e}_1\boldsymbol{e}_2\boldsymbol{e}_3\boldsymbol{e}_4$$

那么 $\boldsymbol{e}_1\boldsymbol{e}_2\boldsymbol{e}_3\boldsymbol{e}_4$ 即为 $\boldsymbol{A}$ 和 $\boldsymbol{B}$ 的并集。

4. 混序积(Shuffle Product)或交运算符

在几何代数 $\mathcal{G}_n$ 中，两个 blade$\langle\boldsymbol{A}\rangle_j=\boldsymbol{a}_1\wedge\boldsymbol{a}_2\wedge\cdots\wedge\boldsymbol{a}_j$ 和 $\langle\boldsymbol{B}\rangle_k=\boldsymbol{b}_1\wedge\boldsymbol{b}_2\wedge\cdots\wedge\boldsymbol{b}_k$，其中 $j+k\geqslant n$，而 n 是几何代数 $\mathcal{G}_n$ 的维数，它们的混序积定义为

$$\langle\boldsymbol{A}\rangle_j\vee\langle\boldsymbol{B}\rangle_k=\frac{1}{(n-k)!(j+k-n)!}\sum_{\sigma}\operatorname{sign}(\sigma)\det(\boldsymbol{a}_{\sigma(1)},\cdots,\boldsymbol{a}_{\sigma(n-k)},\boldsymbol{b}_1,\cdots,\boldsymbol{b}_k)\boldsymbol{a}_{\sigma(n-k+1)}\wedge\cdots\boldsymbol{a}_{\sigma(j)}\tag{9.77}$$

这里，求和的范围包含$\{1,2,\cdots,j\}$的全部置换 σ。

如果引入符号 $\boldsymbol{a}_i=a_{i1}\boldsymbol{e}_1+a_{i2}\boldsymbol{e}_2+\cdots+a_{in}\boldsymbol{e}_n$，$\boldsymbol{b}_i=b_{i1}\boldsymbol{e}_1+b_{i2}\boldsymbol{e}_2+\cdots+b_{in}\boldsymbol{e}_n$，上式中的行列式是关于列为 $\boldsymbol{a}_{\sigma(1)i},\cdots,\boldsymbol{a}_{\sigma(n-k)i},\boldsymbol{b}_{1i},\cdots,\boldsymbol{b}_{ki}$ 的矩阵的行列式。通过要求混序积关于加法满足分配律，可将它扩展到整个几何代数。

作为一个例子，在几何代数 $\mathcal{G}_{0,3,1}$ 中，考虑 $\boldsymbol{e}_1\boldsymbol{e}_2\boldsymbol{e}_3\vee\boldsymbol{e}_2\boldsymbol{e}_3\boldsymbol{e}$。对于正交元素，几何积和外积相同，所以

$$\begin{aligned}\boldsymbol{e}_1\boldsymbol{e}_2\boldsymbol{e}_3\vee\boldsymbol{e}_2\boldsymbol{e}_3\boldsymbol{e}=&\frac{1}{2}\det(\boldsymbol{e}_1,\boldsymbol{e}_2,\boldsymbol{e}_3,\boldsymbol{e})\boldsymbol{e}_2\boldsymbol{e}_3-\frac{1}{2}\det(\boldsymbol{e}_1,\boldsymbol{e}_2,\boldsymbol{e}_3,\boldsymbol{e})\boldsymbol{e}_3\boldsymbol{e}_2+\\&\frac{1}{2}\det(\boldsymbol{e}_2,\boldsymbol{e}_2,\boldsymbol{e}_3,\boldsymbol{e})\boldsymbol{e}_3\boldsymbol{e}_1\ \frac{1}{2}\det(\boldsymbol{e}_2,\boldsymbol{e}_2,\boldsymbol{e}_3,\boldsymbol{e})\boldsymbol{e}_1\boldsymbol{e}_3+\\&\frac{1}{2}\det(\boldsymbol{e}_3,\boldsymbol{e}_2,\boldsymbol{e}_3,\boldsymbol{e})\boldsymbol{e}_1\boldsymbol{e}_2-\frac{1}{2}\det(\boldsymbol{e}_3,\boldsymbol{e}_2,\boldsymbol{e}_3,\boldsymbol{e})\boldsymbol{e}_2\boldsymbol{e}_1\end{aligned}$$

简单计算之后可知，只有前两项是非零的，又因为 $\boldsymbol{e}_2\boldsymbol{e}_3=-\boldsymbol{e}_3\boldsymbol{e}_2$，所以有

$$\boldsymbol{e}_1\boldsymbol{e}_2\boldsymbol{e}_3\vee\boldsymbol{e}_2\boldsymbol{e}_3\boldsymbol{e}=\boldsymbol{e}_2\boldsymbol{e}_3$$

请注意，如果$\langle\boldsymbol{A}\rangle_j$ 和$\langle\boldsymbol{B}\rangle_k$ 分别是几何代数中的 j、k 阶向量，那么它们的混序积$\langle\boldsymbol{A}\rangle_j\vee\langle\boldsymbol{B}\rangle_k$ 是 $j+k-n$ 次。

在非退化几何代数中，这个计算不是必需的，因为能够用外积和伪标量表示这个计算。两个多重向量 $\boldsymbol{A}$ 和 $\boldsymbol{B}$，交运算符 $\vee$ 定义如下：

$$\boldsymbol{A}\vee\boldsymbol{B}=(\boldsymbol{A}\cdot\boldsymbol{J}^{-1})\cdot\boldsymbol{B}\tag{9.78}$$

其中，$\boldsymbol{J}$ 表示由 $\boldsymbol{A}$ 和 $\boldsymbol{B}$ 生成的最大维度空间。该运算符表示 $\boldsymbol{A}$ 和 $\boldsymbol{B}$ 的交集。

$\boldsymbol{A}$ 和 $\boldsymbol{B}$ 的交集也可通过并运算符来表示，即

$$\boldsymbol{A}\vee\boldsymbol{B}=((\boldsymbol{A}\cdot\boldsymbol{J}^{-1})\wedge(\boldsymbol{B}\cdot\boldsymbol{J}^{-1}))\boldsymbol{J}\tag{9.79}$$

下面通过两个例子进一步解释并运算符和交运算符。

例如：若 $\boldsymbol{A}=\boldsymbol{e}_1\boldsymbol{e}_2$，$\boldsymbol{B}=\boldsymbol{e}_2\boldsymbol{e}_3$。由于 $\boldsymbol{A}$ 和 $\boldsymbol{B}$ 生成的最大维度空间 $\boldsymbol{J}=\boldsymbol{e}_1\boldsymbol{e}_2\boldsymbol{e}_3$，所以交运算为

$$\boldsymbol{A}\vee\boldsymbol{B}=(\boldsymbol{A}\cdot\boldsymbol{J}^{-1})\cdot\boldsymbol{B}=(\boldsymbol{e}_1\boldsymbol{e}_2\cdot\boldsymbol{e}_3\boldsymbol{e}_2\boldsymbol{e}_1)\cdot\boldsymbol{e}_2\boldsymbol{e}_3=\boldsymbol{e}_3\cdot\boldsymbol{e}_2\boldsymbol{e}_3=-\boldsymbol{e}_2$$

那么 $\boldsymbol{e}_2$ 即为 $\boldsymbol{A}$ 和 $\boldsymbol{B}$ 的交集。

几何代数中的并运算符和交运算符在并联机构奇异性分析以及自由度求解中发挥了重要作用。

9.2 共形几何代数基本知识介绍

9.2.1 共形空间中的基本概念

CGA 将 n 维欧氏向量空间$\mathbb{R}^n$嵌入 $n+2$ 维闵氏向量空间$\mathbb{R}^{n+1,1}$中，其包含 $n+2$ 个正交基向量$\{\boldsymbol{e}_1,\boldsymbol{e}_2,\cdots,\boldsymbol{e}_n,\boldsymbol{e}_+\boldsymbol{e}_-\}$，满足以下条件：

$$\boldsymbol{e}_i\boldsymbol{e}_j=\begin{cases}1 & i=j\\ \boldsymbol{e}_{ij}=\boldsymbol{e}_i\wedge\boldsymbol{e}_j=-\boldsymbol{e}_j\wedge\boldsymbol{e}_i & i\neq j\end{cases}\quad(i=1,2,\cdots,n)\tag{9.80}$$

$$\boldsymbol{e}_+^2=1,\quad \boldsymbol{e}_-^2=-1,\quad \boldsymbol{e}_+\cdot\boldsymbol{e}_-=0\tag{9.81}$$

$$\boldsymbol{e}_i\cdot\boldsymbol{e}_+=\boldsymbol{e}_i\cdot\boldsymbol{e}_-=0\quad(i=1,2,\cdots,n)\tag{9.82}$$

式中，$\{\boldsymbol{e}_1,\boldsymbol{e}_2,\cdots,\boldsymbol{e}_n\}$为 n 维欧氏空间$\mathbb{R}^n$的 n 个正交基，$\{\boldsymbol{e}_+,\boldsymbol{e}_-\}$为闵氏空间$\mathbb{R}^{1,1}$的两个正交基。

引入两个正交 null 向量 $\boldsymbol{e}_0$ 和 $\boldsymbol{e}_\infty$，

$$\boldsymbol{e}_0=\frac{1}{2}(\boldsymbol{e}_--\boldsymbol{e}_+),\quad \boldsymbol{e}_\infty=\boldsymbol{e}_++\boldsymbol{e}_-\tag{9.83}$$

依据式(9.80)～式(9.83)有

$$\boldsymbol{e}_0^2=\boldsymbol{e}_\infty^2=0,\quad \boldsymbol{e}_\infty\cdot\boldsymbol{e}_0=-1\tag{9.84}$$

式中，$\boldsymbol{e}_0$ 表示 CGA 的原点，$\boldsymbol{e}_\infty$是 CGA 的无穷远点。

在闵氏空间$\mathbb{R}^{1,1}$中，单位伪标量 $\boldsymbol{E}$ 定义为

$$\boldsymbol{E}=\boldsymbol{e}_\infty\wedge\boldsymbol{e}_0=\boldsymbol{e}_+\wedge\boldsymbol{e}_-\tag{9.85}$$

单元伪标量 $\boldsymbol{E}$ 具有以下性质：

$$\begin{aligned}&\boldsymbol{E}=\boldsymbol{e}_+\boldsymbol{e}_-,\quad \boldsymbol{E}^2=1,\quad \boldsymbol{E}\boldsymbol{e}_\infty=-\boldsymbol{e}_\infty,\quad \boldsymbol{E}\boldsymbol{e}_0=\boldsymbol{e}_0\\ &\boldsymbol{e}_+\boldsymbol{E}=\boldsymbol{e}_-,\quad \boldsymbol{e}_-\boldsymbol{E}=\boldsymbol{e}_+,\quad \boldsymbol{e}_+\boldsymbol{e}_\infty=\boldsymbol{E}+1,\quad \boldsymbol{e}_-\boldsymbol{e}_\infty=-(\boldsymbol{E}+1)\\ &\boldsymbol{e}_\infty\wedge\boldsymbol{e}_-=\boldsymbol{E},\quad \boldsymbol{e}_+\cdot\boldsymbol{e}_\infty=1,\quad -\boldsymbol{e}_\infty\boldsymbol{e}_0=1-E,\quad -\boldsymbol{e}_0\boldsymbol{e}_\infty=1+\boldsymbol{E}\end{aligned}\tag{9.86}$$

本书的研究内容属于三维欧氏空间$\mathbb{R}^3$范畴，将其嵌入闵氏空间$\mathbb{R}^{1,1}$后得到 5D 共形空间$\mathbb{R}^{3+1,1}$，其包含 5 个正交基向量$\{\boldsymbol{e}_1,\boldsymbol{e}_2,\boldsymbol{e}_3,\boldsymbol{e}_+,\boldsymbol{e}_-\}$。5D 共形空间包含 $2^5=32$ 个基 blade，其中，单元伪标量定义为 $\boldsymbol{I}_C=\boldsymbol{e}_{123+-}=\boldsymbol{e}_{+-123}=\boldsymbol{E}\boldsymbol{I}_E$，$\boldsymbol{I}_E=\boldsymbol{e}_{123}$为三维欧氏空间的伪标量。注意：$\boldsymbol{e}_\infty$与 $\boldsymbol{e}_0$ 不是正交基，因此 $\boldsymbol{e}_\infty\wedge\boldsymbol{e}_0\neq\boldsymbol{e}_{\infty0}$；并且有 $\boldsymbol{I}_C^2=-1$，即 $\boldsymbol{I}_C^{-1}=-\boldsymbol{I}_C$。5D 共形空间中的 32 个基 blade 如表 9.1 所示。

表 9.1　5D 共形空间中的 32 个基 blade

blade	阶数	对偶表达式	blade	阶数	对偶表达式
1	0	$-\boldsymbol{e}_1\wedge\boldsymbol{e}_2\wedge\boldsymbol{e}_3\wedge\boldsymbol{e}_\infty\wedge\boldsymbol{e}_0$	$\boldsymbol{e}_1\wedge\boldsymbol{e}_2\wedge\boldsymbol{e}_3$	3	$\boldsymbol{e}_\infty\wedge\boldsymbol{e}_0$
$\boldsymbol{e}_1$	1	$-\boldsymbol{e}_2\wedge\boldsymbol{e}_3\wedge\boldsymbol{e}_\infty\wedge\boldsymbol{e}_0$	$\boldsymbol{e}_1\wedge\boldsymbol{e}_2\wedge\boldsymbol{e}_\infty$	3	$-\boldsymbol{e}_3\wedge\boldsymbol{e}_\infty$
$\boldsymbol{e}_2$	1	$-\boldsymbol{e}_3\wedge\boldsymbol{e}_1\wedge\boldsymbol{e}_\infty\wedge\boldsymbol{e}_0$	$\boldsymbol{e}_1\wedge\boldsymbol{e}_2\wedge\boldsymbol{e}_0$	3	$\boldsymbol{e}_3\wedge\boldsymbol{e}_0$
$\boldsymbol{e}_3$	1	$-\boldsymbol{e}_1\wedge\boldsymbol{e}_2\wedge\boldsymbol{e}_\infty\wedge\boldsymbol{e}_0$	$\boldsymbol{e}_1\wedge\boldsymbol{e}_3\wedge\boldsymbol{e}_\infty$	3	$\boldsymbol{e}_2\wedge\boldsymbol{e}_\infty$
$\boldsymbol{e}_\infty$	1	$\boldsymbol{e}_1\wedge\boldsymbol{e}_2\wedge\boldsymbol{e}_3\wedge\boldsymbol{e}_\infty$	$\boldsymbol{e}_1\wedge\boldsymbol{e}_3\wedge\boldsymbol{e}_0$	3	$-\boldsymbol{e}_2\wedge\boldsymbol{e}_0$

续表

blade	阶数	对偶表达式	blade	阶数	对偶表达式
$\boldsymbol{e}_0$	1	$-\boldsymbol{e}_1\wedge\boldsymbol{e}_2\wedge\boldsymbol{e}_3\wedge\boldsymbol{e}_0$	$\boldsymbol{e}_1\wedge\boldsymbol{e}_\infty\wedge\boldsymbol{e}_0$	3	$-\boldsymbol{e}_2\wedge\boldsymbol{e}_3$
$\boldsymbol{e}_1\wedge\boldsymbol{e}_2$	2	$\boldsymbol{e}_3\wedge\boldsymbol{e}_\infty\wedge\boldsymbol{e}_0$	$\boldsymbol{e}_2\wedge\boldsymbol{e}_3\wedge\boldsymbol{e}_\infty$	3	$-\boldsymbol{e}_1\wedge\boldsymbol{e}_\infty$
$\boldsymbol{e}_1\wedge\boldsymbol{e}_3$	2	$-\boldsymbol{e}_2\wedge\boldsymbol{e}_\infty\wedge\boldsymbol{e}_0$	$\boldsymbol{e}_2\wedge\boldsymbol{e}_3\wedge\boldsymbol{e}_0$	3	$\boldsymbol{e}_1\wedge\boldsymbol{e}_0$
$\boldsymbol{e}_1\wedge\boldsymbol{e}_\infty$	2	$\boldsymbol{e}_2\wedge\boldsymbol{e}_3\wedge\boldsymbol{e}_\infty$	$\boldsymbol{e}_2\wedge\boldsymbol{e}_\infty\wedge\boldsymbol{e}_0$	3	$\boldsymbol{e}_1\wedge\boldsymbol{e}_3$
$\boldsymbol{e}_1\wedge\boldsymbol{e}_0$	2	$-\boldsymbol{e}_2\wedge\boldsymbol{e}_3\wedge\boldsymbol{e}_0$	$\boldsymbol{e}_3\wedge\boldsymbol{e}_\infty\wedge\boldsymbol{e}_0$	3	$-\boldsymbol{e}_1\wedge\boldsymbol{e}_2$
$\boldsymbol{e}_2\wedge\boldsymbol{e}_3$	2	$\boldsymbol{e}_1\wedge\boldsymbol{e}_\infty\wedge\boldsymbol{e}_0$	$\boldsymbol{e}_1\wedge\boldsymbol{e}_2\wedge\boldsymbol{e}_3\wedge\boldsymbol{e}_\infty$	4	$-\boldsymbol{e}_\infty$
$\boldsymbol{e}_2\wedge\boldsymbol{e}_\infty$	2	$-\boldsymbol{e}_1\wedge\boldsymbol{e}_3\wedge\boldsymbol{e}_\infty$	$\boldsymbol{e}_1\wedge\boldsymbol{e}_2\wedge\boldsymbol{e}_3\wedge\boldsymbol{e}_0$	4	$\boldsymbol{e}_0$
$\boldsymbol{e}_2\wedge\boldsymbol{e}_0$	2	$\boldsymbol{e}_1\wedge\boldsymbol{e}_3\wedge\boldsymbol{e}_0$	$\boldsymbol{e}_1\wedge\boldsymbol{e}_2\wedge\boldsymbol{e}_\infty\wedge\boldsymbol{e}_0$	4	$\boldsymbol{e}_3$
$\boldsymbol{e}_3\wedge\boldsymbol{e}_\infty$	2	$\boldsymbol{e}_1\wedge\boldsymbol{e}_2\wedge\boldsymbol{e}_\infty$	$\boldsymbol{e}_1\wedge\boldsymbol{e}_3\wedge\boldsymbol{e}_\infty\wedge\boldsymbol{e}_0$	4	$-\boldsymbol{e}_2$
$\boldsymbol{e}_3\wedge\boldsymbol{e}_0$	2	$-\boldsymbol{e}_1\wedge\boldsymbol{e}_2\wedge\boldsymbol{e}_0$	$\boldsymbol{e}_2\wedge\boldsymbol{e}_3\wedge\boldsymbol{e}_\infty\wedge\boldsymbol{e}_0$	4	$\boldsymbol{e}_1$
$\boldsymbol{e}_\infty\wedge\boldsymbol{e}_0$	2	$-\boldsymbol{e}_1\wedge\boldsymbol{e}_2\wedge\boldsymbol{e}_3$	$\boldsymbol{e}_1\wedge\boldsymbol{e}_2\wedge\boldsymbol{e}_3\wedge\boldsymbol{e}_\infty\wedge\boldsymbol{e}_0$	5	1

9.2.2 共形空间中几何体的表示

CGA 可以统一地表示点、线、面、圆和球等几何体并直接进行几何计算。表 9.2 是共形空间中几何体的两种表达方式：内积表达式(标准表示)和外积表达式(对偶表示)。内积表达式表示的几何体是通过基本几何体的相交生成的；外积表达式表示的几何体是通过几何体的外积构建的。这两种表示方式可以通过对偶算符相互转换。表 9.2 中，小写黑斜体 $\boldsymbol{p}$ 或 $\boldsymbol{n}$ 表示三维欧氏空间中的几何体或三维矢量；$\underline{\boldsymbol{S}}$ 表示球面；$\underline{\boldsymbol{\pi}}$ 表示平面；$\underline{\boldsymbol{L}}$ 表示直线；$\underline{\boldsymbol{C}}$ 表示圆；相同的大小写字母，如 $\underline{\boldsymbol{P}}_p$，表示点对。

表 9.2　CGA 基本几何体的表达式

基本几何体	内积表达式(标准表示)	阶数	外积表达式(对偶表示)	阶数
球面	$\underline{\boldsymbol{S}}=\boldsymbol{p}+\frac{1}{2}(\boldsymbol{p}^2-\rho^2)\boldsymbol{e}_\infty+\boldsymbol{e}_0$	1	$\underline{\boldsymbol{S}}^*=\underline{\boldsymbol{P}}_1\wedge\underline{\boldsymbol{P}}_2\wedge\underline{\boldsymbol{P}}_3\wedge\underline{\boldsymbol{P}}_4$	4
点	$\underline{\boldsymbol{P}}=\boldsymbol{p}+\frac{1}{2}\boldsymbol{p}^2\boldsymbol{e}_\infty+\boldsymbol{e}_0$	1	$\underline{\boldsymbol{P}}^*=\underline{\boldsymbol{S}}_1\wedge\underline{\boldsymbol{S}}_2\wedge\underline{\boldsymbol{S}}_3\wedge\underline{\boldsymbol{S}}_4$	4
平面	$\underline{\boldsymbol{\pi}}=\boldsymbol{n}+d\boldsymbol{e}_\infty$	1	$\underline{\boldsymbol{\pi}}^*=\boldsymbol{e}_\infty\wedge\underline{\boldsymbol{P}}_1\wedge\underline{\boldsymbol{P}}_2\wedge\underline{\boldsymbol{P}}_3$	4
直线	$\underline{\boldsymbol{L}}=\underline{\boldsymbol{\pi}}_1\wedge\underline{\boldsymbol{\pi}}_2$	2	$\underline{\boldsymbol{L}}^*=\boldsymbol{e}_\infty\wedge\underline{\boldsymbol{P}}_1\wedge\underline{\boldsymbol{P}}_2$	3
圆	$\underline{\boldsymbol{C}}=\underline{\boldsymbol{S}}_1\wedge\underline{\boldsymbol{S}}_2$	2	$\underline{\boldsymbol{C}}^*=\underline{\boldsymbol{P}}_1\wedge\underline{\boldsymbol{P}}_2\wedge\underline{\boldsymbol{P}}_3$	3
点对	$\underline{\boldsymbol{P}}_p=\underline{\boldsymbol{S}}_1\wedge\underline{\boldsymbol{S}}_2\wedge\underline{\boldsymbol{S}}_3$	3	$\underline{\boldsymbol{P}}_p^*=\underline{\boldsymbol{P}}_1\wedge\underline{\boldsymbol{P}}_2$	2

5D 共形几何空间中，球面 $\underline{\boldsymbol{S}}$ 用球心 $\boldsymbol{p}$ 和半径 ρ 表示如下：

$$\underline{\boldsymbol{S}}=\boldsymbol{p}+\frac{1}{2}(\boldsymbol{p}^2-\rho^2)\boldsymbol{e}_\infty+\boldsymbol{e}_0 \tag{9.87}$$

当半径 ρ 为零时，球面就变成了点。

此时，三维欧氏空间中的点 $\boldsymbol{p}$ 在 5 维共形几何空间中的表示为

$$\underline{\boldsymbol{P}}=\boldsymbol{p}+\frac{1}{2}\boldsymbol{p}^2\boldsymbol{e}_\infty+\boldsymbol{e}_0 \tag{9.88}$$

接下来，我们就可以通过点与球面的内积来判定该点与球面的关系。它们的内积表示如下：

$$\begin{aligned}\underline{\boldsymbol{X}}\cdot\underline{\boldsymbol{S}}&=\left(\boldsymbol{x}+\frac{1}{2}\boldsymbol{x}^2\boldsymbol{e}_\infty+\boldsymbol{e}_0\right)\cdot\left[\boldsymbol{p}+\frac{1}{2}(\boldsymbol{p}^2-\rho^2)\boldsymbol{e}_\infty+\boldsymbol{e}_0\right]\\&=\frac{1}{2}(\boldsymbol{x}^2+\boldsymbol{p}^2-\rho^2)+\boldsymbol{x}\cdot\boldsymbol{p}\\&=-\frac{1}{2}((\boldsymbol{x}-\boldsymbol{p})^2-\rho^2)\end{aligned} \tag{9.89}$$

由此，我们可以得到下面的结论：

$\underline{\boldsymbol{X}}\cdot\underline{\boldsymbol{S}}>0$：点位于球面内

$\underline{\boldsymbol{X}}\cdot\underline{\boldsymbol{S}}=0$：点位于球面上

$\underline{\boldsymbol{X}}\cdot\underline{\boldsymbol{S}}<0$：点位于球面外

此外，通过式(9.89)，可知点 $\boldsymbol{p}$ 与自身的内积为零，即 $\underline{\boldsymbol{P}}\cdot\underline{\boldsymbol{P}}=0$。

另外，球面 $\underline{\boldsymbol{S}}^*$ 也可以用球面上的 4 个点表示：

$$\underline{\boldsymbol{S}}^*=\underline{\boldsymbol{P}}_1\wedge\underline{\boldsymbol{P}}_2\wedge\underline{\boldsymbol{P}}_3\wedge\underline{\boldsymbol{P}}_4 \tag{9.90}$$

此时，我们可以通过 $\underline{\boldsymbol{X}}\wedge\underline{\boldsymbol{S}}^*=0$ 来判定点在球面上。

注意：判定一个点是否在几何体上，根据几何体的表达形式，有两种表达方法。事实上，这两种表达方法是等价对偶的，即

$$\begin{aligned}&\underline{\boldsymbol{X}}\cdot\underline{\boldsymbol{S}}=0\\\Leftrightarrow&\underline{\boldsymbol{X}}\wedge\underline{\boldsymbol{S}}^*=0\end{aligned} \tag{9.91}$$

5D 共形几何空间中，平面 $\underline{\boldsymbol{\pi}}$ 可以表示为

$$\underline{\boldsymbol{\pi}}=\boldsymbol{n}+d\boldsymbol{e}_\infty \tag{9.92}$$

式中，$\boldsymbol{n}=((\boldsymbol{p}_1-\boldsymbol{p}_2)\wedge(\boldsymbol{p}_1-\boldsymbol{p}_3))\boldsymbol{I}_E$，是平面 $\boldsymbol{\pi}$ 的法矢量；$d=(\boldsymbol{p}_1\wedge\boldsymbol{p}_2\wedge\boldsymbol{p}_3)\boldsymbol{I}_E$，是原点到平面的距离。同理，平面也可以用在它上面的三个点和一个无穷远点来表示，因为平面相当于半径无穷大的球面，表示如下：

$$\underline{\boldsymbol{\pi}}^*=\boldsymbol{e}_\infty\wedge\underline{\boldsymbol{P}}_1\wedge\underline{\boldsymbol{P}}_2\wedge\underline{\boldsymbol{P}}_3=\boldsymbol{e}_\infty\wedge\boldsymbol{p}_1\wedge\boldsymbol{p}_2\wedge\boldsymbol{p}_3+\boldsymbol{E}(\boldsymbol{p}_2-\boldsymbol{p}_1)\wedge(\boldsymbol{p}_3-\boldsymbol{p}_1) \tag{9.93}$$

平面对偶表示 $\underline{\boldsymbol{\pi}}^*$ 的平方和的几何意义是表示以点 $\boldsymbol{p}_1$、$\boldsymbol{p}_2$ 和 $\boldsymbol{p}_3$ 为顶点的三角形的面积的平方和的负四倍。其表示如下：

$$\begin{aligned}(\boldsymbol{e}_\infty\wedge\underline{\boldsymbol{P}}_1\wedge\underline{\boldsymbol{P}}_2\wedge\underline{\boldsymbol{P}}_3)^2&=(\underline{\boldsymbol{P}}_3\wedge\underline{\boldsymbol{P}}_2\wedge\underline{\boldsymbol{P}}_1\wedge\boldsymbol{e}_\infty)\cdot(\boldsymbol{e}_\infty\wedge\underline{\boldsymbol{P}}_1\wedge\underline{\boldsymbol{P}}_2\wedge\underline{\boldsymbol{P}}_3)\\&=(\underline{\boldsymbol{P}}_1\cdot\underline{\boldsymbol{P}}_2)^2-2(\underline{\boldsymbol{P}}_1\cdot\underline{\boldsymbol{P}}_2)(\underline{\boldsymbol{P}}_1\cdot\underline{\boldsymbol{P}}_3)+(\underline{\boldsymbol{P}}_1\cdot\underline{\boldsymbol{P}}_3)^2-\\&\quad 2(\underline{\boldsymbol{P}}_1\cdot\underline{\boldsymbol{P}}_2)(\underline{\boldsymbol{P}}_2\cdot\underline{\boldsymbol{P}}_3)-2(\underline{\boldsymbol{P}}_1\cdot\underline{\boldsymbol{P}}_3)(\underline{\boldsymbol{P}}_2\cdot\underline{\boldsymbol{P}}_3)+(\underline{\boldsymbol{P}}_2\cdot\underline{\boldsymbol{P}}_3)^2\\&=((\underline{\boldsymbol{P}}_2-\underline{\boldsymbol{P}}_1)\cdot(\underline{\boldsymbol{P}}_3-\underline{\boldsymbol{P}}_1))^2-4(\underline{\boldsymbol{P}}_1\cdot\underline{\boldsymbol{P}}_3)(\underline{\boldsymbol{P}}_2\cdot\underline{\boldsymbol{P}}_3)\\&=((\boldsymbol{p}_2-\boldsymbol{p}_1)\cdot(\boldsymbol{p}_3-\boldsymbol{p}_1))^2-(\boldsymbol{p}_2-\boldsymbol{p}_1)^2(\boldsymbol{p}_3-\boldsymbol{p}_1)^2\\&=-4(S_{p_1p_2p_3})^2\end{aligned}$$

5D 共形几何空间中，圆 $\underline{\boldsymbol{C}}$ 用两个球面的交来表示

$$\underline{\boldsymbol{C}}=\underline{\boldsymbol{S}}_1\wedge\underline{\boldsymbol{S}}_2 \tag{9.94}$$

或者是用它上的三个点 $\boldsymbol{p}_1$、$\boldsymbol{p}_2$ 和 $\boldsymbol{p}_3$ 表示

$$\underline{\boldsymbol{C}}^* = \underline{\boldsymbol{P}}_1 \wedge \underline{\boldsymbol{P}}_2 \wedge \underline{\boldsymbol{P}}_3 = c_1 + c_2\boldsymbol{e}_\infty + c_3\boldsymbol{e}_0 + c_4\boldsymbol{E} \tag{9.95}$$

式中，$c_1 = \boldsymbol{p}_1 \wedge \boldsymbol{p}_2 \wedge \boldsymbol{p}_3$，$c_2 = \frac{1}{2}(\boldsymbol{p}_3^2(\boldsymbol{p}_1 \wedge \boldsymbol{p}_2) - \boldsymbol{p}_2^2(\boldsymbol{p}_1 \wedge \boldsymbol{p}_3) + \boldsymbol{p}_1^2(\boldsymbol{p}_2 \wedge \boldsymbol{p}_3))$，$c_3 = \boldsymbol{p}_1 \wedge \boldsymbol{p}_2 + \boldsymbol{p}_2 \wedge \boldsymbol{p}_3 - \boldsymbol{p}_1 \wedge \boldsymbol{p}_3$，$c_4 = \frac{1}{2}(\boldsymbol{p}_1(\boldsymbol{p}_2^2 - \boldsymbol{p}_3^2) + \boldsymbol{p}_2(\boldsymbol{p}_3^2 - \boldsymbol{p}_1^2) + \boldsymbol{p}_3(\boldsymbol{p}_1^2 - \boldsymbol{p}_2^2))$。

5D 共形几何空间中，直线 $\underline{\boldsymbol{L}}$ 用两个平面的交表示：

$$\underline{\boldsymbol{L}} = \underline{\boldsymbol{\pi}}_1 \wedge \underline{\boldsymbol{\pi}}_2 \tag{9.96}$$

或者可以用表示方向的 2 元向量 $\boldsymbol{l}$ 和表示线距的向量 $\boldsymbol{m}$ 表示如下：

$$\underline{\boldsymbol{L}} = \boldsymbol{l} + \boldsymbol{e}_\infty \boldsymbol{m} \tag{9.97}$$

式中，$\boldsymbol{l} = (\boldsymbol{p}_2 - \boldsymbol{p}_1)\boldsymbol{I}_E$，$\boldsymbol{m} = (\boldsymbol{p}_1 \wedge \boldsymbol{p}_2)\boldsymbol{I}_E$。此种表示与射影几何空间的表示是一致的。

或者用它上的两个点和一个无穷远点表示

$$\underline{\boldsymbol{L}}^* = \boldsymbol{e}_\infty \wedge \underline{\boldsymbol{P}}_1 \wedge \underline{\boldsymbol{P}}_2 = \boldsymbol{e}_\infty(\boldsymbol{p}_1 \wedge \boldsymbol{p}_2) + (\boldsymbol{p}_2 - \boldsymbol{p}_1)\boldsymbol{E} \tag{9.98}$$

直线对偶表示 $\underline{\boldsymbol{L}}^*$ 的平方和的几何意义是线段长度的平方和，表示如下：

$$\begin{aligned}(\boldsymbol{e}_\infty \wedge \underline{\boldsymbol{P}}_1 \wedge \underline{\boldsymbol{P}}_2)^2 &= -(\underline{\boldsymbol{P}}_2 \wedge \underline{\boldsymbol{P}}_1 \wedge \boldsymbol{e}_\infty)\cdot(\boldsymbol{e}_\infty \wedge \underline{\boldsymbol{P}}_1 \wedge \underline{\boldsymbol{P}}_2) = -\underline{\boldsymbol{P}}_2\cdot(\underline{\boldsymbol{P}}_1\cdot(\boldsymbol{e}_\infty\cdot(\boldsymbol{e}_\infty \wedge \underline{\boldsymbol{P}}_1 \wedge \underline{\boldsymbol{P}}_2)))\\ &= -\underline{\boldsymbol{P}}_2\cdot(\underline{\boldsymbol{P}}_1\cdot(\boldsymbol{e}_\infty \wedge \underline{\boldsymbol{P}}_2 - \boldsymbol{e}_\infty \wedge \underline{\boldsymbol{P}}_1)) = -\underline{\boldsymbol{P}}_2\cdot(-\underline{\boldsymbol{P}}_2 - (\underline{\boldsymbol{P}}_1\cdot\underline{\boldsymbol{P}}_2)\boldsymbol{e}_\infty + \underline{\boldsymbol{P}}_1)\\ &= -2(\underline{\boldsymbol{P}}_1\cdot\underline{\boldsymbol{P}}_2)\\ &= (\boldsymbol{p}_1 - \boldsymbol{p}_2)^2 = d_{12}^2\end{aligned} \tag{9.99}$$

使用直线的方向矢量 $\boldsymbol{n}$ 和原点到直线的垂足点 $\boldsymbol{t}$，式(9.98)可以写成如下表达式：

$$\underline{\boldsymbol{L}}^* = \boldsymbol{e}_\infty(\boldsymbol{t} \wedge \boldsymbol{n}) + \boldsymbol{n}(\boldsymbol{e}_\infty \wedge \boldsymbol{e}_0) = \boldsymbol{e}_\infty(\boldsymbol{t} \wedge \boldsymbol{n}) + \boldsymbol{n}\boldsymbol{E} \tag{9.100}$$

式中，$\boldsymbol{t}$ 和 $\boldsymbol{n}$ 是 3D 欧氏空间的向量表示。事实上，求式(9.100)的对偶表达式，有

$$\begin{aligned}\underline{\boldsymbol{L}} &= (\boldsymbol{e}_\infty(\boldsymbol{t} \wedge \boldsymbol{n}) + \boldsymbol{n}\boldsymbol{E})\boldsymbol{I}_C = (\boldsymbol{e}_\infty(\boldsymbol{t} \wedge \boldsymbol{n}) + \boldsymbol{n}\boldsymbol{E})\boldsymbol{E}\boldsymbol{I}_E\\ &= \boldsymbol{e}_\infty(\boldsymbol{t} \wedge \boldsymbol{n})\boldsymbol{E}\boldsymbol{I}_E + \boldsymbol{n}\boldsymbol{I}_E = (\boldsymbol{t} \wedge \boldsymbol{n})\boldsymbol{e}_\infty\boldsymbol{E}\boldsymbol{I}_E + \boldsymbol{n}\boldsymbol{I}_E\\ &= \boldsymbol{e}_\infty(\boldsymbol{t} \wedge \boldsymbol{n})\boldsymbol{I}_E + \boldsymbol{n}\boldsymbol{I}_E = \boldsymbol{e}_\infty(\boldsymbol{t}\cdot\boldsymbol{n}\boldsymbol{I}_E) + \boldsymbol{n}\boldsymbol{I}_E\\ &= \boldsymbol{e}_\infty(\boldsymbol{t}\cdot\boldsymbol{l}) + \boldsymbol{l} = \boldsymbol{l} + \boldsymbol{e}_\infty\boldsymbol{m}\end{aligned} \tag{9.101}$$

式中，$\boldsymbol{l} = \boldsymbol{n}\boldsymbol{I}_E$，是一个二元向量；$\boldsymbol{m} = \boldsymbol{t}\cdot\boldsymbol{l}$ 是直线对原点的线距。由此可知，式(9.101)与式(9.97)完全对应。

5D 共形几何空间中，点对 $\underline{\boldsymbol{P}}_p$ 用三个球面的交表示

$$\underline{\boldsymbol{P}}_p = \underline{\boldsymbol{S}}_1 \wedge \underline{\boldsymbol{S}}_2 \wedge \underline{\boldsymbol{S}}_3 \tag{9.102}$$

或者用两个点表示

$$\underline{\boldsymbol{P}}_p^* = \underline{\boldsymbol{P}}_1 \wedge \underline{\boldsymbol{P}}_2 \tag{9.103}$$

通过下面的推导，我们可以从点对中分离出两个点来。

根据表 9.2，我们可以知道两个点的 CGA 标准表示如下：

$$\underline{\boldsymbol{P}}_1 = \boldsymbol{p}_1 + \frac{1}{2}\boldsymbol{p}_1^2\boldsymbol{e}_\infty + \boldsymbol{e}_0,\quad \underline{\boldsymbol{P}}_2 = \boldsymbol{p}_2 + \frac{1}{2}\boldsymbol{p}_2^2\boldsymbol{e}_\infty + \boldsymbol{e}_0$$

而两个点的一般 CGA 表示如下：

$$\underline{\boldsymbol{P}}_1' = \eta_1\left(\boldsymbol{p}_1 + \frac{1}{2}\boldsymbol{p}_1^2\boldsymbol{e}_\infty + \boldsymbol{e}_0\right),\quad \underline{\boldsymbol{P}}_2' = \eta_2\left(\boldsymbol{p}_2 + \frac{1}{2}\boldsymbol{p}_2^2\boldsymbol{e}_\infty + \boldsymbol{e}_0\right)$$

其中，由于在共形几何空间中，几何体的标准表示都是齐次表示，即表达式两边同时乘以一个非零常数，表示的仍然是同一个几何体。因此，非标准表示时，可以在标准表达式的基础上乘以一个非零常数。

根据表9.2，我们知道点对 $\underline{\boldsymbol{P}}_p^*$ 的对偶表示如下：

$$\underline{\boldsymbol{P}}_p^* = \underline{\boldsymbol{P}}_1' \wedge \underline{\boldsymbol{P}}_2' = \eta_1 \eta_2 (\underline{\boldsymbol{P}}_1 \wedge \underline{\boldsymbol{P}}_2) = \eta(\underline{\boldsymbol{P}}_1 \wedge \underline{\boldsymbol{P}}_2) \tag{9.104}$$

式中，$\eta = \eta_1 \eta_2$。

通过式(9.104)，我们可以得到如下的表达式：

$$\boldsymbol{e}_\infty \cdot \underline{\boldsymbol{P}}_p^* = \boldsymbol{e}_\infty \cdot (\eta \underline{\boldsymbol{P}}_1 \wedge \underline{\boldsymbol{P}}_2) = \eta((\boldsymbol{e}_\infty \cdot \underline{\boldsymbol{P}}_1)\underline{\boldsymbol{P}}_2 - (\boldsymbol{e}_\infty \cdot \underline{\boldsymbol{P}}_2)\underline{\boldsymbol{P}}_1) = \eta(\underline{\boldsymbol{P}}_1 - \underline{\boldsymbol{P}}_2) \tag{9.105}$$

$$\begin{aligned}(\boldsymbol{e}_\infty \cdot \underline{\boldsymbol{P}}_p^*) \cdot \underline{\boldsymbol{P}}_p^* &= (\boldsymbol{e}_\infty \cdot (\eta \underline{\boldsymbol{P}}_1 \wedge \underline{\boldsymbol{P}}_2)) \cdot (\eta \underline{\boldsymbol{P}}_1 \wedge \underline{\boldsymbol{P}}_2) = \eta^2 (\underline{\boldsymbol{P}}_1 - \underline{\boldsymbol{P}}_2) \cdot (\underline{\boldsymbol{P}}_1 \wedge \underline{\boldsymbol{P}}_2) \\ &= \eta^2 (-(\underline{\boldsymbol{P}}_1 \cdot \underline{\boldsymbol{P}}_2)\underline{\boldsymbol{P}}_1 - (\underline{\boldsymbol{P}}_1 \cdot \underline{\boldsymbol{P}}_2)\underline{\boldsymbol{P}}_2) = -\eta^2 (\underline{\boldsymbol{P}}_1 \cdot \underline{\boldsymbol{P}}_2)(\underline{\boldsymbol{P}}_1 + \underline{\boldsymbol{P}}_2)\end{aligned} \tag{9.106}$$

$$(\boldsymbol{e}_\infty \cdot \underline{\boldsymbol{P}}_p^*) \cdot (\boldsymbol{e}_\infty \cdot \underline{\boldsymbol{P}}_p^*) = \eta(\underline{\boldsymbol{P}}_1 - \underline{\boldsymbol{P}}_2) \cdot \eta(\underline{\boldsymbol{P}}_1 - \underline{\boldsymbol{P}}_2) = -2\eta^2 (\underline{\boldsymbol{P}}_1 \cdot \underline{\boldsymbol{P}}_2) \tag{9.107}$$

根据式(9.105)～式(9.107)，得到

$$\frac{\underline{\boldsymbol{P}}_1 + \underline{\boldsymbol{P}}_2}{2} = \frac{(\boldsymbol{e}_\infty \cdot \underline{\boldsymbol{P}}_p^*) \cdot \underline{\boldsymbol{P}}_p^*}{(\boldsymbol{e}_\infty \cdot \underline{\boldsymbol{P}}_p^*) \cdot (\boldsymbol{e}_\infty \cdot \underline{\boldsymbol{P}}_p^*)}, \quad \frac{\underline{\boldsymbol{P}}_1 - \underline{\boldsymbol{P}}_2}{2} = \frac{\boldsymbol{e}_\infty \cdot \underline{\boldsymbol{P}}_p^*}{2\eta} = \lambda(\boldsymbol{e}_\infty \cdot \underline{\boldsymbol{P}}_p^*) \tag{9.108}$$

式中，$\lambda = \dfrac{1}{\eta}$。

因此，从式(9.108)中可以推导得出点的CGA标准表示如下：

$$\{\underline{\boldsymbol{P}}_1, \underline{\boldsymbol{P}}_2\} = \frac{(\boldsymbol{e}_\infty \cdot \underline{\boldsymbol{P}}_p^*) \cdot \underline{\boldsymbol{P}}_p^*}{(\boldsymbol{e}_\infty \cdot \underline{\boldsymbol{P}}_p^*) \cdot (\boldsymbol{e}_\infty \cdot \underline{\boldsymbol{P}}_p^*)} \pm \frac{\lambda}{2}(\boldsymbol{e}_\infty \cdot \underline{\boldsymbol{P}}_p^*) \tag{9.109}$$

根据点的内积 $\underline{\boldsymbol{P}} \cdot \underline{\boldsymbol{P}} = 0$，可以推导得出

$$\lambda = \pm \frac{2\sqrt{\underline{\boldsymbol{P}}_p^* \cdot \underline{\boldsymbol{P}}_p^*}}{(\boldsymbol{e}_\infty \cdot \underline{\boldsymbol{P}}_p^*) \cdot (\boldsymbol{e}_\infty \cdot \underline{\boldsymbol{P}}_p^*)} \tag{9.110}$$

由此，我们可以从点对中分离得出点，表示如下：

$$\{\underline{\boldsymbol{P}}_1, \underline{\boldsymbol{P}}_2\} = \frac{(\boldsymbol{e}_\infty \cdot \underline{\boldsymbol{P}}_p^*) \cdot \underline{\boldsymbol{P}}_p^*}{(\boldsymbol{e}_\infty \cdot \underline{\boldsymbol{P}}_p^*) \cdot (\boldsymbol{e}_\infty \cdot \underline{\boldsymbol{P}}_p^*)} \pm \frac{\sqrt{\underline{\boldsymbol{P}}_p^* \cdot \underline{\boldsymbol{P}}_p^*}}{(\boldsymbol{e}_\infty \cdot \underline{\boldsymbol{P}}_p^*) \cdot (\boldsymbol{e}_\infty \cdot \underline{\boldsymbol{P}}_p^*)}(\boldsymbol{e}_\infty \cdot \underline{\boldsymbol{P}}_p^*) \tag{9.111}$$

因为$(\boldsymbol{e}_\infty \cdot \boldsymbol{P}_p^*)^{-1} = \dfrac{(\boldsymbol{e}_\infty \cdot \boldsymbol{P}_p^*)}{(\boldsymbol{e}_\infty \cdot \boldsymbol{P}_p^*) \cdot (\boldsymbol{e}_\infty \cdot \boldsymbol{P}_p^*)}$，所以式(9.111)可化简为

$$\{\underline{\boldsymbol{P}}_1, \underline{\boldsymbol{P}}_2\} = \frac{\pm\sqrt{\boldsymbol{P}_p^* \cdot \boldsymbol{P}_p^*} + \boldsymbol{P}_p^*}{\boldsymbol{e}_\infty \cdot \boldsymbol{P}_p^*} \tag{9.112}$$

通过式(9.111)或式(9.112)分离出的点为该点的标准归一化表示。

9.2.3 共形空间中距离和角度的计算

如表9.2所示，在CGA中，点、平面、球均可用1-blade来表示。而两个1-blade的内积是标量，所以可以用内积来求解距离。

CGA中，1-blade可以统一写成如下形式：

$$\underline{\boldsymbol{P}} = p_1 \boldsymbol{e}_1 + p_2 \boldsymbol{e}_2 + p_3 \boldsymbol{e}_3 + p_4 \boldsymbol{e}_\infty + p_5 \boldsymbol{e}_0 \tag{9.113}$$

1-blade $\underline{\boldsymbol{P}}$ 与1-blade $\underline{\boldsymbol{S}}$ 的内积计算如下：

$$\begin{aligned}\underline{\boldsymbol{P}}\cdot\underline{\boldsymbol{S}}&=(\boldsymbol{p}+p_4\boldsymbol{e}_\infty+p_5\boldsymbol{e}_0)\cdot(\boldsymbol{s}+s_4\boldsymbol{e}_\infty+s_5\boldsymbol{e}_0)\\&=\boldsymbol{p}\cdot\boldsymbol{s}+s_4\boldsymbol{p}\cdot\boldsymbol{e}_\infty+s_5\boldsymbol{p}\cdot\boldsymbol{e}_0+p_4\boldsymbol{e}_\infty\cdot\boldsymbol{s}+p_4s_4\boldsymbol{e}_\infty^2+\\&\quad p_4s_5\boldsymbol{e}_\infty\cdot\boldsymbol{e}_0+p_5\boldsymbol{e}_0\cdot\boldsymbol{s}+p_5s_4\boldsymbol{e}_0\cdot\boldsymbol{e}_\infty+p_5s_5\boldsymbol{e}_0^2\\&=\boldsymbol{p}\cdot\boldsymbol{s}-p_4s_5-p_5s_4\end{aligned}\tag{9.114}$$

① 若 $\underline{\boldsymbol{P}}$ 与 $\underline{\boldsymbol{S}}$ 均表示点，那么 $\underline{\boldsymbol{P}}\cdot\underline{\boldsymbol{S}}$ 可表示欧氏空间中两点之间的距离；

② 若 $\underline{\boldsymbol{P}}$ 表示点，$\underline{\boldsymbol{S}}$ 表示平面，那么 $\underline{\boldsymbol{P}}\cdot\underline{\boldsymbol{S}}$ 为点到平面之间的距离；

③ 若 $\underline{\boldsymbol{P}}$ 表示点，$\underline{\boldsymbol{S}}$ 表示球，那么 $\underline{\boldsymbol{P}}\cdot\underline{\boldsymbol{S}}$ 可以判断点在球面内、球面上或球面外；

④ 若 $\underline{\boldsymbol{P}}$ 表示平面，$\underline{\boldsymbol{S}}$ 表示球，那么 $\underline{\boldsymbol{P}}\cdot\underline{\boldsymbol{S}}$ 可以判断平面与球的位置关系；

⑤ 若 $\underline{\boldsymbol{P}}$ 与 $\underline{\boldsymbol{S}}$ 均表示球，那么 $\underline{\boldsymbol{P}}\cdot\underline{\boldsymbol{S}}$ 可以判断两球之间的位置关系。

假设 $\underline{\boldsymbol{P}}$ 与 $\underline{\boldsymbol{S}}$ 是两个标准归一化点，有

$$\boldsymbol{p}_4=\boldsymbol{p}^2/2,\quad p_5=1,\quad s_4=\boldsymbol{s}^2/2,\quad s_5=1$$

根据式(9.114)可得两点的内积为

$$\underline{\boldsymbol{P}}\cdot\underline{\boldsymbol{S}}=\boldsymbol{p}\cdot\boldsymbol{s}-\frac{1}{2}\boldsymbol{s}^2-\frac{1}{2}\boldsymbol{p}^2=-\frac{1}{2}(\boldsymbol{s}-\boldsymbol{p})^2\tag{9.115}$$

因此，欧氏空间中两点之间距离的平方与共形空间内两点的内积乘以 -2 的结果是相等的，即

$$(\boldsymbol{s}-\boldsymbol{p})^2=-2(\underline{\boldsymbol{P}}\cdot\underline{\boldsymbol{S}})\tag{9.116}$$

假设 $\underline{\boldsymbol{P}}$ 是标准归一化点，$\underline{\boldsymbol{S}}$ 是平面，有

$$p_4=\boldsymbol{p}^2/2,\quad p_5=1,\quad s_4=d,\quad s_5=0$$

根据式(9.114)可得点和平面的内积为

$$\underline{\boldsymbol{P}}\cdot\underline{\boldsymbol{S}}=\boldsymbol{p}\cdot\boldsymbol{n}-d\tag{9.117}$$

可以通过式(9.117)来表达点和平面的几何关系：

① 当 $\underline{\boldsymbol{P}}\cdot\underline{\boldsymbol{S}}>0$ 时，点 $\boldsymbol{p}$ 在平面的法线方向上；

② 当 $\underline{\boldsymbol{P}}\cdot\underline{\boldsymbol{S}}=0$ 时，点 $\boldsymbol{p}$ 在平面上；

③ 当 $\underline{\boldsymbol{P}}\cdot\underline{\boldsymbol{S}}<0$ 时，点 $\boldsymbol{p}$ 在平面法线的反方向上。

另外，点和球面的内积可以用来判断点和球面的位置关系，对于点 $\underline{\boldsymbol{P}}$ 和球面 $\underline{\boldsymbol{S}}$ 有

$$p_4=\boldsymbol{p}^2/2,\quad p_5=1,\quad s_4=(\boldsymbol{s}^2-\rho^2)/2,\quad s_5=1$$

根据式(9.114)可得点和球面的内积为

$$\begin{aligned}\underline{\boldsymbol{P}}\cdot\underline{\boldsymbol{S}}&=\boldsymbol{p}\cdot\boldsymbol{s}-(\boldsymbol{s}^2-\rho^2)/2-\boldsymbol{p}^2/2\\&=(\rho^2-(\boldsymbol{s}^2-2\boldsymbol{p}\cdot\boldsymbol{s}-\boldsymbol{p}^2))/2=(\rho^2-(\boldsymbol{s}-\boldsymbol{p})^2)/2\end{aligned}$$

即

$$2(\underline{\boldsymbol{P}}\cdot\underline{\boldsymbol{S}})=\rho^2-(\boldsymbol{s}-\boldsymbol{p})^2\tag{9.118}$$

因此可以看出，

① 当 $\underline{\boldsymbol{P}}\cdot\underline{\boldsymbol{S}}>0$ 时，点 $\boldsymbol{p}$ 在球面内；

② 当 $\underline{\boldsymbol{P}}\cdot\underline{\boldsymbol{S}}=0$ 时，点 $\boldsymbol{p}$ 在球面上；

③ 当 $\underline{\boldsymbol{P}}\cdot\underline{\boldsymbol{S}}<0$ 时，点 $\boldsymbol{p}$ 在球面外。

假设 $\underline{\boldsymbol{P}}$ 和 $\underline{\boldsymbol{S}}$ 都是球面，有

$$\boldsymbol{p}_4=(\boldsymbol{p}^2-\rho_1^2)/2,\quad \boldsymbol{p}_5=1,\quad \boldsymbol{s}_4=(\boldsymbol{s}^2-\rho_2^2)/2,\quad \boldsymbol{s}_5=1$$

根据式(9.114)可得两个球面的内积为

$$\underline{\boldsymbol{P}}\cdot\underline{\boldsymbol{S}}=\boldsymbol{p}\cdot\boldsymbol{s}-(\boldsymbol{s}^2-\rho_2^2)/2-(\boldsymbol{p}^2-\rho_1^2)/2$$
$$=(\rho_1^2+\rho_2^2-(\boldsymbol{s}^2-2\boldsymbol{p}\cdot\boldsymbol{s}-\boldsymbol{p}^2))/2$$
$$=(\rho_1^2+\rho_2^2-(\boldsymbol{s}-\boldsymbol{p})^2)/2$$

即

$$2(\underline{\boldsymbol{P}}\cdot\underline{\boldsymbol{S}})=\rho_1^2+\rho_2^2-(\boldsymbol{s}-\boldsymbol{p})^2 \tag{9.119}$$

两个几何体之间的角度(两条直线或者两个平面)可以用标准化的对偶几何体的内积来表示:

$$\cos\theta\,\frac{\boldsymbol{o}_1^*\cdot\boldsymbol{o}_2^*}{\|\boldsymbol{o}_1^*\|\|\boldsymbol{o}_2^*\|} \tag{9.120}$$

$$\text{angle}(\boldsymbol{o}_1^*,\boldsymbol{o}_2^*)=\arccos\frac{\boldsymbol{o}_1^*\cdot\boldsymbol{o}_2^*}{\|\boldsymbol{o}_1^*\|\|\boldsymbol{o}_2^*\|} \tag{9.121}$$

9.2.4 共形空间中的刚体运动表达

刚体运动是由三维空间的旋转和平移生成的变换。首先介绍三维旋转的旋量表示。

1. 刚体旋转

刚体旋转运算符(Rotor)表示为

$$\boldsymbol{R}=\exp\left(-\frac{\theta}{2}\boldsymbol{l}\right)=\cos\left(\frac{\theta}{2}\right)-\boldsymbol{l}\sin\left(\frac{\theta}{2}\right) \tag{9.122}$$

其中,$\boldsymbol{l}$ 是单位二向量,表示的是转轴的对偶表达;θ 表示旋转角。

点 $\underline{\boldsymbol{X}}$ 的旋转借助以下运算实现:

$$\underline{\boldsymbol{X}}'=\boldsymbol{R}\underline{\boldsymbol{X}}\widetilde{\boldsymbol{R}} \tag{9.123}$$

其中,$\widetilde{\boldsymbol{R}}$ 表示 $\boldsymbol{R}$ 的倒置,$\widetilde{\boldsymbol{R}}=\exp\left(\frac{\theta}{2}\boldsymbol{l}\right)$或$\widetilde{\boldsymbol{R}}=\cos\left(\frac{\theta}{2}\right)+\boldsymbol{l}\sin\left(\frac{\theta}{2}\right)$。

式(9.123)对于其他几何体(如线、平面、圆或球面)也是适用的,表示如下:

$$\boldsymbol{R}(\underline{\boldsymbol{X}}_1\wedge\underline{\boldsymbol{X}}_2\wedge\cdots\wedge\underline{\boldsymbol{X}}_n)\widetilde{\boldsymbol{R}}=(\boldsymbol{R}\underline{\boldsymbol{X}}_1\widetilde{\boldsymbol{R}})\wedge(\boldsymbol{R}\underline{\boldsymbol{X}}_2\widetilde{\boldsymbol{R}})\wedge\cdots\wedge(\boldsymbol{R}\underline{\boldsymbol{X}}_n\widetilde{\boldsymbol{R}}) \tag{9.124}$$

2. 刚体平移

刚体平移运算符(Translator)表示为

$$\boldsymbol{T}=\exp\left(\frac{1}{2}\boldsymbol{t}\boldsymbol{e}_\infty\right)=1+\frac{1}{2}\boldsymbol{t}\boldsymbol{e}_\infty \tag{9.125}$$

其中,$\boldsymbol{t}=t_1\boldsymbol{e}_1+t_2\boldsymbol{e}_2+t_3\boldsymbol{e}_3$ 为向量,代表平移的方向和距离。

点 $\underline{\boldsymbol{X}}_1$ 的平移借助以下运算实现:

$$\boldsymbol{X}'=\boldsymbol{T}\underline{\boldsymbol{X}}\widetilde{\boldsymbol{T}} \tag{9.126}$$

其中,$\widetilde{\boldsymbol{T}}$ 表示 $\boldsymbol{T}$ 的倒置,$\widetilde{\boldsymbol{T}}=\exp\left(-\frac{1}{2}\boldsymbol{t}\boldsymbol{e}_\infty\right)$或 $\widetilde{\boldsymbol{T}}=1-\frac{1}{2}\boldsymbol{t}\boldsymbol{e}_\infty$。

3. 刚体运动

刚体旋转和平移的复合用几何积表示,刚体运动的运动算子为

$$\boldsymbol{M}=\boldsymbol{T}\boldsymbol{R} \tag{9.127}$$

称为马达算子(Motor),是“Moment”和“Vector”的缩写。

点 $\underline{\boldsymbol{X}}$ 的运动表示为

$$\underline{X}' = M\underline{X}\widetilde{M} \tag{9.128}$$

该式适用于 CGA 中的所有几何元素的运动。

CGA 中的马达算子和马达代数中的马达算子相比，作用于不同几何元素时没有符号的变化，计算更简洁。

4. 刚体的通用旋转表达式

式(9.122)表示的是轴线 $\underline{L}$ 通过原点的旋转表达式，绕不通过原点的轴线旋转表达式为

$$\begin{aligned} M = TR\widetilde{T} &= \exp\left(\frac{e_\infty t}{2}\right)\exp\left(-\frac{\theta}{2}l\right)\exp\left(-\frac{e_\infty t}{2}\right) \\ &= \left(1+\frac{e_\infty t}{2}\right)\exp\left(-\frac{\theta}{2}l\right)\left(1-\frac{e_\infty t}{2}\right) \\ &= \exp\left(\left(1+\frac{e_\infty t}{2}\right)\left(-\frac{\theta}{2}l\right)\left(1-\frac{e_\infty t}{2}\right)\right) \\ &= \exp\left(-\frac{\theta}{2}(l+e_\infty(t\cdot l))\right) \end{aligned} \tag{9.129}$$

式中，t 表示转轴上点的位置矢量。

5. 刚体的螺旋运动

1830 年，Charles 指出，任何一个刚体运动都是一个螺旋运动(Screw Motion)。螺旋运动指的是以三维空间的一条固定直线为轴的旋转，复合以沿该轴的平移所得到的刚体运动。螺旋运动的无限小运动被认为是一个运动旋量(Twist)，它描述的是刚体的瞬时线速度和角速度。螺旋运动可以通过指定固定轴线 l、节距 h 和旋转角 θ 表示。旋量的节距定义为移动量与旋转量的比值，即 $h=\frac{d}{\theta}(d,\theta\in\mathbb{R},\theta\neq 0)$。当节距 $h\to\infty$ 时，相应的螺旋运动表示的是一个沿着旋量轴向的纯移动。沿着轴线 l 的螺旋运动表示如图 9.3 所示。其表达式如下：

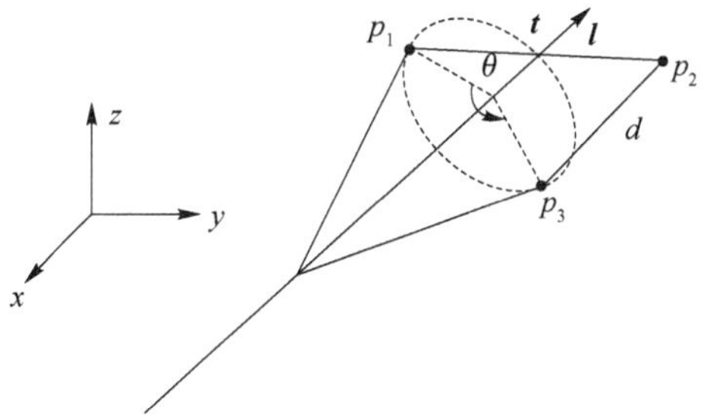

图 9.3　刚体的螺旋运动

$$\begin{aligned} M = T_{dn}R\widetilde{T} &= \exp\left(\frac{e_\infty dn}{2}\right)\exp\left(-\frac{\theta}{2}(l+e_\infty(t\cdot l))\right) \\ &= \exp\left(\frac{e_\infty dn}{2}-\frac{\theta}{2}(l+e_\infty(t\cdot l))\right) \\ &= \exp\left(-\frac{\theta}{2}\left(l+e_\infty\left(t\cdot l-\frac{d}{\theta}\right)\right)\right) \\ &= \exp\left(-\frac{\theta}{2}(l+e_\infty m)\right) \end{aligned} \tag{9.130}$$

上式指数部分的二元向量$-\frac{\theta}{2}(\boldsymbol{l}+e\boldsymbol{m})$就是运动旋量。向量 $\boldsymbol{m}$ 是三维欧氏空间的向量，它能分解为垂直和平行于直线方向向量 $\boldsymbol{n}=\boldsymbol{l}^*$ 的两部分。如果 $\boldsymbol{m}=0$，那么 $\boldsymbol{M}$ 代表的是一个纯转动。如果 $\boldsymbol{m}\perp\boldsymbol{l}^*$，那么 $\boldsymbol{M}$ 代表的是一个一般转动。如果 $\boldsymbol{m}$ 不垂直于 $\boldsymbol{l}^*$，那么 $\boldsymbol{M}$ 代表的就是螺旋运动。

第10章　串联机械手的运动学分析

为了研究串联机械手各连杆之间的位移关系，在每个连杆上固接一个坐标系，然后描述这些坐标系之间的关系。Denavit和Hartenberg(1955年)提出了一种通用方法，以建立串联机械手运动学方程。Paul(1981年)用4×4的齐次变换矩阵描述相邻两杆的空间关系，从而推导出工具坐标系相对参考系的等价齐次变换矩阵，即运动学方程。串联机械手运动学方程建立的另一种方法是利用运动旋量的矩阵指数，建立运动学方程的指数积(POE)公式。本章将通过对偶四元数和倍四元数分别描述相邻连杆之间的位移关系，从而推导出串联机械手的运动学方程。

串联机械手的正运动学分析为根据给定的关节变量求末端手爪的位姿，而逆运动学分析为根据已知的机械手末端手爪位姿求解关节变量。通过将表示相邻两个连杆坐标系之间的变换矩阵依次相乘，即可获得串联机械手的运动学方程。串联机械手的正运动学分析比较简单，各个关节变量给定之后，机械手正运动学的解是唯一确定的，末端手爪的位姿也是唯一确定的；而逆运动学问题通常转换为求解非线性多项式方程组，求解非常复杂，一般没有封闭解。但是，特殊结构串联机械手(如三个相邻关节轴交于一点或三个相邻关节轴相互平行)的逆运动学分析问题可得到解析封闭解，求解可查看相关文献。本章主要介绍一般6R串联机械手逆运动学分析的代数求解方法。

本章首先介绍D-H法描述相邻连杆之间的坐标变换关系，然后介绍D-H矩阵的对偶四元数和倍四元数表示，最后基于对偶四元数和倍四元数对一般6R串联机械手的逆运动学进行代数求解。

10.1　基于D-H法连杆坐标系的建立

通常，串联机械手是由旋转关节和移动关节构成的，每个关节具有一个自由度。因此，6个自由度的操作臂由6个连杆和6个关节组成。机械手的基座静止不动，通常命名为连杆0，不包含在6个连杆之列。连杆1与基座通过关节1相连接，连杆2与连杆1通过关节2相连接……依此类推。串联机械手的末端执行器或手爪与连杆6固接成一体，这样就构成单链开式运动结构。具有n个自由度的关节被视为由n个单自由度的关节和n个长度不为零的连杆顺序连接而成的。

10.1.1　建立连杆坐标系的D-H法

以下介绍建立与串联机械手各连杆固连坐标系的方法，因这一方法是Denevit和

Hartenberg 给出的，故称为 D-H 法。

为了确定各连杆之间的相对运动和位姿关系，在每一连杆上固连一个坐标系。与基座(连杆 0)固接的称为基坐标系{0}，与连杆 1 固连的称为坐标系{1}，与连杆 i 固连的坐标系称为坐标系{i}。

连杆坐标系的建立有多种方式。在每种方式中，具体的连杆坐标系根据连杆所处的位置而有所不同。下面介绍两种连杆坐标系的建立方式。

1. 建立连杆坐标系的方法一：后置坐标系法

对于相邻两个连杆 i 和 $i-1$，有 3 个关节，其关节轴线分别为 J_{i-1}、J_i 和 J_{i+1}，如图 10.1 所示。在建立连杆坐标系时，首先选择 Z_i 轴，然后选定坐标系的原点 O_i 和 X_i 轴，最后根据右手定则确定 Y_i 轴。

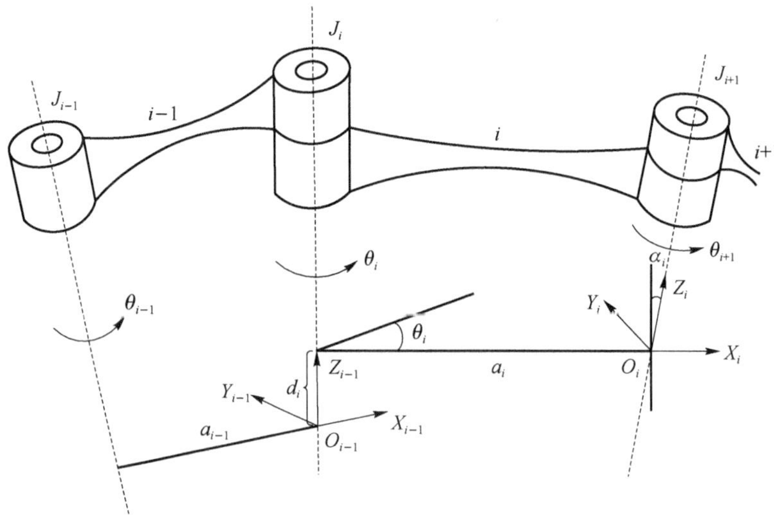

图 10.1　连杆坐标系建立方法一示意图

(1) 中间连杆坐标系{i}的建立

① Z_i 轴：取 J_{i+1}的方向为 Z_i 轴方向，指向任意规定，但通常将各平行的 Z 轴均取为相同的指向。这里需要说明的是：当关节 $i+1$ 是移动关节时，其轴线指向已知，但位置不确定，这时选取 Z_i 轴与 Z_{i+1}轴相交(若还有关节 $i+2$ 是移动关节，则取 Z_i 轴和 Z_{i+1}轴都与 Z_{i+2}轴相交……)。

② 原点 O_i：取关节轴线 J_i 与 J_{i+1}的公垂线在 J_{i+1}的交点为坐标系原点。这里需要说明的是：当 Z_{i-1}轴与 Z_i 轴相交时，原点取在两轴交点上；当 Z_{i-1}轴与 Z_i 轴平行时，经过两轴的公法线不唯一，确定 O_i 的方法是：若 Z_{i-1}轴与 Z_i 轴重合，取 $O_i=O_{i-1}$；若 Z_{i-1}轴与 Z_i 轴平行且不重合，过 O_{i-1}点作 Z_{i-1}轴和 Z_i 轴的公法线，取此公法线与 Z_i 轴的交点为 O_i。

③ X_i 轴：取关节轴线 J_i 与 J_{i+1}的公垂线指向 O_i 的方向为 X_i 轴方向。这里需要说明的是：当 Z_{i-1}轴与 Z_i 轴重合时(这时 $O_i=O_{i-1}$)，选取满足在初始位置时，X_i 轴与 X_{i-1}轴重合；当 Z_{i-1}轴与 Z_i 轴相交且不重合时，选择 $X_i=\pm(Z_{i-1}\times Z_i)$，通常使所有平行的 X 轴均具有相同的指向。

④ Y_i 轴:根据右手定则,由 X_i 轴和 Z_i 轴确定 Y_i 轴的方向。

(2) 坐标系{0}的建立

坐标系{0}即基坐标系,与机器人基座固接,固定不动,可作为参考系,用来描述串联机械手其他连杆坐标系的位姿。

① Z_0 轴:取 J_1 的方向为 Z_0 轴方向,指向任意规定。

② 原点 O_0:由于没有 Z_{-1}轴,故无法按上述基本原则选取 O_0。这时确定 O_0 的方法是:若 Z_0 与 Z_1 相交,取 $O_0=O_1$;若 Z_0 与 Z_1 不相交,取 O_0 在 Z_0 与 Z_1 的公法线上。

③ X_0 轴:选取在初始位置时,X_0 轴与 X_1 轴重合。

④ Y_0 轴:根据右手定则,由 X_0 轴和 Z_0 轴确定 Y_0 轴的方向。

(3) 末端连杆坐标系{n}的建立

① Z_n 轴:机器人杆 n 的远端没有关节 $n+1$,这时可选取 Z_n 轴与 Z_{n-1}轴重合。

② 原点 O_n:由于 Z_{n-1}轴与 Z_n 轴重合,取 $O_n=O_{n-1}$。

③ X_n 轴:选取满足在初始位置时,X_n 轴与 X_{n-1}轴重合。

④ Y_n 轴:根据右手定则,由 X_n 轴和 Z_n 轴确定 Y_n 轴的方向。

图 10.1 给出了利用后置坐标系法建立的连杆坐标系示意图。连杆 i 坐标系的原点 O_i 选取在公垂线 a_i 与 J_{i+1}的交点处,{i}坐标系的 X_i 轴选取公垂线 a_i 指向 O_i 的方向,{i}坐标系的 Z_i 轴选取 J_{i+1}的方向,{i}坐标系的 Y_i 轴根据 X_i 轴和 Z_i 轴的方向利用右手定则确定;同样的,连杆 $i-1$ 坐标系的原点 O_{i-1}选取在公垂线 a_{i-1}与 J_i 的交点处,{$i-1$}坐标系的 X_{i-1}轴选取公垂线 a_{i-1}指向 O_{i-1}的方向,Z_{i-1}轴选取 J_i 的方向,Y_{i-1}轴根据 X_{i-1}轴和 Z_{i-1}轴的方向利用右手定则确定。

2. 建立连杆坐标系的方法二:前置坐标系法

对于相邻两个连杆 i 和 $i-1$,有 3 个关节,其关节轴线分别为 J_{i-1}、J_i 和 J_{i+1},如图 10.2 所示。与建立连杆坐标系的方法一类似,在建立连杆坐标系时,首先选择 Z_i 轴,然后选定坐标系的原点 O_i 和 X_i 轴,最后根据右手定则确定 Y_i 轴。

(1) 中间连杆 i 坐标系的建立

① Z_i 轴:取 J_i 的方向为 Z_i 轴方向,指向任意规定。

② 原点 O_i:取关节轴线 J_i 与 J_{i+1}的公垂线在 J_i 的交点为坐标系原点。

③ X_i 轴:取关节轴线 J_i 与 J_{i+1}的公垂线从 O_i 指向 J_{i+1}的方向为 X_i 轴方向。

④ Y_i 轴:根据右手定则,由 X_i 轴和 Z_i 轴确定 Y_i 轴的方向。

(2) 基坐标系{0}的建立

基坐标系可以任意规定,但是为了简单方便起见,我们总是选择 Z_0 轴方向为沿关节轴线 1 的方向,并且当关节变量为 0 时,坐标系{0}和{1}重合。这种规定隐含了条件 $a_0=0$,$\alpha_0=0$,且当关节 1 是旋转关节时,$d_0=0$,当关节 1 是移动关节时,$\theta_0=0$。

(3) 末端连杆坐标系{n}的建立

末端连杆(连杆 n)坐标系{n}的规定与基坐标系相似。对于转动关节 n,选取 X_n 使得当 $\theta_n=0$ 时,X_n 与 X_{n-1}重合,坐标系{n}的原点选择使 $d_n=0$;对于移动关节 n,选取{n}使 $\theta_n=0$,且当 $d_n=0$ 时,X_n 与 X_{n-1}重合。

图 10.2 给出了利用方法二建立的连杆坐标系的示意图。连杆 i 坐标系的原点 O_i 选取在公垂线 a_i 与 J_i 的交点处，$\{i\}$坐标系的 X_i 轴选取公垂线 a_i 从 O_i 指向 J_{i+1} 的方向，$\{i\}$坐标系的 Z_i 轴选取 J_i 的方向，$\{i\}$坐标系的 Y_i 轴根据 X_i 轴和 Z_i 轴的方向利用右手定则确定；同样的，连杆 $i-1$ 坐标系的原点 O_{i-1} 选取在公垂线 a_{i-1} 与 J_{i-1} 的交点处，$\{i-1\}$坐标系的 X_{i-1} 轴选取公垂线 a_{i-1} 从 O_{i-1} 指向 J_i 的方向，Z_{i-1} 轴选取 J_{i-1} 的方向，Y_{i-1} 轴根据 X_{i-1} 轴和 Z_{i-1} 轴的方向利用右手定则确定。

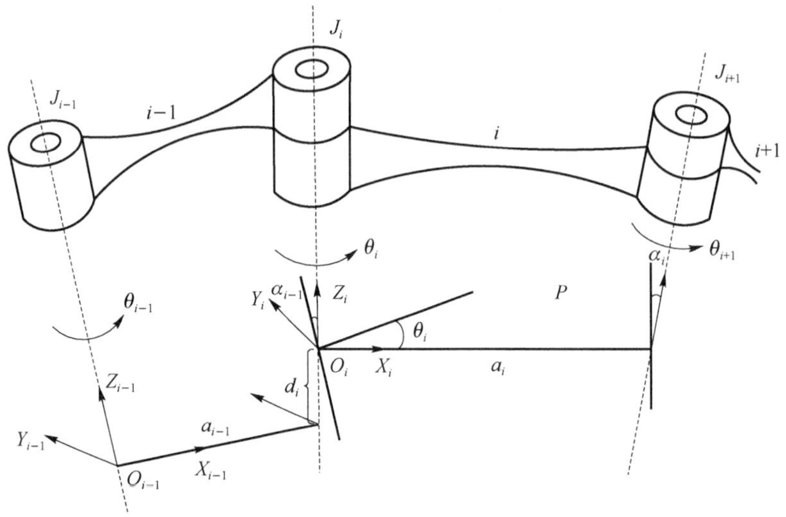

图 10.2　连杆坐标系建立方法二示意图

10.1.2　连杆参数(D-H 参数)

利用 10.1.1 节介绍的 D-H 法建立的连杆坐标系可以明确地定义相应的连杆参数。

(1) 对于 10.1.1 节基于后置坐标系建立的连杆坐标系，其相应的连杆参数如下：

- 连杆的长度 a_i 定义为从 Z_{i-1} 轴到 Z_i 轴沿 X_i 测量的距离，沿 X_i 轴的指向为正；
- 连杆的扭角 α_i 定义为从 Z_{i-1} 轴到 Z_i 轴绕 X_i 旋转的角度，绕 X_i 轴正向转动为正，且规定 $\alpha_i \in (-\pi, \pi]$；
- 关节的偏置或距离 d_i 定义为从 X_{i-1} 到 X_i 沿 Z_{i-1} 测量的距离，沿 Z_{i-1} 轴的指向为正；
- 关节转角 θ_i 定义为从 X_{i-1} 到 X_i 绕 Z_{i-1} 旋转的角度，绕 Z_{i-1} 轴正向转动为正，其规定 $\theta_i \in (-\pi, \pi]$。

(2) 对于 10.1.1 节基于前置坐标系法建立的连杆坐标系，其相应的连杆参数如下：

- 连杆的长度 a_i 定义为从 Z_i 轴到 Z_{i+1} 轴沿 X_i 测量的距离，沿 X_i 轴的指向为正；
- 连杆的扭角 α_i 定义为从 Z_i 轴到 Z_{i+1} 轴绕 X_i 旋转的角度，绕 X_i 轴正向转动为正，且规定 $\alpha_i \in (-\pi, \pi]$；
- 关节的偏置或距离 d_i 定义为从 X_{i-1} 到 X_i 沿 Z_i 测量的距离，沿 Z_i 轴的指向为正；
- 关节转角 θ_i 定义为从 X_{i-1} 到 X_i 绕 Z_i 旋转的角度，绕 Z_i 轴正向转动为正，其规定 $\theta_i \in (-\pi, \pi]$。

前面所述有关连杆坐标系的规定，并不能保证坐标系的唯一性，例如，虽然 Z_i 与关节轴线 J_i 一致，但是 Z_i 的指向有两种选择；并且，当 Z_i 与 Z_{i+1} 相交时($a_i=0$)，X_i 的方向是 Z_i 和 Z_{i+1} 决定的平面法线，X_i 的指向也有两种选择；此外，对于移动关节，坐标系的规定也有一定的任意性。

参数$\{a_i,\alpha_i,d_i,\theta_i\}$被称为 D-H 参数，又常被称为机器人机械手的运动参数或几何参数。通常选择 $a_i \geqslant 0$，因为它代表连杆长度，而 α_i、d_i 和 θ_i 的值可正可负。这里要说明如下。

① 连杆 i 的两端分为 Z_{i-1} 轴和 Z_i 轴，a_i 和 α_i 分别描述了从 Z_{i-1} 轴到 Z_i 轴的距离和转角。关节 i 的轴向 Z_{i-1} 是 X_{i-1} 轴和 X_i 轴的公法线，d_i 和 θ_i 分别描述了从 X_{i-1} 轴到 X_i 轴的距离和转角。

② a_i 和 α_i 由连杆 i 的结构确定，是常数；而 d_i 和 θ_i 与关节 i 的类型有关，其中一个是常数，另一个是变量。当关节 i 是转动关节时，d_i 是常数，θ_i 是变量；当关节 i 是移动关节时，d_i 是变量，θ_i 是常数。

③ 利用 D-H 参数的概念可看出，在用 D-H 法建立连杆坐标系时，如果某一步不能按基本原则唯一确定时，总是在设置时力图使更多的 D-H 参数为零。

④ 有时为了方便，也可不像前面所示那样设置末端连杆坐标系$\{n\}$，而是将$\{n\}$设置在机器人机械手末端手爪的端点，参考 5.1 节，或在其所夹持工具的端点。

10.1.3　用 D-H 参数确定连杆变换矩阵

利用 10.1.1 节建立的连杆坐标系，可以得到相邻连杆之间的连杆变换矩阵。

(1)对于 10.1.1 节基于后置坐标系法建立的连杆坐标系，连杆 $i-1$ 的坐标系经过两次旋转和两次平移可以变换到连杆 i 的坐标系，参见图 10.1。这四次变换分别如下。

① 第一次：以 Z_{i-1} 轴为转轴，旋转 θ_i 角度，使新的 X_{i-1} 轴与 X_i 轴同向。

② 第二次：沿 Z_{i-1} 轴平移 d_i，使新的 O_{i-1} 移动到关节轴线 J_i 与 J_{i+1} 的公垂线与 J_i 的交点。

③ 第三次：沿 X_i 轴平移 a_i，使新的 O_{i-1} 移动到 O_i。

④第四次：以 X_i 轴为转轴，旋转 α_i 角度，使新的 Z_{i-1} 轴与 Z_i 轴同向。

至此，坐标系$\{O_{i-1}\text{-}X_{i-1}Y_{i-1}Z_{i-1}\}$与坐标系$\{O_i\text{-}X_iY_iZ_i\}$已经完全重合。这种关系可以用连杆 $i-1$ 到连杆 i 的 4 个齐次变换来描述。这 4 个齐次变换构成的总变换矩阵(D-H 矩阵)如下：

$$
\begin{aligned}
{}^{i-1}_{i}\boldsymbol{T} &= \mathrm{Rot}(z_{i-1},\theta_i)\mathrm{Trans}(0,0,d_i)\mathrm{Trans}(a_i,0,0)\mathrm{Rot}(x_i,\alpha_i) \\
&= \begin{pmatrix} \cos\theta_i & -\sin\theta_i & 0 & 0 \\ \sin\theta_i & \cos\theta_i & 0 & 0 \\ 0 & 0 & 1 & 0 \\ 0 & 0 & 0 & 1 \end{pmatrix}
\begin{pmatrix} 1 & 0 & 0 & 0 \\ 0 & 1 & 0 & 0 \\ 0 & 0 & 1 & d_i \\ 0 & 0 & 0 & 1 \end{pmatrix}
\begin{pmatrix} 1 & 0 & 0 & a_i \\ 0 & 1 & 0 & 0 \\ 0 & 0 & 1 & 0 \\ 0 & 0 & 0 & 1 \end{pmatrix}
\begin{pmatrix} 1 & 0 & 0 & 0 \\ 0 & \cos\alpha_i & -\sin\alpha_i & 0 \\ 0 & \sin\alpha_i & \cos\alpha_i & 0 \\ 0 & 0 & 0 & 1 \end{pmatrix} \\
&= \begin{pmatrix} \cos\theta_i & -\cos\alpha_i\sin\theta_i & \sin\alpha_i\sin\theta_i & a_i\cos\theta_i \\ \sin\theta_i & \cos\alpha_i\cos\theta_i & -\sin\alpha_i\cos\theta_i & a_i\sin\theta_i \\ 0 & \sin\alpha_i & \cos\alpha_i & d_i \\ 0 & 0 & 0 & 1 \end{pmatrix}
\end{aligned}
\tag{10.1}
$$

(2) 同样的,对于 10.1.1 节基于前置坐标系法建立的连杆坐标系,连杆 $i-1$ 的坐标系经过两次旋转和两次平移可以变换到连杆 i 的坐标系,参见图 10.2。这四次变换分别如下。

① 第一次:沿 X_{i-1} 轴平移 a_{i-1},使 O_{i-1} 移动到 O'_{i-1}。

② 第二次:以 X_{i-1} 轴为转轴,旋转 α_{i-1} 角度,使新的 Z_{i-1} 轴与 Z_i 轴同向。

③ 第三次:沿 Z_i 轴平移 d_i,使 O'_{i-1} 移动到 O_i。

④ 第四次:以 Z_i 轴为转轴,旋转 θ_i 角度,使新的 X_{i-1} 轴与 X_i 轴同向。

至此,坐标系$\{O_{i-1}\text{-}X_{i-1}Y_{i-1}Z_{i-1}\}$与坐标系$\{O_i\text{-}X_iY_iZ_i\}$已经完全重合。这种关系可以用连杆 $i-1$ 到连杆 i 的 4 个齐次变换来描述。这 4 个齐次变换构成的总变换矩阵(D-H 矩阵)如下:

$$
\begin{aligned}
{}^{i-1}_{i}\boldsymbol{T} &= \mathrm{Trans}(a_{i-1},0,0)\mathrm{Rot}(x_{i-1},\alpha_{i-1})\mathrm{Trans}(0,0,d_i)\mathrm{Rot}(z_i,\theta_i) \\
&= \begin{pmatrix} 1 & 0 & 0 & a_{i-1} \\ 0 & 1 & 0 & 0 \\ 0 & 0 & 1 & 0 \\ 0 & 0 & 0 & 1 \end{pmatrix}
\begin{pmatrix} 1 & 0 & 0 & 0 \\ 0 & \cos\alpha_i & -\sin\alpha_i & 0 \\ 0 & \sin\alpha_i & \cos\alpha_i & 0 \\ 0 & 0 & 0 & 1 \end{pmatrix}
\begin{pmatrix} 1 & 0 & 0 & 0 \\ 0 & 1 & 0 & 0 \\ 0 & 0 & 1 & d_i \\ 0 & 0 & 0 & 1 \end{pmatrix}
\begin{pmatrix} \cos\theta_i & -\sin\theta_i & 0 & 0 \\ \sin\theta_i & \cos\theta_i & 0 & 0 \\ 0 & 0 & 1 & 0 \\ 0 & 0 & 0 & 1 \end{pmatrix} \\
&= \begin{pmatrix} \cos\theta_i & -\sin\theta_i & 0 & a_{i-1} \\ \cos\alpha_{i-1}\sin\theta_i & \cos\alpha_{i-1}\cos\theta_i & -\sin\alpha_{i-1} & -d_i\sin\alpha_{i-1} \\ \sin\alpha_{i-1}\sin\theta_i & \cos\theta_i\sin\alpha_{i-1} & \cos\alpha_{i-1} & d_i\cos\alpha_{i-1} \\ 0 & 0 & 0 & 1 \end{pmatrix}
\end{aligned}
\tag{10.2}
$$

式(10.1)和式(10.2)是采用不同的连杆坐标系得到的连杆变换矩阵。连杆变换矩阵 ${}^{i-1}_{i}\boldsymbol{T}$ 取决于四个参数 a_i,α_i,d_i 和 θ_i 或 a_{i-1},α_{i-1},d_i 和 θ_i,其中只有一个参数是变动的。对于旋转关节 i,θ_i 是关节变量;对于移动关节 i,d_i 是关节变量。为统一起见,用 θ_i 表示第 i 个关节变量,对于移动关节 i,$\theta_i=d_i$,注意二者的单位不同。虽然这两个矩阵在形式上不同,但对于串联机械手运动学的建立具有相同的效果。另外,从式(10.1)和式(10.2)中可以发现,对于同一个坐标轴而言,绕该坐标轴的旋转变换和沿该坐标轴的平移变换可以交换顺序,但不同坐标轴的旋转和平移不能交换顺序。例如,上述坐标变换中的第一次变换和第二次变换可以交换顺序,第三次变换和第四次变换可以交换顺序,但第二次变换和第三次变换之间不能交换顺序。

10.1.4 D-H 表示的串联机械手运动学方程

按照右乘规则,将式(10.1)或式(10.2)所表示的各连杆变换矩阵 ${}^{i-1}_{i}\boldsymbol{T}(i=1,2,\cdots,n)$ 顺序相乘,便得到末端连杆坐标系$\{n\}$相对于基坐标系$\{0\}$的变换矩阵:

$$
\begin{aligned}
{}^{0}_{n}\boldsymbol{T} &= {}^{0}_{1}\boldsymbol{T}\,{}^{1}_{2}\boldsymbol{T}\cdots{}^{n-1}_{n}\boldsymbol{T} \\
{}^{0}_{n}\boldsymbol{T}(\theta_1,\theta_2,\cdots,\theta_n) &= {}^{0}_{1}\boldsymbol{T}(\theta_1)\,{}^{1}_{2}\boldsymbol{T}(\theta_2)\cdots{}^{n-1}_{n}\boldsymbol{T}(\theta_n)
\end{aligned}
\tag{10.3}
$$

通常把 ${}^{0}_{n}\boldsymbol{T}$ 称为串联机械手变换矩阵。显然它是 n 个关节变量 $\theta_1,\theta_2,\cdots,\theta_n$ 的函数。如果能够测出这 n 个关节变量之值,那么便可算出末端连杆相对于基坐标系的位姿。按照5.1 节中手爪位姿的描述方法,用位置矢量 $\boldsymbol{p}$ 表示末端连杆的位置,用旋转矩阵 $\boldsymbol{R}=(\boldsymbol{n}\quad\boldsymbol{o}\quad\boldsymbol{a})$ 代表末端连杆的方位,则式(10.3)可以写成

$$\begin{pmatrix} \boldsymbol{n} & \boldsymbol{o} & \boldsymbol{a} & \boldsymbol{p} \\ 0 & 0 & 0 & 1 \end{pmatrix} = \begin{pmatrix} \boldsymbol{R} & \boldsymbol{p} \\ \boldsymbol{0} & 1 \end{pmatrix} = {}_1^0\boldsymbol{T}(\theta_1)\,{}_2^1\boldsymbol{T}(\theta_2)\cdots{}_n^{n-1}\boldsymbol{T}(\theta_n) \tag{10.4}$$

式(10.4)称为串联机械手的运动学方程。它表示末端连杆的位姿($\boldsymbol{n},\boldsymbol{o},\boldsymbol{a},\boldsymbol{p}$)与关节变量 $\theta_1,\theta_2,\cdots,\theta_n$ 之间的关系。

对于串联机械手来说，通常采用后置坐标系方法建立连杆坐标系。本书后面有关串联机械手连杆坐标系的建立都是采用后置坐标系法。

10.2　基于对偶四元数的 6R 串联机械手逆运动学分析

10.2.1　对偶四元数形式的运动学方程

参考 D-H 法建立连杆坐标系的表示方法，本节将推导出 D-H 矩阵的对偶四元数表示。根据式(7.106)和式(7.107)，式(10.1)表示的运动过程可用对偶四元数表示为

$$\hat{Z}_{i-1}\hat{X}_i \tag{10.5}$$

其中，

$$\hat{Z}_{i-1} = Z_{i-1} + \varepsilon Z_{i-1}^0 = Z_{i-1} + \varepsilon S_{i-1} Z_{i-1}/2$$
$$Z_{i-1} = \cos(\theta_i/2) + k\sin(\theta_i/2)$$
$$S_{i-1} = ks_i$$
$$\hat{X}_i = X_i + \varepsilon X_i^0 = X_{i-1} + \varepsilon A_i X_i/2$$
$$X_i = \cos(\alpha_i/2) + i\sin(\alpha_i/2)$$
$$A_i = ia_i$$

6R 串联机械手有 6 个关节，则要经过 6 次图 10.1 中的空间三维运动，如图 10.3 所示，其运动学方程可以表示为

$$\hat{Z}_1\hat{X}_1\hat{Z}_2\hat{X}_2\hat{Z}_3\hat{X}_3\hat{Z}_4\hat{X}_4\hat{Z}_5\hat{X}_5\hat{Z}_6\hat{X}_6 = \hat{Q}_t \tag{10.6}$$

式中，$\hat{Q}_t$ 表示 6R 串联机械手末端位姿的对偶四元数表示。

式(10.6)就是对偶四元数形式的 6R 串联机械手的运动学方程。

10.2.2　消元过程

6R 串联机械手的逆运动学分析即是已知结构参数 a_i、α_i 和 $s_i(i=1,2,\cdots,6)$，以及末端位姿 $\hat{Q}_t$ 求其六个输入转角 $\theta_i(i=1,2,\cdots,6)$。

1. 分离变量

根据对偶四元数的运算法则，对式(10.6)分离变量，表示如下：

$$\hat{Z}_1\hat{X}_1\hat{Z}_2\hat{X}_2\hat{Z}_3\hat{X}_3\hat{Z}_4\hat{X}_4 = \hat{Q}_t\hat{X}_6^*\hat{Z}_6^*\hat{X}_5^*\hat{Z}_5^* \tag{10.7}$$

式中，上角标“ * ”表示对偶四元数共轭。

令方程式(10.7)左右两边分别为 $\hat{U}$ 和 $\hat{V}$，可得

$$\hat{U}=\hat{V}$$

$$\hat{U}=U_1+\varepsilon U_2=u_{11}+u_{12}i+u_{13}j+u_{14}k+\varepsilon(u_{21}+u_{22}i+u_{23}j+u_{24}k)$$

$$\hat{V}=V_1+\varepsilon V_2=v_{11}+v_{12}i+v_{13}j+v_{14}k+\varepsilon(v_{21}+v_{22}i+v_{23}j+v_{24}k) \tag{10.8}$$

将所有结构参数代入式(10.8)，分别由 $u_{1i}=v_{1i}$ 和 $u_{2i}=v_{2i}(i=1,2,3,4)$ 可得

$$\boldsymbol{D}_j\begin{pmatrix}c\theta_5 c\theta_6\\ c\theta_5 s\theta_6\\ s\theta_5 c\theta_6\\ s\theta_5 s\theta_6\end{pmatrix}=\boldsymbol{E}_j\boldsymbol{C}_{1234} \quad (j=1,2) \tag{10.9}$$

式中，$c\theta_k=\cos(\theta_k/2)$，$s\theta_k=\sin(\theta_k/2)(k=1,\cdots,6)$；$\boldsymbol{D}_j$ 为 4×4 的矩阵，$\boldsymbol{E}_j$ 为 4×16 的矩阵，其元素均为已知结构参数的表达式；$\boldsymbol{C}_{1234}$ 为 16×1 的列向量，其元素为 $c\theta_1^{i_1}s\theta_1^{1-i_1}c\theta_2^{i_2}s\theta_2^{1-i_2}c\theta_3^{i_3}s\theta_3^{1-i_3}c\theta_4^{i_4}s\theta_4^{1-i_4}(i_1,i_2,i_3,i_4=0,1)$。

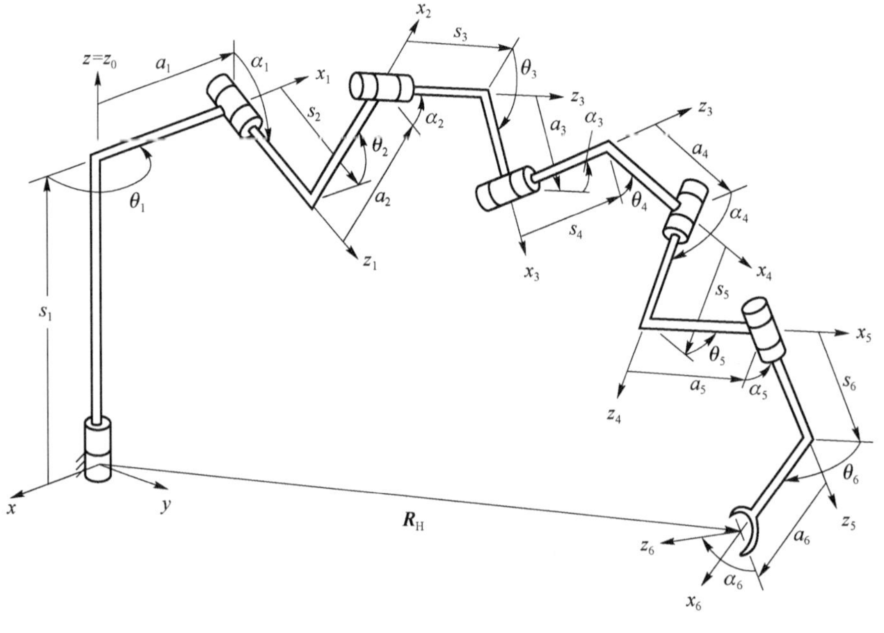

图 10.3　一般 6R 机械手运动链结构

2. 消去 θ_5 和 θ_6

式(10.9)是关于 $c\theta_5 c\theta_6$、$c\theta_5 s\theta_6$、$s\theta_5 c\theta_6$ 和 $s\theta_5 s\theta_6$ 的线性方程组，分别取式(10.9)的第一组和第二组四个方程线性求解，均可得到上述四个变量，因此有

$$\boldsymbol{D}_1^{-1}\boldsymbol{E}_1\boldsymbol{C}_{1234}=\boldsymbol{D}_2^{-1}\boldsymbol{E}_2\boldsymbol{C}_{1234} \tag{10.10}$$

根据欧拉公式 $e^{i\theta_i}=\cos\theta+i\sin\theta$，令 $c\theta_i=(e^{i\theta_i/2}+e^{i\theta_i/2})/2$，$s\theta_i=(e^{i\theta_i/2}-e^{i\theta_i/2})/(2i)$，且 $e^{i\theta_i/2}=t_i(i=1,2,3,4)$，代入式(10.10)，两边元素对应相等通分并取分子可得

$$f_j(t_1,t_2,t_3,t_4)=\sum_{i_1,i_2,i_3,i_4=0}^{1}g_{j-i_1i_2i_3i_4}t_1^{i_1}t_2^{i_2}t_3^{i_3}t_4^{i_4}=0 \quad (j=1,2,3,4) \tag{10.11}$$

其中 $g_{j-i_1i_2i_3i_4}$ 为已知参数。

10.2.3 求解过程

1. 求解 t_1

接下来用 Dixon 结式方法消去变元 t_2、t_3 和 t_4，求解变元 t_1。

把式(10.11)重新写成 t_2、t_3 和 t_4 的函数为

$$f_j(t_2,t_3,t_4)=\sum_{i_2,i_3,i_4=0}^{1}G_{j-i_1i_2i_3i_4}t_2^{i_2}t_3^{i_3}t_4^{i_4}=0\quad(j=1,2,3,4)\tag{10.12}$$

式中，$G_{j-i_1i_2i_3i_4}$ 为 $g_{j-i_1i_2i_3i_4}$ 和 t_1 的函数。

根据 Dixon 结式消元的原理，构造以下行列式

$$\Delta(t_2,t_3,t_4,\alpha,\beta,\gamma)=\begin{vmatrix} f_1(t_2,t_3,t_4) & f_2(t_2,t_3,t_4) & f_3(t_2,t_3,t_4) & f_4(t_2,t_3,t_4) \\ f_1(\alpha,t_3,t_4) & f_2(\alpha,t_3,t_4) & f_3(\alpha,t_3,t_4) & f_4(\alpha,t_3,t_4) \\ f_1(\alpha,\beta,t_4) & f_2(\alpha,\beta,t_4) & f_3(\alpha,\beta,t_4) & f_4(\alpha,\beta,t_4) \\ f_1(\alpha,\beta,\gamma) & f_2(\alpha,\beta,\gamma) & f_3(\alpha,\beta,\gamma) & f_4(\alpha,\beta,\gamma) \end{vmatrix}\tag{10.13}$$

式中，α、β、γ 是分别取代 t_2、t_3 和 t_4 后的新变量。

当 $\alpha=t_2$ 或 $\beta=t_3$ 或 $\gamma=t_4$ 时，此行列式恒等于零，则式(10.13)可以被 $(\alpha-t_2)(\beta-t_3)(\gamma-t_4)$ 整除，因此可得以下多项式：

$$\delta(t_2,t_3,t_4,\alpha,\beta,\gamma)=\frac{\Delta(t_2,t_3,t_4,\alpha,\beta,\gamma)}{(\alpha-t_2)(\beta-t_3)(\gamma-t_4)}=0\tag{10.14}$$

式(10.14)是一个关于 t_2 为 0 次，关于 t_3 为 1 次，关于 t_4 为 2 次，关于 α、β、γ 分别为 2 次、1 次和 0 次的多项式。用 Mathematica 或 Maple 等计算机代数系统展开式(10.14)可得

$$(1,\alpha,\alpha^2,\beta,\alpha\beta,\alpha^2\beta)\boldsymbol{D}(1,t_4,t_4^2,t_3,t_3t_4,t_3t_4^2)^{\mathrm{T}}=0\tag{10.15}$$

其中，Dixon 矩阵 $\boldsymbol{D}$ 为关于变量 t_1 的 6×6 阶方阵。

无论 α、β、γ 取值如何，$\delta(t_2,t_3,t_4,\alpha,\beta,\gamma)=0$ 都成立，因此有 Dixon 导出多项式方程组：

$$\boldsymbol{D}(1,t_4,t_4^2,t_3,t_3t_4,t_3t_4^2)^{\mathrm{T}}=\boldsymbol{0}\tag{10.16}$$

对于 t_1 的一个根，矩阵 $\boldsymbol{D}$ 的行列式必定为 0，即 $\det(\boldsymbol{D})=0$。

矩阵 $\boldsymbol{D}$ 的每一个元素关于 t_1 的次数为

$$\begin{pmatrix} \pm2 & \pm2 & \pm2 & \pm2 & \pm2 & \pm2 \\ \pm2 & \pm2 & \pm2 & \pm2 & \pm2 & \pm2 \\ \pm2 & \pm2 & \pm2 & \pm2 & \pm2 & \pm2 \\ \pm2 & \pm2 & \pm2 & \pm2 & \pm2 & \pm2 \\ \pm2 & \pm2 & \pm2 & \pm2 & \pm2 & \pm2 \\ \pm2 & \pm2 & \pm2 & \pm2 & \pm2 & \pm2 \end{pmatrix}\tag{10.17}$$

由式(10.17)可知，矩阵 $\boldsymbol{D}$ 的行列式等于零可得关于 t_1 的一元±12 次方程，展开后最高和最低的四次消失，则可得到关于 t_1 的一元±8 次方程：

$$|\boldsymbol{D}|=\sum_{i=-8}^{8}h_it_1^i=0\tag{10.18}$$

式中，h_i 为已知结构参数的有理系数。

数值求解方程式(10.18)即可得 t_1 的 16 组解。

2. 求解 t_3 和 t_4

把 t_1 的每一个解代入下面的公式：

$$\boldsymbol{D}(1,t_4,t_4^2,t_3,t_3t_4,t_3t_4^2)^{\mathrm{T}}=\boldsymbol{0} \tag{10.19}$$

根据 Cramer 法则，即可线性地解出对应的 16 组 t_3 和 t_4 的解。

3. 求解 t_2

把 t_1、t_3 和 t_4 的每一个解代入式(10.11)中任一式即可直接得出 t_2 的 16 组解。

4. 求解 $\theta_i(i=1,2,\cdots,6)$

对 t_1、t_2、t_3 和 t_4 的解使用公式 $\theta_i=2\arctan\left(\mathrm{i}*\dfrac{1-t_i}{1+t_i}\right)(i=1,2,3,4)$ 分别可解得对应的 θ_i 角，将求解得到的 θ_i 角代入式(10.9)即可线性解得 θ_5 和 θ_6。

10.2.4 数值实例

6R 串联机械手的结构参数和位置参数如表 10.1 所示。

表 10.1 6R 串联机械手的结构参数和位置参数

序号 i	沿 x 轴平移位移 a_i/mm	绕 x 轴旋转角度 α_i(°)	沿 z 轴平移位移 s_i/mm	绕 z 轴旋转角度 θ_i(°)
1	40	45.0	30	40
2	50	−45.0	40	45
3	60	22.5	50	55
4	20	45.0	60	35
5	70	15.0	20	−15
6	30	25.0	70	10

通过以上参数计算出 6R 机械手的末端位姿矩阵，最终得到 16 组关节角，结果如表 10.2 所示，其中 4 组实数解，第 14 组解与给定的初值是一样的。

表 10.2 6R 串联机械手的 16 组解

序号 i	绕 z 轴旋转角度(°)					
	θ_1	θ_2	θ_3	θ_4	θ_5	θ_6
1	−76.355 1−3.284 3i	−13.434 6+6.573 75i	56.630 5+11.311 9i	−31.697 0−8.369 4i	−34.680 6+12.956 4i	41.701 2−18.665 6i
2	−76.355 1+3.284 3i	−13.434 6−6.537 5i	56.630 5−11.311 9i	−31.697 0+8.369 4i	−34.680 6−12.956 4i	41.701 2+18.665 6i
3	−68.249 2−12.897 7i	−22.462 4−42.704 0i	63.984 6+48.409 0i	−10.668 5−50.375 4i	−83.614 1−1.965 9i	−52.377 1+61.014 9i
4	−68.249 2+12.897 7i	−22.462 4+42.704 0i	63.984 6−48.409 0i	−10.668 5+50.375 4i	−83.614 1+1.965 9i	−52.377 1−61.014 9i
5	−30.311 8−15.467 7i	−0.315 5−5.093 0i	−62.583 4−36.441 9i	36.192 3−33.702 0i	−75.006 5−21.004 1i	15.739 5+37.606 4i
6	−30.311 8+15.467 7i	−0.315 5+5.093 0i	−62.583 4−36.441 9i	36.192 3+33.702 0i	−75.006 5+21.004 1i	15.739 5−37.606 4i
7	−11.008 6	71.693 3	−53.771 3	−54.663 5	−56.125 7	−59.240 9
8	−16.476 2−38.426 2i	82.046 7+6.091 9i	−64.581 7−86.495 5i	−67.582 1+33.685 3i	−25.407 6−7.132 5i	−61.913 1+58.438 8i
9	−16.476 2+38.426 2i	82.046 7−6.091 9i	−64.581 7+86.495 5i	−67.582 1−33.685 3i	−25.407 6+7.132 5i	−61.913 1+58.438 8i

续表

序号 i	绕 z 轴旋转角度(°)					
	θ_1	θ_2	θ_3	θ_4	θ_5	θ_6
10	3.458 2−75.851 8i	−83.079 9+4.404 4i	46.133 4−66.779 6i	65.401 8+2.006 7i	−62.288 8+64.352 7i	−50.009 4−38.680 9i
11	3.458 2+75.851 8i	−83.079 9−4.404 4i	46.133 4+66.779 6i	65.401 8−2.006 7i	−62.288 8−64.352 7i	−50.009 4+38.680 9i
12	20.910 4	55.232 2	31.628 6	65.482 3	−11.348 4	18.039 0
13	31.496 5	46.616 9	−78.423 5	−16.574 8	64.986 2	−41.123 3
14	40	45	55	35	−15	10
15	66.997 2−16.836 0i	23.013 5+2.495 0i	85.880 7+19.616 5i	−22.865 0−11.294i	3.777 6+29.606 9i	−9.166 8−18.125 6i
16	66.997 2+16.836 0i	23.013 5−2.495 0i	85.880 7−19.616 5i	−22.865 0+11.294i	3.777 6−29.606 9i	−9.166 8+18.125 6i

10.3　基于倍四元数的 6R 串联机械手逆运动学分析

10.3.1　D-H 矩阵的倍四元数表示

参考 D-H 法建立连杆坐标系的表示方法，本节将推导出 D-H 矩阵的倍四元数表示。

将式(10.1)表示的 D-H 矩阵表示为倍四元数的形式，有两种方法。第一种是直接通过矩阵分解的形式表示，另一种是通过对偶四元数与倍四元数的形式表示。后置坐标系 D-H 矩阵表示的相邻两坐标系 $\{i-1\}$ 和 $\{i\}$ 之间的坐标变换关系表示如下：

$$ {}^{i-1}_{i}\boldsymbol{T}=[\boldsymbol{Z}(\theta_i,s_i)][\boldsymbol{X}(\alpha_i,a_i)]=\mathrm{Rot}(z,\theta_i)\mathrm{Trans}(z,s_i)\mathrm{Rot}(x,\theta_i)\mathrm{Trans}(x,s_i) \tag{10.20}$$

第一种方法：根据 8.4 节和 8.5 节可知，绕 z 轴旋转 θ 角对应的倍四元数表示为

$$G_{rz}(\theta)=\sin(\theta/2)k+\cos(\theta/2),\qquad H_{rz}(\theta)=\sin(\theta/2)k+\cos(\theta/2) \tag{10.21}$$

沿 z 轴平移 s 对应的倍四元数表示为

$$G_{dz}=\sin(\gamma/2)k+\cos(\gamma/2),\quad H_{dz}=(G_{dz})^*=-\sin(\gamma/2)k+\cos(\gamma/2) \tag{10.22}$$

式中，$\gamma=s/R$。

将式(10.21)和式(10.22)表示的倍四元数相乘，得到绕 z 轴旋转且平移的变换矩阵的倍四元数表示 $\widetilde{Z}(\theta,\gamma)=\xi G(\theta,\gamma)+\eta H(\theta,\gamma)$，即

$$\begin{cases}G(\theta,\gamma)=\sin\dfrac{\theta+\gamma}{2}k+\cos\dfrac{\theta+\gamma}{2}\\ H(\theta,\gamma)=\sin\dfrac{\theta-\gamma}{2}k+\cos\dfrac{\theta-\gamma}{2}\end{cases} \tag{10.23}$$

绕 x 轴旋转 α 角对应的倍四元数表示为

$$G_{rx}(\alpha)=\sin(\alpha/2)i+\cos(\alpha/2),\qquad H_{rx}(\alpha)=\sin(\alpha/2)i+\cos(\alpha/2) \tag{10.24}$$

沿 x 轴平移 a 对应的倍四元数表示为

$$G_{dx}=\sin(\rho/2)i+\cos(\rho/2),\quad H_{dx}=(G_{dx})^*=-\sin(\rho/2)i+\cos(\rho/2) \tag{10.25}$$

式中，$\rho=a/R$。

将式(10.24)～式(10.25)表示的倍四元数相乘，得到绕 x 轴旋转且平移的变换矩阵的倍四元数表示 $\widetilde{X}(\alpha,\rho)=\xi G(\alpha,\rho)+\eta H(\alpha,\rho)$，即

$$\begin{cases} G(\alpha,\rho)=\sin\dfrac{\alpha+\rho}{2}i+\cos\dfrac{\alpha+\rho}{2} \\ H(\alpha,\rho)=\sin\dfrac{\alpha-\rho}{2}i+\cos\dfrac{\alpha-\rho}{2} \end{cases} \tag{10.26}$$

由此可以得到相邻两坐标系$\{i-1\}$和$\{i\}$之间的坐标变换关系的倍四元数表示为

$$\begin{aligned} \widetilde{Z}(\theta,\gamma)\widetilde{X}(\alpha,\rho) &= (\xi G(\theta,\gamma)+\eta H(\theta,\gamma))(\xi G(\alpha,\rho)+\eta H(\alpha,\rho)) \\ &= \xi G(\theta,\gamma)G(\alpha,\rho)+\eta H(\theta,\gamma)H(\alpha,\rho) \end{aligned} \tag{10.27}$$

第二种方法：绕 z 轴转 θ 角，再沿 z 轴平移 s 的变换，其对偶四元数的表达式为

$$\hat{Q}_z=k\sin(\theta/2)+\cos(\theta/2)+\varepsilon(1/2)(-s\sin(\theta/2)+ks\cos(\theta/2)) \tag{10.28}$$

根据 8.7 节可知，式(10.28)可以转换为如下的倍四元数 $\widetilde{Z}(\theta,\gamma)=\xi G(\theta,\gamma)+\eta H(\theta,\gamma)$，即

$$\begin{aligned} G(\theta,\gamma) &= \cos(\gamma/2)Q_z+\sin(\gamma/2)Q_z'=\sin\frac{\theta+\gamma}{2}k+\cos\frac{\theta+\gamma}{2} \\ H(\theta,\gamma) &= \cos(\gamma/2)Q_z-\sin(\gamma/2)Q_z'=\sin\frac{\theta-\gamma}{2}k+\cos\frac{\theta-\gamma}{2} \end{aligned} \tag{10.29}$$

式中，$Q_z=k\sin(\theta/2)+\cos(\theta/2)$，$Q_z'=kQ_z=-\sin(\theta/2)+k\cos(\theta/2)$，$\gamma=s/R$。式(10.29)和式(10.23)的表示形式完全一致。

同理，绕 x 轴旋转 α 角，再沿 x 轴平移 a 的变换，用倍四元数 $\widetilde{X}(\alpha,\rho)=\xi G(\alpha,\rho)+\eta H(\alpha,\rho)$ 表示，即

$$\begin{cases} G(\alpha,\rho)=\cos(\rho/2)Q_x+\sin(\rho/2)Q_x'=\sin\dfrac{\alpha+\rho}{2}i+\cos\dfrac{\alpha+\rho}{2} \\ H(\alpha,\rho)=\cos(\rho/2)Q_x-\sin(\rho/2)Q_x'=\sin\dfrac{\alpha-\rho}{2}i+\cos\dfrac{\alpha-\rho}{2} \end{cases} \tag{10.30}$$

式中，$Q_x=i\sin(\alpha/2)+\cos(\alpha/2)$，$Q_x'=iQ_x=-\sin(\alpha/2)+i\cos(\alpha/2)$，$\rho=a/R$。式(10.30)和式(10.26)的表示形式也完全一致。

综上，式(10.23)或式(10.29)和式(10.26)或式(10.30)就是分别绕 z 轴和 x 轴转动且平移的倍四元数表示形式。

据经验公式，四维空间中球体半径可以近似为

$$R=L/\delta^{1/2}$$

其中，L 为机器人手臂所能达到的空间尺寸的最大值，δ 为指定的精度。

10.3.2 倍四元数形式的运动学方程

先用 D-H 矩阵法建立串联机械手坐标系，则相邻两坐标系$\{i-1\}$和$\{i\}$之间的关系可通过图 10.3 中的各种参数来描述。按照此规定从基坐标系$\{0\}$到机械手末端坐标系$\{6\}$得到的 D-H 矩阵变换方程为

$$[\boldsymbol{Z}(\theta_1,s_1)][\boldsymbol{X}(\alpha_1,a_1)][\boldsymbol{Z}(\theta_2,s_2)][X(\alpha_2,a_2)]\cdots[\boldsymbol{Z}(\theta_6,s_6)][\boldsymbol{X}(\alpha_6,a_6)]=\boldsymbol{M} \tag{10.31}$$

其中，$\boldsymbol{Z}(\theta_i,s_i)$和$\boldsymbol{X}(\alpha_i,a_i)$分别为绕 z 轴和 x 轴旋转且平移的变换矩阵。矩阵 $\boldsymbol{M}$ 是机械手

末端位姿。s_i、α_i 和 a_i 为 6R 串联机械手的结构参数。

将 4×4 的齐次转换矩阵用相应的倍四元数取代，获得倍四元数表示的运动学方程：

$$\widetilde{Z}(\theta_1,\gamma_1)\widetilde{X}(\alpha_1,\rho_1)\widetilde{Z}(\theta_2,\gamma_2)\widetilde{X}(\alpha_2,\rho_2)\cdots\widetilde{Z}(\theta_6,\gamma_6)\widetilde{X}(\alpha_6,\rho_6)=\widetilde{G} \tag{10.32}$$

其中，$\widetilde{G}$ 是 $\boldsymbol{M}$ 的倍四元数表示，表示如下：$\widetilde{G}=\xi G+\eta H$。

由于倍四元数的 G 部和 H 部可分开独立运算，可把式(10.32)表达为以下两式：

$$G(\theta_1,\gamma_1)G(\alpha_1,\rho_1)G(\theta_2,\gamma_2)G(\alpha_2,\rho_2)\cdots G(\theta_6,\gamma_6)G(\alpha_6,\rho_6)=G \tag{10.33}$$

$$H(\theta_1,\gamma_1)H(\alpha_1,\rho_1)H(\theta_2,\gamma_2)H(\alpha_2,\rho_2)\cdots H(\theta_6,\gamma_6)H(\alpha_6,\rho_6)=H \tag{10.34}$$

式(10.33)和式(10.34)就是倍四元数形式的 6*R* 串联机械手的运动学方程。

10.3.3　消元过程

6R 串联机械手的逆运动学分析即是已知结构参数 a_i、α_i 和 $s_i(i=1,2,\cdots,6)$ 及最末端位姿 G 和 H，求其六个输入转角 $\theta_i(i=1,2,\cdots,6)$。

1. 分离变量

分别对式(10.33)和式(10.34)分离变量，表示如下：

$$G_{\theta 2}G_{\alpha 2}G_{\theta 3}G_{\alpha 3}G_{\theta 4}G_{\alpha 4}G_{\theta 5}=G_{\alpha 1}^{*}G_{\theta 1}^{*}GG_{\alpha 6}^{*}G_{\theta 6}^{*}G_{\alpha 5}^{*} \tag{10.35}$$

$$H_{\theta 2}H_{\alpha 2}H_{\theta 3}H_{\alpha 3}H_{\theta 4}H_{\alpha 4}H_{\theta 5}=H_{\alpha 1}^{*}H_{\theta 1}^{*}HH_{\alpha 6}^{*}H_{\theta 6}^{*}H_{\alpha 5}^{*} \tag{10.36}$$

式中，$G_{\theta i}=G(\theta_i,\gamma_i)$，$G_{\alpha i}=G(\alpha_i,a_i)$，$H_{\theta i}=H(\theta_i,\gamma_i)$，$H_{\alpha i}=H(\alpha_i,a_i)$，上角标"＊"表示四元数的共轭。

对式(10.35)和式(10.36)计算，并使式子两侧四元数各元素对应相等，得到以下八个式子：

$$\begin{aligned}
&a_{i1}\cos\frac{\theta_2}{2}\cos\frac{\theta_3}{2}\cos\frac{\theta_4}{2}\cos\frac{\theta_5}{2}+a_{i2}\cos\frac{\theta_3}{2}\cos\frac{\theta_4}{2}\cos\frac{\theta_5}{2}\sin\frac{\theta_2}{2}+\\
&a_{i3}\cos\frac{\theta_2}{2}\cos\frac{\theta_4}{2}\cos\frac{\theta_5}{2}\sin\frac{\theta_3}{2}+a_{i4}\cos\frac{\theta_4}{2}\cos\frac{\theta_5}{2}\sin\frac{\theta_2}{2}\sin\frac{\theta_3}{2}+\\
&a_{i5}\cos\frac{\theta_2}{2}\cos\frac{\theta_3}{2}\cos\frac{\theta_5}{2}\sin\frac{\theta_4}{2}+a_{i6}\cos\frac{\theta_3}{2}\cos\frac{\theta_5}{2}\sin\frac{\theta_2}{2}\sin\frac{\theta_4}{2}+\\
&a_{i7}\cos\frac{\theta_2}{2}\cos\frac{\theta_5}{2}\sin\frac{\theta_3}{2}\sin\frac{\theta_4}{2}+a_{i8}\cos\frac{\theta_5}{2}\sin\frac{\theta_2}{2}\sin\frac{\theta_3}{2}\sin\frac{\theta_4}{2}+\\
&a_{i9}\cos\frac{\theta_2}{2}\cos\frac{\theta_3}{2}\cos\frac{\theta_4}{2}\sin\frac{\theta_5}{2}+a_{i10}\cos\frac{\theta_3}{2}\cos\frac{\theta_4}{2}\sin\frac{\theta_2}{2}\sin\frac{\theta_5}{2}+\\
&a_{i11}\cos\frac{\theta_2}{2}\cos\frac{\theta_4}{2}\sin\frac{\theta_3}{2}\sin\frac{\theta_5}{2}+a_{i12}\cos\frac{\theta_4}{2}\sin\frac{\theta_2}{2}\sin\frac{\theta_3}{2}\sin\frac{\theta_5}{2}+\\
&a_{i13}\cos\frac{\theta_2}{2}\cos\frac{\theta_3}{2}\sin\frac{\theta_4}{2}\sin\frac{\theta_5}{2}+a_{i14}\cos\frac{\theta_3}{2}\sin\frac{\theta_2}{2}\sin\frac{\theta_4}{2}\sin\frac{\theta_5}{2}+\\
&a_{i15}\cos\frac{\theta_2}{2}\sin\frac{\theta_3}{2}\sin\frac{\theta_4}{2}\sin\frac{\theta_5}{2}+a_{i16}\sin\frac{\theta_2}{2}\sin\frac{\theta_3}{2}\sin\frac{\theta_4}{2}\sin\frac{\theta_5}{2}\\
&=b_{i1}\cos\frac{\theta_1}{2}\cos\frac{\theta_6}{2}+b_{i2}\cos\frac{\theta_6}{2}\sin\frac{\theta_1}{2}+b_{i3}\cos\frac{\theta_1}{2}\sin\frac{\theta_6}{2}+b_{i4}\sin\frac{\theta_1}{2}\sin\frac{\theta_6}{2}\\
&\qquad(i=1,2,\cdots 8)
\end{aligned} \tag{10.37}$$

式中，$a_{ij}(j=1,\cdots,16)$和 $b_{ik}(k=1,\cdots,4)$为 6R 机械手结构所决定的已知参数。

2. 消去 θ_1 和 θ_6

从式(10.37)中任取四个方程组成线性方程组，令式子右边的 $\cos\frac{\theta_1}{2}\cos\frac{\theta_6}{2}$、$\sin\frac{\theta_1}{2}\cos\frac{\theta_6}{2}$、$\cos\frac{\theta_1}{2}\sin\frac{\theta_6}{2}$和 $\sin\frac{\theta_1}{2}\sin\frac{\theta_6}{2}$分别等于 y_1、y_2、y_3 和 y_4，并把这四个量当作该线性方程组的四个未知数，进行求解。接着把这些解代入式(10.37)中剩余的四个方程，于是得到以下形式的四个式子：

$$
\begin{aligned}
&c_{i1}\cos\frac{\theta_2}{2}\cos\frac{\theta_3}{2}\cos\frac{\theta_4}{2}\cos\frac{\theta_5}{2}+c_{i2}\cos\frac{\theta_3}{2}\cos\frac{\theta_4}{2}\cos\frac{\theta_5}{2}\sin\frac{\theta_2}{2}+\\
&c_{i3}\cos\frac{\theta_2}{2}\cos\frac{\theta_4}{2}\cos\frac{\theta_5}{2}\sin\frac{\theta_3}{2}+c_{i4}\cos\frac{\theta_4}{2}\cos\frac{\theta_5}{2}\sin\frac{\theta_2}{2}\sin\frac{\theta_3}{2}+\\
&c_{i5}\cos\frac{\theta_2}{2}\cos\frac{\theta_3}{2}\cos\frac{\theta_5}{2}\sin\frac{\theta_4}{2}+c_{i6}\cos\frac{\theta_3}{2}\cos\frac{\theta_5}{2}\sin\frac{\theta_2}{2}\sin\frac{\theta_4}{2}+\\
&c_{i7}\cos\frac{\theta_2}{2}\cos\frac{\theta_5}{2}\sin\frac{\theta_3}{2}\sin\frac{\theta_4}{2}+c_{i8}\cos\frac{\theta_5}{2}\sin\frac{\theta_2}{2}\sin\frac{\theta_3}{2}\sin\frac{\theta_4}{2}+\\
&c_{i9}\cos\frac{\theta_2}{2}\cos\frac{\theta_3}{2}\cos\frac{\theta_4}{2}\sin\frac{\theta_5}{2}+c_{i10}\cos\frac{\theta_3}{2}\cos\frac{\theta_4}{2}\sin\frac{\theta_2}{2}\sin\frac{\theta_5}{2}+\\
&c_{i11}\cos\frac{\theta_2}{2}\cos\frac{\theta_4}{2}\sin\frac{\theta_3}{2}\sin\frac{\theta_5}{2}+c_{i12}\cos\frac{\theta_4}{2}\sin\frac{\theta_2}{2}\sin\frac{\theta_3}{2}\sin\frac{\theta_5}{2}+\\
&c_{i13}\cos\frac{\theta_2}{2}\cos\frac{\theta_3}{2}\sin\frac{\theta_4}{2}\sin\frac{\theta_5}{2}+c_{i14}\cos\frac{\theta_3}{2}\sin\frac{\theta_2}{2}\sin\frac{\theta_4}{2}\sin\frac{\theta_5}{2}+\\
&c_{i15}\cos\frac{\theta_2}{2}\sin\frac{\theta_3}{2}\sin\frac{\theta_4}{2}\sin\frac{\theta_5}{2}+c_{i16}\sin\frac{\theta_2}{2}\sin\frac{\theta_3}{2}\sin\frac{\theta_4}{2}\sin\frac{\theta_5}{2}=0
\end{aligned}
\tag{10.38}
$$

$$(i=1,2,3,4)$$

式中，$c_{ij}(j=1,\cdots,16)$为 6R 机械手结构所决定的已知参数。

3. 消去 θ_3、θ_4 和 θ_5

分析可知，式(10.38)是一个齐次表达式，不失一般性，把式(10.38)中的四个式子分别除以 $\cos\frac{\theta_2}{2}\cos\frac{\theta_3}{2}\cos\frac{\theta_4}{2}\cos\frac{\theta_5}{2}$，并令 $\tan\frac{\theta_2}{2}=w$，$\tan\frac{\theta_3}{2}=x$，$\tan\frac{\theta_4}{2}=y$ 和 $\tan\frac{\theta_5}{2}=z$，则式(10.38)化为如下的四个式子：

$$
\begin{aligned}
&c_{i1}+c_{i2}w+c_{i3}x+c_{i4}wx+c_{i5}y+c_{i6}wy+c_{i7}xy+c_{i8}wxy+c_{i9}z+\\
&c_{i10}wz+c_{i11}xz+c_{i12}wxz+c_{i13}yz+c_{i14}wyz+c_{i15}xyz+c_{i16}wxyz=0\,(i=1,2,3,4)
\end{aligned}
\tag{10.39}
$$

接下来用 Dixon 结式方法消去变元 x、y 和 z，求解变元 w。将式(10.39)表示如下：

$$f_i(x,y,z)=0\,(i=1,2,3,4) \tag{10.40}$$

用 Dixon 结式消元过程如下：

① 根据第 1 章的 Dixon 结式构造方法，首先构建式(10.40)的多项式：

$$
\delta(x,y,z,\alpha,\beta,\gamma)=\frac{\begin{vmatrix}
f_1(x,y,z) & f_2(x,y,z) & f_3(x,y,z) & f_4(x,y,z)\\
f_1(\alpha,y,z) & f_2(\alpha,y,z) & f_3(\alpha,y,z) & f_4(\alpha,y,z)\\
f_1(\alpha,\beta,z) & f_2(\alpha,\beta,z) & f_3(\alpha,\beta,z) & f_4(\alpha,\beta,z)\\
f_1(\alpha,\beta,\gamma) & f_2(\alpha,\beta,\gamma) & f_3(\alpha,\beta,\gamma) & f_4(\alpha,\beta,\gamma)
\end{vmatrix}}{(x-\alpha)(y-\beta)(z-\gamma)}=0
\tag{10.41}
$$

式中，α、β、γ 是分别取代 x、y、z 后的新变量。

② 用 Mathematica 或 Maple 等计算机代数系统展开式(10.41)可得

$$(\alpha^2\beta,\alpha\beta,\beta,\alpha^2,\alpha,1)\boldsymbol{D}(z^2y,zy,y,z^2,z,1)^{\mathrm{T}}=0 \tag{10.42}$$

式中，Dixon 矩阵 $\boldsymbol{D}$ 为变量 t_1 的 6×6 阶方阵。矩阵 $\boldsymbol{D}$ 的每一个元素关于 w 的次数为

$$\begin{pmatrix} 4 & 4 & 4 & 4 & 4 & 4 \\ 4 & 4 & 4 & 4 & 4 & 4 \\ 4 & 4 & 4 & 4 & 4 & 4 \\ 4 & 4 & 4 & 4 & 4 & 4 \\ 4 & 4 & 4 & 4 & 4 & 4 \\ 4 & 4 & 4 & 4 & 4 & 4 \end{pmatrix} \tag{10.43}$$

无论 α、β、γ 取值如何，$\delta(x,y,z,\alpha,\beta,\gamma)=0$ 都成立，因此有 Dixon 导出多项式方程组：

$$\boldsymbol{D}(z^2y,zy,y,z^2,z,1)^{\mathrm{T}}=0 \tag{10.44}$$

对于 w 的一个根，矩阵 $\boldsymbol{D}$ 的行列式必定为 0，即 $|\boldsymbol{D}|=0$。

10.3.4　求解过程

1. 求解 θ_2

对矩阵 $\boldsymbol{D}$ 进一步处理如下。

矩阵 $\boldsymbol{D}$ 第 2 列和第 5 列的每一个元素有如下的形式：

$$a+bw+cw^2+dw^3+ew^4 \tag{10.45}$$

其中，a、b、c、d 为系数，且发现有 $b=d$，$a+e=c$，因此式(10.45)可因式分解为

$$(w^2+1)(ew^2+bw+a)$$

这样，第 2 列和第 5 列可分别提取出公因式(w^2+1)，通过计算发现，$w^2+1=0$ 是原方程的增根，因此把它删除。

然后把第 3 列减去第 1 列、第 6 列减去第 4 列，则第 3 列和第 6 列的每一个元素同样具有式(10.45)的形式且系数满足相同的关系。同理，这两列可分别提取出公因式(w^2+1)并把它删除。

经过以上处理后得到新的矩阵 $\boldsymbol{D}'$，此矩阵的每一列关于 w 的最高次数分别为 4、2、2、4、2 和 2。此时，展开 $|\boldsymbol{D}'|=0$，可以得到一个关于变元 w 的一元 16 次方程，表示如下：

$$\sum_{i=0}^{16} m_i w^i = 0 \tag{10.46}$$

式中，系数 $m_i(i=0,1,\cdots,16)$ 仅仅取决于机构的结构参数和输入。

数值求解得到 w 的 16 个根。用公式

$$\theta_2=2\arctan w \tag{10.47}$$

求解得到 θ_2 的值。

2. 求解 θ_3、θ_4 和 θ_5

把 w 代入式(10.48)中：

$$\boldsymbol{D}'(z^2y,zy,y,z^2,z,1)^{\mathrm{T}}=0 \tag{10.48}$$

得到 6 个关于 z^2y，zy，y，z^2，z 的方程。从中任取 5 个方程，把 z^2y，zy，y，z^2，z 五个量当作该线性方程组的五个未知数，求解出 y 和 z。

然后把 w、y 和 z 代入(10.39)中的任一式中，求解出 x。

再用 $\theta_3=2\arctan x$，$\theta_4=2\arctan y$，$\theta_5=2\arctan z$ 求解出 θ_3、θ_4 和 θ_5。

3. 求解 $\boldsymbol{\theta_1}$ 和 $\boldsymbol{\theta_6}$

把 θ_2、θ_3、θ_4 和 θ_5 代入式(10.37)中，线性求解得到 y_1、y_2 和 y_4，因为 $\tan\dfrac{\theta_1}{2}=\dfrac{y_2}{y_1}$，$\tan\dfrac{\theta_6}{2}=\dfrac{y_4}{y_2}$，所以用 $\theta_1=2\arctan\dfrac{y_2}{y_1}$ 和 $\theta_6=2\arctan\dfrac{y_4}{y_2}$ 求得 θ_1 和 θ_6。

10.3.5 数值算例

6R 机械手的结构参数和位置参数如下：

$s_1=900$，$s_2=100$，$s_3=200$，$s_4=300$，$s_5=700$，$s_6=300$，$a_1=100$，$a_2=400$，$a_3=800$，$a_4=125$，$a_5=200$，$a_6=300$，$\alpha_1=90^\circ$，$\alpha_2=-90^\circ$，$\alpha_3=45^\circ$，$\alpha_4=90^\circ$，$\alpha_5=30^\circ$，$\alpha_6=50^\circ$，$\theta_1=80^\circ$，$\theta_2=-16^\circ$，$\theta_3=110^\circ$，$\theta_4=70^\circ$，$\theta_5=-30^\circ$，$\theta_6=20^\circ$

对于一般 6R 机械手，取

$$R=100(|s_1|+|s_2|+|s_3|+|s_4|+|s_5|+|s_6|)$$

式中，$|s_i|(i=1,2,\cdots,6)$是 6R 机械手的结构参数。

通过以上参数计算出 6R 机械手的末端位姿矩阵，最终得到 16 组关节角，结果如表 10.3 所示，其中 4 组实数解，第 5 组解与给定的初值是一样的。

表 10.3 6R 机器人位置反解的 16 组解

θ_1(°)	θ_2(°)	θ_3(°)	θ_4(°)	θ_5(°)	θ_6(°)
126.904+61.1805i	−160.617−29.2234i	162.153+80.0235i	131.966−81.8681i	156.188−80.3445i	−10.6735+74.01i
126.904−61.1805i	−160.617+29.2234i	162.153−80.0235i	131.966+81.8681i	156.188+80.3445i	−10.6735−74.01i
−154.594+3.76672i	−56.7362−33.2051i	−119.269−28.7903i	165.725−1.57149i	59.3951+71.4594i	6.67326−40.6869i
−154.594−3.76672i	−56.7362+33.2051i	−119.269+28.7903i	165.725+1.57149i	59.3951−71.4594i	6.67326+40.6869i
80	−16	110	70	−30	20
72.0137	3.45572	120.785	56.4888	19.0818	−13.9585
−3.33344−3.61438i	8.78943−30.7833i	171.434+30.7778i	76.1364−72.1063i	3.69214+39.4426i	−16.8816−54.9133i
−3.33344+3.61438i	8.78943+30.7833i	171.434−30.7778i	76.1364+72.1063i	3.69214−39.4426i	−16.8816+54.9133i
−69.6973+43.8222i	15.5748−28.126i	−160.994−16.4298i	112.288−59.3653i	8.20624+62.8281i	−16.1271−50.7677i
−69.6973−43.8222i	15.5748+28.126i	−160.994+16.4298i	112.288+59.3653i	8.20624−62.8281i	−16.1271+50.7677i
−121.824	52.449	−46.4873	−7.0332	55.0851	−102.853
34.4192+2.54131i	94.567−5.42461i	85.5904+5.78504i	140.208−6.40323i	109.799−10.493i	−33.5871+5.78306i
34.4192−2.54131i	94.567+5.42461i	85.5904−5.78504i	140.208+6.40323i	109.799+10.493i	−33.5871−5.78306i
−110.338	105.204	−67.5107	37.7924	−146.258	58.386
−41.4745+92.6597i	173.727+9.92687i	−48.825+311.265i	−79.3546+5.61266i	−139.649+83.3555i	−139.951−275.645i
−41.4745−92.6597i	173.727−9.92687i	−48.825−311.265i	−79.3546−5.61266i	−139.649−83.3555i	−139.951+275.645i

10.4　基于复数形式对偶四元数的 6R 串联机械手逆运动学分析

10.3 节利用实数形式的倍四元数通过把 Dixon 结式提取出 4 个$(1+\tan^2(\theta_1/2))$因式，导出了单变量的 16 次方程。10.2 节把 θ_1 写成复指数形式 $e^{i\theta_i}$ 避免了提取因式，但是怎样由 24 次得到 16 次方程无法证明。本节我们利用复数形式的对偶四元数给出这 16 次单变量方程的证明。

6R 串联机械手的运动学方程为一串对偶四元数的乘积，表示为

$$\hat{q}=\hat{q}_{\theta1}\hat{q}_{s1}\hat{q}_{a1}\hat{q}_{\alpha1}\hat{q}_{\theta2}\hat{q}_{s2}\hat{q}_{a2}\hat{q}_{\alpha2}\cdots\hat{q}_{\theta6}\hat{q}_{s6}\hat{q}_{a6}\hat{q}_{\alpha6}$$

$$\hat{v}_{\text{out}}=\hat{q}\hat{v}_{\text{in}}\hat{q}^{*} \tag{10.49}$$

式中，$\hat{q}_{sk}$、$\hat{q}_{ak}$、$\hat{q}_{\alpha k}$是沿 z 轴平移、沿 x 轴平移、绕 x 轴旋转的对偶四元数表示，对 6R 串联机械手来说，为给定值，且

$$\begin{aligned}\hat{q}_{sk}&=1+s_k/2\boldsymbol{e}_{\infty3}=(1+\mathrm{i}s_k/2\boldsymbol{e}_{12}\boldsymbol{e}_{123\infty})\xi+(1-\mathrm{i}s_k/2\boldsymbol{e}_{12}\boldsymbol{e}_{123\infty})\eta\\&=\xi+\eta+\mathrm{i}s_k/2\boldsymbol{e}_{12}\boldsymbol{e}_{123\infty}\xi-\mathrm{i}s_k/2\boldsymbol{e}_{12}\boldsymbol{e}_{123\infty}\eta,\quad k=1,\cdots,6\end{aligned} \tag{10.50}$$

$$\begin{aligned}\hat{q}_{ak}&=1+a_k/2\boldsymbol{e}_{\infty1}=(1+a_k/2\boldsymbol{e}_{23}\boldsymbol{e}_{123\infty})\xi+(1+a_k/2\boldsymbol{e}_{23}\boldsymbol{e}_{123\infty})\eta\\&=\xi+\eta+a_k/2\eta\boldsymbol{e}_{23}\boldsymbol{e}_{123\infty}\xi+a_k/2\xi\boldsymbol{e}_{23}\boldsymbol{e}_{123\infty}\eta,\quad k=1\cdots6\end{aligned} \tag{10.51}$$

$$\begin{aligned}\hat{q}_{\alpha k}&=\cos(\alpha_k/2)+\sin(\alpha_k/2)\boldsymbol{e}_{23}\\&=\sin(\alpha_k/2)\eta\boldsymbol{e}_{23}\xi+\sin(\alpha_k/2)\xi\boldsymbol{e}_{23}\eta+\cos(\alpha_k/2)\xi+\cos(\alpha_k/2)\eta,k=1\cdots6\end{aligned} \tag{10.52}$$

$\hat{q}_{\theta k}$是绕 z 轴旋转的对偶四元数表示。在正运动学分析中，$\hat{q}_{\theta k}$是变化的已知值，且

$$\hat{q}_{\theta k}=\cos(\theta_k/2)+\sin(\theta_k/2)\boldsymbol{e}_{12}=\mathrm{e}^{\mathrm{i}\theta_k/2}\xi+\mathrm{e}^{-\mathrm{i}\theta_k/2}\eta,\quad k=1,\cdots,6 \tag{10.53}$$

式(10.49)中，$\hat{v}_{\text{in}}$、$\hat{v}_{\text{out}}$是一个线矢量分别在手爪坐标系中和在机架坐标系中的对偶矢量表示。正运动分析时，先求 $\hat{q}$，再由 $\hat{v}_{\text{in}}$求 $\hat{v}_{\text{out}}$。

由 $\hat{v}_{\text{in}}$和 $\hat{v}_{\text{out}}$求 $\hat{q}$ 比较容易，只要有两组 $\hat{v}_{\text{in}}$和 $\hat{v}_{\text{out}}$的数据，再根据 $\hat{q}\hat{q}^*=1$ 就可以求解出 $\hat{q}$，有正负两组解，任选一组解即可。困难的问题是由 $\hat{q}$ 求 6 个 θ_k，这就是逆运动学分析问题。这是我们要重点讨论的内容。同时我们利用复数形式的对偶四元数给出 16 次单变量方程的证明。

把式(10.49)的一部分移项变为

$$\hat{q}(\hat{q}_{m4}\hat{q}_{\theta5}\hat{q}_{m5}\hat{q}_{\theta6}\hat{q}_{m6})^*=\hat{q}_{\theta1}\hat{q}_{m1}\hat{q}_{\theta2}\hat{q}_{m2}\hat{q}_{\theta3}\hat{q}_{m3}\hat{q}_{\theta4} \tag{10.54}$$

其中，为了书写和计算简单，把已知的四元数合并：

$$\hat{q}_{mk}=\hat{q}_{sk}\hat{q}_{ak}\hat{q}_{\alpha k},\qquad k=1,\cdots,6$$

式(10.54)中，右边对偶四元数一共 8 个分量，写成

$$\hat{q}[k]=\hat{q}_{\theta1}\hat{q}_{m1}\hat{q}_{\theta2}\hat{q}_{m2}\hat{q}_{\theta3}\hat{q}_{m3}\hat{q}_{\theta4}[k],\quad k=1,\cdots,8 \tag{10.55}$$

把式(10.54)左边8个式子展开，得到变量 θ_5、θ_6 的多项式，是关于 $e^{i\theta_5/2}e^{i\theta_6/2}$、$e^{-i\theta_5/2}e^{-i\theta_6/2}$、$e^{-i\theta_5/2}e^{i\theta_6/2}$、$e^{i\theta_5/2}e^{-i\theta_6/2}$ 的线性组合形式。利用线性方程组消去这4个变量乘积项，得到4个式子，实质上是右边8个式子的线性组合。可以写成：

$$v_i=\sum_{k=1}^{8}\lambda_{ki}\hat{q}[k]=\sum_{k=1}^{8}\lambda_{ki}\hat{q}_{\theta 1}\hat{q}_{m1}\hat{q}_{\theta 2}\hat{q}_{m2}\hat{q}_{\theta 3}\hat{q}_{m3}\hat{q}_{\theta 4}[k]=0,\quad i=1,2,\cdots,4 \tag{10.56}$$

其中，λ_{ki} 由左边的参数决定。把式(10.56)中4个式子写成矢量的形式：

$$\boldsymbol{v}_{4\times 1}=[\boldsymbol{\lambda}]_{4\times 8}[\hat{q}]_{8\times 1}=\boldsymbol{0}_{4\times 1} \tag{10.57}$$

其中，$\boldsymbol{v}$ 是4行的列矢量，$[\boldsymbol{\lambda}]_{4\times 8}$ 是一个 4×8 的常数矩阵，由输入参数和结构参数决定，$[\hat{q}]_{8\times 1}$ 是8行的列矢量，由 $\hat{q}$ 的8个分量组成。

下面利用式(10.57)构造 Dixon 结式。先把4个变量 $e^{i\theta_1/2}$，$e^{i\theta_2/2}$，$e^{i\theta_3/2}$，$e^{i\theta_4/2}$ 写为 x,y,z,w。因为它们都是±1次的，没有0次项，所以可以把它们乘以 y,z,w 并以 $y^2=Y,z^2=Z,w^2=W$ 代入，得到

$$\begin{aligned}\boldsymbol{V}(x,Y,Z,W)&=y*z*w*\boldsymbol{v}\\&=y*z*w*[\boldsymbol{\lambda}]_{4\times 8}((x\xi+x^{-1}\eta)\hat{q}_{m1}(y\xi+y^{-1}\eta)\hat{q}_{m2}(z\xi+z^{-1}\eta)\\&\quad\hat{q}_{m3}(w\xi+w^{-1}\eta))_{8\times 1}\\&=[\boldsymbol{\lambda}]_{4\times 8}((x\xi+x^{-1}\eta)\hat{q}_{m1}(Y\xi+\eta)\hat{q}_{m2}(Z\xi+\eta)\hat{q}_{m3}(W\xi+\eta))_{8\times 1}=\boldsymbol{0}_{4\times 1}\end{aligned} \tag{10.58}$$

Dixon 结式可以由式(10.58)写成

$$\begin{aligned}\delta(x,Y,Z,W,\alpha,\beta,\gamma)&=\left|\frac{\boldsymbol{V}(x,Y,Z,W),\boldsymbol{V}(x,\alpha,Z,W),\boldsymbol{V}(x,\alpha,\beta,W),\boldsymbol{V}(x,\alpha,\beta,\gamma)}{(Y-\alpha)(Z-\beta)(W-\gamma)}\right|\\&=\left|\begin{matrix}\dfrac{\boldsymbol{V}(x,Y,Z,W)-\boldsymbol{V}(x,\alpha,Z,W)}{Y-\alpha},\dfrac{\boldsymbol{V}(x,\alpha,Z,W)-\boldsymbol{V}(x,\alpha,\beta,W)}{Z-\beta},\\ \dfrac{\boldsymbol{V}(x,\alpha,\beta,W)-\boldsymbol{V}(x,\alpha,\beta,\gamma)}{W-\gamma},\boldsymbol{V}(x,\alpha,\beta,\gamma)\end{matrix}\right|\end{aligned} \tag{10.59}$$

其中第1列

$$\begin{aligned}\boldsymbol{V}_1&=\frac{\boldsymbol{V}(x,Y,Z,W)-\boldsymbol{V}(x,\alpha,Z,W)}{Y-\alpha}\\&=\frac{[\boldsymbol{\lambda}]_{4\times 8}((x\xi+x^{-1}\eta)\hat{q}_{m1}(Y\xi+\eta)\hat{q}_{m2}(Z\xi+\eta)\hat{q}_{m3}(W\xi+\eta))_{8\times 1}-[\boldsymbol{\lambda}]_{4\times 8}((x\xi+x^{-1}\eta)\hat{q}_{m1}(\alpha\xi+\eta)\hat{q}_{m2}(Z\xi+\eta)\hat{q}_{m3}(W\xi+\eta))_{8\times 1}}{Y-\alpha}\\&=[\boldsymbol{\lambda}]_{4\times 8}((x\xi+x^{-1}\eta)\hat{q}_{m1}\xi\hat{q}_{m2}(Z\xi+\eta)\hat{q}_{m3}(W\xi+\eta))_{8\times 1}\end{aligned} \tag{10.60}$$

同理第2列

$$\boldsymbol{V}_2=\frac{\boldsymbol{V}(x,\alpha,Z,W)-\boldsymbol{V}(x,\alpha,\beta,W)}{Z-\beta}=[\boldsymbol{\lambda}]_{4\times 8}((x\xi+x^{-1}\eta)\hat{q}_{m1}(\alpha\xi+\eta)\hat{q}_{m2}\xi\hat{q}_{m3}(W\xi+\eta))_{8\times 1} \tag{10.61}$$

第3列

$$\boldsymbol{V}_3=\frac{\boldsymbol{V}(x,\alpha,\beta,W)-\boldsymbol{V}(x,\alpha,\beta,\gamma)}{W-\gamma}=[\boldsymbol{\lambda}]_{4\times 8}((x\xi+x^{-1}\eta)\hat{q}_{m1}(\alpha\xi+\eta)\hat{q}_{m2}(\beta\xi+\eta)\hat{q}_{m3}\xi)_{8\times 1} \tag{10.62}$$

第 4 列

$$\boldsymbol{V}(x,\alpha,\beta,\gamma)=[\boldsymbol{\lambda}]_{4\times 8}((x\xi+x^{-1}\eta)\hat{q}_{m1}(\alpha\xi+\eta)\hat{q}_{m2}(\beta\xi+\eta)\hat{q}_{m3}(\gamma\xi+\eta))_{8\times 1}$$

把第 3 列乘以 $-\gamma$ 并加到第 4 列中消去 ξ 项，第 4 列成为

$$\boldsymbol{V}_4=[\boldsymbol{\lambda}]_{4\times 8}((x\xi+x^{-1}\eta)\hat{q}_{m1}(\alpha\xi+\eta)\hat{q}_{m2}(\beta\xi+\eta)\hat{q}_{m3}\eta)_{8\times 1} \tag{10.63}$$

于是，

$$\delta(x,Y,Z,W,\alpha,\beta,\gamma)=\left|[\boldsymbol{\lambda}]_{4\times 8}(\boldsymbol{V}_1\quad \boldsymbol{V}_2\quad \boldsymbol{V}_3\quad \boldsymbol{V}_4)_{8\times 4}\right| \tag{10.64}$$

其中后面一个矩阵是 8×4 的，8 行是对偶四元数的 8 个部分。4 列对应 δ 的 4 列。

δ 按照 α,β,W,Z 展开，可以得到

$$\delta=(\alpha^2\beta,\alpha\beta,\beta,\alpha^2,\alpha,1)\boldsymbol{D}_{6\times 6}(W^2Z,WZ,Z,W^2,W,1)^{\mathrm{T}}=0 \tag{10.65}$$

于是得到

$$\boldsymbol{D}_{6\times 6}=0 \tag{10.66}$$

它是一个关于 x 的高次方程。

由于 δ 中的每一列都是 $x^{\pm 1}$ 次的，且没有零次项。δ 中共有 4 列，所以 $\boldsymbol{D}_{6\times 6}$ 中的每一个元素最高次都是 $x^{\pm 4}$，且没有奇数次项。这样式(10.66)应是 x 的 ±24 次方程。但是通过计算可以发现，第 1、3、4、6 列所有 $x^{\pm 4}$ 的系数全为零，又因为没有 ±3 次等奇数项，所以第 1、3、4、6 列最高次仅为 ±2 次。仅剩下第 2、5 列保持 ±4 次。这样展开后应该是 ±16 次，即 $\mathrm{e}^{i\theta_1/2}$ 的 ±16 次方程，由于没有奇数次项，所以可以化为 $\mathrm{e}^{i\theta_1}$ 的 ±8 次方程。这就是说 6R 串联机械手逆运动学分析解的个数的上界是 16。这个过程中，关键的就是要证明第 1、3、4、6 列所有 $x^{\pm 4}$ 的系数全为零。

这 1、3、4、6 列对应了 W^2Z、Z、W^2、W^0，注意到等于零的条件与 Z、α、β 无关，或者说，只要证明 δ 中 x^4W^2、$x^{-4}W^2$、x^4W^0、$x^{-4}W^0$ 各项的系数为零即可。下面证明 x^4W^2 项为零，其他项的证明过程类似。

首先，从式(10.60)～式(10.64)可以看出，行列式 δ 展开后若取 x^4W^2 项，则后面 8×4 矩阵各列中第一个括号里面只能取 $x\xi$ 项，4 列相乘才能得到 x^4。另外第 3、4 列不含 W，所以第 1、2 列最后一个括号里面只能取 $W\xi$ 项，这样最后乘积中才能包含 W^2 项。于是后面 8×4 矩阵中的第 1 列变为

$$x\xi\hat{q}_{m1}\xi\hat{q}_{m2}(Z\xi+\eta)\hat{q}_{m3}W\xi=xW\xi\hat{q}_{m1}\xi\hat{q}_{m2}(Z\xi+\eta)\hat{q}_{m3}\xi \tag{10.67}$$

对偶四元数乘积的开头和结尾都是 ξ，按照第 7 章式(7.117)的结论，乘积只包含两项，ξ 和 $\xi\boldsymbol{e}_{123\infty}$ 项，即 ξ 和 $\xi\varepsilon$ 项。如果对偶四元数的 8 个基按照如下顺序排列：

$$\xi,\xi\boldsymbol{e}_{123\infty},\xi\boldsymbol{e}_{23}\eta,\xi\boldsymbol{e}_{23}\boldsymbol{e}_{123\infty}\eta,\eta,\eta\boldsymbol{e}_{123\infty},\eta\boldsymbol{e}_{23}\xi,\eta\boldsymbol{e}_{23}\boldsymbol{e}_{123\infty}\xi \tag{10.68}$$

或 $\xi,\xi\varepsilon,\xi i\eta,\xi i\varepsilon\eta,\eta,\eta\varepsilon,\eta i\xi,\eta i\varepsilon\xi$，则 δ 中第 1 列只含式(10.68)中的第 1、2 项。同样第 2、3 列可以写成

$$x\xi\hat{q}_{m1}(\alpha\xi+\eta)\hat{q}_{m2}\xi\hat{q}_{m3}W\xi=xW\xi\hat{q}_{m1}(\alpha\xi+\eta)\hat{q}_{m2}\xi\hat{q}_{m3}\xi \tag{10.69}$$

$$x\xi\hat{q}_{m1}(\alpha\xi+\eta)\hat{q}_{m2}(\beta\xi+\eta)\hat{q}_{m3}\xi=x\xi\hat{q}_{m1}(\alpha\xi+\eta)\hat{q}_{m2}(\beta\xi+\eta)\hat{q}_{m3}\xi \tag{10.70}$$

它们也都是以 ξ 开头和结尾。所以也只含式(10.68)中的第 1、2 项。但是第 4 列为

$$x\xi\hat{q}_{m1}(\alpha\xi+\eta)\hat{q}_{m2}(\beta\xi+\eta)\hat{q}_{m3}\eta \tag{10.71}$$

是以 ξ 开头，却以 η 结尾，则乘积由第 7 章式(7.117)，只包含 $\xi\boldsymbol{e}_{23}\eta,\xi\boldsymbol{e}_{23}\boldsymbol{e}_{123\infty}\eta$ 即 $\xi\mathrm{i}\eta,\xi\mathrm{i}\varepsilon\eta$ 项，或只含式(10.68)中的第 3、4 项。于是 8×4 矩阵可以写成

$$\begin{pmatrix} \times & \times & \times & 0 \\ \times & \times & \times & 0 \\ 0 & 0 & 0 & \times \\ 0 & 0 & 0 & \times \\ 0 & 0 & 0 & 0 \\ 0 & 0 & 0 & 0 \\ 0 & 0 & 0 & 0 \\ 0 & 0 & 0 & 0 \end{pmatrix}_{8\times 4}$$

可以看出此矩阵秩为 3，行列式展开后 x^4W^2 项系数为零。

同理如果考查 $x^{-4}W^2$ 项，则该 8×4 矩阵中左边的都是 η。由式(10.60)～式(10.64)，8×4 矩阵的前、后 4 行将交换，其结果仍然是秩为 3，$x^{-4}W^2$ 系数为零。

如果考查 x^4W^0 项系数，由式(10.60)、式(10.61)，则 1、2 列最后一个括号中应取 η，则 8×4矩阵成为

$$\begin{pmatrix} 0 & 0 & \times & 0 \\ 0 & 0 & \times & 0 \\ \times & \times & 0 & \times \\ \times & \times & 0 & \times \\ 0 & 0 & 0 & 0 \\ 0 & 0 & 0 & 0 \\ 0 & 0 & 0 & 0 \\ 0 & 0 & 0 & 0 \end{pmatrix}_{8\times 4}$$

秩也至多为 3。同样，$x^{-4}W^0$ 项系数只要把前、后 4 行交换即可。

还应该说明，$x^{-4}W^0$ 系数为零，包括有 12 种情况，即 Z^1、Z^0 各 6 种，每 6 种中 β^1、β^0 各 3 种，这 3 种是 α^2、α^1、α^0。同样 $x^{-4}W^2$、$x^{\pm 4}W^0$ 也是一样。

于是 $\boldsymbol{D}_{6\times 6}$ 中，第 1、3、4、6 列最高次为±2 次，仅第 2、5 列保持±4 次。这样展开后应该是±16 次，即 $e^{i\theta_1/2}$ 的±16 次方程，因为没有奇数项，所以可以化为 $e^{i\theta_1}$ 的±8 次方程。这样我们就证明了 6R 机械手逆运动学分析解的个数的上界是 16，而且展开这个 $\boldsymbol{D}_{6\times 6}$ 就能够得到这个关于 $e^{i\theta_1}$ 的一元 16 次方程。

第 11 章　Stewart 并联机构的正运动学分析

6 自由度 Stewart 并联机构是目前应用最广泛的并联机构之一，其正运动学分析问题是继一般 6R 串联机械手的逆运动学问题之后的又一机构运动学难题。从其几何构型上划分，Stewart 并联机构可以分为平台型和台体型两种。相对于平台型并联机构，台体型并联机构的动、静平台各球铰链的球心在空间任意分布，不局限于同一平面上，因此该机构有更广泛的应用领域，但是其理论研究难度也更大。Stewart 并联机构的正运动学分析可表述为已知六条支链的长度和球铰分别在动、静平台上的位置，求取动平台的位姿（位置和姿态）。本章将主要介绍两类 Stewart 并联机构的正运动学分析，分别是一般 5-5B Stewart 台体型并联机构和一般 6-6 Stewart 平台型并联机构。本章首先采用矢量消元法和 Sylvester 结式消元法结合的方法对一般 5-5B Stewart 台体型并联机构的正运动学分析问题进行代数求解，并推导出该问题的一元 24 次方程，该方法也适用于一般 6-4A 台体型并联机构的正运动学分析；然后针对一般 6-6 Stewart 平台型并联机构的正运动学分析，本章采用 Gröbner 基消元法和 Sylvester 结式消元法结合的方法对其进行代数求解，推导出了 15 个符号形式的多项式方程，基于推导的多项式方程，构造了 15×15 的 Sylvester 结式，不需要提出任何公因式，可直接得到其封闭形式的一元 20 次方程。关于其他 Stewart 并联机构的正运动学分析问题，可以参考作者的其他文献或其他机构学者的文献。

11.1　一般 5-5B Stewart 台体型并联机构的正运动学分析

11.1.1　运动约束方程的建立

如图 11.1 所示，一般 5-5B 台体型并联机构用六条支链将基座 $PQBCD$ 和动台体 $EMNGH$ 相连，每条支链都由两个球铰链和一个移动铰链组成（一条 SPS 支链，其中 S 表示球铰链，P 表示移动铰链）。通过驱动支链，可实现动平台相对于静平台的位姿变化。固定球铰链 P、Q、B、C 和 D 在空间任意分布，动球铰链 G 和 H 不在平面 EMN 上，其中 E 和 B 为复合球铰链。当六条支链的长度已知时，该机构就转化为一结构。

1. 构型变换

利用机构的一些几何特征对一般 5-5B 台体型并联机构作如下简化。对于由铰链 P、Q、E 构成的三角形 PEQ（$\triangle PEQ$），当其中两个顶点 P 和 Q 的位置确定时，腿长 l_{EP} 和 l_{EQ} 已知，只需引入一个围绕 l_{QP} 转动的角度 θ，就可以确定顶点 E 的位置，此时三角形 PEQ 实际转化为一转动副，即我们可以使用一条 RPS（R 代表转动铰链）支链 AE 去替换两条 SPS 支

链 EP 和 EQ，其中点 A 是点 E 在直线 PQ 上的投影。同样，对于三角形 MBN（$\triangle MBN$），当点 M 和 N 的位置确定时，腿长 l_{BM} 和 l_{BN} 已知，引入一绕 l_{MN} 转动的角度 γ，就可以确定顶点 B 的位置，此时三角形 MBN 也转化为一转动副，即我们可以使用另一条 RPS 支链 BF 去替换两条 SPS 支链 BM 和 BN，其中点 F 是点 B 在直线 MN 上的投影。那么通过构型变换后，一般 5-5B 台体型机构的几何构型可简化为一类特殊的 4-4 台体型并联机构 $ABCD$-$EFGH$，如图 11.1 所示。

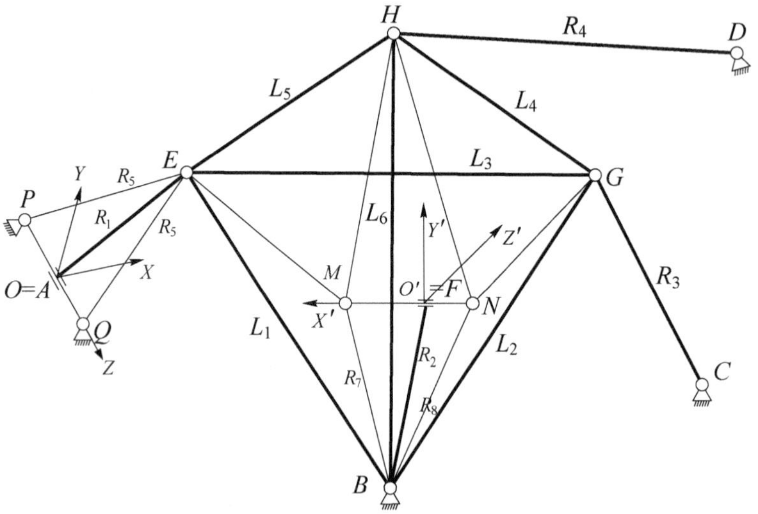

图 11.1　一般 5-5B 台体型并联机构及其等价 4-4 台体型并联机构

首先在基座上建立基坐标系$\{O\text{-}XYZ\}$，选取点 A 为原点，转动轴 PQ 为基坐标系的 Z 轴，并且我们假定点 C 在基坐标系的 YZ 平面；接着在动平台上建立动坐标系$\{O'\text{-}X'Y'Z'\}$，选取点 F 为原点 O'，转动轴 MN 为动坐标系的 X 轴，并且我们假定点 H 在动坐标系的 XY 平面，如图 11.1 所示。固定铰链 P、Q、B、C 和 D 在基坐标系的坐标值是已知的，动铰链 E、M、N、G 和 H 在动坐标系的坐标值是已知的，并且 6 条"腿"长 l_{EP}、l_{EQ}、l_{MB}、l_{NB}、l_{GC} 和 l_{HD} 是给定的，其长度分别是 R_5、R_6、R_7、R_8、R_3 和 R_4。

$\triangle PEQ$ 和 $\triangle PCQ$、$\triangle MBN$ 和 $\triangle MHN$ 之间的二面角分别用角度 θ 和 γ 表示，其中 $\triangle PCQ$ 表示的是基坐标系的 YOZ 平面，$\triangle MHN$ 表示的是动坐标系的 XOY 平面。那么点 E 在基坐标系中的坐标以及点 B 在动坐标系中的坐标分别可用矢量 $\boldsymbol{E}$ 和矢量 $\boldsymbol{B}'$ 表示，可表示如下：

$$\boldsymbol{E}=\boldsymbol{E}-\boldsymbol{A}=\boldsymbol{Ea}=\boldsymbol{Z}(\theta)(R_1,0,0)^{\mathrm{T}}=(R_1\cos\theta,R_1\sin\theta,0)^{\mathrm{T}} \tag{11.1}$$

$$\boldsymbol{B}'=\boldsymbol{B}'-\boldsymbol{F}'=\boldsymbol{B}'\boldsymbol{f}'=\boldsymbol{X}(\gamma)(0,R_2,0)^{\mathrm{T}}=(0,R_2\cos\gamma,R_2\sin\gamma)^{\mathrm{T}} \tag{11.2}$$

其中，$\boldsymbol{Z}(\theta)$ 和 $\boldsymbol{X}(\gamma)$ 分别表示绕 Z 轴和 X 轴的旋转矩阵，$R_1=|\boldsymbol{Ea}|$，$R_2=|\boldsymbol{B}'\boldsymbol{f}'|$，其长度可根据平面三角形 $\triangle PEQ$ 和 $\triangle PCQ$ 的正弦定理求得。

在图 11.1 中，假定 $|\boldsymbol{Pe}|=R_5$，$|\boldsymbol{Qe}|=R_6$，$|\boldsymbol{Bm}|=R_7$，$|\boldsymbol{Bn}|=R_8$，$|\boldsymbol{Cg}|=R_3$，$|\boldsymbol{Dh}|=R_4$，$|\boldsymbol{Eb}|=L_1$，$|\boldsymbol{Gb}|=L_2$，$|\boldsymbol{Ge}|=L_3$，$|\boldsymbol{Gh}|=L_4$，$|\boldsymbol{He}|=L_5$，$|\boldsymbol{Hb}|=L_6$，其中 $R_3\sim R_8$，$L_3=|\boldsymbol{G}'\boldsymbol{e}'|$，$L_4=|\boldsymbol{G}'\boldsymbol{h}'|$，$L_5=|\boldsymbol{H}'\boldsymbol{e}'|$ 是已知的，而 L_1、L_2、L_6 是未知量。在动坐标系下，L_1、L_2、L_6 可表示成如下形式：

$$L_1^2=\boldsymbol{E'b'}\cdot\boldsymbol{E'b'} \tag{11.3}$$

$$L_2^2=\boldsymbol{G'b'}\cdot\boldsymbol{G'b'} \tag{11.4}$$

$$L_6^2=\boldsymbol{H'b'}\cdot\boldsymbol{H'b'} \tag{11.5}$$

其中,L_1^2、L_2^2、L_6^2 包括变量 $\cos\gamma$ 和 $\sin\gamma$。将欧拉公式 $\cos\gamma=(e^{i\gamma}+e^{-i\gamma})/2$ 和 $\sin\gamma=(e^{i\gamma}-e^{-i\gamma})/(2i)$代入式(11.3)～式(11.5)后,$L_1^2$、$L_2^2$、$L_6^2$ 将变成 $e^{i\gamma}$的二次多项式。同样的道理,由于 $L_1^2=\boldsymbol{Eb}\cdot\boldsymbol{Eb}$包含变量 $\cos\theta$ 和 $\sin\theta$,将欧拉公式 $\cos\theta=(e^{i\theta}+e^{-i\theta})/2$ 和 $\sin\theta=(e^{i\theta}-e^{-i\theta})/(2i)$代入后,$L_1^2$ 将变成 $e^{i\theta}$的二次多项式。

2. 基本约束方程

一般 5-5B 台体型并联机构已经被转换成等价的特殊 4-4 台体型并联机构。对于这个特殊 4-4 台体型并联机构来说,其基本约束方程可表述如下:

$$\boldsymbol{Cg}\cdot\boldsymbol{Cg}=R_3^2 \tag{11.6}$$

$$\boldsymbol{Dh}\cdot\boldsymbol{Dh}=R_4^2 \tag{11.7}$$

$$\boldsymbol{Eb}\cdot\boldsymbol{Eb}=L_1^2 \tag{11.8}$$

$$\boldsymbol{Gb}\cdot\boldsymbol{Gb}=L_2^2 \tag{11.9}$$

$$\boldsymbol{Ge}\cdot\boldsymbol{Ge}=L_3^2 \tag{11.10}$$

$$\boldsymbol{Hg}\cdot\boldsymbol{Hg}=L_4^2 \tag{11.11}$$

$$\boldsymbol{He}\cdot\boldsymbol{He}=L_5^2 \tag{11.12}$$

$$\boldsymbol{Hb}\cdot\boldsymbol{Hb}=L_6^2 \tag{11.13}$$

这 8 个约束方程含有 8 个未知量:矢量 $\boldsymbol{G}$ 和矢量 $\boldsymbol{H}$ 的坐标,$e^{i\theta}$和 $e^{i\gamma}$。但是,仅仅基于上述 8 个基本约束方程求解该机构位置正解时,将会有两种可能的动平台构型,如图 11.2 所示。其中四面体 $EBGH$ 和 $EBGH''$关于平面 EBG 对称。但是仅仅只有一个四面体构型是符合我们要求的,因此为了消去多余的增根,我们需要一个约束方程。这个方程可以通过计算四面体 $EBGH$ 的体积得到,即

$$\boldsymbol{Eb}\times\boldsymbol{Gb}\cdot\boldsymbol{Hb}=\boldsymbol{E'b'}\times\boldsymbol{G'b'}\cdot\boldsymbol{H'b'}$$

等式的右边是 $e^{i\gamma}$的函数,展开后是 $e^{i\gamma}$的二次多项式形式。因此上述体积等式能写成如下表达式:

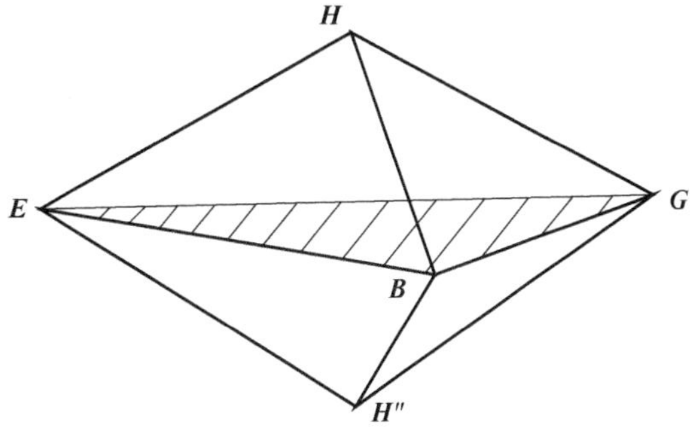

图 11.2　具有相同尺寸的两个四面体

$$V=\boldsymbol{Eb}\times\boldsymbol{Gb}\cdot\boldsymbol{Hb} \tag{11.14}$$

其中 V 是四面体 $EBGH$ 体积(在动坐标系表示)的 6 倍并且是 $e^{i\gamma}$的二次多项式。

3. 矢量关系式

在开始消元求解之前,从式(11.6)～式(11.13)先推导出一些矢量关系式,这些关系式将在下一节中经常使用。

由于 $\boldsymbol{Ge}=\boldsymbol{Gb}-\boldsymbol{Eb}$,式(11.10)可以重新写为

$$(\boldsymbol{Gb}-\boldsymbol{Eb})\cdot(\boldsymbol{Gb}-\boldsymbol{Eb})=L_3^2$$

展开上式,可得到如下表达式:

$$\boldsymbol{Gb}\cdot\boldsymbol{Gb}-2*\boldsymbol{Gb}\cdot\boldsymbol{Eb}+\boldsymbol{Eb}\cdot\boldsymbol{Eb}=L_3^2$$

把式(11.8)和式(11.9)代入上式，可得到如下表达式：

$$\boldsymbol{Gb}\cdot\boldsymbol{Eb}=A_1 \tag{11.15}$$

其中，$A_1=(L_1^2+L_2^2-L_3^2)/2$。

和式(11.15)类似，其他的矢量关系式可表达成如下形式：

$$\boldsymbol{Hb}\cdot\boldsymbol{Db}=A_2 \tag{11.16}$$

$$\boldsymbol{Hb}\cdot\boldsymbol{Gb}=A_3 \tag{11.17}$$

$$\boldsymbol{Hb}\cdot\boldsymbol{Eb}=A_4 \tag{11.18}$$

$$\boldsymbol{Gb}\cdot\boldsymbol{Cb}=A_5 \tag{11.19}$$

其中，$A_2=(L_6^2+|\boldsymbol{Db}|^2-R_4^2)/2$，$A_3=(L_6^2+L_2^2-L_4^2)/2$，$A_4=(L_6^2+L_1^2-L_5^2)/2$，$A_5=(L_2^2+|\boldsymbol{Cb}|^2-R_3^2)/2$。

11.1.2 消元过程

1. 式(11.14)的矢量 $\boldsymbol{H}$ 消元

为了从式(11.14)消去 $\boldsymbol{Hb}$，用 $\boldsymbol{Eb}\times\boldsymbol{Gb}\cdot\boldsymbol{Db}$ 乘以式(11.14)得到

$$V*\boldsymbol{Eb}\times\boldsymbol{Gb}\cdot\boldsymbol{Db}=\boldsymbol{Hb}\cdot\boldsymbol{Eb}\times\boldsymbol{Gb}*\boldsymbol{Eb}\times\boldsymbol{Gb}\cdot\boldsymbol{Db} \tag{11.20}$$

使用第 4 章中的公式(Ⅱ)和(Ⅰ)，展开式(11.20)的右边，可得到

$$\begin{aligned}V*\boldsymbol{Eb}\times\boldsymbol{Gb}\cdot\boldsymbol{Db}&=\boldsymbol{Hb}\cdot\boldsymbol{Eb}\times\boldsymbol{Gb}*\boldsymbol{Eb}\times\boldsymbol{Gb}\cdot\boldsymbol{Db}\\&=\boldsymbol{Hb}\cdot\boldsymbol{Eb}*\boldsymbol{Eb}\times\boldsymbol{Gb}\cdot\boldsymbol{Gb}\times\boldsymbol{Db}+\boldsymbol{Hb}\cdot\boldsymbol{Gb}*\boldsymbol{Eb}\times\boldsymbol{Gb}\cdot\boldsymbol{Db}\times\boldsymbol{Eb}+\\&\quad\boldsymbol{Hb}\cdot\boldsymbol{Db}*\boldsymbol{Eb}\times\boldsymbol{Gb}\cdot\boldsymbol{Eb}\times\boldsymbol{Gb}\\&=\boldsymbol{Hb}\cdot\boldsymbol{Eb}*(\boldsymbol{Eb}\cdot\boldsymbol{Gb}*\boldsymbol{Gb}\cdot\boldsymbol{Db}-\boldsymbol{Gb}\cdot\boldsymbol{Gb}*\boldsymbol{Eb}\cdot\boldsymbol{Db})+\\&\quad\boldsymbol{Hb}\cdot\boldsymbol{Gb}*(\boldsymbol{Eb}\cdot\boldsymbol{Db}*\boldsymbol{Gb}\cdot\boldsymbol{Eb}-\boldsymbol{Gb}\cdot\boldsymbol{Db}*\boldsymbol{Eb}\cdot\boldsymbol{Eb})+\\&\quad\boldsymbol{Hb}\cdot\boldsymbol{Db}*(\boldsymbol{Eb}\cdot\boldsymbol{Eb}*\boldsymbol{Gb}\cdot\boldsymbol{Gb}-\boldsymbol{Eb}\cdot\boldsymbol{Gb}*\boldsymbol{Eb}\cdot\boldsymbol{Gb})\end{aligned}$$

把式(11.8)、式(11.9)、式(11.15)～式(11.19)代入上式，可得到

$$\begin{aligned}V*\boldsymbol{Eb}\times\boldsymbol{Gb}\cdot\boldsymbol{Db}&=A_4*(A_1*\boldsymbol{Gb}\cdot\boldsymbol{Db}-L_2^2*\boldsymbol{Eb}\cdot\boldsymbol{Db})+\\&\quad A_3*(A_1*\boldsymbol{Eb}\cdot\boldsymbol{Db}-L_1^2*\boldsymbol{Gb}\cdot\boldsymbol{Db})+\\&\quad A_2*(L_1^2*L_2^2-A_1*A_1)\end{aligned}$$

进一步，对上述表达式合并同类项，得到

$$\boldsymbol{Gb}\cdot\boldsymbol{W}_1=T_1 \tag{11.21}$$

其中，

$$\boldsymbol{W}_1=V*(\boldsymbol{Db}\times\boldsymbol{Eb})-(A_1*A_4-A_3*L_1^2)*\boldsymbol{Db} \tag{11.22}$$

$$T_1=A_4*L_1^2*L_2^2+A_1*A_3*(\boldsymbol{Eb}\cdot\boldsymbol{Db})-A_4*L_2^2*(\boldsymbol{Eb}\cdot\boldsymbol{Db})-A_1^2*A_2 \tag{11.23}$$

从式(11.21)可看出 $\boldsymbol{Gb}$、$\boldsymbol{W}_1$ 和 T_1 这三项都与矢量 $\boldsymbol{H}$ 无关，因此矢量 $\boldsymbol{H}$ 已从式(11.14)消去。

2. 式(11.9)的矢量 $\boldsymbol{G}$ 消元

为了从式(11.9)消去 $\boldsymbol{Gb}$，用 $(\boldsymbol{Eb}\times\boldsymbol{Cb}\cdot\boldsymbol{W}_1)^2$ 乘以式(11.9)得到

$$(\boldsymbol{Gb}*\boldsymbol{Eb}\times\boldsymbol{Cb}\cdot\boldsymbol{W}_1)\cdot(\boldsymbol{Gb}*\boldsymbol{Eb}\times\boldsymbol{Cb}\cdot\boldsymbol{W}_1)=L_2^2*(\boldsymbol{Eb}\times\boldsymbol{Cb}\cdot\boldsymbol{W}_1)^2 \tag{11.24}$$

使用第 4 章中的公式(Ⅲ)，展开 $\boldsymbol{Gb}*\boldsymbol{Eb}\times\boldsymbol{Cb}\cdot\boldsymbol{W}_1$ 得到

$$\boldsymbol{Gb}*\boldsymbol{Eb}\times\boldsymbol{Cb}\cdot\boldsymbol{W}_1=\boldsymbol{Gb}\cdot\boldsymbol{Eb}*\boldsymbol{Cb}\times\boldsymbol{W}_1+\boldsymbol{Gb}\cdot\boldsymbol{Cb}*\boldsymbol{W}_1\times\boldsymbol{Eb}+\boldsymbol{Gb}\cdot\boldsymbol{W}_1*\boldsymbol{Eb}\times\boldsymbol{Cb}$$

进一步，使用公式(Ⅰ)和上述表达式，展开式(11.24)的左边可得到

$$\begin{aligned}&(\boldsymbol{Gb}*\boldsymbol{Eb}\times\boldsymbol{Cb}\cdot\boldsymbol{W}_1)\cdot(\boldsymbol{Gb}*\boldsymbol{Eb}\times\boldsymbol{Cb}\cdot\boldsymbol{W}_1)\\=&(\boldsymbol{Gb}\cdot\boldsymbol{Eb})^2(\boldsymbol{Cb}\cdot\boldsymbol{Cb}*\boldsymbol{W}_1\cdot\boldsymbol{W}_1-(\boldsymbol{Cb}\cdot\boldsymbol{W}_1)^2)+\\&(\boldsymbol{Gb}\cdot\boldsymbol{Cb})^2(\boldsymbol{W}_1\cdot\boldsymbol{W}_1*\boldsymbol{Eb}\cdot\boldsymbol{Eb}-(\boldsymbol{Eb}\cdot\boldsymbol{W}_1)^2)+\\&(\boldsymbol{Gb}\cdot\boldsymbol{W}_1)^2(\boldsymbol{Eb}\cdot\boldsymbol{Eb}*\boldsymbol{Cb}\cdot\boldsymbol{Cb}-(\boldsymbol{Eb}\cdot\boldsymbol{Cb})^2)+\\&2*\boldsymbol{Gb}\cdot\boldsymbol{Eb}*\boldsymbol{Gb}\cdot\boldsymbol{Cb}(\boldsymbol{Cb}\cdot\boldsymbol{W}_1*\boldsymbol{Eb}\cdot\boldsymbol{W}_1-\boldsymbol{W}_1\cdot\boldsymbol{W}_1*\boldsymbol{Cb}\cdot\boldsymbol{Eb})+\\&2*\boldsymbol{Gb}\cdot\boldsymbol{Eb}*\boldsymbol{Gb}\cdot\boldsymbol{W}_1*(\boldsymbol{Cb}\cdot\boldsymbol{Eb}*\boldsymbol{Cb}\cdot\boldsymbol{W}_1-\boldsymbol{Eb}\cdot\boldsymbol{W}_1*\boldsymbol{Cb}\cdot\boldsymbol{Cb})+\\&2*\boldsymbol{Gb}\cdot\boldsymbol{Cb}*\boldsymbol{Gb}\cdot\boldsymbol{W}_1*(\boldsymbol{Eb}\cdot\boldsymbol{W}_1*\boldsymbol{Cb}\cdot\boldsymbol{Eb}-\boldsymbol{Eb}\cdot\boldsymbol{Eb}*\boldsymbol{Cb}\cdot\boldsymbol{W}_1)\end{aligned}\tag{11.25}$$

类似于式(11.20)的右端,使用同样的方法展开式(11.24)的右端可得到

$$\begin{aligned}L_2^2*(\boldsymbol{Eb}\times\boldsymbol{Cb}\cdot\boldsymbol{W}_1)^2=&L_2^2(\boldsymbol{Eb}\cdot\boldsymbol{Eb}*(\boldsymbol{Cb}\cdot\boldsymbol{Cb}*\boldsymbol{W}_1\cdot\boldsymbol{W}_1-(\boldsymbol{Cb}\cdot\boldsymbol{W}_1)^2)+\\&(\boldsymbol{Eb}\cdot\boldsymbol{Cb})(\boldsymbol{Cb}\cdot\boldsymbol{W}_1*\boldsymbol{Eb}\cdot\boldsymbol{W}_1-\boldsymbol{W}_1\cdot\boldsymbol{W}_1*\boldsymbol{Cb}\cdot\boldsymbol{Eb})+\\&(\boldsymbol{Eb}\cdot\boldsymbol{W}_1)(\boldsymbol{Cb}\cdot\boldsymbol{Eb}*\boldsymbol{Cb}\cdot\boldsymbol{W}_1-\boldsymbol{Eb}\cdot\boldsymbol{W}_1*\boldsymbol{Cb}\cdot\boldsymbol{Cb}))\end{aligned}\tag{11.26}$$

将式(11.8)、式(11.9)、式(11.13)、式(11.15)～式(11.19)、式(11.21)～式(11.23)分别代入式(11.25)和式(11.26),式(11.24)可表达成如下形式:

$$\begin{aligned}&A_1^2*(\boldsymbol{Cb}\cdot\boldsymbol{Cb}*T_2-T_5)+A_5^2*(L_1^2*T_2-T_6)+T_1^2*(L_1^2*\boldsymbol{Cb}\cdot\boldsymbol{Cb}-(\boldsymbol{Cb}\cdot\boldsymbol{Eb})^2)+\\&2*A_1*A_5*(T_3*T_4-T_2*\boldsymbol{Cb}\cdot\boldsymbol{Eb})+2*A_1*T_1*(\boldsymbol{Cb}\cdot\boldsymbol{Eb}*T_3-T_4*\boldsymbol{Cb}\cdot\boldsymbol{Cb})+\\&2*A_5*T_1*(\boldsymbol{Cb}\cdot\boldsymbol{Eb}*T_4-L_1^2*T_3)=L_2^2*(L_1^2*(\boldsymbol{Cb}\cdot\boldsymbol{Cb}*T_2-T_5^2)+\\&(\boldsymbol{Eb}\cdot\boldsymbol{Cb})*(T_3*T_4-T_2*\boldsymbol{Cb}\cdot\boldsymbol{Eb})+T_4*(\boldsymbol{Cb}\cdot\boldsymbol{Eb}*T_3-T_4*\boldsymbol{Cb}\cdot\boldsymbol{Cb}))\end{aligned}\tag{11.27}$$

其中

$$T_2=V^2*(\boldsymbol{Db}\cdot\boldsymbol{Db}*L_1^2-(\boldsymbol{Eb}\cdot\boldsymbol{Db})^2)+(A_1*A_4-A_3*L_1^2)^2*\boldsymbol{Db}\cdot\boldsymbol{Db}\tag{11.28}$$

$$T_3=V*(\boldsymbol{Eb}\cdot\boldsymbol{Cb}\times\boldsymbol{Db})-(A_1*A_4-A_3*L_1^2)*(\boldsymbol{Cb}\cdot\boldsymbol{Db})\tag{11.29}$$

$$T_4=-(A_1*A_4-A_3*L_1^2)*(\boldsymbol{Eb}\cdot\boldsymbol{Db})\tag{11.30}$$

$$\begin{aligned}T_5=&V^2*(L_1^2*(\boldsymbol{Cb}\cdot\boldsymbol{Cb}*\boldsymbol{Db}\cdot\boldsymbol{Db}-(\boldsymbol{Cb}\cdot\boldsymbol{Db})^2)+\\&\boldsymbol{Eb}\cdot\boldsymbol{Cb}*(\boldsymbol{Cb}\cdot\boldsymbol{Db}*\boldsymbol{Eb}\cdot\boldsymbol{Db}-\boldsymbol{Db}\cdot\boldsymbol{Db}*\boldsymbol{Eb}\cdot\boldsymbol{Cb})+\\&\boldsymbol{Eb}\cdot\boldsymbol{Db}*(\boldsymbol{Eb}\cdot\boldsymbol{Cb}*\boldsymbol{Cb}\cdot\boldsymbol{Db}-\boldsymbol{Eb}\cdot\boldsymbol{Db}*\boldsymbol{Cb}\cdot\boldsymbol{Cb}))+\\&(A_1*A_4-A_3*L_1^2)^2*(\boldsymbol{Cb}\cdot\boldsymbol{Db})^2-\\&2*V*(A_1*A_4-A_3*L_1^2)*(\boldsymbol{Cb}\cdot\boldsymbol{Db})*(\boldsymbol{Eb}\cdot\boldsymbol{Cb}\times\boldsymbol{Db})\end{aligned}\tag{11.31}$$

$$T_6=(A_1*A_4-A_3*L_1^2)^2*(\boldsymbol{Eb}\cdot\boldsymbol{Db})^2\tag{11.32}$$

$$V^2=(L_1^2*(L_2^2*L_6^2-A_3^2)+A_1*(A_3*A_4-L_6^2*A_1)+A_4*(A_1*A_3-A_4*L_2^2))\tag{11.33}$$

此时矢量 **G** 已从式(11.9)消去,因为式(11.27)中的每一项都与矢量 **G** 无关。此外,式(11.27)与矢量 **H** 也无关。式(11.27)是一个仅含有变量 $e^{i\theta}$ 和 $e^{i\gamma}$ 的等式,它是通过矢量消元法得到的第一个基本运动约束方程。

通过式(11.27)和式(11.8)可构造 Sylvester 结式,从而得到一个一元高次多项式方程。但是,此一元高次多项式会产生增根。因此,为了避免增根的产生,我们需要推导出另一个多项式方程,此等式被用来和式(11.27)提取最大公因式。类似于上述式(11.27)的消元过程,另一个多项式方程可首先从式(11.14)消去矢量 **G**,接着从式(11.13)消去矢量 **H** 推导出来。接下来将会对此消元过程进行详细阐述。

3. 式(11.14)的矢量 *G* 消元

为了从式(11.14)消去 $\boldsymbol{Gb}$,用 $\boldsymbol{Eb}\times\boldsymbol{Hb}\cdot\boldsymbol{Cb}$ 乘以式(11.14)得到

$$V*\boldsymbol{Eb}\times\boldsymbol{Hb}\cdot\boldsymbol{Cb}=\boldsymbol{Gb}\cdot\boldsymbol{Hb}\times\boldsymbol{Eb}*\boldsymbol{Eb}\times\boldsymbol{Hb}\cdot\boldsymbol{Cb} \tag{11.34}$$

使用第 4 章中的公式(Ⅱ)和(Ⅰ),展开式(11.34)的右边,可得到

$$\begin{aligned}V*\boldsymbol{Eb}\times\boldsymbol{Hb}\cdot\boldsymbol{Cb}&=\boldsymbol{Gb}\cdot\boldsymbol{Hb}\times\boldsymbol{Eb}*\boldsymbol{Eb}\times\boldsymbol{Hb}\cdot\boldsymbol{Cb}\\&=\boldsymbol{Gb}\cdot\boldsymbol{Eb}*\boldsymbol{Hb}\times\boldsymbol{Eb}\cdot\boldsymbol{Hb}\times\boldsymbol{Cb}+\boldsymbol{Gb}\cdot\boldsymbol{Hb}*\boldsymbol{Hb}\times\boldsymbol{Eb}\cdot\boldsymbol{Cb}\times\boldsymbol{Eb}+\\&\quad\boldsymbol{Gb}\cdot\boldsymbol{Cb}*\boldsymbol{Hb}\times\boldsymbol{Eb}\cdot\boldsymbol{Eb}\times\boldsymbol{Hb}\\&=\boldsymbol{Gb}\cdot\boldsymbol{Eb}*(\boldsymbol{Hb}\cdot\boldsymbol{Hb}*\boldsymbol{Eb}\cdot\boldsymbol{Cb}-\boldsymbol{Hb}\cdot\boldsymbol{Eb}*\boldsymbol{Hb}\cdot\boldsymbol{Cb})+\\&\quad\boldsymbol{Gb}\cdot\boldsymbol{Hb}*(\boldsymbol{Hb}\cdot\boldsymbol{Cb}*\boldsymbol{Eb}\cdot\boldsymbol{Eb}-\boldsymbol{Eb}\cdot\boldsymbol{Cb}*\boldsymbol{Hb}\cdot\boldsymbol{Eb})+\\&\quad\boldsymbol{Gb}\cdot\boldsymbol{Cb}*(\boldsymbol{Hb}\cdot\boldsymbol{Eb}*\boldsymbol{Hb}\cdot\boldsymbol{Eb}-\boldsymbol{Eb}\cdot\boldsymbol{Eb}*\boldsymbol{Hb}\cdot\boldsymbol{Hb})\end{aligned}$$

把式(11.8)、式(11.9)、式(11.15)~式(11.19)代入上式,可得到

$$\begin{aligned}V*\boldsymbol{Eb}\times\boldsymbol{Hb}\cdot\boldsymbol{Cb}&=A_1*(L_6^2*\boldsymbol{Eb}\cdot\boldsymbol{Cb}-A_4*\boldsymbol{Hb}\cdot\boldsymbol{Cb})+\\&\quad A_3*(\boldsymbol{Hb}\cdot\boldsymbol{Cb}*L_1^2-A_4*\boldsymbol{Eb}\cdot\boldsymbol{Cb})+A_5*(A_4*A_4-L_1^2*L_6^2)\end{aligned}$$

进一步,对上式合并同类项,得到

$$\boldsymbol{Hb}\cdot\boldsymbol{W}_2=T_7 \tag{11.35}$$

其中

$$\boldsymbol{W}_2=V*(\boldsymbol{Cb}\times\boldsymbol{Eb})+(A_1*A_4-A_3*L_1^2)*\boldsymbol{Cb} \tag{11.36}$$

$$T_7=-A_5*L_1^2*L_6^2+A_4^2*A_5+A_1*L_6^2*(\boldsymbol{Eb}\cdot\boldsymbol{Cb})-A_4*A_3*(\boldsymbol{Eb}\cdot\boldsymbol{Cb}) \tag{11.37}$$

从式(11.35)可看出 $\boldsymbol{Hb}$、$\boldsymbol{W}_2$ 和 T_7 这三项都与矢量 $\boldsymbol{G}$ 无关,因此矢量 $\boldsymbol{G}$ 已经从式(11.14)消去。

4. 式(11.13)的矢量 *H* 消元

为了从式(11.13)消去 $\boldsymbol{Hb}$,用 $(\boldsymbol{Eb}\times\boldsymbol{Db}\cdot\boldsymbol{W}_2)^2$ 乘以式(11.13)得到

$$(\boldsymbol{Hb}*\boldsymbol{Eb}\times\boldsymbol{Db}\cdot\boldsymbol{W}_2)\cdot(\boldsymbol{Hb}*\boldsymbol{Eb}\times\boldsymbol{Db}\cdot\boldsymbol{W}_2)=L_6^2*(\boldsymbol{Eb}\times\boldsymbol{Db}\cdot\boldsymbol{W}_2)^2 \tag{11.38}$$

使用公式(Ⅲ),展开 $\boldsymbol{Hb}*\boldsymbol{Eb}\times\boldsymbol{Db}\cdot\boldsymbol{W}_2$ 得到

$$\boldsymbol{Hb}*\boldsymbol{Eb}\times\boldsymbol{Db}\cdot\boldsymbol{W}_2=\boldsymbol{Hb}\cdot\boldsymbol{Eb}*\boldsymbol{Db}\times\boldsymbol{W}_2+\boldsymbol{Hb}\cdot\boldsymbol{Db}*\boldsymbol{W}_2\times\boldsymbol{Eb}+\boldsymbol{Hb}\cdot\boldsymbol{W}_2*\boldsymbol{Eb}\times\boldsymbol{Db}$$

进一步,使用公式(Ⅰ)和上述表达式,展开式(11.38)的左边可得到

$$\begin{aligned}&(\boldsymbol{Hb}*\boldsymbol{Eb}\times\boldsymbol{Db}\cdot\boldsymbol{W}_2)\cdot(\boldsymbol{Hb}*\boldsymbol{Eb}\times\boldsymbol{Db}\cdot\boldsymbol{W}_2)\\&=(\boldsymbol{Hb}\cdot\boldsymbol{Eb})^2(\boldsymbol{Db}\cdot\boldsymbol{Db}*\boldsymbol{W}_2\cdot\boldsymbol{W}_2-(\boldsymbol{Db}\cdot\boldsymbol{W}_2)^2)+\\&\quad(\boldsymbol{Hb}\cdot\boldsymbol{Db})^2(\boldsymbol{W}_2\cdot\boldsymbol{W}_2*\boldsymbol{Eb}\cdot\boldsymbol{Eb}-(\boldsymbol{Eb}\cdot\boldsymbol{W}_2)^2)+\\&\quad(\boldsymbol{Hb}\cdot\boldsymbol{W}_2)^2(\boldsymbol{Eb}\cdot\boldsymbol{Eb}*\boldsymbol{Db}\cdot\boldsymbol{Db}-(\boldsymbol{Eb}\cdot\boldsymbol{Db})^2)+\\&\quad 2*\boldsymbol{Hb}\cdot\boldsymbol{Eb}*\boldsymbol{Hb}\cdot\boldsymbol{Db}*(\boldsymbol{Db}\cdot\boldsymbol{W}_2*\boldsymbol{Eb}\cdot\boldsymbol{W}_2-\boldsymbol{W}_2\cdot\boldsymbol{W}_2*\boldsymbol{Db}\cdot\boldsymbol{Eb})+\\&\quad 2*\boldsymbol{Hb}\cdot\boldsymbol{Eb}*\boldsymbol{Hb}\cdot\boldsymbol{W}_2*(\boldsymbol{Db}\cdot\boldsymbol{Eb}*\boldsymbol{Db}\cdot\boldsymbol{W}_2-\boldsymbol{Eb}\cdot\boldsymbol{W}_2*\boldsymbol{Db}\cdot\boldsymbol{Db})+\\&\quad 2*\boldsymbol{Hb}\cdot\boldsymbol{Db}*\boldsymbol{Hb}\cdot\boldsymbol{W}_2*(\boldsymbol{Eb}\cdot\boldsymbol{W}_2*\boldsymbol{Db}\cdot\boldsymbol{Eb}-\boldsymbol{Eb}\cdot\boldsymbol{Eb}*\boldsymbol{Db}\cdot\boldsymbol{W}_2)\end{aligned} \tag{11.39}$$

类似于式(11.20)的右端,使用同样的方法展开式(11.38)的右端可得到

$$\begin{aligned}L_6^2*(\boldsymbol{Eb}\times\boldsymbol{Db}\cdot\boldsymbol{W}_2)^2&=L_6^2*(\boldsymbol{Eb}\cdot\boldsymbol{Eb}*(\boldsymbol{Db}\cdot\boldsymbol{Db}*\boldsymbol{W}_2\cdot\boldsymbol{W}_2-(\boldsymbol{Db}\cdot\boldsymbol{W}_2)^2)+\\&\quad(\boldsymbol{Eb}\cdot\boldsymbol{Db})*(\boldsymbol{Db}\cdot\boldsymbol{W}_2*\boldsymbol{Eb}\cdot\boldsymbol{W}_2-\boldsymbol{W}_2\cdot\boldsymbol{W}_2*\boldsymbol{Db}\cdot\boldsymbol{Eb})+\\&\quad(\boldsymbol{Eb}\cdot\boldsymbol{W}_2)*(\boldsymbol{Db}\cdot\boldsymbol{Eb}*\boldsymbol{Db}\cdot\boldsymbol{W}_2-\boldsymbol{Eb}\cdot\boldsymbol{W}_2*\boldsymbol{Db}\cdot\boldsymbol{Db}))\end{aligned} \tag{11.40}$$

将式(11.8)、式(11.9)、式(11.13)、式(11.15)～式(11.19)、式(11.34)～式(11.36)分别代入式(11.39)和式(11.40)，式(11.38)可表达成如下形式：

$$
\begin{aligned}
&A_4^2 * (\boldsymbol{Db} \cdot \boldsymbol{Db} * T_8 - T_{11}) + A_2^2 * (L_1^2 * T_8 - T_{12}) + T_7^2 * (L_1^2 * \boldsymbol{Db} \cdot \boldsymbol{Db} - (\boldsymbol{Db} \cdot \boldsymbol{Eb})^2) + \\
&2 * A_2 * A_4 * (T_9 * T_{10} - T_8 * \boldsymbol{Db} \cdot \boldsymbol{Eb}) + 2 * A_4 * T_7 * (\boldsymbol{Db} \cdot \boldsymbol{Eb} * T_9 - T_{10} * \boldsymbol{Db} \cdot \boldsymbol{Db}) + \\
&2 * A_2 * T_7 * (\boldsymbol{Db} \cdot \boldsymbol{Eb} * T_{10} - L_1^2 * T_9) = L_6^2 * (L_1^2 * (\boldsymbol{Db} \cdot \boldsymbol{Db} * T_8 - T_9^2) + \\
&(\boldsymbol{Eb} \cdot \boldsymbol{Db}) * (T_9 * T_{10} - T_8 * \boldsymbol{Db} \cdot \boldsymbol{Eb}) + T_{10} * (\boldsymbol{Db} \cdot \boldsymbol{Eb} * T_9 - T_{10} * \boldsymbol{Db} \cdot \boldsymbol{Db}))
\end{aligned}
\tag{11.41}
$$

其中

$$T_8 = V^2 * (\boldsymbol{Cb} \cdot \boldsymbol{Cb} * L_1^2 - (\boldsymbol{Eb} \cdot \boldsymbol{Cb})^2) + (A_1 * A_4 - A_3 * L_1^2)^2 * \boldsymbol{Cb} \cdot \boldsymbol{Cb} \tag{11.42}$$

$$T_9 = -V * (\boldsymbol{Eb} \cdot \boldsymbol{Cb} \times \boldsymbol{Db}) + (A_1 * A_4 - A_3 * L_1^2) * (\boldsymbol{Cb} \cdot \boldsymbol{Db}) \tag{11.43}$$

$$T_{10} = (A_1 * A_4 - A_3 * L_1^2) * (\boldsymbol{Eb} \cdot \boldsymbol{Cb}) \tag{11.44}$$

$$
\begin{aligned}
T_{11} = V^2 * (&L_1^2 * (\boldsymbol{Cb} \cdot \boldsymbol{Cb} * \boldsymbol{Db} \cdot \boldsymbol{Db} - (\boldsymbol{Cb} \cdot \boldsymbol{Db})^2) + \\
&\boldsymbol{Eb} \cdot \boldsymbol{Cb} * (\boldsymbol{Cb} \cdot \boldsymbol{Db} * \boldsymbol{Eb} \cdot \boldsymbol{Db} - \boldsymbol{Db} \cdot \boldsymbol{Db} * \boldsymbol{Eb} \cdot \boldsymbol{Cb}) + \\
&\boldsymbol{Eb} \cdot \boldsymbol{Db} * (\boldsymbol{Eb} \cdot \boldsymbol{Cb} * \boldsymbol{Cb} \cdot \boldsymbol{Db} - \boldsymbol{Eb} \cdot \boldsymbol{Db} * \boldsymbol{Cb} \cdot \boldsymbol{Cb})) + \\
&(A_1 * A_4 - A_3 * L_1^2)^2 * (\boldsymbol{Cb} \cdot \boldsymbol{Db})^2 - \\
&2 * V * (A_1 * A_4 - A_3 * L_1^2) * (\boldsymbol{Cb} \cdot \boldsymbol{Db}) * (\boldsymbol{Eb} \cdot \boldsymbol{Cb} \times \boldsymbol{Db})
\end{aligned}
\tag{11.45}
$$

$$T_{12} = (A_1 * A_4 - A_3 * L_1^2)^2 * (\boldsymbol{Eb} \cdot \boldsymbol{Cb})^2 \tag{11.46}$$

此时矢量 **H** 已从式(11.13)消去，因为式(11.41)中的每一项都与矢量 **H** 无关。此外，式(11.41)与矢量 **G** 也无关。式(11.41)也是一个仅含有变量 $e^{i\theta}$ 和 $e^{i\gamma}$ 的等式，它是通过矢量消元法得到的第二个基本运动约束方程。

5. 提取式(11.27)和式(11.41)的最大公因式

为了提取式(11.27)和式(11.41)的最大公因式，首先将两式进行因式分解，分别得到

$$(L_1 - L_2 - L_3) * (L_1 + L_2 - L_3) * (L_1 - L_2 + L_3) * (L_1 + L_2 + L_3) * \mathrm{gcd} = 0 \tag{11.47}$$

$$(L_1 - L_5 - L_6) * (L_1 + L_5 - L_6) * (L_1 - L_5 + L_6) * (L_1 + L_5 + L_6) * \mathrm{gcd} = 0 \tag{11.48}$$

其中

$$
\begin{aligned}
\mathrm{gcd} = &c_1 * (\boldsymbol{Eb} \cdot \boldsymbol{Cb})^2 * (\boldsymbol{Eb} \cdot \boldsymbol{Db})^2 + c_2 * (\boldsymbol{Eb} \cdot \boldsymbol{Cb})^2 * (\boldsymbol{Eb} \cdot \boldsymbol{Db}) + \\
&c_3 * (\boldsymbol{Eb} \cdot \boldsymbol{Cb}) * (\boldsymbol{Eb} \cdot \boldsymbol{Db})^2 + c_4 * (\boldsymbol{Eb} \cdot \boldsymbol{Cb}) * (\boldsymbol{Eb} \cdot \boldsymbol{Db}) * (\boldsymbol{Eb} \cdot \boldsymbol{Cb} \times \boldsymbol{Db}) + \\
&c_5 * (\boldsymbol{Eb} \cdot \boldsymbol{Cb})^2 + c_6 * (\boldsymbol{Eb} \cdot \boldsymbol{Db})^2 + c_7 * (\boldsymbol{Eb} \cdot \boldsymbol{Cb}) * (\boldsymbol{Eb} \cdot \boldsymbol{Db}) + \\
&c_8 * (\boldsymbol{Eb} \cdot \boldsymbol{Cb}) * (\boldsymbol{Eb} \cdot \boldsymbol{Cb} \times \boldsymbol{Db}) + c_9 * (\boldsymbol{Eb} \cdot \boldsymbol{Db}) * (\boldsymbol{Eb} \cdot \boldsymbol{Cb} \times \boldsymbol{Db}) + \\
&c_{10} * (\boldsymbol{Eb} \cdot \boldsymbol{Cb} \times \boldsymbol{Db}) + c_{11} * (\boldsymbol{Eb} \cdot \boldsymbol{Cb}) + c_{12} * (\boldsymbol{Eb} \cdot \boldsymbol{Db}) + c_{13}
\end{aligned}
\tag{11.49}
$$

在式(11.49)中，系数 c_1～c_{13} 全都是 $e^{i\gamma}$ 的函数。由于系数 c_1～c_{13} 在展开后很大，因此在此表达式不予给出。系数 c_1～c_{13} 所含项数的数目在表 11.1 中给出。最大公因式 gcd 展开后是 783 项。通过分析最大公因式 gcd 的每一项，我们会发现变量 $e^{i\theta}$ 和 $e^{i\gamma}$ 的总次数不会超过±6，除系数 c_{13} 外，系数 c_1～c_{12} 中变量 $e^{i\gamma}$ 的次数不会超过±4，系数 c_1～c_{13} 中变量 $e^{i\gamma}$ 的次数也在表 11.1 中给出。

进一步分析系数 c_{13}，我们发现系数 c_{13} 中变量 $e^{i\gamma}$ 的次数是±5 的单项式，含有 L_1^2、L_1^4 或

者 L_1^6。因此，为了降低系数 c_{13} 中变量 $e^{i\gamma}$ 的次数，我们将如下等式 $L_1^2=\boldsymbol{Eb}\cdot\boldsymbol{Eb}$，$L_1^4=(\boldsymbol{Eb}\cdot\boldsymbol{Eb})^2$ 和 $L_1^6=(\boldsymbol{Eb}\cdot\boldsymbol{Eb})^3$ 代入系数 c_{13} 中，此时系数 c_{13} 中变量 $e^{i\gamma}$ 的次数将减为±4。相应的，此项代数操作会增加最大公因式 gcd 变量 $e^{i\theta}$ 的次数。但是变量 $e^{i\theta}$ 和 $e^{i\gamma}$ 的总次数不会超过±6。我们还可采用另外一种操作方式，即将如下等式 $L_1^2=\boldsymbol{Eb}\cdot\boldsymbol{Eb}$，$L_1^4=L_1^2(\boldsymbol{Eb}\cdot\boldsymbol{Eb})$ 和 $L_1^6=L_1^4(\boldsymbol{Eb}\cdot\boldsymbol{Eb})$ 代入系数 c_{13} 中。对于这两种情况，系数 c_{13} 的表达式分别如下：

表 11.1　系数 $c_1\sim c_{13}$ 中变量 $e^{i\gamma}$ 的次数以及展开后所含项数数量

	c_1	c_2	c_3	c_4	c_5	c_6	c_7	c_8	c_9	c_{10}	c_{11}	c_{12}	c_{13}
项数目	6	30	30	3	56	56	119	9	9	19	105	105	236
$e^{i\gamma}$ 次数	±2	±3	±3	±2	±4	±4	±4	±3	±3	±4	±4	±4	±5

$$\begin{aligned}c_{13}&=m_1L_1^2L_2^4L_6^4+m_2L_1^4L_2^4L_6^2+m_3L_1^4L_2^2L_6^4+m_4L_1^6L_2^2L_6^2+m_5L_1^6L_2^4+m_6L_1^6L_6^4+c_{14}\\&=m_1(\boldsymbol{Eb}\cdot\boldsymbol{Eb})L_2^4L_6^4+m_2(\boldsymbol{Eb}\cdot\boldsymbol{Eb})^2L_2^4L_6^2+m_3(\boldsymbol{Eb}\cdot\boldsymbol{Eb})^2L_2^2L_6^4+\\&\quad m_4(\boldsymbol{Eb}\cdot\boldsymbol{Eb})^3L_2^2L_6^2+m_5(\boldsymbol{Eb}\cdot\boldsymbol{Eb})^3L_2^4+m_6(\boldsymbol{Eb}\cdot\boldsymbol{Eb})^3L_6^4+c_{14}\end{aligned}$$

$$\begin{aligned}c_{13}&=m_1L_1^2L_2^4L_6^4+m_2L_1^4L_2^4L_6^2+m_3L_1^4L_2^2L_6^4+m_4L_1^6L_2^2L_6^2+m_5L_1^6L_2^4+m_6L_1^6L_6^4+c_{14}\\&=m_1(\boldsymbol{Eb}\cdot\boldsymbol{Eb})L_2^4L_6^4+m_2(\boldsymbol{Eb}\cdot\boldsymbol{Eb})L_1^2L_2^4L_6^2+m_3(\boldsymbol{Eb}\cdot\boldsymbol{Eb})L_1^2L_2^2L_6^4+\\&\quad m_4(\boldsymbol{Eb}\cdot\boldsymbol{Eb})L_1^4L_2^2L_6^2+m_5(\boldsymbol{Eb}\cdot\boldsymbol{Eb})L_1^4L_2^4+m_6(\boldsymbol{Eb}\cdot\boldsymbol{Eb})L_1^4L_6^4+c_{14}\end{aligned}$$

其中 $m_1\sim m_6$ 是机构几何参数的表达式，c_{14} 是系数 c_{13} 中变量 $e^{i\gamma}$ 的次数没超过±4 的各单项式的符号表达式。

6. 消去变量 $e^{i\theta}$

此时，一般 5-5B 台体型并联机构的位置正解问题已经转换为含有变量 $e^{i\theta}$ 和 $e^{i\gamma}$ 的两个多项式式(11.8)和式(11.49)的求解问题。式(11.8)和式(11.49)是从 8 个基本约束方程和一个体积等式通过矢量消元法推导出来的。式(11.8)和式(11.49)可用来实现该机构位置正解的数学机械化求解，我们仅需要输入相应的几何结构参数，即可求得相应的变量。

通过分析等式(11.8)和式(11.49)，我们发现等式(11.8)和式(11.49)中变量 $e^{i\theta}$ 和 $e^{i\gamma}$ 的总次数和分别是±1 和±4。通过变量替换，令 $t_1=e^{i\theta}$，$t_2=e^{i\gamma}$，然后构造式(11.8)和式(11.49)的 Sylvester 结式，并展开该 Sylvester 结式，其每一项变量 t_2 的次数如下所示：

$$\begin{pmatrix}\pm2&\pm3&\pm4&\pm4&\pm4&\pm4&\pm4&\pm3&\pm2&\\&\pm2&\pm3&\pm4&\pm4&\pm4&\pm4&\pm4&\pm3&\pm2\\0&\pm1&0&&&&&&&\\&0&\pm1&0&&&&&&\\&&0&\pm1&0&&&&&\\&&&0&\pm1&0&&&&\\&&&&0&\pm1&0&&&\\&&&&&0&\pm1&0&&\\&&&&&&0&\pm1&0&\\&&&&&&&0&\pm1&0\end{pmatrix}\begin{pmatrix}t_1^{-4}\\t_1^{-3}\\t_1^{-2}\\t_1^{-1}\\1\\t_1^1\\t_1^2\\t_1^3\\t_1^4\\t_1^5\end{pmatrix}=\boldsymbol{0}\qquad(11.50)$$

等式(11.50)可以简化写为

$$\boldsymbol{S}(t_1^{-4},t_1^{-3},t_1^{-2},t_1^{-1},1,t_1,t_1^2,t_1^3,t_1^4,t_1^5)^{\mathrm T}=\boldsymbol{0}$$

其中 $\boldsymbol{S}$ 是一个矩阵，其每一个元素是变量 t_2 的多项式，每一个元素变量 t_2 的次数在式(11.50)给出。$\boldsymbol{0}$ 表示的是一个 10×1 的列向量。

根据 Sylvester 结式消元法，矩阵 $\boldsymbol{S}$ 的行列式为 0 是等式(11.8)和式(11.49)有公共解的充分必要条件，即 $\det(\boldsymbol{S})=0$，它是一个单变量 t_2 的多项式方程。

接下来，首先我们分析矩阵 $\boldsymbol{S}$ 的行列式 $\det(\boldsymbol{S})$ 中变量 t_2 的最高正向次数。矩阵的第一列、第二列、第九列和第十列分别乘以 t_2^2、t_2、t_2 和 t_2^2，此时行列式 $\det(\boldsymbol{S})$ 变为如下形式：

$$
\frac{t_2^6\begin{vmatrix}
2 & 3 & 4 & 4 & 4 & 4 & 4 & 3 & 2 & \infty \\
\infty & 2 & 3 & 4 & 4 & 4 & 4 & 4 & 3 & 2 \\
0 & 1 & 0 & \infty & \infty & \infty & \infty & \infty & \infty & \infty \\
\infty & 0 & 1 & 0 & \infty & \infty & \infty & \infty & \infty & \infty \\
\infty & \infty & 0 & 1 & 0 & \infty & \infty & \infty & \infty & \infty \\
\infty & \infty & \infty & 0 & 1 & 0 & \infty & \infty & \infty & \infty \\
\infty & \infty & \infty & \infty & 0 & 1 & 0 & \infty & \infty & \infty \\
\infty & \infty & \infty & \infty & \infty & 0 & 1 & 0 & \infty & \infty \\
\infty & \infty & \infty & \infty & \infty & \infty & 0 & 1 & 0 & \infty \\
\infty & \infty & \infty & \infty & \infty & \infty & \infty & 0 & 1 & 0
\end{vmatrix}}{t_2^6}
$$

$$
=\frac{\begin{vmatrix}
4 & 4 & 4 & 4 & 4 & 4 & 4 & 3 & 3 & \infty \\
\infty & 3 & 3 & 4 & 4 & 4 & 4 & 4 & 4 & 4 \\
2 & 2 & 0 & \infty & \infty & \infty & \infty & \infty & \infty & \infty \\
\infty & 1 & 1 & 0 & \infty & \infty & \infty & \infty & \infty & \infty \\
\infty & \infty & 0 & 1 & 0 & \infty & \infty & \infty & \infty & \infty \\
\infty & \infty & \infty & 0 & 1 & 0 & \infty & \infty & \infty & \infty \\
\infty & \infty & \infty & \infty & 0 & 1 & 0 & \infty & \infty & \infty \\
\infty & \infty & \infty & \infty & \infty & 0 & 1 & 0 & \infty & \infty \\
\infty & \infty & \infty & \infty & \infty & \infty & 0 & 1 & 1 & \infty \\
\infty & \infty & \infty & \infty & \infty & \infty & \infty & 0 & 2 & 2
\end{vmatrix}}{t_2^6}
$$

$$
\leqslant\frac{\begin{vmatrix}
4 & 4 & 4 & 4 & 4 & 4 & 4 & 4 & 4 & \infty \\
\infty & 4 & 4 & 4 & 4 & 4 & 4 & 4 & 4 & 4 \\
2 & 2 & 2 & \infty & \infty & \infty & \infty & \infty & \infty & \infty \\
\infty & 1 & 1 & 1 & \infty & \infty & \infty & \infty & \infty & \infty \\
\infty & \infty & 1 & 1 & 1 & \infty & \infty & \infty & \infty & \infty \\
\infty & \infty & \infty & 1 & 1 & 1 & \infty & \infty & \infty & \infty \\
\infty & \infty & \infty & \infty & 1 & 1 & 1 & \infty & \infty & \infty \\
\infty & \infty & \infty & \infty & \infty & 1 & 1 & 1 & \infty & \infty \\
\infty & \infty & \infty & \infty & \infty & \infty & 1 & 1 & 1 & \infty \\
\infty & \infty & \infty & \infty & \infty & \infty & \infty & 2 & 2 & 2
\end{vmatrix}}{t_2^6}=\frac{t_2^{18}}{t_2^6}=t_2^{12} \tag{11.51}
$$

式中，∞表示该元素不含变量 t_2。

从式(11.51)很容易看出，新行列式的第一行和第二行变量 t_2 的最高次数不会超过 4，第三行和第十行的变量 t_2 的最高次数不会超过 2,其他六行变量 t_2 的最高次数不会超过 1。因此,新行列式变量 t_2 的最高次数不会超过 18,即行列式 det(**S**)中变量 t_2 的最高正向次数不会超过 12。

行列式 det(**S**)中变量 t_2 的最高负向次数的分析过程和上面一致,我们可得出行列式 det(**S**)中变量 t_2 的最高负向次数不会小于−12。因此,行列式 det(**S**)能够表达成如下形式:

$$B_{12} * t_2^{12} + B_{11} * t_2^{11} + \cdots + B_1 * t_2 + C + D_1 * t_2^{-1} + \cdots + D_{11} * t_2^{-11} + D_{12} * t_2^{-12} = 0 \tag{11.52}$$

其中系数 B_i、D_i($i=1,\cdots,12$)和 C 是由 5-5B 台体型并联机构的几何参数决定的,由于符号变量较多,系数 B_i、D_i($i=1,\cdots,12$)和 C 不能完全符号展开。由此,我们推导出了一个 24 阶的单变量 t_2 多项式方程。

7. 求解其他变量

通过求解式(11.52),我们可以得到变量 t_2 在复数域内的全部 24 组解。将 t_2 的值回代入式(11.8)和式(11.49),即可线性解出对应的变量 t_1。

将变量 t_1 和 t_2 代入式(11.1)中,可直接求出点 E 的坐标。点 G、H、M、N 的坐标可通过下面几个式子求出:

$$\boldsymbol{G} = \boldsymbol{B} + (A_1 * \boldsymbol{Cb} \times \boldsymbol{W}_1 + A_5 * \boldsymbol{W}_1 \times \boldsymbol{Eb} + T_1 * \boldsymbol{Eb} \times \boldsymbol{Cb}) / (\boldsymbol{Eb} \times \boldsymbol{Cb} \cdot \boldsymbol{W}_1)$$

$$\boldsymbol{H} = \boldsymbol{B} + (A_4 * \boldsymbol{Db} \times \boldsymbol{W}_2 + A_2 * \boldsymbol{W}_2 \times \boldsymbol{Eb} + T_7 * \boldsymbol{Eb} \times \boldsymbol{Db}) / (\boldsymbol{Eb} \times \boldsymbol{Db} \cdot \boldsymbol{W}_2)$$

$$\boldsymbol{M} = \boldsymbol{B} + (\boldsymbol{Mb} \cdot \boldsymbol{Eb} * \boldsymbol{Gb} \times \boldsymbol{Hb} + \boldsymbol{Mb} \cdot \boldsymbol{Gb} * \boldsymbol{Hb} \times \boldsymbol{Eb} + \boldsymbol{Mb} \cdot \boldsymbol{Hb} * \boldsymbol{Eb} \times \boldsymbol{Gb}) / (\boldsymbol{Eb} \times \boldsymbol{Gb} \cdot \boldsymbol{Hb})$$

$$\boldsymbol{N} = \boldsymbol{B} + (\boldsymbol{Nb} \cdot \boldsymbol{Eb} * \boldsymbol{Gb} \times \boldsymbol{Hb} + \boldsymbol{Nb} \cdot \boldsymbol{Gb} * \boldsymbol{Hb} \times \boldsymbol{Eb} + \boldsymbol{Nb} \cdot \boldsymbol{Hb} * \boldsymbol{Eb} \times \boldsymbol{Gb}) / (\boldsymbol{Eb} \times \boldsymbol{Gb} \cdot \boldsymbol{Hb})$$

其中,

$$\boldsymbol{Mb} \cdot \boldsymbol{Eb} = (R_7^2 + L_1^2 - L_7^2)/2$$

$$\boldsymbol{Mb} \cdot \boldsymbol{Gb} = (R_7^2 + L_2^2 - L_{10}^2)/2$$

$$\boldsymbol{Mb} \cdot \boldsymbol{Hb} = (R_7^2 + L_6^2 - L_{11}^2)/2$$

$$\boldsymbol{Nb} \cdot \boldsymbol{Eb} = (R_8^2 + L_1^2 - L_{12}^2)/2$$

$$\boldsymbol{Nb} \cdot \boldsymbol{Gb} = (R_8^2 + L_2^2 - L_9^2)/2$$

$$\boldsymbol{Nb} \cdot \boldsymbol{Hb} = (R_8^2 + L_6^2 - L_{13}^2)/2$$

11.1.3 数值实例

为了验证算法的有效性,给定如表 11.2 所示的结构参数及输入数据。将表 11.2 中已知参数代入式(11.50),采用计算机代数系统 Mathematica,得到全部 24 组位置正解,由于篇幅限制,这里只给出 12 组实数解(如表 11.3 所示)以及与其对应的机构构型(如图 11.3 所示)。经逆运动学分析验证,全部 24 组解都满足原方程组,无增根、无漏根。

表 11.2 实例 1 的输入参数(量纲一)

	P	**Q**	**B**	**C**	**D**		**E**	**G**	**H**	**M**	**N**
X	0.00	0.00	2.10	0.00	3.80	X'	3.23	3.23	1.53	−1.00	0.80
Y	0.00	0.00	0.75	3.80	4.50	Y'	−2.58	3.66	5.43	0.00	0.00
Z	−1.30	1.80	2.97	5.40	−1.00	Z'	−1.51	0.80	0.00	0.00	0.00
$R_3=8.3506$, $R_4=6.8785$, $R_5=7.1197$, $R_6=7.2277$, $R_7=5.0304$, $R_8=4.9945$											

表 11.3　实例 1 的 12 组实数位置正解(量纲一)

i	$e^{i\theta}$	$e^{i\gamma}$		E	M	N	G	H
1	0.702 0 +0.712 2i	−0.744 5 +0.667 7i	X	4.914 1	1.769 5	1.879 1	−1.121 9	−1.910 9
			Y	4.985 2	1.392 4	3.094 9	6.220 9	5.233 1
			Z	0	−2.008 2	−1.434 3	−2.512 9	−4.763 3
2	0.958 2 +0.286 2i	−0.813 9 +0.580 9i	X	6.707 2	2.756 5	4.440 7	7.131 7	6.102 8
			Y	2.003 2	5.250 76	4.834 0	7.679 7	9.890 5
			Z	0	0.821 2	1.300 5	3.445 5	2.599 1
3	0.110 7 +0.993 9i	−0.337 5 +i 0.941 3i	X	0.774 7	2.421 4	2.891 0	7.141 5	8.195 2
			Y	6.957 0	5.469 8	5.681 5	5.871 9	6.783 5
			Z	0	4.680 4	2.955 6	1.600 1	3.773 0
4	−0.234 3 +0.972 2i	0.036 15 +0.999 3i	X	−1.639 8	2.626 0	0.835 4	−1.629 1	−0.075 22
			Y	6.805 2	3.990 2	3.929 7	0.488 4	−0.340 2
			Z	0	−0.841 7	−0.668 0	−2.090 8	−3.978 1
5	0.187 4 −0.982 3i	0.405 4 +0.914 1i	X	1.311 7	−0.880 3	0.052 13	0.319 4	−1.916 9
			Y	−6.876 0	−3.301 8	−3.570 2	−0.529 1	0.687 1
			Z	0	3.041 4	1.525 3	−1.733 7	−1.306 0
6	0.374 5 +0.927 2i	0.456 7 −0.889 6i	X	2.621 6	4.185 1	4.627 7	7.835 7	7.722 1
			Y	6.490 6	1.782 6	3.246 4	3.249 7	0.759 3
			Z	0	−1.489 9	−0.540 5	2.565 9	3.235 3
7	0.056 12 −0.998 4i	0.658 2 +0.752 8i	X	0.392 9	1.024 3	1.362 6	4.513 5	6.090 4
			Y	−6.989 0	−1.971 7	−3.261 6	−2.881 8	−1.253 7
			Z	0	−1.121 5	0.087 59	3.228 9	1.993 8
8	0.968 8 −0.247 7i	0.293 6 −0.955 9i	X	6.781 8	6.154 4	6.874 7	8.138 8	6.521 0
			Y	−1.734 0	−1.306 22	−0.541 582	3.739 30	4.670 0
			Z	0	5.123 8	3.662 1	3.532 0	5.315 2
9	0.156 5 +0.987 7i	0.621 5 −0.783 4i	X	1.095 8	−2.083 2	−1.094 0	0.132 4	0.121 0
			Y	6.913 7	3.405 5	3.812 2	0.776 3	−1.310 3
			Z	0	2.101 3	0.653 5	−2.382 8	−0.863 3
10	0.725 7 +0.688 0i	0.202 1 −0.979 4i	X	5.080 0	0.437 3	1.296 4	−0.720 8	−2.586 3
			Y	4.816 0	5.436 7	5.107 0	3.341 0	2.038 9
			Z	0	2.211 4	0.664 4	−2.906 8	−1.687 2
11	0.529 4 −0.848 4i	0.822 6 −0.568 6i	X	3.705 9	1.673 6	3.149 2	6.490 6	5.141 9
			Y	−5.938 6	−4.060 3	−4.118 3	−1.179 8	0.816 3
			Z	0	4.378 5	3.349 4	3.724 7	4.651 9
12	0.686 0 −0.727 6i	0.685 3 −0.728 2i	X	4.801 9	4.143 5	3.308 5	−1.090 0	−1.488 5
			Y	−5.093 3	−0.188 7	−1.745 4	−2.037 5	0.344 3
			Z	0	−1.529 8	−1.184 3	−0.470 9	0.440 8

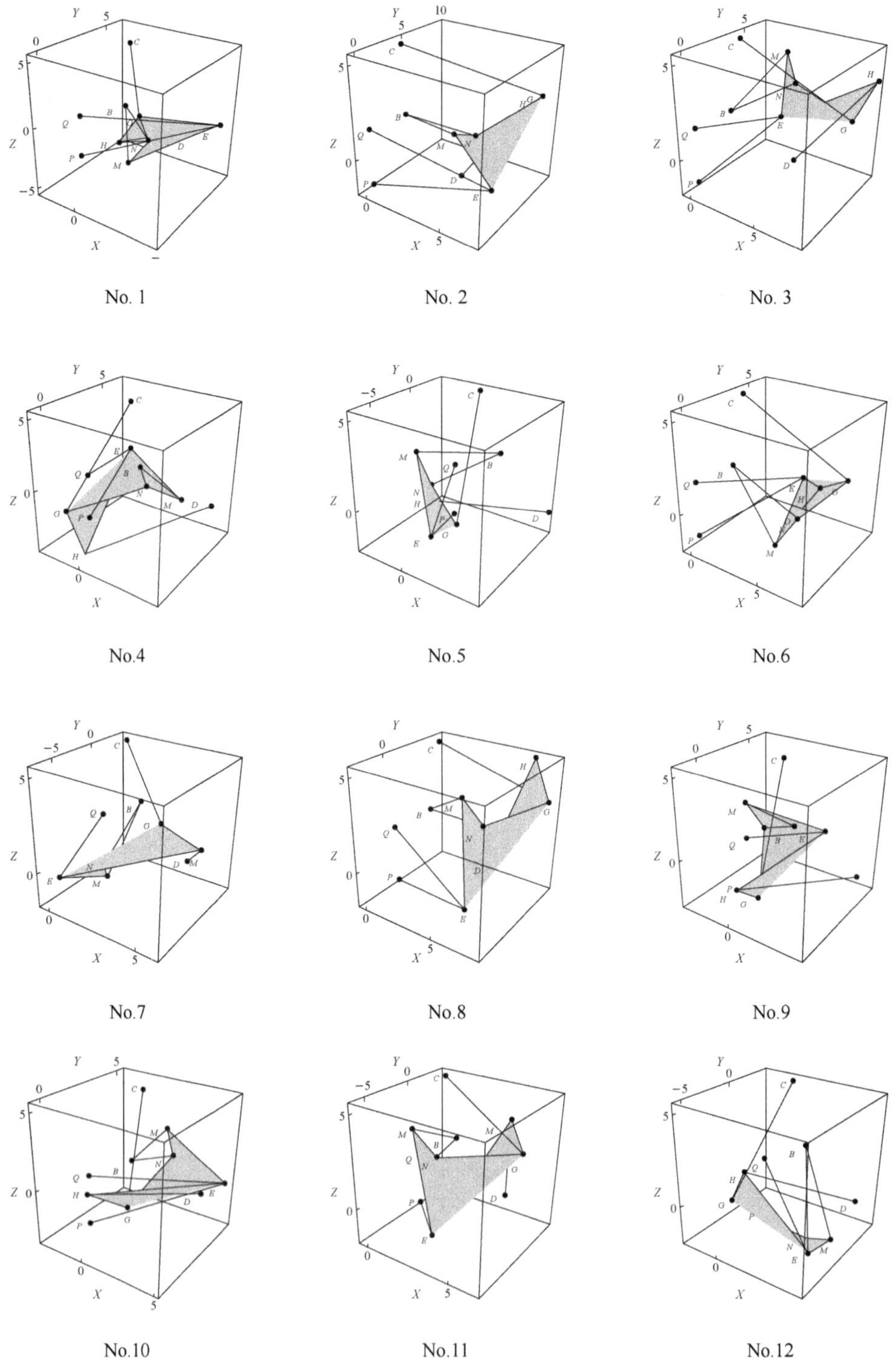

图 11.3　12 组实数解对应的 5-5B 台体型并联机构构型

11.2　一般 6-6 型 Stewart 平台并联机构的正运动学分析

11.2.1　运动约束方程的建立

图 11.4 为一般 6-6 型平台并联机构，其上、下平台的六个球铰中心分别位于同一个平面中，并由六条支链把球铰用滑动副相连。在上、下平台球铰中心平面中任取点 O_2、O_1 为原点，分别建立与上、下平台固定连接的动坐标系$\{O_2\text{-}x_2y_2z_2\}$、基坐标系$\{O_1\text{-}x_1y_1z_1\}$，坐标轴 z_2、z_1 分别垂直于上、下平台。只要能求出动坐标系$\{O_2\text{-}x_2y_2z_2\}$到基坐标系$\{O_1\text{-}x_1y_1z_1\}$的旋转变换矩阵 $\boldsymbol{R}$ 和平移矢量 $\boldsymbol{P}$，就可以确定上平台相对下平台的空间位姿。

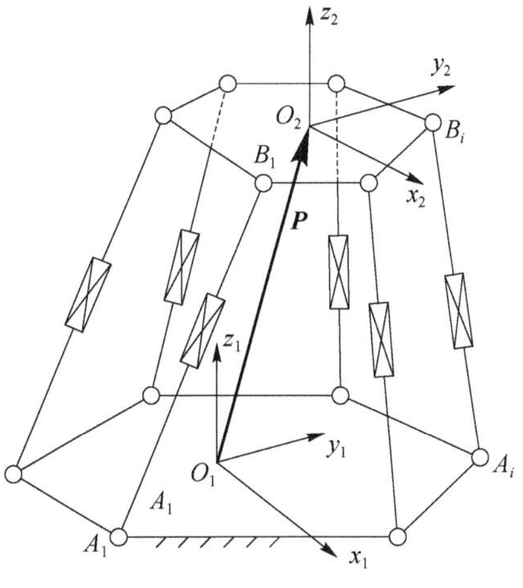

图 11.4　一般 6-6 型平台并联机构

设点 A_i 在基坐标系$\{O_1\text{-}x_1y_1z_1\}$中的坐标为$(a_{xi},\ a_{yi},\ 0)^{\mathrm{T}}$，动坐标系原点 O_2 在基坐标系$\{O_1\text{-}x_1y_1z_1\}$中的坐标为$(x,y,z)^{\mathrm{T}}$，点 B_i 在动坐标系$\{O_2\text{-}x_2y_2z_2\}$中的坐标为$(b_{xi},\ b_{yi},\ 0)^{\mathrm{T}}$，$A_iB_i$ 的长度为 L_i，动坐标系$\{O_2\text{-}x_2y_2z_2\}$到基坐标系$\{O_1\text{-}x_1y_1z_1\}$的旋转变换矩阵为

$$\boldsymbol{R}=\begin{pmatrix} r_1 & r_4 & r_7 \\ r_2 & r_5 & r_8 \\ r_3 & r_6 & r_9 \end{pmatrix} \tag{11.53}$$

根据空间矢量关系有

$$\boldsymbol{B}_i\boldsymbol{A}_i=\boldsymbol{R}\boldsymbol{B}_i+\boldsymbol{P}-\boldsymbol{A}_i \qquad (i=1,2,\cdots,6) \tag{11.54}$$

其中，$\boldsymbol{A}_i=(a_{xi},a_{yi},0)^{\mathrm{T}}$，$\boldsymbol{B}_i=(b_{xi},b_{yi},0)^{\mathrm{T}}$，$\boldsymbol{P}=(x,y,z)^{\mathrm{T}}$。

由杆长约束条件有

$$L_i^2=(\boldsymbol{R}\boldsymbol{B}_i+\boldsymbol{P}-\boldsymbol{A})^{\mathrm{T}}(\boldsymbol{R}\boldsymbol{B}_i+\boldsymbol{P}-\boldsymbol{A}) \qquad (i=1,2,\cdots,6) \tag{11.55}$$

将式(11.53)代入式(11.55)，得

$$\begin{aligned}&(b_{xi}r_1+b_{yi}r_4+x-a_{xi})^2+(b_{xi}r_2+b_{yi}r_5+y-a_{yi})^2+\\&(b_{xi}r_3+b_{yi}r_6+z)^2-L_i^2=0 \qquad (i=1,2,\cdots,6)\end{aligned} \tag{11.56}$$

由于旋转矩阵 $\boldsymbol{R}$ 是单位正交的，有

$$r_1^2+r_2^2+r_3^2-1=0 \tag{11.57}$$

$$r_4^2+r_5^2+r_6^2-1=0 \tag{11.58}$$

$$r_1r_4+r_2r_5+r_3r_6=0 \tag{11.59}$$

$$r_2r_6-r_3r_5-r_7=0 \tag{11.60}$$

$$r_3r_4-r_1r_6-r_8=0 \tag{11.61}$$

$$r_1r_5-r_2r_4-r_9=0 \tag{11.62}$$

式(11.56)～式(11.62)共含有12个未知量 $r_1\sim r_9$，x，y 和 z，式(11.56)～式(11.59)不包含变量 $r_7\sim r_9$。如果已知 $r_1\sim r_6$，可以由式(11.60)～式(11.62)非常容易求得 $r_7\sim r_9$，因此，式(11.56)～式(11.59)是一般6-6型平台并联机构正运动学分析的关键与难点，待求变量为 $r_1\sim r_6$，x，y 和 z 共9个。

11.2.2 消元过程

1. 消去运动约束方程中的6个变量

引入三个替换变量，设

$$u=r_1x+r_2y+r_3z \tag{11.63}$$

$$v=r_4x+r_5y+r_6z \tag{11.64}$$

$$w-x^2+y^2+z^2 \tag{11.65}$$

将式(11.63)～式(11.65)代入式(11.56)有

$$a_{xi}b_{xi}r_1+a_{yi}b_{xi}r_2-b_{xi}u+a_{xi}b_{yi}r_4+a_{yi}b_{yi}r_5-b_{yi}v+a_{xi}x+a_{yi}y-w/2+m_i=0 \quad (i=1,2,\cdots,6) \tag{11.66}$$

其中，$m_i=(L_i^2-a_{xi}^2-a_{yi}^2-b_{xi}^2-b_{yi}^2)/2$。

式(11.66)是关于变量 r_1、r_2、r_4、r_5、u、v、x、y、w 的线性方程组，写成矩阵形式为

$$\boldsymbol{M}_{6\times 10}\boldsymbol{t}=0 \tag{11.67}$$

其中，矩阵 $\boldsymbol{M}_{6\times 10}$ 的第 i 行形式为 $(a_{xi}b_{xi},a_{yi}b_{xi},-b_{xi},a_{xi}b_{yi},a_{yi}b_{yi},-b_{yi},a_{xi},a_{yi},-1/2,m_i)$，$\boldsymbol{t}=(r_1,r_2,u,r_4,r_5,v,x,y,w,1)^{\mathrm{T}}$。

将式(11.66)看成关于变量 r_1、r_2、r_4、r_5、u、v 的线性方程组，由Cramer法则有

$$a_0r_1+a_{11}x+a_{12}y+a_{13}w+a_{14}=0 \tag{11.68}$$

$$a_0r_2+a_{21}x+a_{22}y+a_{23}w+a_{24}=0 \tag{11.69}$$

$$a_0u+a_{31}x+a_{32}y+a_{33}w+a_{34}=0 \tag{11.70}$$

$$a_0r_4+a_{41}x+a_{42}y+a_{43}w+a_{44}=0 \tag{11.71}$$

$$a_0r_5+a_{51}x+a_{52}y+a_{53}w+a_{54}=0 \tag{11.72}$$

$$a_0v+a_{61}x+a_{62}y+a_{63}w+a_{64}=0 \tag{11.73}$$

其中，$a_0=\det(c_1,c_2,c_3,c_4,c_5,c_6)$，$a_{ij}=\det(c_1,\cdots,c_{i-1},c_{j+6},c_{i+1},\cdots,c_6)$，$c_j$ 为矩阵 $\boldsymbol{M}_{6\times 10}$ 的第 j 列。

由式(11.68)～式(11.73)可知，只要求出变量 x、y、w，其他6个变量很容易得到求解。

2. 结式构造过程

由式(11.57)～式(11.59)，式(11.63)～式(11.65)有

$$f_1=r_3^2=1-r_1^2-r_2^2=1-a_0^{-2}(A^2+B^2) \tag{11.74}$$

$$f_2=r_6^2=1-r_4^2-r_5^2=1-a_0^{-2}(D^2+F^2) \tag{11.75}$$

$$f_3=r_3r_6=-r_1r_4-r_2r_5=-a_0^{-2}(AD+BF) \tag{11.76}$$

$$f_4=r_3z=u-r_1x-r_2y=a_0^{-1}(-C+Ax+By) \tag{11.77}$$

$$f_5=r_6z=v-r_4x-r_5y=a_0^{-1}(-G+Dx+Fy) \tag{11.78}$$

$$f_6=z^2=w-x^2-y^2 \tag{11.79}$$

其中，

$$A=a_{11}x+a_{12}y+a_{13}w+a_{14} \tag{11.80}$$

$$B=a_{21}x+a_{22}y+a_{23}w+a_{24} \tag{11.81}$$

$$C=a_{31}x+a_{32}y+a_{33}w+a_{34} \tag{11.82}$$

$$D=a_{41}x+a_{42}y+a_{43}w+a_{44} \tag{11.83}$$

$$F=a_{51}x+a_{52}y+a_{53}w+a_{54} \tag{11.84}$$

$$G=a_{61}x+a_{62}y+a_{63}w+a_{64} \tag{11.85}$$

由式(11.74)～式(11.79)左边等式，有下列关系式：

$$h_1=f_1f_6-f_4^2=0 \tag{11.86}$$

$$h_2=f_2f_6-f_5^2=0 \tag{11.87}$$

$$h_3=f_3f_6-f_4f_5=0 \tag{11.88}$$

$$h_4=f_1f_5-f_3f_4=0 \tag{11.89}$$

$$h_5=f_2f_4-f_3f_5=0 \tag{11.90}$$

$$h_6=f_1f_2-f_3^2=0 \tag{11.91}$$

式(11.86)～式(11.91)中，变量 x、y、w 的最高次数均不超过 4 次。

此外，式(11.86)～式(11.91)也可以通过求解分次字典序 Gröbner 基获得，具体步骤如下。

由式(11.74)～式(11.79)有

$$q_1=f_1-r_3^2 \tag{11.92}$$

$$q_2=f_2-r_6^2 \tag{11.93}$$

$$q_3=f_3-r_3r_6 \tag{11.94}$$

$$q_4=f_4-r_3z \tag{11.95}$$

$$q_5=f_5-r_6z \tag{11.96}$$

$$q_6=f_6-z^2 \tag{11.97}$$

以 r_3、r_6、z 为变量，应用 Mathematica 软件提供的 GroebnerBasis 命令，按照单项式的分次字典序排列 $r_3>r_6>z$，计算式 $q_i(i=1,\cdots,6)$的分次字典序 Gröbner 基，得到 20 组基，其中与 $f_i(i=1,\cdots,6)$相关的基有 6 组，即式(11.86)～式(11.91)。

同理，可以构造其他 9 个关系式。改写式(11.74)～式(11.79)，有

$$f_1=1-a_0^{-2}(A^2+B^2) \tag{11.98}$$

$$f_2=1-a_0^{-2}(D^2+F^2) \tag{11.99}$$

$$f_3=-a_0^{-2}(AD+BF) \tag{11.100}$$

$$f_4=a_0^{-1}(-C+Ax+By) \tag{11.101}$$

$$f_5=a_0^{-1}(-G+Dx+Fy) \tag{11.102}$$

$$f_6 = w - x^2 - y^2 \tag{11.103}$$

式(11.98)～式(11.103)中不代入变量 A、B、C、D、F、G 的值，在 Mathematica 中运行以下两条指令，可计算得到 h_1、h_2、h_3、h_4、h_5、h_6 的分次字典序约化 Gröbner 基：

```
GroebnerBasis[{h1, h2, h3, h4, h5, h6},{A, B, C, D, F, G, x, y, w}, MonomialOrder→DegreeLexicographic],
```

或

```
GroebnerBasis[{h1, h2, h3, h4, h5, h6},{A, B, C, D,F,G,x,y,w},MonomialOrder→DegreeReverseLexicographic],
```

都能得到 26 个基，其中有 15 个基为 x、y、w 的 4 次方程，其他基为 5 次。由于使用这 15 个次数较低的基已经可以构造出 15×15 的 Sylvester 结式，所以把次数高于 4 次的其他基舍弃。在 15 个基中包括式(11.86)～式(11.91)，其他 9 个基如下：

$$\begin{aligned} h_7 = {} & C^2D - ACG - a_0^2Dw + B^2Dw - ABFw + BCFx + \\ & a_0^2Gx - B^2Gx - 2BCDy + ACFy + ABGy - a_0^2Fxy + a_0^2Dy^2 \end{aligned} \tag{11.104}$$

$$\begin{aligned} h_8 = {} & -C^2F + BCG + ABDw - A^2Fw + a_0^2Fw - BCDx + \\ & 2ACFx - ABGx - a_0^2Fx^2 - aCDy + a^2Gy - a_0^2Gy + a_0^2Dxy \end{aligned} \tag{11.105}$$

$$\begin{aligned} h_9 = {} & -CDG + AG^2 - a_0^2Aw - BDFw + AF^2w + a_0^2Cx - CF^2x + \\ & BFGx + CDFy + BDGy - 2AFGy - a_0^2Bxy + a_0^2Ay^2 \end{aligned} \tag{11.106}$$

$$\begin{aligned} h_{10} = {} & CFG - BG^2 + a_0^2Bw - BD^2w + ADFw - CDFx + \\ & 2BDGx - AFGx - a_0^2Bx^2 - a_0^2Cy + CD^2y - ADGy + a_0^2Axy \end{aligned} \tag{11.107}$$

$$\begin{aligned} h_{11} = {} & -a_0^2AC - BCDF + ACF^2 - a_0^2DG + B^2DG - ABFG + \\ & a_0^4x - a_0^2B^2x - a_0^2F^2x + a_0^2ABy + a_0^2DFy \end{aligned} \tag{11.108}$$

$$\begin{aligned} h_{12} = {} & a_0^2BC - BCD^2 + ACDF + ABDG - A^2FG + \\ & a_0^2FG - a_0^2ABx - a_0^2DFx + a_0^2A^2y - a_0^4y + a_0^2D^2y \end{aligned} \tag{11.109}$$

$$\begin{aligned} h_{14} = {} & -C^2DF + BCDG + ACFG - ABG^2 + a_0^2ABw + \\ & a_0^2DFw - a_0^2BCx - a_0^2FGx - a_0^2ACy - a_0^2DGy + a_0^4xy \end{aligned} \tag{11.111}$$

$$\begin{aligned} h_{13} = {} & a_0^2C^2 - C^2F^2 + 2BCFG + a_0^2G^2 - B^2G^2 - a_0^4w + \\ & a_0^2B^2w + a_0^2F^2w - 2a_0^2BCy - 2a_0^2FGy + a_0^4y^2 \end{aligned} \tag{11.110}$$

$$\begin{aligned} h_{15} = {} & a_0^2C^2 - C^2D^2 + 2ACDG - A^2G^2 + a_0^2G^2 + \\ & a_0^2A^2w - a_0^4w + a_0^2D^2w - 2a_0^2ACx - 2a_0^2DGx + a_0^4x^2 \end{aligned} \tag{11.112}$$

经检验，其变量 x、y、w 的最高次数均不超过 4 次。同时，式(11.104)～式(11.112)也可以表达为

$$h_7 = -a_0^2Dh_1 + a_0^2Ah_3 - a_0^3xh_4 = 0 \tag{11.113}$$

$$h_8 = a_0^2Fh_1 - a_0^2Bh_3 + a_0^3yh_4 = 0 \tag{11.114}$$

$$h_9 = a_0^2Dh_3 - a_0^2Ah_2 - a_0^3xh_5 = 0 \tag{11.115}$$

$$h_{10} = -a_0^2Fh_3 + a_0^2Bh_2 + a_0^3yh_5 = 0 \tag{11.116}$$

$$h_{11} = a_0^3Ah_5 + a_0^3Dh_4 + a_0^4xh_6 = 0 \tag{11.117}$$

$$h_{12} = -a_0^3Bh_5 - a_0^3Fh_4 - a_0^4yh_6 = 0 \tag{11.118}$$

$$h_{13} = -Fh_7 - Bh_9 + yh_{11} = 0 \tag{11.119}$$

$$h'_{14}=-Ch_5+Dh_7+Bh_{10}-a_0^4h_2-xh_{11} \tag{11.120}$$

$$h'_{15}=h'_{14}-Dh_7-Fh_8-Ah_9-Bh_{10}+xh_{11}+yh_{12} \tag{11.121}$$

对式(11.120)、式(11.121)进行简化，得到

$$h_{14}=Ch_5-Dh_7-Bh_{10}+xh_{11}=0 \tag{11.122}$$

$$h_{15}=-Ch_5-Fh_8-Ah_9+yh_{12}=0 \tag{11.123}$$

式(11.86)～式(11.91)、式(11.113)～式(11.119)以及式(11.122)～式(11.123)为本节推导出的 15 个多项式。在以下求解一般 6-6 型平台并联机构正运动学分析中，可以直接应用式推导出的 15 个多项式进行求解，而不必重复求解分次字典序 Gröbner 基的步骤。

由 Gröbner 基理论知，单项式的序确定后，其相应的分次字典序 Gröbner 基是唯一的，对于不同的单项式序，可以得到不同的分次字典序 Gröbner 基。于是，尝试对不同的变量排序进行 Gröbner 求解，得到了不同的分次字典序 Gröbner 基，数量也不相同，例如按单项式的分次字典序排列 $B>C>D>F>G>x>y>w>A$，可以得到 15 个 Gröbner 基，但总有 15 个基的次数为 4 次，用它们构造结式都能获得正确的结果。也就是说，理论上存在多个不同的结式都可以获得该机构的正运动学分析，即构造的 Sylvester 结式并不是唯一的。

3. 一元高次输入输出方程

对于前面导出的 15 个多项式，可以写成矩阵形式：

$$\boldsymbol{M}_{15\times 15}\boldsymbol{T}=\boldsymbol{0} \tag{11.124}$$

其中，$\boldsymbol{T}=(w^4, w^3y, w^2y^2, wy^3, y^4, w^3, w^2y, wy^2, y^3, w^2, wy, y^2, w, y, 1)^{\mathrm{T}}$。

式(11.124)有解的条件是其系数行列式等于零，即

$$\det(\boldsymbol{M}_{15\times 15})=0 \tag{11.125}$$

矩阵 $\boldsymbol{M}_{15\times 15}$ 每列关于 x 的最高次数分别为：0,0,0,0,0,1,1,1,1,2,2,2,3,3,4，其总和等于 20。可知，展开式(11.125)后得到关于 x 的单变量多项式最高次数不会超过 20。

根据式(11.125)，不需要提取任何公因式，可以直接得到关于变量 x 的一元 20 次输入输出方程

$$\sum_{i=0}^{20} s_i x^i = 0 \tag{11.126}$$

其中，s_i 是由输入参数确定的实系数。

由以上分析可知，本节构造的 15 阶系数行列式与展开系数行列式后获得的一元多项式在符号形式上最高次数是完全一致的。求解式(11.126)，将得到 20 个解。

4. 其他变量的求解

将所求得的 x 代入式(11.124)中任何 14 个关系式中，则这 14 个式子变成除假想变元 1 之外的 14 个假想变元的线性方程组，解此方程组，可求得对应于 x 的 w、y 的值。

将所求得的 x、y、w 值代入式(11.68)～式(11.73)，可以求得对应的 r_1、r_2、r_4、r_5、u、v 的值。

将所求得的 $x, y, w, r_1, r_2, r_4, r_5, u, v$ 的值代入式(11.63)～式(11.65)，可以求得其他所有未知变量的值。其中 z、r_3、r_6 三个变量分别取得一正一负两个解，即对应于每一个 x 的值，将产生两组位置正解，共计 40 组解。解的情况反映了该机构分支是成对的，且关于基座平面成几何对称的几何性质。

11.2.3 数值实例

输入如表 11.4 所示的已知结构参数，求如图 11.4 所示的一般 6-6 型平台并联机构正运动学分析。

表 11.4 数值实例的已知结构参数

i	x_i	y_i	p_i	q_i	L_i
1	9	3	3	1	$\sqrt{36\,205}/13$
2	6	8	2	3	$2\sqrt{188\,630}/65$
3	0	14	1	5	$3\sqrt{101\,465}/65$
4	−8	13	−3	4	$\sqrt{237}$
5	−7	−6	−2	2	$\sqrt{462}$
6	−3	−5	−1	−4	$6\sqrt{46\,670}/65$

将表 11.4 中的已知参数带入式(11.86)～式(11.91)、式(11.113)～式(11.119)以及式(11.122)～式(11.123)，按照上述步骤，将得到全部 40 组位置正解，如表 11.5 所示。经验证，全部 40 组解都满足原方程，即无增根，无漏根。

表 11.5 数值实例的全部 40 组位置正解

No.	x	y	z	r_1	r_2	r_3	r_4	r_5	r_6
1,2	20.678 2	13.664 7	±26.291 5i	−7.077 5	−1.501 1	∓7.165 4i	−4.537 0	−2.200 3	∓4.942 2i
3,4	−3.953 0	4.672 6	∓5.828 5i	−4.926 7	−5.123 8	∓7.037 5i	0.096 34	−1.354 6	∓0.918 8i
5,6	9.957 4+6.811 8i	2.927 6+3.068 7i	∓11.581 7±10.331 0i	−3.651 2−2.051 1i	−3.163 8+0.312 2i	±1.448 8∓4.487 3i	−0.939 4−1.671 1i	−0.181 6−0.751 6i	±2.035 8∓0.838 1i
7,8	9.957 4−6.811 8i	2.927 6−3.068 7i	∓11.581 7∓10.331 0i	−3.651 2+2.051 1i	−3.163 8−0.312 2i	±1.448 8±4.487 3i	−0.939 4+1.671 1i	−0.181 6+0.751 6i	±2.035 8±0.838 1i
9,10	15.963 0	−3.666 8	±10.343 1i	−2.246 9	−3.107 2	∓3.701 7i	−0.295 1	1.350 6	±0.954 6i
11,12	−24.765 0	31.461 0	±37.634 5i	1.356 9	1.781 6	±2.004i	−0.469 1	−3.802 3	∓3.698 4i
13,14	−2.186 7	10.720 3	∓9.214 7	0.043 4	−0.820 1	±0.570 5	−0.033 6	−0.572 0	∓0.819 6
15,16	−8.073 1	32.914 0	±30.715 7i	1.366 9	4.051 6	±4.157 4i	−2.580 1	−3.321 3	∓4.085 1i
17,18	−4.392 6−0.086 9i	10.756 1−0.592 2i	±9.832 0∓0.396 7i	0.731 9−0.491 1i	−0.684 2−0.413 9i	∓0.650 0∓0.117 4i	0.351 0+0.002 1i	−0.456 4−0.074 54i	±0.822 1∓0.042 3i
19,20	−4.392 6+0.086 9i	10.756 1+0.592 2i	±9.832 0±0.396 7i	0.731 9+0.491 1i	−0.684 2+0.413 9i	∓0.650 0±0.117 4i	0.351 0−0.002 1i	−0.456 4+0.074 54i	±0.822 1±0.042 3i
21,22	2.213 9+3.985 1i	5.424 0+0.450 1i	∓15.905 7∓0.168 1i	1.201 4+0.558 3i	−0.807 2+0.875 8i	∓0.170 4∓0.212 3i	0.537 8−0.406 3i	0.650 8+0.269 7i	±0.727 0±0.059 1i
23,24	10.804 7+0.934 6i	7.072 1−1.662 9i	∓10.332 9±0.464 8i	0.996 1−0.415 9i	0.438 6−0.484 9i	∓0.865 2∓0.724 6i	−0.733 1+0.070 2i	0.716 4+0.129 8i	∓0.172 0±0.241 6i

续表

No.	x	y	z	r_1	r_2	r_3	r_4	r_5	r_6
25,26	10.804 7−0.934 6i	7.072 1+1.662 9i	∓10.332 9∓0.464 8i	0.996 1+0.415 9i	0.438 6+0.484 9i	∓0.865 2±0.724 6i	−0.733 1−0.070 2i	0.716 4−0.129 8i	∓0.172 0∓0.241 6i
27,28	2.213 9−3.985 1i	5.424 0−0.450 1i	∓15.905 7±0.168 1i	1.201 4−0.558 3i	−0.807 2−0.875 8i	∓0.170 4±0.212 3i	0.537 8+0.406 3i	0.650 8−0.269 7i	±0.727 0∓0.059 1i
29,30	8	9	±10	0.6	0.307 7	±0.738 5	−0.8	0.230 8	±0.553 8
31,32	17.567 5	−4.868 4	±5.503 2i	0.941 4	−1.394 2	∓1.352 9i	0.365 6	2.538 8	±2.362i
33,34	−16.182 9	28.963 9	±0.536 2i	22.382 1	14.021 9	∓26.392 7i	3.262 0	3.240 6	∓4.488 0i
35,36	−23.168 6+56.883 6i	15.395 2+19.013 6i	±65.591 5±14.444 4i	25.866 3−4.349 8i	12.213 2+8.331 8i	∓0.398 3∓27.000 8i	6.894 0−10.298 8i	5.798 3−1.535 8i	∓9.761 3∓8.185 9i
37,38	−23.168 6−56.883 6i	15.395 2−19.013 6i	±65.591 5∓14.444 4i	25.866 3+4.349 8i	12.213 2−8.331 8i	∓0.398 3±27.000 8i	6.894 0+10.298 8i	5.798 3+1.535 8i	∓9.761 3±8.185 9i
39,40	−58.808 0	16.119 1	±49.038 1i	27.972 5	9.389 2	∓29.489 3i	11.236 9	4.913 5	∓12.223 3i

第 12 章 基于 CGA 的并联机构正运动学的几何建模和代数求解

本章基于 CGA 对结构等价于 3-RS 的并联机构正运动学进行几何建模和代数求解。结构等价于 3-RS 的并联机构主要包括三大类，第一类是含有 3 条相同运动支链的三自由度并联机构，如 3-RPS、3-PRS、3-RRS 并联机构；第二类是含有 6 条运动支链的六自由度 Stewart 并联机构，如 6-3、5-3、4-3 和 3-3 Stewart 并联机构；第三类是含有 3～5 条运动支链如 RPS、PRS、RRS 或 2-SPS 等的并联机构，每条运动支链不再是完全相同。该类并联机构的动平台是一个三角形平台，通过三个球铰副 S 与运动支链相连，动平台标记为 $B_1B_2B_3$。首先，在 CGA 框架下通过两球和一个平面相交或三球相交得到点对，再通过点对的分离和对偶运算，表示出动平台上的铰链 B_2 的位置，通过三球和一个平面相交或四球相交得到铰链 B_3 的位置；接着，根据 CGA 框架下，点 B_3 的内积为零，然后经过一系列的几何代数运算和化简推导出该类机构位置正解问题的特征多项式方程，该特征多项式方程的推导是与坐标系无关的纯几何语言运算，脱离了坐标系，并且该特征多项式方程中只有铰链 B_1 的位置是未知的；最后，通过半角正切变换或欧拉变换可直接获得任意构型的该机构正运动学分析的一元高次方程。一元高次方程的推导不需要经过消元，且不需要任何前提条件。

本章以该类机构的一般构型（16 组解）以及两类特殊构型机构（对称构型（8 组解）和 3 个 R 轴线同时垂直于静平台的构型（10 组解））为例，进行说明。

12.1 基于 CGA 的第一类并联机构的几何建模

本节以 3-RPS 并联机构为例说明第一类并联机构的几何建模过程。如图 12.1 所示为一般 3-RPS 并联机构，动平台 $B_1B_2B_3$ 通过三条支链 RPS 与静平台 $A_1A_2A_3$ 相连。三条支链通过驱动铰链 P 副控制支链伸缩，从而使动平台相对于静平台得到不同的位姿。用 $l_i(i=1,2,3)$ 表示每条支链的长度，$\boldsymbol{u}_i(i=1,2,3)$ 表示静平台上沿着 R 副轴线的单位矢量，$\boldsymbol{a}_i(i=1,2,3)$ 和 $\boldsymbol{b}_i(i=1,2,3)$ 分别表示点 A_i 和 B_i 的坐标，$r_i(i=1,2,3)$ 表示动平台上三个铰链点之间的距离。对于一般的 3-RPS 并联机构，各转动副的中心轴线 $\boldsymbol{u}_i(i=1,2,3)$ 在空间内任意分布，可位于同一平面，也可不位于同一平面。该机构的正运动学分析可描述如下：已知驱动杆长 $l_i(i=1,2,3)$，求动平台相对于静平台的位姿。该位姿可以用动平台上一点的位置和动平台的姿态描述，也可以用动平台上三个动铰链的位置来描述。我们的目标就是求解 $\boldsymbol{b}_i(i=1,2,3)$。接下来在 CGA 框架下通过几何体的相交、分离和对偶建立球铰链 B_2 和 B_3 的关系式。

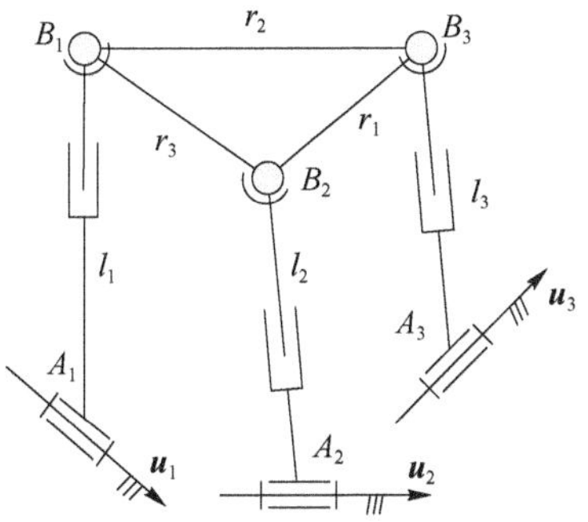

图 12.1　3-RPS 并联机构

由图 12.1 可知，点$\underline{\boldsymbol{B}}_2$ 同时在以$\underline{\boldsymbol{B}}_1$ 为球心、r_3 为半径的球$\underline{\boldsymbol{S}}_{B_1B_2}$，以$\underline{\boldsymbol{A}}_2$ 为球心、l_2 为半径的球$\underline{\boldsymbol{S}}_{A_2B_2}$ 和过点$\underline{\boldsymbol{A}}_2$、法向量为 $\boldsymbol{u}_2$ 的平面$\underline{\boldsymbol{\pi}}_1$ 上。我们知道，两个球和一个平面相交得到一个点对。因此，在 CGA 框架下，点$\underline{\boldsymbol{B}}_1$、点$\underline{\boldsymbol{A}}_2$ 和点对$\underline{\boldsymbol{B}}_{b2}$分别表示如下：

$$\underline{\boldsymbol{B}}_1=\boldsymbol{b}_1+\frac{1}{2}\boldsymbol{b}_1^2\boldsymbol{e}_\infty+\boldsymbol{e}_0 \tag{12.1}$$

$$\underline{\boldsymbol{A}}_2=\boldsymbol{a}_2+\frac{1}{2}\boldsymbol{a}_2^2\boldsymbol{e}_\infty+\boldsymbol{e}_0 \tag{12.2}$$

$$\underline{\boldsymbol{B}}_{b2}=\underline{\boldsymbol{S}}_{B_1B_2}\wedge\underline{\boldsymbol{S}}_{A_2B_2}\wedge\underline{\boldsymbol{\pi}}_1 \tag{12.3}$$

式中，

$$\underline{\boldsymbol{S}}_{B_1B_2}=\underline{\boldsymbol{B}}_1-\frac{1}{2}r_3^2\boldsymbol{e}_\infty,\quad \underline{\boldsymbol{S}}_{A_2B_2}=\underline{\boldsymbol{A}}_2-\frac{1}{2}l_2^2\boldsymbol{e}_\infty,\quad \underline{\boldsymbol{\pi}}_1=\boldsymbol{u}_2+(\boldsymbol{u}_2\cdot\boldsymbol{a}_2)\boldsymbol{e}_\infty$$

令$\underline{\boldsymbol{B}}_{b2}^*=\underline{\boldsymbol{B}}_{b2}I_C^{-1}=-\underline{\boldsymbol{B}}_{b2}\boldsymbol{I}_C$ 表示点对$\underline{\boldsymbol{B}}_{b2}$的对偶形式，即其内积表达式。在共形空间下，点$\underline{\boldsymbol{B}}_2$ 可以从点对$\underline{\boldsymbol{B}}_{b2}$中分离出来，得到

$$\underline{\boldsymbol{B}}_2=\frac{\boldsymbol{T}_{b2}}{A_{\text{var}}}\pm\frac{\sqrt{B_{\text{var}}}}{A_{\text{var}}}\boldsymbol{T}_{b1} \tag{12.4}$$

式中，$\boldsymbol{T}_{b1}=\boldsymbol{e}_\infty\cdot\underline{\boldsymbol{B}}_{b2}^*$，$\boldsymbol{T}_{b2}=\boldsymbol{T}_{b1}\cdot\underline{\boldsymbol{B}}_{b2}^*$，$A_{\text{var}}=\boldsymbol{T}_{b1}\cdot\boldsymbol{T}_{b1}$和 $B_{\text{var}}=\underline{\boldsymbol{B}}_{b2}^*\cdot\underline{\boldsymbol{B}}_{b2}^*$。$\boldsymbol{T}_{b1}$和 $\boldsymbol{T}_{b2}$都是 1-blade；A_{var}和 B_{var}都是标量。式(12.4)中，第一项 $\boldsymbol{T}_{b2}/A_{\text{var}}$和第二项 $\boldsymbol{T}_{b1}\sqrt{B_{\text{var}}}/A_{\text{var}}$的几何意义分别是点对中两个点的和和两个点的差。

注意式(12.4)中点$\underline{\boldsymbol{B}}_2$ 的表达式是点的标准归一化表示，即其模长$(-\boldsymbol{e}_\infty\cdot\underline{\boldsymbol{B}}_2)$等于 1。

由图 12.1 可知，点$\underline{\boldsymbol{B}}_3$ 同时在以$\underline{\boldsymbol{B}}_1$ 为球心、r_2 为半径的球$\underline{\boldsymbol{S}}_{B_1B_2}$，以$\underline{\boldsymbol{A}}_3$ 为球心、l_3 为半径的球$\underline{\boldsymbol{S}}_{A_3B_3}$，以$\underline{\boldsymbol{B}}_2$ 为球心、r_1 为半径的球$\underline{\boldsymbol{S}}_{B_2B_3}$ 和过点$\underline{\boldsymbol{A}}_3$、法向量为 $\boldsymbol{u}_3$ 的平面$\underline{\boldsymbol{\pi}}_2$ 上。因此，点$\underline{\boldsymbol{B}}_3$ 可通过三个球$\underline{\boldsymbol{S}}_{B_1B_3}$、$\underline{\boldsymbol{S}}_{A_3B_3}$、$\underline{\boldsymbol{S}}_{B_2B_3}$和平面$\underline{\boldsymbol{\pi}}_2$ 相交得到。因此，在 CGA 框架下，点$\underline{\boldsymbol{B}}_3$ 的对偶形式分别表示如下：

$$\underline{\boldsymbol{B}}_3^*=\underline{\boldsymbol{S}}_{B_1B_3}\wedge\underline{\boldsymbol{S}}_{A_3B_3}\wedge\underline{\boldsymbol{\pi}}_2\wedge\underline{\boldsymbol{S}}_{B_2B_3} \tag{12.5}$$

式中，

$$\underline{\boldsymbol{S}}_{B_1B_3}=\underline{\boldsymbol{B}}_1-\frac{1}{2}r_2^2\boldsymbol{e}_\infty,\quad \underline{\boldsymbol{S}}_{A_3B_3}=\underline{\boldsymbol{A}}_3-\frac{1}{2}l_3^2\boldsymbol{e}_\infty$$

$$\underline{\boldsymbol{S}}_{B_2B_3}=\underline{\boldsymbol{B}}_2-\frac{1}{2}r_1^2\boldsymbol{e}_\infty,\quad \underline{\boldsymbol{\pi}}_2=\boldsymbol{u}_3+(\boldsymbol{u}_3\cdot\boldsymbol{a}_3)\boldsymbol{e}_\infty$$

在 CGA 框架下，点$\underline{\boldsymbol{A}}_3$ 表示如下：

$$\underline{\boldsymbol{A}}_3=\boldsymbol{a}_3+\frac{1}{2}\boldsymbol{a}_3^2\boldsymbol{e}_\infty+\boldsymbol{e}_0$$

根据点$\underline{\boldsymbol{B}}_3$的对偶表达式，可知

$$\underline{\boldsymbol{B}}_3=\underline{\boldsymbol{B}}_3\boldsymbol{I}_C^{-1}=-\underline{\boldsymbol{B}}_3\boldsymbol{I}_C=-\underline{\boldsymbol{S}}_{B_2B_3}\cdot\underline{\boldsymbol{B}}_{b3}^* \tag{12.6}$$

式中，$\underline{\boldsymbol{B}}_{b3}^*=-(\underline{\boldsymbol{S}}_{B_1B_3}\wedge\underline{\boldsymbol{S}}_{A_3B_3}\wedge\underline{\boldsymbol{\pi}}_2)\boldsymbol{I}_C$，是点对$\underline{\boldsymbol{B}}_{b3}$的对偶形式，该点对是由两个球$\underline{\boldsymbol{S}}_{B_1B_3}$、$\underline{\boldsymbol{S}}_{A_3B_3}$和平面$\underline{\boldsymbol{\pi}}_2$相交生成的。

注意：式中点$\underline{\boldsymbol{B}}_3$不是其标准归一化表达式，即它的模长不等于1，我们可通过除以它的模长$(-\boldsymbol{e}_\infty\cdot\underline{\boldsymbol{B}}_3)$得到其标准归一化形式。不过由于CGA表达式具有齐次性，点的内积依然为0。

通过上述分析可知，球铰链点B_2和B_3都是关于点B_1的表达式，一旦点B_1的坐标已知，其他两点的坐标就可以得出。

12.2 基于CGA的第二类并联机构的几何建模

本节以3-6 Stewart并联机构为例说明第二类并联机构的几何建模过程。图12.2所示为一般3-6 Stewart并联机构$B_1B_2B_3$-$A_1A_2A_3A_4A_5A_6$，动平台$B_1B_2B_3$通过六条支链SPS与静平台$A_1A_2A_3A_4A_5A_6$相连，动平台的每个球铰链有两条支链铰接。六条支链通过驱动铰链P副控制支链伸缩，从而使动平台相对丁静平台得到不同的位姿。用$l_i(i-1,2,\cdots,6)$表示每条支链的长度，$\boldsymbol{a}_i(i=1,2,\cdots,6)$和$\boldsymbol{b}_i(i=1,2,3)$分别表示点$A_i$和$B_i$的坐标，$r_i(i=1,2,3)$表示动平台上三个铰链点之间的距离。对于一般的3-6 Stewart并联机构，静平台上的六个球铰链点在空间内任意分布，可位于同一平面，也可不位于同一平面。该机构的正运动学分析可描述如下：已知驱动杆长$l_i(i=1,2,\cdots,6)$，求动平台相对于静平台的位姿。我们的目标依然是求解$\boldsymbol{b}_i(i=1,2,\cdots,6)$。接下来在CGA框架下通过几何体的相交、分离和对偶建立球铰链B_2和B_3的关系式。

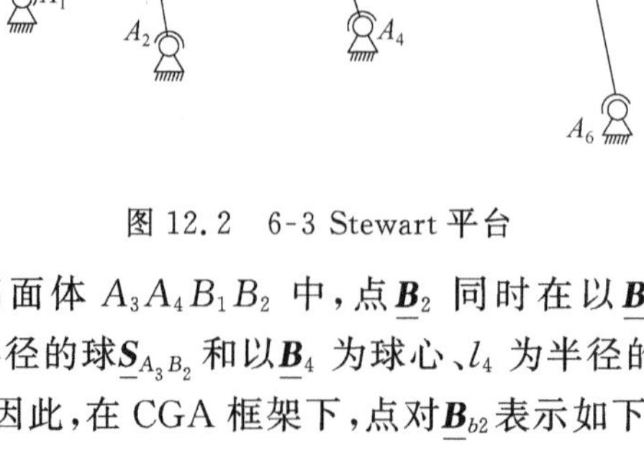

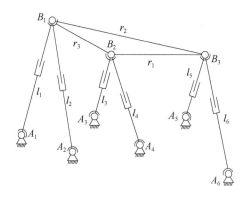

图12.2　6-3 Stewart平台

由图12.2可知，在四面体$A_3A_4B_1B_2$中，点$\underline{\boldsymbol{B}}_2$同时在以$\underline{\boldsymbol{B}}_1$为球心、$r_3$为半径的球$\underline{\boldsymbol{S}}_{B_1B_2}$，以$\underline{\boldsymbol{A}}_3$为球心、$l_3$为半径的球$\underline{\boldsymbol{S}}_{A_3B_2}$和以$\underline{\boldsymbol{B}}_4$为球心、$l_4$为半径的球$\underline{\boldsymbol{S}}_{A_4B_2}$上。我们知道，三个球相交得到一个点对。因此，在CGA框架下，点对$\underline{\boldsymbol{B}}_{b2}$表示如下：

$$\underline{\boldsymbol{B}}_{b2}=\underline{\boldsymbol{S}}_{B_1B_2}\wedge\underline{\boldsymbol{S}}_{A_3B_2}\wedge\underline{\boldsymbol{S}}_{A_4B_2}\tag{12.7}$$

式中，

$$\underline{\boldsymbol{S}}_{B_1B_2}=\underline{\boldsymbol{B}}_1-\frac{1}{2}r_3^2\boldsymbol{e}_\infty,\quad \underline{\boldsymbol{S}}_{A_3B_2}=\underline{\boldsymbol{A}}_3-\frac{1}{2}l_3^2\boldsymbol{e}_\infty,\quad \underline{\boldsymbol{S}}_{A_4B_2}=\underline{\boldsymbol{A}}_4-\frac{1}{2}l_4^2\boldsymbol{e}_\infty$$

在 CGA 框架下，三个球心点$\underline{\boldsymbol{B}}_1$、点$\underline{\boldsymbol{A}}_3$ 和点$\underline{\boldsymbol{A}}_4$ 分别表示如下：

$$\underline{\boldsymbol{B}}_1=\boldsymbol{b}_1+\frac{1}{2}\boldsymbol{b}_1^2\boldsymbol{e}_\infty+\boldsymbol{e}_0$$

$$\underline{\boldsymbol{A}}_3=\boldsymbol{a}_3+\frac{1}{2}\boldsymbol{a}_3^2\boldsymbol{e}_\infty+\boldsymbol{e}_0$$

$$\underline{\boldsymbol{A}}_4=\boldsymbol{a}_4+\frac{1}{2}\boldsymbol{a}_4^2\boldsymbol{e}_\infty+\boldsymbol{e}_0$$

令$\underline{\boldsymbol{B}}_{b2}^*=\underline{\boldsymbol{B}}_{b2}\boldsymbol{I}_C^{-1}=-\underline{\boldsymbol{B}}_{b2}\boldsymbol{I}_C$ 表示点对$\underline{\boldsymbol{B}}_{b2}$的对偶形式，即其内积表达式。在共形空间下，点$\underline{\boldsymbol{B}}_2$ 可以从点对$\underline{\boldsymbol{B}}_{b2}$中分离出来，得到

$$\underline{\boldsymbol{B}}_2=\frac{\boldsymbol{T}_{b2}}{A_{\text{var}}}\pm\frac{\sqrt{B_{\text{var}}}}{A_{\text{var}}}\boldsymbol{T}_{b1}\tag{12.8}$$

式中，

$$\boldsymbol{T}_{b1}=\boldsymbol{e}_\infty\cdot\underline{\boldsymbol{B}}_{b2}^*,\quad \boldsymbol{T}_{b2}=\boldsymbol{T}_{b1}\cdot\underline{\boldsymbol{B}}_{b2}^*,\quad A_{\text{var}}=\boldsymbol{T}_{b1}\cdot\boldsymbol{T}_{b1},\quad B_{\text{var}}=\underline{\boldsymbol{B}}_{b2}^*\cdot\underline{\boldsymbol{B}}_{b2}^*$$

对于动平台上的点 B_3，从图 12.2 可以看出，在五面体 $A_5A_6B_1B_2B_3$ 中，点$\underline{\boldsymbol{B}}_3$ 同时在以$\underline{\boldsymbol{B}}_1$ 为球心、r_2 为半径的球$\underline{\boldsymbol{S}}_{B_1B_3}$，以$\underline{\boldsymbol{A}}_5$ 为球心、l_5 为半径的球$\underline{\boldsymbol{S}}_{A_5B_3}$，以$\underline{\boldsymbol{A}}_6$ 为球心、l_6 为半径的球$\underline{\boldsymbol{S}}_{A_6B_3}$和以$\underline{\boldsymbol{B}}_2$ 为球心、r_1 为半径的球$\underline{\boldsymbol{S}}_{B_2B_3}$上。因此，点$\underline{\boldsymbol{B}}_3$ 可通过四个球$\underline{\boldsymbol{S}}_{B_1B_3}$、$\underline{\boldsymbol{S}}_{A_5B_3}$、$\underline{\boldsymbol{S}}_{A_6B_3}$和$\underline{\boldsymbol{S}}_{B_2B_3}$ 相交得到。因此，在 CGA 框架下，点$\underline{\boldsymbol{B}}_3$ 的对偶表达式为

$$\underline{\boldsymbol{B}}_3^*=\underline{\boldsymbol{S}}_{B_1B_3}\wedge\underline{\boldsymbol{S}}_{A_5B_3}\wedge\underline{\boldsymbol{S}}_{A_6B_3}\wedge\underline{\boldsymbol{S}}_{B_2B_3}\tag{12.9}$$

式中，

$$\underline{\boldsymbol{S}}_{B_1B_3}=\underline{\boldsymbol{B}}_1-\frac{1}{2}r_2^2\boldsymbol{e}_\infty,\quad \underline{\boldsymbol{S}}_{A_5B_3}=\underline{\boldsymbol{A}}_5-\frac{1}{2}l_5^2\boldsymbol{e}_\infty$$

$$\underline{\boldsymbol{S}}_{A_6B_3}=\underline{\boldsymbol{A}}_6-\frac{1}{2}l_6^2\boldsymbol{e}_\infty,\quad \underline{\boldsymbol{S}}_{B_2B_3}=\underline{\boldsymbol{B}}_2-\frac{1}{2}r_1^2\boldsymbol{e}_\infty$$

在 CGA 框架下，两个球心点$\underline{\boldsymbol{A}}_5$ 和点$\underline{\boldsymbol{A}}_6$ 分别表示如下：

$$\underline{\boldsymbol{A}}_5=\boldsymbol{a}_5+\frac{1}{2}\boldsymbol{a}_5^2\boldsymbol{e}_\infty+\boldsymbol{e}_0$$

$$\underline{\boldsymbol{A}}_6=\boldsymbol{a}_6+\frac{1}{2}\boldsymbol{a}_6^2\boldsymbol{e}_\infty+\boldsymbol{e}_0$$

根据点$\underline{\boldsymbol{B}}_3$ 的对偶表达式，可知

$$\underline{\boldsymbol{B}}_3=\underline{\boldsymbol{B}}_3^*\boldsymbol{I}_C^{-1}=-\underline{\boldsymbol{B}}_3\boldsymbol{I}_C=-\underline{\boldsymbol{S}}_{B_2B_3}\cdot\underline{\boldsymbol{B}}_{b3}^*\tag{12.10}$$

式中，$\underline{\boldsymbol{B}}_{b3}^*=-(\underline{\boldsymbol{S}}_{B_1B_3}\wedge\underline{\boldsymbol{S}}_{A_5B_3}\wedge\underline{\boldsymbol{S}}_{A_6B_3})\boldsymbol{I}_C$，是点对$\underline{\boldsymbol{B}}_{b3}$的对偶形式，该点对是由三个球$\underline{\boldsymbol{S}}_{B_1B_3}$、$\underline{\boldsymbol{S}}_{A_5B_3}$和$\underline{\boldsymbol{S}}_{A_6B_3}$相交生成的。

通过上述分析可知，球铰链点 B_2 和 B_3 也是关于点 B_1 的表达式，且与第一类并联机构的表达式是相同的，唯一的区别就是在于点对$\underline{\boldsymbol{B}}_{b2}^*$和$\underline{\boldsymbol{B}}_{b3}^*$的表达式不同。第三类并联机构也是类似的，此处不再赘述。

12.3 特征多项式的推导

本小节将推导该类并联机构的特征多项式，该特征多项式的推导是与坐标系无关的纯几何语言运算，脱离了坐标系。

在 CGA 框架下，根据点的内积为 0，得到

$$\underline{\boldsymbol{B}}_3\cdot\underline{\boldsymbol{B}}_3=0\Leftrightarrow(-\underline{\boldsymbol{S}}_{B_2B_3}\cdot\underline{\boldsymbol{B}}_{b3}^*)\cdot(-\underline{\boldsymbol{S}}_{B_2B_3}\cdot\underline{\boldsymbol{B}}_{b3}^*)=0 \tag{12.11}$$

将式(12.4)或式(12.8)代入式(12.11)，展开后得到

$$\left(\mp\frac{2}{A_{\text{var}}^2}(\boldsymbol{U}\cdot\boldsymbol{V})\pm\frac{r_1^2}{A_{\text{var}}}(\boldsymbol{U}\cdot\boldsymbol{W})\right)\sqrt{B_{\text{var}}}=\frac{B_{\text{var}}}{A_{\text{var}}^2}(\boldsymbol{U}\cdot\boldsymbol{U})+\frac{1}{A_{\text{var}}^2}(\boldsymbol{V}\cdot\boldsymbol{V})-\frac{r_1^2}{A_{\text{var}}}(\boldsymbol{V}\cdot\boldsymbol{W})+\frac{r_1^4}{4}(\boldsymbol{W}\cdot\boldsymbol{W}) \tag{12.12}$$

式中，$\boldsymbol{U}=\boldsymbol{T}_{b1}\cdot\underline{\boldsymbol{B}}_{b3}^*$，$\boldsymbol{V}=\boldsymbol{T}_{b2}\cdot\underline{\boldsymbol{B}}_{b3}^*$，$\boldsymbol{W}=\boldsymbol{e}_\infty\cdot\underline{\boldsymbol{B}}_{b3}^*$。$\boldsymbol{U}$、$\boldsymbol{V}$ 和 $\boldsymbol{W}$ 都是 1-blade。

将式(12.12)两边同时平方并合并项，得到

$$\frac{C_{-4}}{A_{\text{var}}^4}+\frac{C_{-3}}{A_{\text{var}}^3}+\frac{C_{-2}}{A_{\text{var}}^2}+\frac{C_{-1}}{A_{\text{var}}}+C_0=0 \tag{12.13}$$

式中，系数 $C_i(i=-1,-2,-3,-4)$ 表示如下：

$$C_{-4}=-4B_{\text{var}}(\boldsymbol{U}\cdot\boldsymbol{V})^2+B_{\text{var}}^2(\boldsymbol{U}\cdot\boldsymbol{U})^2+2B_{\text{var}}(\boldsymbol{U}\cdot\boldsymbol{U})(\boldsymbol{V}\cdot\boldsymbol{V})+(\boldsymbol{V}\cdot\boldsymbol{V})^2$$

$$C_{-3}=4B_{\text{var}}r_1^2(\boldsymbol{U}\cdot\boldsymbol{V})(\boldsymbol{U}\cdot\boldsymbol{W})+2B_{\text{var}}r_1^2(\boldsymbol{U}\cdot\boldsymbol{U})(\boldsymbol{V}\cdot\boldsymbol{W})-2r_1^2(\boldsymbol{V}\cdot\boldsymbol{V})(\boldsymbol{V}\cdot\boldsymbol{W})$$

$$C_{-2}=-B_{\text{var}}r_1^4(\boldsymbol{U}\cdot\boldsymbol{W})^2+\frac{B_{\text{var}}r_1^4}{2}(\boldsymbol{U}\cdot\boldsymbol{U})(\boldsymbol{W}\cdot\boldsymbol{W})+\frac{r_1^4}{2}(\boldsymbol{V}\cdot\boldsymbol{V})(\boldsymbol{W}\cdot\boldsymbol{W})+r_1^4(\boldsymbol{V}\cdot\boldsymbol{W})^2$$

$$C_{-1}=-\frac{r_1^6}{2}(\boldsymbol{V}\cdot\boldsymbol{W})(\boldsymbol{W}\cdot\boldsymbol{W})$$

$$C_0=\frac{r_1^8}{16}(\boldsymbol{W}\cdot\boldsymbol{W})^2$$

根据第 9 章的共形几何代数计算法则化简 C_{-4}、C_{-3} 和 C_{-2}，得到

$$C_{-4}=A_{\text{var}}^2((B_{\text{var}}D_{\text{var}}-\boldsymbol{G}\cdot\boldsymbol{G}+C_{\text{var}}^2)^2-4B_{\text{var}}C_{\text{var}}^2D_{\text{var}}) \tag{12.14}$$

$$C_{-3}=A_{\text{var}}(-2r_1^2(B_{\text{var}}D_{\text{var}}-\boldsymbol{G}\cdot\boldsymbol{G}+C_{\text{var}}^2)(\boldsymbol{V}\cdot\boldsymbol{W})+4B_{\text{var}}C_{\text{var}}D_{\text{var}}E_{\text{var}}r_1^2) \tag{12.15}$$

$$C_{-2}=-B_{\text{var}}D_{\text{var}}E_{\text{var}}^2r_1^4+\frac{A_{\text{var}}r_1^4}{2}(B_{\text{var}}D_{\text{var}}-\boldsymbol{G}\cdot\boldsymbol{G}+C_{\text{var}}^2)(\boldsymbol{W}\cdot\boldsymbol{W})+r_1^4(\boldsymbol{V}\cdot\boldsymbol{W})^2 \tag{12.16}$$

式中，$C_{\text{var}}=\underline{\boldsymbol{B}}_{b2}^*\cdot\underline{\boldsymbol{B}}_{b3}^*$，$D_{\text{var}}=\underline{\boldsymbol{B}}_{b3}^*\cdot\underline{\boldsymbol{B}}_{b3}^*$，$E_{\text{var}}=(\boldsymbol{T}_{b1}\wedge\boldsymbol{e}_\infty)\cdot\underline{\boldsymbol{B}}_{b3}^*$，$\boldsymbol{G}=\underline{\boldsymbol{B}}_{b2}^*\wedge\underline{\boldsymbol{B}}_{b3}^*$。$C_{\text{var}}$、$D_{\text{var}}$ 和 E_{var} 都是标量，$\boldsymbol{G}$ 是一个 4-vector。式(12.14)～式(12.16) 的具体推导可查阅参考文献[95]。

将式(12.14)～式(12.16)代入式(12.13)，重新整理简化后得到

$$((B_{\text{var}}D_{\text{var}}-\boldsymbol{G}\cdot\boldsymbol{G}+C_{\text{var}}^2)+\frac{r_1^2}{4}(A_{\text{var}}r_1^2(\boldsymbol{W}\cdot\boldsymbol{W})-4(\boldsymbol{V}\cdot\boldsymbol{W}))^2)-B_{\text{var}}D_{\text{var}}(2C_{\text{var}}-E_{\text{var}}r_1^2)^2=0 \tag{12.17}$$

对于结构等价于 3-RS 的并联机构，式(12.17)是一样的，唯一的区别就是在于点对$\underline{\boldsymbol{B}}_{b2}^*$和$\underline{\boldsymbol{B}}_{b3}^*$的表达式不同。式(12.17)的推导是与坐标系无关的纯几何语言运算，脱离了坐标系。式(12.17)取决于机构的结构参数、输入参数以及点 B_1 的坐标。

12.4　点 B_1 的表达式

在图 12.1 中，点 B_1 位于以 A_1 为圆心、旋转轴线为 $\boldsymbol{u}_1$ 的圆上。在图 12.2 中，在三角形 $A_1B_1A_2$ 中，点 B_1 同时位于以点 A_1 为球心、半径为 l_1 的球和以点 A_2 为球心、半径为 l_2 的球上，因此，点 B_1 的轨迹是一个以点 A_0 为圆心的圆上，点 A_0 表示点 B_1 在直线 A_1A_2 上的垂足点。故，点 B_1 就位于轴线为 A_1A_2 的圆上。综上，对于结构等价于 3-RS 的并联机构，球铰链点 B_1 只能位于一个圆上。

为了便于表达，对于第一类并联机构，令固定坐标系{O-XYZ}的 Y 轴沿着第一个 R 副的轴线，坐标原点 O 选在静平台的几何中心，并假定第二个 R 副位于固定坐标系的 XOY 平面。对于第二类并联机构，令固定坐标系{O-XYZ}的 Y 轴沿着直线 A_1A_2，坐标原点 O 选在静平台的几何中心，并假定点 A_3 位于固定坐标系的 XOY 平面。对于第三类并联机构，可以根据选择哪个点作为第一个球铰链点，如果第一个点位于 RPS 支链的话，可以按第一类并联机构建立坐标系；如果第一个点位于 2-SPS 支链的话，就按第二类并联机构建立坐标系。点 $A_i(i=1,2,\cdots,6)$和 $B_i(i=1,2,3)$在固定坐标系的坐标分别用 $\boldsymbol{a}_i(a_{ix},a_{iy},a_{iz})^{\mathrm{T}}$ 和 $\boldsymbol{b}_i(a_{ix},a_{iy},a_{iz})^{\mathrm{T}}$表示，其中铰链点 A_i 的坐标是已知的。

引入变量 θ 表示直线 A_1B_1 与 X 轴之间的夹角或者直线 A_0B_1 与 X 轴之间的夹角，实际上该夹角表示的是 XOY 平面与三角形 $A_1B_1A_2$ 平面之间的二面角或 XOY 平面与转动副和 P 副构成的平面之间的二面角。因此，点 B_1 在固定坐标系的坐标可表示如下：

$$\boldsymbol{b}_1=[\boldsymbol{Y}(-\theta)](l_x,0,0)^{\mathrm{T}}+\boldsymbol{a}_0=(l_x\cos\theta,0,l_x\sin\theta)^{\mathrm{T}}+\boldsymbol{a}_0 \tag{12.18}$$

其中，对于 RPS 等支链，$l_x=|\boldsymbol{A}_1\boldsymbol{B}_1|$；对于 2-SPS 支链，$l_x=|\boldsymbol{A}_0\boldsymbol{B}_1|$，在三角形 $A_1B_1A_2$ 中，可根据三角形正弦定理得到。$[\boldsymbol{Y}(\theta)]$表示绕 Y 轴旋转的变换矩阵。

在 CGA 框架下，点 B_1 表示如下：

$$\underline{\boldsymbol{B}}_1=\boldsymbol{b}_1+\frac{1}{2}\boldsymbol{b}_1^2\boldsymbol{e}_\infty+\boldsymbol{e}_0 \tag{12.19}$$

12.5　一元高次方程的推导

通过引入半角正切变换 $\cos\theta=(1-x^2)/(1+x^2)$和 $\sin\theta=2x/(1+x^2)$，其中 $x=\tan(\theta/2)$，将其和式(12.19)代入式(12.17)，乘以$(1+x^2)^4$，观察式(12.17)，可以得到式(12.17)关于变元 x 的次数不会超过 16 次，项 A_{var}、B_{var}、C_{var}、D_{var}、E_{var}、$(\boldsymbol{G}\cdot\boldsymbol{G})$、$(\boldsymbol{V}\cdot\boldsymbol{W})$、$(\boldsymbol{W}\cdot\boldsymbol{W})$关于 x 的次数在表 12.1 中给出。因此，展开式(12.17)，可以得到一个关于变元 x 的一元 16 次方程，表示如下：

$$\sum_{i=0}^{16}m_ix^i=0 \tag{12.20}$$

式中，系数 $m_i(i=0,1,\cdots,16)$仅仅取决于机构的结构参数和输入。

表 12.1 式(12.17)每一项关于 x 的次数

项	A_{var}	B_{var}	C_{var}	C_{var}	E_{var}	$\boldsymbol{G}\cdot\boldsymbol{G}$	$\boldsymbol{V}\cdot\boldsymbol{W}$	$\boldsymbol{W}\cdot\boldsymbol{W}$
次数	4	4	4	4	4	8	8	4

但是,当三条旋转轴线平行时,式(12.17)将退化为一个一元 12 次多项式方程,此时,可以得到一个关于变元 x 的 12 次方程,表示如下:

$$\sum_{i=0}^{12} n_i x^i = 0 \tag{12.21}$$

式中,系数 $n_i(i=0,1,\cdots,12)$只取决于机构的结构参数和输入。

12.6 求解其他变量

通过求解式(12.20),我们可以得到变元 x 在复数域内的全部 16 组解。对于变元 x 的每一个解,通过 $\theta=2\arctan x$ 可以得到相对应的 θ 值。得到 θ 值后,铰链点 B_1 的坐标通过式(12.18)可直接得到。对于铰链点 B_2 的坐标,我们不能通过将点 B_1 的坐标代入式(12.4)或式(12.8)直接得到。点对中正负号的选择取决于表达式$\frac{B_{var}}{A_{var}^2}(\boldsymbol{U}\cdot\boldsymbol{U})+\frac{1}{A_{var}^2}(\boldsymbol{V}\cdot\boldsymbol{V})-\frac{r_1^2}{A_{var}}(\boldsymbol{V}\cdot\boldsymbol{W})+\frac{r_1^4}{4}(\boldsymbol{W}\cdot\boldsymbol{W})$和$\left(-\frac{2}{A_{var}^2}(\boldsymbol{U}\cdot\boldsymbol{V})+\frac{r_1^2}{A_{var}}(\boldsymbol{U}\cdot\boldsymbol{W})\right)\sqrt{B_{var}}$的比值。如果比值等于 1,我们选择正号,反之亦然。如果两个表达式同时为 0,正负号的选择取决于项 B_{var}是否等于 0,如果 B_{var}等于 0,正负号随意选择,我们可以得到一样的结果。如果 B_{var}不等于 0,我们通过确定$(-\boldsymbol{e}_\infty\cdot\underline{\boldsymbol{B}}_3)$的值不为 0,选取适当的符号。选择好符号后,将点 B_1 的坐标代入式(12.4)或式(12.8),可以得到点 B_2 的坐标。点 B_3 的坐标可以通过将点 B_1 和 B_2 的坐标代入式(12.6)或式(12.0)除以其模长$(-\boldsymbol{e}_\infty\cdot\underline{\boldsymbol{B}}_3)$得到。

12.7 基于 CGA 求解该类机构的几何建模和求解步骤

基于上述分析,我们可以将基于 CGA 求解该类并联机构正运动学的几何建模和求解步骤概述如下。

第一步:表示动平台上的球铰链点 B_2,在 CGA 框架下,可通过两球和一个面相交或三球相交得到点对,然后从该点对中分离出动平台上的球铰链点 B_2。

第二步:表示动平台上的球铰链点 B_3,在 CGA 框架下,可通过三球和一个平面相交或四球相交得到该点。

第三步:推导特征多项式方程,在 CGA 框架下,通过点的内积为 0 ,即$\underline{\boldsymbol{B}}_3\cdot\underline{\boldsymbol{B}}_3=0$,推导得到特征多项式方程。

第四步:用变量 θ 表示动平台上的球铰链点 B_1 的位置坐标。

第五步:通过半角正切变换或欧拉变换推导得到一个一元高次方程。

第六步:求解得到所有的变量,最终得到动平台上三个铰链点的位置坐标。

12.8　对称布置的 3-R$\underline{\text{P}}$S 并联机构的正运动学分析

对称布置的 3-R$\underline{\text{P}}$S 并联机构如图 12.3 所示，包括一个等边三角形的静平台和动平台。三角静平台 $A_1A_2A_3$ 的外接圆半径用 R_1 表示，圆心与坐标系$\{O\text{-}XYZ\}$的原点重合。动平台 $B_1B_2B_3$ 的外接圆半径用 R_2 表示。R 副的轴线与三角静平台 $A_1A_2A_3$ 的外接圆相切，点 $A_i(i=1,2,3)$ 在坐标系$\{O\text{-}XYZ\}$表示如下：

$$\boldsymbol{a}_1=(R_1,0,0)^{\mathrm{T}},\quad \boldsymbol{a}_2=(-R_1/2,\sqrt{3}R_1,0)^{\mathrm{T}},\quad \boldsymbol{a}_3=(-R_1/2,-\sqrt{3}R_1/2,0)^{\mathrm{T}} \tag{12.22}$$

三个 R 副轴向的单位向量分别为 $\boldsymbol{u}_1=(0,1,0)^{\mathrm{T}}$，$\boldsymbol{u}_2=(\sqrt{3}/2,1/2,0)^{\mathrm{T}}$ 和 $\boldsymbol{u}_3=(-\sqrt{3}/2,1/2,0)^{\mathrm{T}}$。动平台球铰链 B_i 之间的距离 $r_i(i=1,2,3)$ 分别为 $r_1=r_2=r_3=\sqrt{3}R_2$。三条运动支链的长度用 $l_i(i=1,2,3)$ 表示。因此，对于对称布置的 3-R$\underline{\text{P}}$S 并联机构，给定五个结构参数，我们就可以进行其正运动学分析。

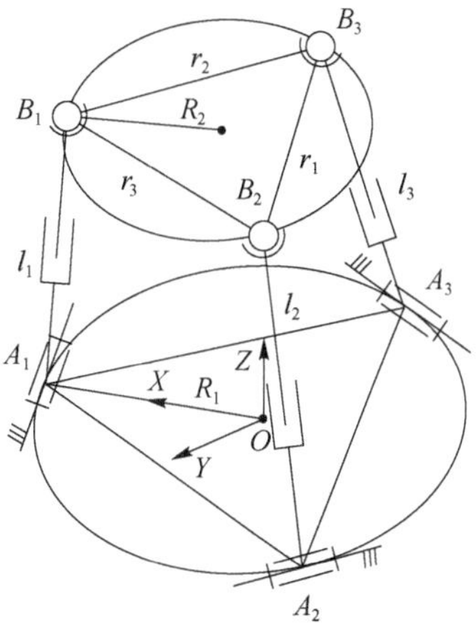

图 12.3　对称布置的 3-R$\underline{\text{P}}$S 并联机构

将式(12.22)和单位向量 $\boldsymbol{u}_i(i=1,2,3)$ 代入式(12.20)，得到

$$(p_{10}+p_{11}X+p_{12}X^2+p_{13}X^3+p_{14}X^4)(p_{20}+p_{21}X+p_{22}X^2+p_{23}X^3+p_{24}X^4)=0 \tag{12.23}$$

式中，$X=x^2$，$p_{ij}(i=1,2;j=0,1,2,3,4)$ 取决于该机构的五个结构参数。

当三条支链的长度 $l_i(i=1,2,3)$ 相等，即 $l_1=l_2=l_3$ 时，式(12.23)可简化为

$$\begin{aligned}&(-2R_1+R_2)^2(2R_1+R_2)^2(R_1+R_2+l_1+R_1X+R_2X-l_1X)^3\\&(-R_1+R_2-l_1-R_1X+R_2X+l_1X)^3\\&((9R_1R_2^2+9R_2^3+4R_1l_1^2-8R_2l_1^2-12R_1R_2l_1-3R_2^2l_1+4l_1^3)+\\&(9R_1R_2^2+9R_2^3+4R_1l_1^2-8R_2l_1^2+12R_1R_2l_1+3R_2^2l_1^2-4l_1^3)X)\\&((-9R_1R_2^2+9R_2^3-4R_1l_1^2-8R_2l_1^2-12R_1R_2l_1+3R_2^2l_1-4l_1^3)+\\&(-9R_1R_2^2+9R_2^3-4R_1l_1^2-8R_2l_1^2+12R_1R_2l_1-3R_2^2l_1^2+4l_1^3)X)=0\end{aligned} \tag{12.24}$$

因此，对于对称布置的 3-R$\underline{\text{P}}$S 并联机构，变元 x 可解析求解得到。

12.9 三条 R 副轴线平行且垂直于静平台的 3-R$\underline{\text{P}}$S 并联机构的正运动学分析

在前面提到，当三条 R 副轴线互相平行时，3-R$\underline{\text{P}}$S 并联机构的正运动学问题将转换为求解一个一元 12 次方程的问题。接下来，我们讨论当 3 条 R 副轴线不止互相平行，且其同时垂直于静平台的 3-R$\underline{\text{P}}$S 并联机构，如图 12.4 所示，即 $\boldsymbol{u}_i=(0,0,1)^{\mathrm{T}}(i=1,2,3)$。我们发现其解的个数是 10 个。在这 10 个解中，4 个解对应于平面 3-R$\underline{\text{P}}$R 并联机构的位置正解，该并联机构的动平台和静平台相似，但是不共线；余下的六个解对应于平面 3-R$\underline{\text{P}}$R 并联机构的位置正解，该并联机构的动静平台是全等三角形，且镜像对称。对于该类机构，式(12.20)表示如下：

$$(q_{10}+q_{11}x+q_{12}x^2+q_{13}x^3+q_{14}x^4)(q_{20}+q_{21}x+q_{22}x^2+q_{23}x^3+q_{24}x^4+q_{25}x^5+q_{26}x^6)=0 \tag{12.25}$$

式中，$q_{ij}(i=1,2;j=0,1,2,\cdots,6)$取决于机构的结构参数和输入。由于篇幅限制，系数 q_{ij} 的表达式不予给出。

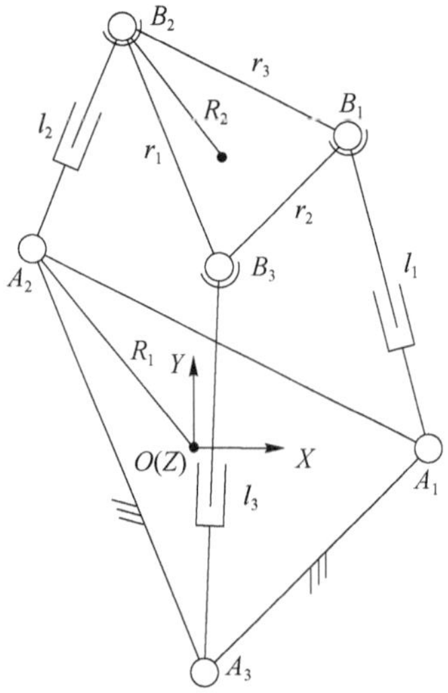

图 12.4 三条 R 副轴线平行且垂直于静平台的 3-R$\underline{\text{P}}$S 并联机构

12.10 对称布置的 3-$\underline{\text{P}}$RS 并联机构的正运动学分析

对称布置的 3-$\underline{\text{P}}$RS 并联机构如图 12.5 所示，包括一个等边三角形的静平台和动平台。该机构通过三条支链相互连接，其中$\underline{\text{P}}$ 是驱动副。三个 P 副都垂直于静平台。三角静平台 $A_1A_2A_3$ 的外接圆半径用 R_1 表示，圆心与坐标系$\{O\text{-}XYZ\}$的原点重合。动平台 $B_1B_2B_3$ 的外接圆半径用 R_2 表示。R 副的轴线与三角静平台 $A_1A_2A_3$ 的外接圆相切，三条支链的长度用 $l_i(i=1,2,3)$表示，三个输入用 $\rho_i(i=1,2,3)$表示。三条支链的长度是相等的，即 $l_1=l_2=l_3$。

点 $A_i(i=1,2,3)$ 在坐标系 $\{O\text{-}XYZ\}$ 表示如下：

$$\boldsymbol{a}_1=(R_1,0,\rho_1)^{\mathrm{T}},\quad \boldsymbol{a}_2=(-R_1/2,\sqrt{3}R_1/2,\rho_2)^{\mathrm{T}},\quad \boldsymbol{a}_3=(-R_1/2,-\sqrt{3}R_1/2,\rho_3)^{\mathrm{T}} \tag{12.26}$$

三个 R 副轴线的单位矢量分别为 $\boldsymbol{u}_1=(0,1,0)^{\mathrm{T}}$，$\boldsymbol{u}_2=(\sqrt{3}/2,1/2,0)^{\mathrm{T}}$ 和 $\boldsymbol{u}_3=(-\sqrt{3}/2,1/2,0)^{\mathrm{T}}$。动平台球铰链 B_i 之间的距离 $r_i(i=1,2,3)$ 分别为 $r_1=r_2=r_3=\sqrt{3}R_2$。因此，对于对称布置的 3-$\underline{\text{P}}$RS 并联机构，一旦结构参数和输入给定，我们就可以进行其正运动学分析。

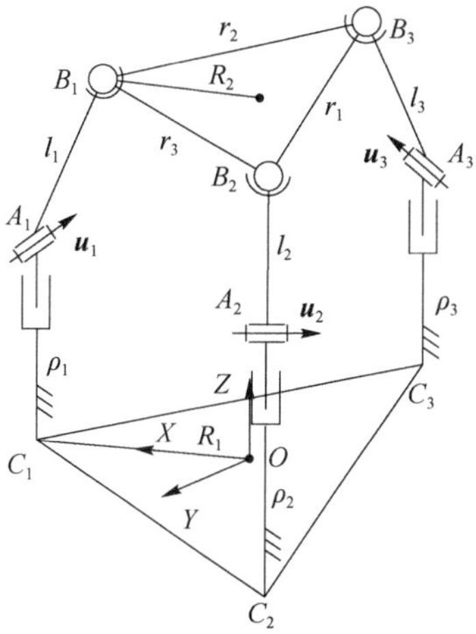

图 12.5　对称布置的 3-$\underline{\text{P}}$RS 并联机构

对于对称布置的 3-$\underline{\text{P}}$RS 并联机构的位置正解，根据输入 $\rho_i(i=1,2,3)$ 的取值，我们可以分为四类。

第一类，所有的输入不相等，且不等于 0，即 $\rho_1\neq\rho_2\neq\rho_3\neq 0$ 和 $2\rho_1-\rho_2-\rho_3\neq 0$，此时式(12.20)可表示为

$$(g_{10}+g_{11}x+g_{12}x^2+g_{13}x^3+g_{14}x^4+g_{15}x^5+g_{16}x^6+g_{17}x^7+g_{18}x^8)$$
$$(g_{20}+g_{21}x+g_{22}x^2+g_{23}x^3+g_{24}x^4+g_{25}x^5+g_{26}x^6+g_{27}x^7+g_{28}x^8)=0 \tag{12.27}$$

式中，$g_{ij}(i=1,2;j=0,1,2,\cdots,8)$ 只取决于机构的结构参数和输入。由于篇幅限制，系数 g_{ij} 不予给出。

对于第二类情况，所有的输入不相等，即 $\rho_1\neq\rho_2\neq\rho_3\neq 0$，但是 $2\rho_1-\rho_2-\rho_3=0$。此时式(12.20)可表示为

$$(f_{10}+f_{11}X+f_{12}X^2+f_{13}X^3+f_{14}X^4)(f_{20}+f_{21}X+f_{22}X^2+f_{23}X^3+f_{24}X^4)=0 \tag{12.28}$$

式中，$X=x^2$。$f_{ij}(i=1,2;j=0,1,2,3,4)$ 只取决于机构的结构参数和输入。由于篇幅限制，系数 f_{ij} 不予给出。

对于第三类情况，三个输入中的两个输入相等，当 $\rho_1=\rho_2\neq\rho_3$ 或者 $\rho_1=\rho_3\neq\rho_2$，式(12.20)可表示为

$$(R_1+R_2+l_1+R_1x^2+R_2x^2-l_1x^2)^2(-R_1+R_2-l_1-R_1x^2+R_2x^2+l_1x^2)^2$$
$$(c_{10}+c_{11}x+c_{12}x^2+c_{13}x^3+c_{14}x^4)(c_{20}+c_{21}x+c_{22}x^2+c_{23}x^3+c_{24}x^4)=0 \tag{12.29}$$

当 $\rho_2=\rho_3\neq\rho_1$ 时，式(12.20)可表示为

$$(d_{10}+d_{11}x+d_{12}x^2)^2(d_{20}+d_{21}x+d_{22}x^2)^2$$
$$(d_{30}+d_{31}x+d_{32}x^2+d_{33}x^3+d_{34}x^4)(d_{40}+d_{41}x+d_{42}x^2+d_{43}x^3+d_{44}x^4)=0 \tag{12.30}$$

式中，$c_{ij}(i=1,2;j=0,1,2,3,4)$和$d_{ij}=(i=1,2,3,4;j=0,1,2,3,4)$都只取决于机构的结构参数和输入。由于篇幅限制，其展开式不予给出。

对于第四种情况，三个输入全部相等时，即$\rho_1=\rho_2=\rho_3$，式(12.20)和式(12.24)就完全一样。

因此，对于对称布置的3-$\underline{P}$RS并联机构，变量x可以通过求解两组一元8次方程或两组一元四次方程获得，这两组多项式对应于两种运动模式。

12.11 数值实例

为了验证算法的正确性和数值稳健性，本节将给出5个数值实例，第一个例子是对称布置的3-R$\underline{P}$S并联机构，第二个例子是三条R副轴线垂直于静平台的3-R$\underline{P}$S并联机构，第三个例子是对称布置的3-$\underline{P}$RS并联机构，三个驱动P副平行且都垂直于静平台，第四个例子是3-6 Stewart平台并联机构，最后一个例子是一般的3-6 Stewart并联机构。前面3个例子，我们可以得到其解析解，后面2个例子，我们只可以得到其代数封闭解。

12.11.1 实例1

如图12.3所示的对称布置的3-R$\underline{P}$S并联机构，其结构参数和输入分别为：$R_1=2.50$，$R_2=1.00$，$l_1=3.20$，$l_2=2.80$，$l_3=3.60$。将其代入式(12.23)，我们可以得到两组一元4次多项式方程，分别表示如下：

$$6.2512\times10^6-7.0504\times10^6X+2.7292\times10^6X^2-3.9711\times10^5X^3+1.3357\times10^4X^4=0 \tag{12.31}$$

$$7.6698\times10^6+3.3975\times10^6X+2.7722\times10^5X^2+6.1952\times10^3X^3+5.4535\times10^4X^4=0 \tag{12.32}$$

两组多项式对应3-R$\underline{P}$S并联机构的两种模式。解析求解式(12.31)，得到变元x的8个实数解。表12.2给出了其中的四组解，该四组解表示动平台在静平台上面。解析求解式(12.32)，得到变元x的8个复数解。由于篇幅限制，这里不予给出。

表12.2 数值实例1的4组解

i	x		B_1	B_2	B_3
1	4.607 3	X	−0.412 1	−0.683 8	−0.251 5
		Y	0	1.184 4	−0.435 6
		Z	1.326 6	2.560 8	2.995 3
2	1.853 9	X	0.742 4	−0.613 5	0.454 3
		Y	0	1.062 6	0.786 9
		Z	2.674 1	2.493 9	1.158 3
3	1.605 6	X	1.088 8	−0.362 6	−0.434 4
		Y	0	0.628 1	−0.752 4
		Z	2.872 0	2.165 7	3.209 3
4	1.577 5	X	1.134 7	−0.187 7	−0.414 2
		Y	0	0.325 1	−0.717 3
		Z	2.894 1	1.823 8	3.188 3

12.11.2　实例 2

如图 12.4 所示的 3-RPS 并联机构的结构参数和输入与实例 1 是一样的。将其代入式(12.25)，我们可以得到一个一元 4 次多项式方程和一个一元 6 次多项式方程，分别表示如下：

$$1.6024\times10^{7}-1.5317\times10^{7}x+1.6333\times10^{7}x^{2}-2.0147\times10^{6}x^{3}+1.7131\times10^{5}x^{4}=0 \tag{12.33}$$

$$205122-892.486x-80809.9x^{2}-1784.97x^{3}+9015.33x^{4}-892.49x^{5}+35.4847x^{6}=0 \tag{12.34}$$

两组多项式分别对应两组平面 3-RPR 并联机构的正运动学分析。解析求解式(12.33)，可以得到 2 组实数解、2 组复数解。四个解对应于平面 3-RPR 并联机构的正运动学的解，该并联机构的动平台和静平台相似，但是不共线。求解式(12.34)，可以得到 2 组实数解、4 组复数解。6 个解对应于平面 3-RPR 并联机构正运动学的解，该并联机构的动静平台是全等三角形，且镜像对称。由于篇幅限制，表 12.3 只给出了该机构正运动学的实数解。有关基于 CGA 求解平面 3-RPR 并联机构的正运动学可参考文献[96]。

表 12.3　数值实例 2 的 4 组解

i	x		B_1	B_2	B_3
1	−17.5133	X	−0.6792	0.8929	−0.5228
		Y	0.3643	0.3628	1.3607
		Z	0	0	0
2	4.8665	X	−0.4407	−0.2843	1.1314
		Y	1.2618	−0.4631	0.5348
		Z	0	0	0
3	1.8740	X	0.7184	1.3097	−0.3958
		Y	2.6582	1.0302	1.3321
		Z	0	0	0
4	3.1989	X	−0.1302	1.5488	1.0776
		Y	1.8226	2.2480	0.5812
		Z	0	0	0

12.11.3　实例 3

如图 12.5 所示的对称布置的 3-PRS 并联机构的结构参数和输入表示如下：$R_1=\sqrt{3}/4$，$R_2=\sqrt{3}/10$，$l_1=l_2=l_3=1.00$，$\rho_1=\rho_2=\rho_3=0$。将上述参数代入式(12.24)，得到

$$\begin{gathered}(3.5201-2.4999X)(-7.9978+1.6222X)\\(1.6062-0.3938X)^{3}(-1.2598+0.7402X)^{3}=0\end{gathered} \tag{12.35}$$

求解式(12.35)，可以得到 4 组不同的实数解。后两组分别包括三个相同解。在这 16 个解中，表 12.4 只给出其 4 个实数解。

表 12.4 数值实例 3 的 4 组解

i	x		B_1	B_2	B_3
1	1.186 6	X	0.263 5	0.086 6	0.086 6
		Y	0	−0.150 0	0.150 0
		Z	0.985 5	0.795 3	0.795 3
2	2.220 4	X	−0.229 7	−0.086 6	−0.086 6
		Y	0	0.150 0	−0.150 0
		Z	0.748 8	0.965 7	0.965 7
3	2.019 6	X	−0.173 2	−0.131 8	0.086 6
		Y	0	0.228 2	0.150 0
		Z	0.795 3	0.985 5	0.795 3
4	1.304 6	X	0.173 2	0.114 9	−0.086 6
		Y	0	−0.199 0	−0.150 0
		Z	0.965 7	0.748 8	0.965 7

12.11.4 实例 4

如图 12.2 所示的 3-6 Stewart 平台并联机构的结构参数和输入在表 12.5 中给出。由于该输入参数的坐标系与本章建立的坐标系不一致，故在固定坐标系$\{O\text{-}XYZ\}$下，静平台六个球铰链的坐标表示在表 12.6 中给出。将上述给定值代入式(12.20)，得到一个偶次 16 次多项式方程，表示如下：

$$\begin{aligned}&4.0229\times10^{13}x^{16}+1.3689\times10^{16}x^{14}-4.5162\times10^{16}x^{12}+\\&5.1361\times10^{16}x^{10}-2.5990\times10^{16}x^{8}+\\&4.4940\times10^{15}x^{6}-2.1902\times10^{14}x^{4}-7.8035\times10^{12}x^{2}+6.2936\times10^{11}=0\end{aligned}\tag{12.36}$$

求解式(12.36)，可以得到 16 个解。通过给定的输入和结构参数，我们可以得到 4 组实数解，如表 12.7 所示。

表 12.5 数值实例 4 的结构参数和输入

$\{O\text{-}XYZ\}$	A_1	A_2	A_3	A_4	A_5	A_6
a_{ix}	−2.9	−1.2	1.3	−1.2	2.5	3.2
a_{iy}	−0.9	3.0	−2.3	−3.7	4.1	1.0
a_{iz}	0	0	0	0	0	0
球铰链 B_i 间的距离 r_i	$r_1=2.0, r_2=2.0, r_3=3.0$					
支链长度 l_i	$l_1=5.0, l_2=4.5, l_3=5.0, l_4=5.5, l_5=5.5, l_6=5.7$					

表 12.6 数值实例 4 在固定坐标系$\{O\text{-}XYZ\}$的输入参数

$\{O\text{-}XYZ\}$	A_1	A_2	A_3	A_4	A_5	A_6
a_{ix}	0	0	4.080 3	1.480 2	5.767 6	6.227 8
a_{iy}	−0.674 9	3.236 6	−2.392 9	−3.597 1	3.896 2	0.751 6
a_{iz}	0	0	0	0	0	0

表 12.7　数值实例 4 的 4 组解

i	x		B_1	B_2	B_3
1	−0.964 1	X	0.157 0	1.647 4	2.024 8
		Y	1.888 0	1.631 1	2.098 7
		Z	4.290 3	1.699 4	3.607 0
2	−0.400 2	X	3.107 9	1.528 7	1.196 1
		Y	1.888 0	1.887 3	1.977 4
		Z	2.961 8	0.411 1	2.381 2
3	0.400 2	X	3.107 9	1.528 7	1.196 1
		Y	1.888 0	1.887 3	1.977 4
		Z	−2.961 8	−0.411 1	−2.381 2
4	0.964 1	X	0.157 0	1.647 4	2.024 8
		Y	1.888 0	1.631 1	2.098 7
		Z	−4.290 3	−1.699 4	−3.607 0

12.11.5　实例 5

如图 12.2 所示的一般 3-6 Stewart 并联机构的结构参数和输入在表 12.8 中给出。将给定值代入式(12.20)，得到一个 16 次多项式方程，求解可以得到 16 组解。对于本例，我们可以得到 4 组实数解，如表 12.9 所示。一般 3-6 Stewart 并联机构的正运动学问题求解时，计算速度要比平台的慢，因为其次数是 16 次而非 8 次。

表 12.8　数值实例 5 的结构参数和输入

O-XYZ	A_1	A_2	A_3	A_4	A_5	A_6
a_{ix}	50	−25	80	−50	48	36
a_{iy}	0	−2	20	−20	15	31
a_{iz}	100	40	50	70	68	−93
球铰链 B_i 间的距离 r_i	$r_1=135, r_2=190, r_3=141$					
支链长度 l_i	$l_1=76, l_2=160, l_3=139, l_4=55, l_5=128, l_6=217$					

表 12.9　数值实例 5 的 4 组解

i	x		B_1	B_2	B_3
1	−0.625 9	X	79.535 3	−26.094 2	−70.922 2
		Y	−45.880 9	−68.945 7	54.310 5
		Z	152.901 8	62.395 5	94.385 3
2	−0.371 7	X	68.867 6	−47.021 9	21.249 3
		Y	−33.006 2	21.088 7	137.061 2
		Z	165.807 3	106.439 6	95.739 1
3	0.736 3	X	82.538 9	−48.826 2	14.067 6
		Y	51.078 3	24.727 7	−108.359 2
		Z	145.915 4	101.985 3	71.884 7
4	0.961 0	X	90.901 6	−40.776 4	−6.782 3
		Y	53.394 4	6.285 2	−100.517 3
		Z	135.384 7	117.423 8	74.218 1

参考文献

［1］ 杨路，张景中，侯晓荣. 非线性代数方程组与定理机器证明［M］. 上海：上海科技教育出版社，1996.

［2］ 王东明. 消去法及其应用［M］. 北京：科学出版社，2002.

［3］ 王东明，夏壁灿. 计算机代数［M］. 北京：清华大学出版社，2004.

［4］ 陈玉福. 计算机代数讲义［M］. 北京：高等教育出版社，2009.

［5］ 赵世忠，符红光. 多变元 Sylvester 结式与多余因子［J］. 中国科学（A 辑：数学），2010，40(7)：649-660.

［6］ 赵世忠，符红光. Dixon 结式的三类多余因子［J］. 中国科学（A 辑：数学），2008，38(8)：949-960.

［7］ 赵世忠. Dixon 结式的理论研究与新算法［D］. 成都：中国科学院研究生院（成都计算机应用研究所），2006.

［8］ 张景中，杨路，侯晓荣. 几何定理机器证明的结式矩阵法［J］. 系统科学与数学. 1995，15(1)：10-15.

［9］ Dixon A L. The eliminant of three quantics in two independent variables［J］. Proceedings of the London Mathematical Society，1908(6)：468-478.

［10］ Chionh E W，Goldman R N. Elimination and resultants［J］. IEEE Computer Graphics and Applications，1995(15)：60-69.

［11］ Chionh E W，Zhang M，Goldman R N. The block structure of three Dixon resultants and their accompanying transformation matrices［J］. Technical Report，TR99-341，Department of Computer Science，Rice University，1999.

［12］ Chionh E W，Zhang M，Goldman R N. Fast computation of the Bezout and Dixon resultant matrices［J］. Journal of Symbolic Computation，2002，33(1)：13-29.

［13］ Kapur D，Saxena T，Yang L. Algebraic and geometric reasoning using Dixon resultants［C］. Proceedings of the International Symposium on Symbolic and Algebraic Computation，1994：99-107.

［14］ Donald B R，Kapur D，Mundy J L. Symbolic and numerical computation for artificial intelligence［M］. Academic Press，Inc.，USA，1997.

［15］ Manocha D，Canny J F. Solving algebraic systems using matrix computations［J］. ACM Sigsam Bulletin，1996，30(4)：4-21.

［16］ Zhang Y，Liao Q，Su H J，et al. A new closed-form solution to inverse static force analysis of a spatial three-spring system［J］. Proceedings of the Institution of

Mechanical Engineers, Part C: Journal of Mechanical Engineering Science, 2015, 229(14):2599-2610.
[17] 吴文俊. 数学机械化的理论和方法(多项式部分)[M]. 北京：数学机械化研究中心，1984.
[18] 吴文俊. 几何定理机器证明的基本原理[M]. 北京：科学出版社，1984.
[19] 关霭文. 吴文俊消元法讲义[M]. 北京：北京理工大学出版社，1994.
[20] 高小山，王定康，裘宗燕，等. 方程求解与机器证明:基于 MMP 的问题求解[M]. 北京:科学出版社，2006.
[21] 何青. 计算代数[M]. 北京：北京师范大学出版社，1997.
[22] 刘木兰. Grobner 基理论及其应用[M]. 北京：科学出版社，2000.
[23] Liao Q, McCarthy J M. On the seven position synthesis of a 5-SS platform linkage [J]. Journal of Mechanical Design, 2001, 123(1):74-79.
[24] 张启先. 空间机构的分析与综合[M]. 北京：机械工业出版社，1984.
[25] 霍伟. 机器人动力学与控制[M]. 北京:高等教育出版社，2005.
[26] 黄真，赵永生，赵铁石. 高等空间机构学[M]. 北京:高等教育出版社，2006.
[27] 谭民，徐德，侯增广，等. 先进机器人控制[M]. 北京:高等教育出版社，2006.
[28] 熊有伦，丁汉，刘恩沧. 机器人学[M]. 北京:机械工业出版社，1993.
[29] 于靖军，刘辛军，丁希仑，等. 机器人机构学的数学基础[M]. 北京:机械工业出版社，2009.
[30] 戴建生. 机构学与机器人学的几何基础与旋量代数[M]. 北京:高等教育出版社，2014.
[31] 熊有伦，李文龙，陈文斌，等. 机器人学建模、控制与视觉[M]. 武汉:华中科技大学出版社，2017.
[32] Bottema O, Roth B. Theoretical Kinematics[M]. New York: North-Holland Publishing Company, 1979.
[33] McCarthy J M. An Introduction to Theoretical Kinematics[M]. The MIT Press, 1990.
[34] 张英. 空间机构与柔顺机构的运动学分析和综合[D]. 北京:北京邮电大学，2015.
[35] 王勇军，秦永元，舒东亮，等. Rodrigues 参数与四元数间的关系分析[J]. 火力与指挥控制，2008，33(3):71-73.
[36] 刘俊峰. 三维转动的四元数表述[J]. 大学物理，2004，23(4):39-39.
[37] 姜同松. 四元数的一种新的代数结构[J]. 力学学报，2002(01):116-122.
[38] 肖尚彬. 四元数在多体力学中的应用[J]. 西安理工大学学报，1992(04):63-71+74.
[39] 程国采. 四元数法及其应用[M]. 北京:国防科技大学出版社，1991.
[40] 肖尚彬. 四元数方法及其应用[J]. 力学进展，1993，23(2):249-260.
[41] 肖尚彬. 四元数矩阵的乘法及其可易性[J]. 力学进展，1984，16(2):159-166.
[42] 廖启征，倪振松，李洪波，等. 四元数的复数形式及其在 6R 机器人反解中的应用[J]. 系统科学与数学，2009，24(9):1286-1296.
[43] 倪振松. 机构运动学分析中若干问题的几何代数法研究[D]. 北京:北京邮电大学，2010.
[44] Yang A T, Roth B. 外籍专家讲学讲稿(十二)[A]. 上海大学技术资料情报

室,1980.
[45] Veldkamp G R. 论对偶数、对偶矢量和对偶矩阵在瞬间时空运动学中的应用[C]//机构学译文集. 北京:机械工业出版社,1982:58.
[46] Yang A T. Displacement analysis of spatial five link mechanism using 3×3 matrices with dual number elements[J]. ASME Journal of Engineering for Industry, 1969, 91(1): 152-156.
[47] Yang A T. Application of quaternion algebra and dual numbers to the analysis of spatial mechanism[D]. New York City: Columbia University, 1963.
[48] Yang A T, Freudenstein F. Application of dual-number quaternion algebra to the analysis of spatial mechanism[J]. ASME Journal of Applied Mechanisms, 1964, 86(2):300-309.
[49] Angeles J. The application of dual algebra to kinematic analysis[C]. In: Angeles J., Zakhariev E. (eds) Computational Methods in Mechanical Systems. NATO ASI Series (Series F: Computer and Systems Sciences), vol 161. Springer, Berlin, Heidelberg,1998.
[50] Perez-Gracia A. Dual quaternion synthesis of constrained robotic systems[D]. Irvine: University of California, 2003.
[51] 廖启征. 空间机构(无球面副)位移分析的酉交矩阵法[D]. 北京:北京航空航天大学,1987.
[52] Duffy J. 机构和机械手分析[M]. 廖启征,刘新昇,等,译. 北京:北京邮电大学出版社,1989.
[53] 于艳秋. 六自由度机器人位置逆解算法若干问题的研究[D]. 北京:北京邮电大学,2004.
[54] 王品. 平面和空间机构运动学分析中若干问题的研究[D]. 北京:北京邮电大学, 2006.
[55] Rosen N. Note on the general Lorentz transformation[J]. Journal of Mathematics and Physics, 1930,9: 181-187.
[56] Thomas F. Approaching dual quaternions from matrix algebra[J]. IEEE Transactions on Robotics, 2017, 30(5):1037-1048.
[57] 廖启征. 机构运动学建模的倍四元数法[J]. 北京工业大学学报, 2015, 41(11): 1611-1619.
[58] Purwar A, Ge Q J. Polar decomposition of unit dual quaternions[C]// ASME 2012 International Design Engineering Technical Conferences and Computers and Information in Engineering Conference. 2013:1571-1578.
[59] Qiao S, Liao Q, Wei S, et al. Inverse kinematic analysis of the general 6R serial manipulators based on double quaternions[J]. Mechanism and Machine theory, 2010, 45(2):193-199.
[60] Larochelle P M, Murray A P, Angeles J. A distance metric for finite sets of rigid-body displacements via the polar decomposition[J]. Journal of Mechanical Design,

2007, 129(8):883-886.

[61] Ge Q J. On the matrix realization of the theory of biquaternions[J]. Journal of Mechanical Design, 1998, 120(3):404-407.

[62] Ge Q J, Varshney A, Menon J P, et al. Double quaternions for motion interpolation[C] // In Proc. of the ASME DETC'98, DETC98/DFM-5755, Sept. 13-16, Atlanta, GA, 1998.

[63] Ge Q J, Ravani B. Computer aided geometric design of motion interpolation[J]. ASME Journal of Mechanical Design, 1994, 116(3):756-762.

[64] McCarthy J M. Mechanisms synthesis theory and the design of robots[C]. Proceedings of the 2000 IEEE International Conference on Robotics and Automation, April 34-28, 2000, San Francisco, CA.

[65] Ahlers S G, McCarthy J M. The Clifford algebra and the optimization of robot design[C]. In: Corrochano E B, Sobczyk G. (eds) Geometric Algebra with Applications in Science and Engineering. Birkhäuser, Boston, MA, 2001.

[66] McCarthy J M, Ahlers S. Dimensional synthesis of robots using a double quaternion formulation of the workspace[C]. 9th International Symposium of Robotics Research, ISRR'99, 1999: 1-6.

[67] Perez A, McCarthy J M. Dimensional synthesis of spatial RR robots[C]. In: Lenar č iš J, Staniši č M M. (eds) Advances in Robot Kinematics. Springer, Dordrecht,2000.

[68] Etzel K R, McCarthy J M. A metric for spatial displacement using biquaternions on SO(4)[C]// IEEE International Conference on Robotics and Automation, 1996: 3185-3190.

[69] McCarthy J M,Etzel K. Spatial motion interpolation in an image space of SO(4)[C] //In Proceedings of the 1996 ASME Design Technical Conference. California,1996: 18-22.

[70] McCarthy J M. Planar and spatial rigid motion as special cases of spherical and 3-spherical motion[J]. Journal of Mechanisms Transmissions and Automation in Design, 1983, 105(3):569-575.

[71] Gan Dongming, Liao Qizheng, Wei Shimin, et al. Dual quaternion-based inverse kinematics of the general spatial 7R mechanism[J]. Proceedings of the Institution of Mechanical Engineers, Part C: Journal of Mechanical Engineering Science, 2008, 222(8): 1593-1598.

[72] Selig J M. Geometric Fundamentals of Robotics[M]. Springer, 2005.

[73] Selig J M. 机器人学的几何基础[M]. 杨向东，译.北京:清华大学出版社,2008.

[74] Hestenes D, Sobczyk G. Clifford algebra to geometric calculus:a unified language for mathematics and physics[M]. D. Reidel Publishing Company,1984.

[75] Hestenes D. New foundations for classical mechanics[M]. 2nd Ed. Dordrecht: Kluwer Academic Publishers, 1999.

[76] Li H, Hestenes D, Rockwood A. Generalized homogenous coordinates for computational geometry[M]. Geometric Computing with Clifford Algebras, Berlin Heidelberg, Springer, 2001: 27-59.

[77] Hildenbrand D, Fontijne D, Perwass C, et al, Geometric algebra and its application to computer graphics[C]. Euro graphics 2004 Tutorial, 2004:1-49.

[78] 李洪波. 共形几何代数——几何代数的新理论和计算框架[J]. 计算机辅助设计与图形学学报, 2005, 17(11): 2383-2393.

[79] 李洪波. 共形几何代数与运动和形状的刻画[J]. 计算机辅助设计与图形学学报, 2006, 18(7): 895-901.

[80] 李洪波. 共形几何代数与几何不变量的代数运算[J]. 计算机辅助设计与图形学学报, 2006, 18(7): 902-911.

[81] Rosenhahn B, Sommer G. Pose estimation in conformal geometric algebra Part I: the stratification of mathematical spaces[J]. Journal of Mathematical Imaging and Vision, 2005, 22(1):27-48.

[82] Hildenbrand D. Geometric computing in computer graphics using conformal geometric algebra[J]. Computers and Graphics, 2005, 29(5):795-803.

[83] John V. Geometric algebra for computer graphics[M]. Berlin:Springer, 2008.

[84] Leo D, Daniel F, Stephen M. Geometric algebra for computer science: an object-oriented approach to geometry[M]. Elsevier,USA,2007.

[85] 张立先. 基于几何代数的机构运动学及特性分析[D]. 秦皇岛:燕山大学, 2008.

[86] 柴馨雪. 几何代数框架下的并联机构自由度分析方法研究[D]. 杭州:浙江理工大学,2017.

[87] 杜鹃. 几何代数在机器人机构学符号分析中的理论和应用[D]. 南京:南京航空航天大学,2018.

[88] Denavit J, Hartenberg R S. A kinematic notation for lower-pair mechanisms based on matrices[J]. Journal of Applied mechanics, 1995, 22: 215-221.

[89] Lee H Y, Liang C G. Displacement analysis of the general spatial 7-link 7R mechanism [J]. Mechanisms and Machine Theory, 1988, 23(3): 219-226.

[90] 倪振松,廖启征,魏世民,等. 空间6R机器人位置反解的对偶四元数法[J]. 机械工程学报, 2009, 45(11):25-29.

[91] 黄昔光,廖启征,魏世民,等. 一般6-6型平台并联机构位置正解代数消元法[J]. 机械工程学报, 2009,45(1):56-61.

[92] Liao Q, Seneviratne L D, Earles S W E. Forward positional analysis for the general 4-6 in-parallel platform[J]. Proceedings of the Institution of Mechanical Engineers (Part C), 1995, 209(1):55-67.

[93] 张英,廖启征,魏世民. 一般6-4台体型并联机构位置正解分析. 机械工程学报, 2012, 48 (9):26-32.

[94] Zhang Y, Liao Q, Su H J, et al. A new closed-form solution to the forward displacement analysis of a 5-5 in-parallel platform[J]. Mechanism and Machine

Theory, 2012, 52: 47-58.

[95] Zhang Y, Kong X, Wei S, et al. CGA-based approach to direct kinematics of parallel mechanisms with the 3-RS structure[J]. Mechanism and Machine Theory, 2018, 124: 162-178.

[96] 张英，魏世民，李端玲，等. 平面并联机构正运动学分析的几何建模和免消元计算[J]. 机械工程学报，2018，54(19):27-33.

[97] Zhang Y, Liu X, Wei S, et al. A Geometric Modeling and Computing Method for Direct Kinematic Analysis of 6-4 Stewart Platforms[J]. Mathematical Problems in Engineering, 2018, 1-9.